U0195619

我的河口研究与教育生涯

A Lifelong Journey:
My 50 Years of Estuarine Research and Teaching

沈焕庭 ◎ 著
Shen Huanting

海洋出版社
China Ocean Press
2018年·北京
Beijing 2018

图书在版编目(CIP)数据

我的河口研究与教育生涯 / 沈焕庭著. — 北京：
海洋出版社, 2018.1
ISBN 978-7-5210-0034-4

Ⅰ. ①我… Ⅱ. ①沈… Ⅲ. ①河口－研究－中国
Ⅳ. ①P343.5

中国版本图书馆CIP数据核字(2018)第019391号

责任编辑：陈茂廷　杨传霞　林峰竹
责任印制：赵麟苏

海洋出版社出版发行
http://www.oceanpress.com.cn
北京市海淀区大慧寺路 8 号　　邮编：100081
北京朝阳印刷厂有限责任公司印刷　　新华书店总经销
2018年2月第1版　　2018年2月第1次印刷
开本：787mm×1092mm　　1／16　　印张：25.75
字数：500千字　　定价：196.00元
发行部：62132549　　邮购部：68038093
海洋版图书印、装错误可随时退换

上善若水
探究河海间

————题记

舟山海岸地貌调查（1957年）

长江口沙岛动力地貌调查（1959年）

苏北沿海水文泥沙测验（1960年）

长江口九段沙上沙促淤工程验收测量（1972年12月）

长江口中央沙种青促淤观测（1973年4月）

南汇芦潮港台风后潮滩观测（1982年）

中美海洋沉积作用联合研究施放沉积动力球
（1980年6月）

中美海洋沉积作用联合研究施放海流计
（1980年6月）

中美海洋沉积作用联合研究与米里曼教授
（中）、胡敦欣研究员（左）在调查船上交流
（1980年6月）

中美海洋沉积作用联合研究调查时合影，前左沈
焕庭，前右苏纪兰，后左1斯登伯格，后左3米特
（1980年）

考察秦皇岛海岸，左起：王宝灿、沈焕庭、虞志
英、恽才兴（1972年）

考察中朝边境鸭绿江河口，左起：恽才兴、沈焕
庭、陈吉余、朱慧芳（1982年9月）

考察海南洋浦港，左起：柳仁锭、乐嘉钻、赵焕庭、沈焕庭（1994年）

考察中越边境北仑河口（1993年）

长江口科技组成员考察闽江口、瓯江口、椒江口、甬江口合影（1986年）

考察黄河河口（1994年）

由张瑞津教授（右）、林雪美教授（左）陪同考察台湾淡水河河口（1998年）

考察美国西雅图太平洋海岸（1982年）

考察美国哥伦比亚河河口（1982年）

由Oostdom教授（左2）陪同考察美国Delaware河口（1984年）

考察美国哈德逊河（2009年）

考察美国切萨比克湾Jems河口（1998年）

考察美国长岛海峡（1999年）

考察荷兰鹿特丹通海航道防风暴潮工程工地
（1993年）

考察美国查尔斯登港海岸（1989年）

河口研究室同仁合影（1985年）
左起：徐海根、季中、沈焕庭、潘定安、朱慧芳、李九发、黄宏斌

时任上海市委书记芮杏文（右2）、市长江泽民（右1）视察重点实验室，左2为陈吉余先生，左1为沈焕庭（1985年）

时任国家教委主任朱开轩（右2）视察重点实验室，左1为校长袁运开（1986年）

时任国家教委主任朱开轩（左1）视察重点实验室，左2为副校长邬学文（1986年）

向验收专家汇报"211工程"第一期学科建设
（2001年）

向验收专家汇报"211工程"第二期学科建设
（2006年）

做"三峡工程对长江河口生态与环境影响"
报告（1988年）

在纽约长岛参加国际海洋工程和海岸沉积过
程学术研讨会（1999年）

在东亚陆海相互作用学术研讨会上做报告
（1999年）

在华盛顿参加全球海洋通量联合研究科学讨
论会（2003年）

与陈吉余先生在北仑港考察（1982年）　　　　考察珠海港，与严恺院士合影（1993年）

考察钱塘江涌潮，与文圣常院士（中）、陈宗镛教授合影（1998年）　　与戴泽蘅总工合影（2000年）

庆贺戴泽蘅总工八十华诞时合影，左起：沈焕庭、周志德、余国辉、戴泽蘅、陈吉余、刘家驹、薛鸿超（2000年）

考察闽江口，与黄胜教授（中）、潘定安教授合影（1989年）

在台湾师范大学地理系访问，中左为系主任石再添教授（1998年）

国家重点基础规划项目专家组成员合影，左起：袁耀初、许东禹、胡敦欣、沈焕庭、甘子钧（2004年）

与纽约州立大学石溪分校海洋科学研究中心主任舒贝尔（J R Schubel）教授合影（1983年）

舒贝尔教授（右2）在"满庭芳"中餐馆宴请，左起：陈吉余、杨振宁、沈焕庭（1984年）

欢迎舒贝尔教授（右2）来访（1985年）

刘佛年校长（前右2）欢迎杨振宁教授（前右1）、舒贝尔教授（前右3）来校访问（1985年）

共商中美海洋科技合作研究，左起：舒贝尔、沈焕庭、余国辉、苏纪兰（1985年）

与美国工程院院士、国际著名河口海洋学家普里查德教授（D W Pritchard）合影（1995年）

与普里查德教授夫妇合影（1983年）

与卡特教授夫妇合影（1983年）

与舒贝尔教授夫妇合影（1983年）

与沃克（J Walker）教授在意大利合影（1992年）

在美国弗吉尼亚海洋研究所与所长赖特
（S N Wight）教授合影（1998年）

与佛罗里达州立大学海洋系主任薛亚教授合影
（2001年）

在华盛顿州立大学海洋学院与M Rattray教授学术交流（1982年）

与米里曼教授（中）、刘祖乾教授（左）在夏威夷合影（2006年）

与美国地质调查局米特（R H Meade）教授在中美海洋沉积作用联合调查时合影（1980年）

在美国太平洋环境实验室与坎农（G A Cannon）博士交流（1983年）

美国弗吉尼亚海洋研究所郭仪雄教授来我所访问，
左起：李九发、沈焕庭、郭仪雄、朱建荣、肖成猷（1997年）

与河口海岸研究所的教师、研究生合影（1985年）

年届七秩时与同仁、弟子们合影（2005年）

年届八秩时与同仁、弟子们合影（2015年）

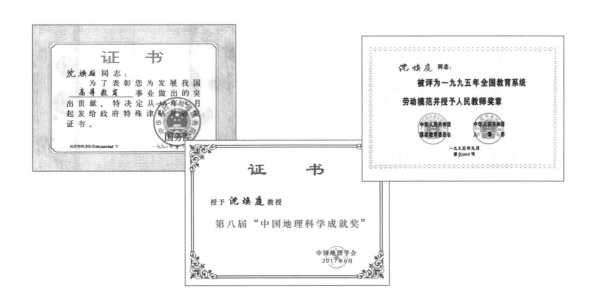

9部专著

与凌瑞霞结婚照（1961年）

在纽约世贸中心前与凌瑞霞、沈炯合影
（1998年）

与家人在游轮上（2016年）

作者简介

沈焕庭，男，1935年9月出生于江苏无锡。1953年由江苏洛社师范学校保送入华东师范大学地理系学习，1956年加入中国共产党，1957年毕业留校任教。河口海岸学国家重点实验室、华东师范大学河口海岸科学研究院终身教授、博士生导师。

在校内曾任河口研究室主任，河口海岸研究所副所长、所长，河口海岸学国家重点实验室学术委员会常务副主任，资源与环境学院学术委员会主任，校"211工程"自然地理学与地理信息系统学科建设学术带头人与法人代表，校学术委员会委员，校学位委员会委员等。

在校外曾任国家教委第三届科学技术委员会委员，国务院学位委员会第三届学科评议组（地理学、大气科学、海洋科学）成员和第四、第五届学科评议组（地理学）成员兼召集人，全国博士后管委会第二、第三、第四届地球科学（含地质学、地理学、地球物理学、大气科学、海洋科学）专家组成员兼召集人，国务院长江口及太湖流域综合治理领导小组科技组成员，JGOFS/LOICZ中国委员会执行委员，中国海洋年鉴和中国大百科全书区域海洋学编委，中国海洋学会和海洋湖沼学会潮汐与海平面专业委员会副主任委员，中国南极研究学术委员会委员，浙江大学、南京师范大学、华中师范大学、安徽师范大学兼职教授，交通部科学研究院上海河口海岸研究中心、浙江水利河口研究院客座研究员等。

长期从事河口学的应用和基础研究。曾参加或负责长江口与闽江口通海航道整治、三峡工程和南水北调工程对长江河口环境影响、苏州河与黄浦江污水治理、上海第二水源地选址等重大项目的可行性研究。并以长江河口为主要研究基地，倡导和践行物理、化学、生物过程研究相结合，积极参与全球研究计划，连续承担"七五"、"八五"、"九五"、"十五"攻关和国家自然科学重大、重点基金等重大项目研究，对入海河口的动力、水沙输运、盐水入侵、冲淡水扩展、最大浑浊带、物质通量、陆海相互作用，人类活动对环境影响、河口开发利用等河口学中的重大问题进行了一系列开拓性和前瞻性研究，在国内外合作发表论文220余篇和出版论著9部，曾赴美国、德国、日本、韩国、澳大利亚、荷兰、意大利等国和我国香港、台湾地区学术交流和合作研究20余次，获国家和省部级科技进步奖16项、上海市科技精英提名奖、全国教育系统劳动模范和中国地理科学成就奖。培养来自地理、海洋、水利、环境、数学、物理、化学、生物等多个专业的硕士生、博士生和博士后共30余名，其中很多已成为我国河口海岸研究领域的骨干。享受国务院政府特殊津贴。入选英国剑桥国际传记中心的《世界名人录》和美国传记协会的《国际名人录》。

Synopsis

Professor Huanting Shen was born in September 1935 at Wuxi city, Jiangsu Province, China. He was graduated from East China Normal University (ECNU) in 1957, and later on worked in Department Geography of ECNU. During his tenure professorship, Prof. Shen served a long time both for the State Key Laboratory of Estuarine and Coastal Sciences (SKLEC), affiliated to the Ministry of Science and Technology, China, and the Institute of Estuarine and Coastal Sciences (IECS), ECNU, from where he was retired.

During his work in ECNU, Prof. Shen took various positions, such as the leader of estuarine department of IECS, deputy director and director of IECS. He was also the standing deputy director of SKLEC Academic Committee, and the director of the Academic Committee of the School of Resources and Environments, ECNU. He was also appointed as the academic leader and the legal representative, for ECNU Project 211 in Physical Geography and Geographical Information, and the member of Academic Committee and the Academic Degree Committee, ECNU.

Moreover, Prof. Shen was the member of the 3th Science and Technology Committee of the Ministry of Education, and the member of the third session of Discipline Evaluation Group (Geography, Climate Science and Ocean Science) authorized by the Degree Council of the State Council, and the convener of 4th-5th Sessions of Discipline Evaluation Group (Geography). He served as the convener of the Expert Group in Earth Sciences of 2th-4th Sessions of the Post-Doctorate Committee. He was appointed as the member of the State Council Science and Technology Group, in charge of integrated planning of the Yangtze Estuary and the Taihu catchment, and the standing member of the Chinese JGOFS/ LOICZ, and the vice chairman of Tidal and Sea Level commission in the Chinese Society of Oceanography and Chinese Society of Oceanography and Limnology. In addition, Prof. Shen was an adjunct professor of Zhejiang University, Nanjing Normal University, Central China Normal University and Anhui Normal University, and the visiting fellow in Shanghai Estuarine and Coastal Research Center, the Ministry of Communications, and Zhejiang Institute of Hydraulics and Estuary.

Prof. Shen has long carried out both basic and applied researches in the estuarine sciences. He has devoted most of his time to the investigations of the Yangtze River Estuary in the perspective of integrated physical, chemical, and biological processes.

He and his research team worked for some challenging problems in the Yangtze Estuary in relation to estuarine dynamics, sediment transport, salinity intrusion, river plume expansion, estuarine turbidity maxima, material fluxes and the interactions between land and ocean, and the impacts of intense human activities on the estuarine system and its development and utilization. Based on these stands, he has published more than 220 peer-reviewed journal papers and 9 academic books. Besides, he has been very active in applying his basic research achievements to the practical issues. He was once in charge of the feasibility study for numerous engineering projects, e.g. the navigation channel regulations in the Yangtze Estuary and the Min River mouth, the impacts on the water environments of the Three Gorges project and the South-to-North water transfer project, the sewage treatment in the Suzhou River and the Huangpu River, and the location of the Shanghai second water source. In the light of great academic contributions, he has awarded 16 prizes for National and Provincial Scientific and Technological Progression, the nomination of Shanghai Science and Technology Elites, the model of national education, and the Chinese Geographical Science Achievement Award. Up to now, he has cultivated more than 30 graduates (PhD and master) and post-do fellows, who major in distinct disciplines such as Geography, Ocean Science, Hydraulics, Environmental science, Mathematics, Physics, Chemistry and Biology. Some of them have become the elites in the fields of estuarine and coastal research and engineering. Prof. Shen was enrolled to the World Celebrity Record from the Cambridge International Biographical Center and the International Biographical Record of the American Biographical Association.

This autobiographical book is composed of six chapters: Chapter one concentrates on the scientific research. A short summary is made for the author's basic and applied research projects, journal papers and books, with comments made by peers or the applied departments. Chapter Two focuses on the education and personnel training. This part describes the five training experiences from students, teaching, thesis writing, comprehensive quality training, and how to improve the training quality. All the thesis titles of the author's students have been listed here. Chapter Three is about the discipline construction in estuarine and coastal sciences, physical geography and geographical information system, and geography. Chapter Four is about the author's education and work experiences. Chapter Five recalls his life journey from junior school to university, and the long career years, with an emphasis on the unforgettable and memorable people and events. The final chapter is composed of the comments by the author's colleagues and students.

序

在沈焕庭教授八十大寿的聚会上，得知他原来的学生们打算为老师出本书，但没有想到写序的好事居然会落到我的头上。盛情难却，然而压力甚大。沈焕庭教授潜心河口研究五十载，成果斐然，著作等身，对国家、对学校、对学科发展的贡献颇多，更是培育了一批优秀的人才。作为后辈、同事和曾经的校长，理应为本书写点感想，以弘扬前辈的科学精神和学术思想，但我唯恐叙述不到位，而辜负了大家的期待。思量再三，试用"热爱"、"潜心"、"责任"这3个词来概括我眼中的沈焕庭老师，权作"序"吧。

1990年5月我从英国留学回国，学校要我参与河口海岸动力沉积与动力地貌综合国家重点实验室的筹建工作，那是我第一次有机会近距离接触沈焕庭教授，当时他已经是一位德高望重的河口学专家了。而后，沈老师担当了河口海岸研究所所长、河口海岸动力沉积与动力地貌综合国家重点实验室学术委员会副主任、国务院学位委员会地理学科评议组成员、全国博士后管委会地球科学专家组成员等职务，我们工作上的接触越来越多，我能深深地感受到他对河口海岸研究事业的热爱和对学科发展的责任感。每次去求教，沈老师总是那么不厌其烦地讲述他对学科发展的思考，提出对实验室建设的意见。我可以感觉到，他的话语是带有感情的，更是体现了那一代人特有的责任感。

在我的心目中，沈焕庭老师是属于非常严谨、很认真的那类老教授。不仅在教学态度、学生培养方面，而且在科学研究，甚至在各类评审中都是认认真真、一丝不苟、实事求是。作为我国最早进入河口研究领域的著名学者之一，沈先生五十年来孜孜不倦地追求，潜心河口研究和育人，退休后仍笔耕不辍，总结研究成果，出版了好几本专著，还在思考河口学的发展，为学科发展再添砖瓦。今天的青年学者不禁会问，是什么精神在促使沈焕庭老师不断前行，我相信大家看了《我的河口研究与教育生涯》一书后，一定会找到答案的。

　　本书是沈焕庭教授一生从事科学研究、教书育人、学科建设的总结，也是一部人生回忆录。华东师范大学陈吉余院士开创了中国的河口海岸学研究，从此河口海岸研究所一直是这个领域的领头羊。沈焕庭先生是国内最早参与河口海岸研究的"四大金刚"之一，他非常关注国际学术前沿，积极参与全球研究计划和国际合作。在科研实践和教书育人过程中，他积极引入不同学科的思想和方法，努力推进学科的交叉，并重视基础研究与应用研究相结合、宏观研究与微观研究相结合、定性研究与定量研究相结合、现代过程研究和历史过程研究相结合、区域研究与全球变化研究相结合、老中青相结合、言教与身教相结合，他不仅积极倡导物理、化学、生物过程研究与地质地貌过程研究相结合，而且付诸实践，并招收与培养了来自地理学、海洋学、地质学、数学、物理学、化学、生物学等多学科的研究生，带领他们开拓创新，向河口研究的广度和深度进军，为建设具有中国特色的河口学的综合学科体系而不懈努力，推动了河口学的发展。这些都是我在和沈焕庭教授交往中留下的深刻印象，也是值得我们学习的精神。

　　源于对河口科学的热爱，深感对学科发展的责任，才会如此痴迷，五十年潜心于河口领域的研究和育人，已经成为沈焕庭教授生活中不可分割的部分了。我相信，此书的出版将激励更多的有识之士，更加重视河口与海岸事业的发展，使河口与海岸给人类带来更多福祉。

（原华东师范大学校长，现任上海纽约大学校长、
中国地理学会副理事长）

2017年8月

前　言

河口，系指河流与受水体相互作用的过渡地区。受水体有海洋、湖泊、水库、主流等多种，故河口也有入海河口、入湖河口、入库河口、支流河口等多种，我研究的主要是入海河口。

入海河口地处地球四大圈层——岩石圈、水圈、大气圈和生物圈相互作用、各类界面汇聚地区，自然条件复杂，资源丰富，人口密集，经济发达，生态环境脆弱。上海、纽约、伦敦等世界上许多大城市都坐落在河口地区，故入海河口成为沿海国家的政府部门和科学家高度关注的区域，对它进行研究具有重要的理论和实践意义。

日月流转，沧桑巨变，转瞬间我已步入耄耋之年。余工作后经历了地理、海洋、河口3个不同学科的转换，这并不是有意为之，主要是客观需要，转换时遇到的困难之多不言而喻，但我能服从需要尽心竭力面对每一门学科，干一行，学一行，专一行，爱一行。自步入河口研究领域后，数十年来锲而不舍地一步一个脚印致力于河口研究，对河口产生了浓厚兴趣和深厚感情，并悟出了3个不同学科间所蕴涵的内在联系。至今足迹已遍及北达鸭绿江口，南至北仑河口和海南岛的我国众多大小河口以及一些世界著名河口。曾参加或负责黄浦江与苏州河污水治理、长江口与闽江口通海航道整治、三峡工程与南水北调对长江河口环境影响预测、长江——上海第二水源地选址等重大工程项目的可行性研究。并以长江河口为主要研究基地，不断追踪学科发展前沿，重视多学科交叉和理论联系实际，倡导和践行物理、化学、生物过程研究相结合，积极参与JGOFS(全球海洋通量联合研究)、LOICZ(海岸带陆海相互作用研究)等全球研究计划，连续承担"七五"、"八五"、"九五"、"十五"攻关和国家自然科学重大、重点基金等十多项重大项目研究，对入海河口的动力、水沙输运、盐水入侵、冲淡水扩展、河口最大浑浊带、物质通量、河口过滤器效应、陆海相互作用、人类活动对河口环境影响、河口开发利用等河口学中的重大问题进行了一系列开拓性和前瞻性研究，已在国内外合作发表论文220余篇，合作出版论著9部，科普读物1部。曾赴美国、德国、日本、韩国、澳大利亚、荷兰、意大利等国和我国香港、台湾地区进行学术交流和合作研究20余次，获国家和省部级科技进步奖16项、上海市科技精英提名奖、全国教育系统劳动模范和中国地理科学成就奖。培养了来自地理、海洋、水利、环境、数学、物理、化学、生物等多个专业的硕士生、博士生和博士后共30余名，其中很多已成为我国河口海岸研究领域的学术骨干，这是我平生最欣慰的事。回顾数十年的河口

研究生涯，大致可分为6个阶段。

第一阶段 从20世纪60年代步入河口领域开始，重点研究加深长江河口通海航道

根据当时生产建设的需要，结合自己具有的地理学和海洋学知识背景，该时期主要研究河口动力及其对泥沙输运与河槽演变的影响，阐明水沙输运与河槽演变的动力机制，为长江口7 m通海航道选槽与建设等提供科学依据。代表性研究成果为《长江河口动力过程与地貌演变》（陈吉余、沈焕庭、恽才兴著，上海科学技术出版社，1988）中的十多篇论文及《长江河口水沙输运》（沈焕庭、李九发著，海洋出版社，2011）。

20世纪70年代初，国家发出"三年改变港口面貌"号召，作为我国最大港口——上海港咽喉的长江河口通海航道，急需增加通航水深，以适应上海港发展的需要，首期目标是从6 m增深到7 m。笔者与徐海根、潘定安、恽才兴、李九发等参加了这一工程的可行性研究，根据工程需要，对长江河口的潮汐潮流、径流、盐淡水混合、余流、余环流、泥沙输运与河槽演变规律等首次进行了较为全面的开拓性综合研究，提出了一系列具有创新性的见解，并在此基础上提出疏浚南槽方案，被采纳实施。该工程1975年竣工后使1万吨级海轮可全天候进出，2万吨级海轮能乘潮进出上海港，大幅度提高了上海港的吞吐能力。研究成果一方面为7 m通海航道的选槽、挖槽定线、疏浚、泥土处理和航槽维护提供了必要的动力依据，另一方面进一步阐明了长江河口发育、演变的动力机理，深化了对长江河口发育规律的认识，还为长江口深水航道建设和综合治理规划的制订提供了重要科学依据。

在此阶段的研究过程中，笔者等边学边干、边干边学，主要做了如下工作：一是亲自策划和参加了多次现场水文泥沙观测，在长江河口水域度过了许多个日日夜夜，其中多次参加了从制订观测计划—准备仪器—摇绞车取样观测—仪器清洗检修—资料整理、计算分析，一直到编写观测研究报告的全过程，获得了大量的第一手资料；二是多次上"涨潮一片汪洋，落潮一片沙滩"的潮间带浅滩观测浅滩水流、微地貌和沉积特征，九段沙、中央沙、扁担沙、青草沙、南汇边滩、横沙东滩、崇明东滩等都留下了我们的足迹；三是到崇明、长兴、横沙、佘山、鸡骨礁等岛屿以及测量船、渔船、挖泥船，采访长期生活和工作在长江口，对长江口的水文、泥沙特性和河槽演变有丰富感性认识的船员、海塘工人、航道工人、渔民、部队官兵，从他们那里学到了很多从书本上学不到的知识；四是上国产自航耙吸式挖泥船"劲松"、"险峰"号参加挖槽试验，研究不同泥土处理方式的效果和抛泥区选择；五是虚心向专家学习。参加或指导此项可行性研究的还有许多各有所长的资深老专家，如华东水利学院（现河海大学）原院长严恺教授和呼延如琳教授、南京水利科学研究所原河港室主任黄胜教授、华东师范大学河口海岸研究室主任陈吉余教授、上海河道局原总工程师黄维敬和资深工程师朱国贤、上海港务局原总工程师丁承显等，在合作研究或咨询过程中向他们学到了很多知识和经验；六是坚持科研为生产服务，研究的主要问题都是工程建设中急需解决的问题，后来在国内外发表的多篇论文大都是工程实施后在原有研究报告的基础上进一步研究写成的；七是重视多学科之间的交叉渗透，在研究过程中努力探索动力过程研究与地貌、沉积过程研究相结合，以更好地推动河口学科的发展。

第二阶段 从 20 世纪 70 年代末开始，研究南水北调和三峡工程对长江河口环境与生态的影响

改革开放推动了长江流域一些重大工程提上议事日程，这些工程会对河口地区的环境和生态产生怎样的影响是工程可行性研究中重要的研究项目，笔者从20世纪70年代末开始，结合长江流域重大工程建设，开展南水北调和三峡工程建设对长江河口环境与生态影响预测研究，重点研究对长江河口盐水入侵的影响，为该两项工程的决策、设计和建设提供科学依据。代表性研究成果为《三峡工程与河口生态环境》（罗秉征、沈焕庭著，科学出版社，1994）、《长江河口盐水入侵》(沈焕庭、茅志昌、朱建荣著，海洋出版社，2003)。

我国南方水多，北方水少，为了解决北方干旱问题，1976年水电部编制了《南水北调近期工程规划》，提出南水北调东线方案，各界对该方案对环境的影响提出了不少质疑，其中重要一点是会不会加重长江河口的盐水入侵，从而影响河口地区特别是上海的生活和工农业用水，对此问题有两种不同的看法，但都缺乏足够论据。在此背景下，1978年7月中国科学院在石家庄召开了南水北调及其对自然环境影响科研规划落实会议，确定华东师范大学河口海岸研究所负责对长江河口影响的研究，研究重点之一是南水北调对长江口盐水入侵的影响。

笔者与茅志昌、谷国传接受任务后，主要做了四件事：一是查阅国内外文献，查到的不多，国内尤其少；二是去吴淞水厂和国家海洋局东海分局等有关单位调研和收集资料，并整理我所已积累的长江口多次水文测验资料；三是在1979年2月下旬至3月上旬盐水入侵严重时期，组织长江口9个测站（徐六泾、七丫口、浏河口、吴淞、青龙港、庙港、新建、南门、堡镇）大小潮每小时盐度的观测，取得了长江口大范围同步的盐度时空变化资料；四是在上述大量工作的基础上，首次对长江河口盐水入侵的影响因子、来源和时空变化规律进行了全面系统的分析，对东线南水北调后对长江口盐水入侵的影响进行了预测，在《人民长江》1980年第三期发表了《长江口盐水入侵初步研究——兼谈南水北调》一文。研究表明，按东线方案调水，会加重长江口的盐水入侵，直接影响上海市和江苏省部分地区的用水，并率先

提出大通站控制流量的概念和对策。此研究成果得到水电部部长钱正英和有关部门的认可与采纳，成为南水北调规划设计的重要依据之一。1981年宝山钢铁厂的科技人员还从此文中找到了可以从长江引淡水的理论依据，放弃了原来的淀山湖取水方案，1985年成功地在宝钢附近的长江口边滩上建成第一座避咸蓄淡水库，不仅解决了宝钢近期和远期的用水，且开创了入海河口利用淡水资源的先河，为上海及沿海入海河口附近地区和城市的淡水资源开发利用提供了范例，具有里程碑意义。

三峡工程规模宏大，举世瞩目，有许多问题需要论证，尤其是对生态与环境的影响更引人关注。"长江三峡工程对生态与环境影响及对策研究"是由国家科委下达的"六五"、"七五"攻关项目，由中国科学院组织有关科研机构和高等院校38个单位600多位科研人员参加，共设11个二级课题和65个三级课题，分1984—1987年、1988—1990年两期进行。笔者为项目组成员、二级课题"三峡工程对长江河口生态与环境影响及对策研究"和三级课题"三峡工程对长江河口盐水入侵影响研究"的负责人之一，任项目研究报告、论证报告、论文集、图集编委，并被邀请为报送全国人大的"长江三峡水利枢纽环境影响报告"编写组成员，负责编写三峡工程对河口生态与环境影响。通过研究提出的"三峡工程对长江河口盐水入侵有利有弊，利在枯水期流量增加使盐度峰值削减，弊在10月流量减少使河口盐水入侵时间提前，总受咸天数增加"的结论被报告采纳。并提出了"升盐流量"、"降盐流量"等新概念。还参加上海市科委项目"三峡工程对长江口及上海地区生态环境影响与对策研究"，负责国家计委立项国家98高科技项目"三峡工程对长江口及其邻近海域环境及生态系统影响的研究"、上海市2001年重大决策咨询课题"三峡工程与南水北调工程对长江口水环境影响问题研究"。上述数项研究取得的成果均获好评，被有关部门作为决策依据。"长江三峡工程对生态与环境影响及对策研究"获中国科学院1989年科技进步一等奖，"三峡工程与生态环境"系列专著获中国科学院自然科学二等奖，笔者为系列专著编委、《三峡工程与河口生态环境》主笔之一，"三峡工程对长江口及其邻近海域环境及生态系统影响的研究"获国家海洋局2002年海洋创新成果二等奖。"三峡工程与南水北调工程对长江口水环境影响问题研究"成果评定为A级。

第三阶段　从 20 世纪 80 年代中期开始，倡导和践行物理化学生物过程研究相结合

笔者在研究中逐渐感悟到，研究河口地貌融入动力学内容，将动力、地貌、沉积相结合是很有价值的，使我国河口海岸研究从起步开始就驶上快车道，并提高了解决生产实际问题的能力。但这三者的结合主要体现的是物理过程，而仅考虑物理过程有不少问题是无法搞清楚的。如河口拦门沙的沉积物中，有不少细颗粒黏性泥沙，这些泥沙为何在此能沉积下来，若仅研究物理过程是无法解释清楚的，必须同时研究化学、生物过程对它的影响。此外，河口环境恶化已日益突出，其中很多是与化学、生物有关的问题，国外在这方面已开展很多研究，作为河口研究工作者也应给予高度关注。故从20世纪80年代中期开始，笔者除继续将动力、地貌、沉积相结合深入研究河口的物理过程外，还与有关单位合作并培养研究生，积极开展化学、生物过程研究，倡导和践行物理过程、化学过程、生物过程研究相结合，用物理学、化学、生物学和数学的研究成果来揭示河口千变万化的奥秘，最先在河口最大浑浊带研究中作了尝试，得到了同行的肯定与鼓励。1989年中国海洋工程学会、中国海洋湖沼学会海岸河口分会等7个学会在上海联合举办第五届全国海岸工程学术讨论会，在大会上我做了"长江河口最大浑浊带研究与展望"报告，会后著名河口治理专家黄胜激动地对我说："这几年我一直在思考河口研究如何深入、更上一层楼，听了你的报告有豁然开朗的感觉。"此篇报告也被大会评为优秀论文。此阶段的代表性研究成果为《长江河口最大浑浊带》（沈焕庭、潘定安著，海洋出版社，2001）。

河口最大浑浊带是一个广泛存在于潮汐河口的重要自然现象，它在沉积过程中对泥沙的聚集和输运、拦门沙的形成与演变起着十分重要的作用，在河口的生物地球化学中对许多重金属元素和有机物的化学行为、迁移和归宿产生显著影响，对其进行研究有重要的科学意义和实用价值，故河口最大浑浊带的研究早已引起相关科学家的重视。

我国入海河口众多，类型复杂，沙含量大，为深入研究河口最大浑浊带创造了极为有利的条件。笔者与郭成涛、朱慧芳等在20世纪80年代初，结合长江口通海航道的开发利用，开始对最大浑浊带进行专题研究，于1984年发表了我国第一篇专门讨论河口最大浑浊带的论文——《长江河口最大浑浊带的变化规律及成因探讨》。嗣后，同类研究在我国其他河口（如瓯江口、椒江口、黄河口等）相继展开。20世纪80年代末笔者与潘定安、李九发、贺松林、吕全荣、时伟荣、孙介民、周月琴、茅志昌、徐海根、沈健等在国家自然科学重大基金的支持下，又专门列题，以长江河口最大浑浊带为主要研究对象，以物理、化学、生物过程研究相结合的学术思想为指导，与本校化学系陈邦林、夏福兴、陈敏等，杭州大学（现并入浙江大学）阮文杰、张志忠、蒋国俊等以及东海水产研究所陈亚瞿、顾新根、徐兆礼、袁琪等合作，对河口最大浑浊带进行深入的综合性研究，经5年多的共同努力，对国内外河口最大浑浊带研究的进展，长江口最大浑浊带发育的环境，悬沙的时空变化规律，细颗粒泥沙的絮凝沉降，最大浑浊带形成的机理与特点、水沙输运机制，地形和悬沙浓度对最大浑浊带的影响，最大浑浊带中的地球化学过滤效应、浮泥、底质、浮游动物、浮游植物以及我国河口最大浑浊带的特性与类型等作了全面、系统的探讨，取得了一批具有开拓性和创新性的研究成果，出版了我国第一部有关河口最大浑浊带的著作，在河口学发展道路上迈出了坚实的一步。研究成果不仅加深了对长江河口最大浑浊带的认识，为河口拦门沙航道水深改善、排污口选址和水环境保护等提供了重要科学依据，也丰富了河口最大浑浊带的研究内涵，推动了河口沉积动力学的发展，并显示出物理、化学、生物过程研究相结合具有强大的生命力，它将把河口学发展推上一个新台阶。

第四阶段　从 20 世纪 90 年代末开始，追踪河口国际前沿研究

为了追踪河口国际前沿研究和为全球变化研究作贡献，结合IGBP（国际地圈–生物圈研究计划）中的两个核心计划（JGOFS——全球海洋通量联合研究、LOICZ——海岸带陆海相互作用研究），在两个国家自然科学重点基金的支持下，相继开展河口物质通量和陆海相互作用研究，代表性研究成果为《长江河口物质通量》（沈焕庭等著，海洋出版社，2001）和《长江河口陆海相互作用界面》（沈焕庭、朱建荣、吴华林等著，海洋出版社，2009）。

物质通量是JGOFS和LOICZ的重要研究内容，它对研究全球变化、认识地球系统的复杂性和功能具有重要意义。作为全球开展的研究计划，首先要研究局地尺度（local scale）的物质通量，然后在区域尺度（regional scale）以及全球尺度（global scale）上进行综合与集成。20世纪90年代在国家自然科学基金委员会和中国科学院的支持下，我国学者相继开展了东海海洋通量、南海碳通量、渤海生态系统动力学等一系列重点项目研究，但对河流输入海洋的物质通量研究甚少。据Garris和Mackenzie(1971)估算，每年由陆地进入海洋的物质约有85%是经河流输进海洋的。可见，河流的入海物质通量在陆地的入海物质通量中占有重要地位。

1998—2001年，笔者带领吴加学、吴华林、刘新成、黄清辉、傅瑞标等研究生在国家自然科学重点基金支持下，开展了长江河口物质通量研究。以往国内外的有关文献，都将河流输入河口区的物质通量视作入海物质通量，忽略了河口的"过滤器效应"。实际上河流输入河口区的物质在河流与海洋等多种因子的作用下发生了一系列的量变和质变，这些变化直接影响河流的入海物质通量。因此，不能将河流输入河口区的物质通量与入海的物质通量等同起来。本项目通过大量的现场观测和室内分析，运用数学模拟、GIS和DEM等先进技术手段，首次对长江河口的水、沙和氮、碳、磷、硅等生源要素通量进行了较全面、系统的研究，出版了我国第一部有关河口物质通量的著作。在研究中将物理过程、化学过程、生物过程研究相结合，并首次把河流入河口区通量和入海的通量两个不同的概念严格区分开来，既研究了长江进入河口区的水、沙和碳等生源要素通量的变化规律，又探讨了这些物质进入河口区后在河海多种因素相互作用下发生的变化，最后构建了泥沙和营养盐的收支平衡模式，得出了包括入海断面在内的若干典型断面不同时间尺度的通量，这

是具有开创性的，在河口学中开辟了一个新的研究领域。

海岸带处在陆海交界的过渡地带，是地球四大圈层相互作用、各类界面的汇集地带，它在全球物质循环和气候变化中扮演着重要角色。LOICZ主要研究自然变化和建坝、引水、施肥、城市化、快速社会经济发展等人类活动对海岸带环境和生态的影响，为海岸带综合管理和近海环境与资源可持续发展利用提供科学依据。入海河口是海岸带的一个重要、特殊组成部分，表征陆海相互作用的若干界面——潮区界面、潮流界面、盐水入侵界面、涨落潮优势流转换界面和冲淡水扩散界面等是河口的重要特征，这些界面既受到径流、潮汐潮流、盐淡水混合、风应力、口外流系等自然因子的作用，又愈来愈受到人类活动尤其是一些重大工程的影响，对这些界面的形成与变化以及对重大工程和海平面变化响应的研究能揭示陆海相互作用的机制，阐明河口区环境对人类活动和全球变化的响应途径、作用过程、动力机制及未来变化趋势，从而为海岸带特别是河口地区的开发利用和可持续发展提供科学依据，也可加深对陆海相互作用和全球变化的认识。

2003—2006年笔者与朱建荣、吴华林带领研究生刘高峰、李佳、吴辉、蔡中祥等在国家自然科学重点基金支持下，开展"长江河口陆海相互作用的关键界面及其对重大工程的响应"研究，以我国最大河流长江的河口作为研究基地，选择潮区界面、潮流界面、盐水入侵界面、涨落潮优势流转换界面和冲淡水扩散界面等几个对陆海相互作用响应敏感的典型界面作为研究对象，在研究过程中，除进行大量的现场观测外，还利用先进的三维数值模式和物理模型对三峡工程、南水北调工程、河口深水航道工程等重大工程建设以及海平面变化对上述界面时空变化规律的影响逐个进行详细的模拟，并对数个工程和海平面变化对不同界面的综合影响进行了模拟分析，得到了一系列创新性的见解。

以上两个项目取得的研究成果，对进一步阐明长江河口演变规律、预测未来环境变化及重大工程、海平面变化对河口过程的影响、长江河口的综合开发利用具有重要的意义，并加深了对河口物质通量、陆海相互作用和全球变化的认识，对其他河口的同类研究也具有参考价值。

第五阶段　从21世纪初开始，研究让上海人民吃到好水和防御岸滩侵蚀

近二三十年来，我国经济高速发展，河口海岸地区是经济与科技文化发达的精粹之地，发展更为迅猛。与此相应，在流域和沿海高强度开发下，河口地区的环境与生态遭受严重损坏，带来的负面影响日益严重，如污染物激增、盐水入侵加剧，导致河口可作为饮用水源的淡水资源匮乏；泥沙供应锐减，导致滩涂湿地丧失、功能衰减，等等。这些问题如不得到重视和解决，将严重影响我国社会经济的持续发

展，祸及子孙后代。针对上海和长江口的实际情况及需求，从2002年起，笔者等与有关单位合作开展了"上海水源地环境分析与战略选择研究"和"长江河口段岸滩侵蚀机理及趋势预测研究"，代表性研究成果为《上海长江口水源地环境分析与战略选择》（沈焕庭、林卫青等著，上海科学技术出版社，2015）与有关河口海岸侵蚀的数篇论文。

充沛、优质、安全的供水是城市发展的基本保证。濒江临海以水而兴的上海是一个特大型城市，正在向现代化国际大都市迈进。随着城市发展和人民生活水平的提高，城市供水的需求量将大幅度增加，对水质的要求也愈来愈高。根据联合国专家组预测，上海是21世纪严重缺水的六大城市之一。其实，上海的淡水资源并不少，但由于污染严重和盐水入侵，可供饮用水的水源日益减少，成为典型的水质型缺水城市。

黄浦江长期以来一直是上海的主要供水水源，由于人们没有善待这条母亲河，自20世纪70年代以来，下游水质逐年恶化，1987年将供水取水口移至中游临江后，在一定程度上改善了水质，但仍存在水质不能保证等问题。1990年，几位资深专家不约而同地提出开发青草沙水源地的建议，此建议颇有见地，但在当时过江管道等关键性技术尚未过关，经济实力也不够，建设条件还未成熟，故未被决策部门采纳。1992年陈行水库建成投产，成为上海市供水的第二水源，1996年又实施二期工程，取水规模达到130×10^4 t/d。但由于受岸线和滩地的限制，库容量不大，仍无法满足上海的需求。为此专家们又献计献策，有些曾在20世纪90年代初提出青草沙方案的专家现又提出没冒沙方案，还有专家提出太仓边滩水库以及以陈行水库为主体的边滩水库链等方案，这些方案各有利弊，但科学论证都显不足，使领导难以决策。在此背景下，2002—2003年笔者与朱建荣、茅志昌、李九发等联合上海市环境科学研究院、上海市环境监测中心，在上海市环境保护科学技术发展基金支持下，开展了"上海水源地环境分析与战略选择研究"，根据实测资料，运用先进的计算方法，对上海水源地的环境现状、盐水入侵、河势演变、水质污染、重大工程和海平面上升对水源地的影响作了全面、系统的研究，阐明了建立新水源地的必要性、上海水源地亟待解决的问题、国外先进城市水源地建设经验，提出了上海水源地战略选择的6个原则，对3个可比选的水源地的主要优缺点作了全面、深入的对比，提出上海水源地的重点应从黄浦江向长江口转移，青草沙水源地是在本市管辖范围内最佳的水源地，此成果获上海市科技进步二等奖。

2005年12月上海市水务局主持召开了上海市长江口水源地评估审查会，组织国内9个相关学科的26位资深专家，就青草沙或没冒沙的建设问题进行评估审查，一致认为，青草沙水源地具有淡水资源丰富、水质优良、可供水量大、水源易于保护、抗风险能力强等优势，推荐青草沙水库方案。专家们的观点与我们2003年完成的报告的观点不谋而合，高度一致。2006年1月，青草沙水源地工程被列入市"十一五"规划，2007年开工建设，2011年6月全面投入运行，给上海市人民带来了清澈优质的自来水。

海岸侵蚀已经成为21世纪全球变化中的一个重要问题。世界上有70%的淤泥质海岸遭受侵蚀，我国的三角洲及平原海岸也有70%处于侵蚀状态。在20世纪50—80年代，我国入海河流每年携带20×10^8 t泥沙入海，占全世界入海泥沙的10%，其中黄河、长江两大河流占全国入海泥沙量的80%左右。黄河过去年输沙量为$11 \times 10^8 \sim 13 \times 10^8$ t，但自1972年以来，在人类活动的影响下，下游断流日趋严重，导致入海泥沙锐减，近7年的来沙仅相当于五六十年代一年的来沙量。长江年入海输沙量在20世纪70年代以前达5×10^8 t，近30年来泥沙也有明显减少趋势，90年代比60年代减少了1/3，比80年代减少21%。

入海泥沙减少导致河口海岸地区供沙不足，原淤积型的海岸涨速减缓，转化为平衡型或侵蚀型。黄河三角洲从过去快速淤涨变为大面积侵蚀后退，对胜利油田等造成严重威胁。长江口没有黄河口那么严重，但淤涨速率在减缓，在水下三角洲已较明显。岸滩侵蚀将带来诸多负面影响，故急需加强研究，寻求对策。2003—2005年笔者和茅志昌在国家自然科学基金资助下，带领研究生胡刚、曹佳等开展"长江河口段岸滩侵蚀机理及趋势预测"研究，对研究地区岸滩侵蚀的分布格局、近期变化、影响因素、演变模式及滩槽变化等进行了研究，取得了一些颇有价值的研究成果。与国外同类研究以及我国岸滩侵蚀严峻的形势相比，我国对岸滩侵蚀的研究亟待加强和提高。

第六阶段　从2008年正式退休开始，总结研究成果，思考学科发展

按我校（华东师范大学）规定，1993年年底以前确定的博士生导师，退休年龄为68岁，我应在2003年退休。但学校又有规定，到退休年龄时如达规定条件可予以延聘。当时我是国家自然科学重点基金负责人、校"211工程"自然地理学与地理信息系统学科建设项目学术带头人与法人代表、国务院学位委员会地理学科评议组和全国博士后管委会地球科学专家组成员兼召集人，按学校规定，在上述职务中只要有其一就可延聘，故先被延聘2年后又续聘2年，实际工作到2007年，2008年开始过颐养天年的退休生活。

退休是人生的一大转折。退休后与退休前的很大不同在于时间和做什么均可由自己支配，可按自己的意愿做事，做自己喜爱的事，自己能做的事，必须自己做的事和对社会有益的事。不为稻粱谋，不作名利求，择善而从，量力而行，做到老有所乐，老有所为，过个有质量的晚年。按此理念，退休后我打太极拳、玩奇石、练书法、养花种菜、读报纸看电视、听音乐、旅游、与亲朋好友聊天、与家人共享天

伦之乐等等，但最有兴趣和时间花费最多的是运用多年来人生历练与岁月厚积的智慧，总结河口研究成果和思考河口学科发展。不知何故，退休后河口学中诸多问题仍萦绕在脑际，仍对河口学的发展有强烈的使命感和责任感，对探索河口的奥秘仍有无穷的兴趣，或许只是喜爱河口，借此抒发对河口的感情，自得其乐而已。

总结河口研究成果

退休后已合作出版3部论著，一本是《长江河口陆海相互作用界面》，另一本是《长江河口水沙输运》，还有一本是《上海长江口水源地环境分析与战略选择》。

在我完成了一个与JGOFS计划密切相关的国家自然科学重点基金项目——长江河口通量研究后，2003年又申请到一个与LOICZ计划密切相关的国家自然科学重点基金项目——长江口陆海相互作用关键界面及其对重大工程的响应。在项目组全体成员的共同努力下，通过3年的研究，取得一系列创新成果，在国内外发表了20多篇论文，原设想还要写一部专著，由于当时工作繁忙等多种因素未能如愿。退休后时间由自己支配，我首先想到的是写这本想完成而未完成的书。在已有研究成果的基础上，约花了近1年时间，综合、集成了《长江河口陆海相互作用界面》一书。

我步入河口研究领域时，正值"文化大革命"时期，此时已提出"抓革命促生产"口号，我利用这个机会，如有生产任务就争取去做。1968年初，上海市自来水公司为改善自来水水质，来我校联系，要探索黄浦江水质预报，学校指派我接待，后经双方组织商定，我即去该公司上班。先到杨树浦水厂、南市水厂等与一线工人座谈和收集资料，了解原水黑臭的时间变化和原因，参加自闵行水厂至黄浦江口的水质监测等，正在边调研边构思预报模型时又有了新任务。1969年黄浦江苏州河黑臭已非常严重，市里发出向黄浦江苏州河污水宣战号召，在市工交组组织下成立污水治理小组，成员从三废办公室、有关设计院和高校抽调，我名列其中，致使水质预报工作没有进行到底。抽调来的大都是各有关专业的骨干，在做了大量调研的基础上，提出了污水截流、污水灌溉、集中外排等治理方案，后经试验，污水灌溉会污染农作物而被排除，污水截流和集中外排被采纳。当年建设的石洞口和白龙港排污系统至今经改建、扩建仍在发挥重要作用。

1970年初至1971年初，由学校安排去苏北大丰"五七干校"接受再教育，先后做过制煤渣砖、建茅草房、开沟挖渠、大田劳动、养牛和采购等工作。1971年元月返校后因宝山（包括长兴岛、横沙岛）有不少岸段涨坍不定，变化无常，给安全和生产带来严重危害，与刘苍字、曹沛奎、董永发等组成小分队去宝山县农水局参加宝山地区护岸工程自然条件分析与规划研究，先听取有关介绍，接着到宝山至浏河、长兴、横沙、川沙、南汇现场查勘，访问浏河前进渔业社和幸福渔业社、南汇海洪渔业社和海星渔业社以及长兴、横沙、川沙、南汇海塘工务所，参加郊区六县防汛工作会议，召开工地负责人、有经验的海塘工人与渔民的座谈会，查阅收集了宝山县历年海塘工程、地形测量、沙岛历史演变、岸滩变化、水文气象等资料，在此基础上，经综合分析，合作编写了"宝山地区护岸工程自然条件分析报告"，为宝山地区护岸保滩工程规划与建设提供了重要科学依据。

1972年2月，为改善长江口通海航道水深，适应上海港发展，挂靠上海航道局成立了"长江口航道整治科研组"，参加单位除上海航道局外，还有南京水利科学研究所和华东师范大学河口海岸研究室，因航道局内部还在打内战，科研组由南科所杨志龙和我负责开展工作，都在外滩海关大楼上海航道局上班，从此开始长达3年的长江口7米通海航道的选槽与建设研究。此后又参加了"九五工程"（远望号码头）改址、"728工程"（苏南核电厂）选址、长江口三沙治理及上海新港区选址等研究。21世纪初，在国家自然科学基金支持下，带领王永红、谢小平、刘高峰等研究生对河口涨潮槽的水沙输运和九段沙演变进行了研究。

通过上述这些研究，编写了不少研究报告，发表了多篇论文。由于该时期的研究都是直接为生产服务，需要什么就研究什么，编写的报告存放在多个单位，论文发表在多种杂志，粗看是凌乱和互不相关的，其实，从科学角度看是有内在联系的，其内容都与水沙输运有关。如能将这些研究成果以及后续的相关研究成果综合、梳理、修改、补充作系统总结，既能提升学术水准，也便于后人了解在这一研究领域已做的工作和尚需进一步探索的问题，避免后人做不必要的重复研究，为此与李九发教授合作撰写了《长江河口水沙输运》一书。此书出版后得到同仁鼓励，获得由国家海洋局、中国海洋学会、中国太平洋学会、中国海洋湖沼学会联合颁发的2013年度优秀海洋科技图书奖。

将长江作为上海城市供水的第二水源，经历了一个比较长和曲折的过程。上海市几届领导和几代科技工作者为此作出了贡献，笔者也有幸参加了这一工程的可行性研究，客观地回顾这一历程和总结已取得的研究成果具有重要的实践意义和理论意义。青草沙水库的建成大幅度提高了上海城市供水水源的可靠性和安全性，对全面扭转上海水质型缺水城市局面作出了突出贡献。但也必须清醒地认识到，青草沙水库建成后仍存在诸多新问题、新挑战，尤其值得高度关注的是，如何防止长江口和黄浦江水质恶化，如何减少盐水入侵的危害，如何改善和防止库内的富营养化等，对这些问题我们要给予高度重视，及早考虑对策，采取措施，积极应对，尽可能防患于未然，以满足上海经济、社会持续发展对原水的要求。为此与林卫青合作，在2003年完成的"上海水源地环境分析与战略选择研究"报告的基础上经修改、补充，撰写了《上海长江口水源地环境分析与战略选择》一书，书中不仅总结了已有的研究成果，且对新形势下上海水源地开发与保护提出了建议。

思考河口学科发展

我国的河口研究主要是在20世纪50年代在苏联专家的帮助下开展起来的，其中萨莫伊洛夫（И.В.Самойлов）的巨著《河口学》（1952）及1957年在中国科学院与华东水利学院（现河海大学）联合举办的河口学报告会上讲授的《河口演变过程的理论及其研究方法》对推动我国河口研究起了重要作用。萨氏是地理学专家，他研究的河口既有入海河口，又有入湖河口、入库河口和支流河口，并把河口视为一个多种因素作用之下的自然综合体来进行研究，在研究中非常重视水文情势的观测与分析，以及水文、气象气候、地质地貌、土壤植被等地理要素之间的联系和相互作用。他提出的河口定义、河口区分段与河床演变等理论和研究方法被我国学者广为引用。

国际著名河口海洋学家、美国工程院院士普里查德（D W Pritchard）是气象学学士、海洋学博士，1949年起就担任美国Johns Hopkins大学切萨皮克湾研究所所长，在20世纪50年代发表了一系列入海河口的现代河口物理学重要奠基性论文，他提出的入海河口的定义、分类和盐淡水混合等理论被西方学者广为引用。由于多方面的原因，我国河口科技工作者在20世纪80年代才了解和重视他的学说，即便如此，他对推动我国河口动力学的发展仍起了重要作用。

1957年在河口学报告会后，华东师范大学成立了河口研究室，浙江水利厅成立了钱塘江河口研究站，这是我国现代河口研究启航的标志。陈吉余先生根据苏联学者在河口海岸研究方面取得的成就，结合我国河口海岸的特点，在河口海岸地貌的研究中倡导地貌与动力、沉积研究相结合，他发表的《长江三角洲江口段的地形发育》（1957）、《杭州湾的动力地貌》（1961）、《钱塘江河口沙坎的形成与历史演变》（1979）、《两千年来长江河口发育的模式》（1979）等一系列论文对中国河口海岸地貌学的发展产生了重要影响。与此同时，窦国仁、钱宁、黄胜、黄维敬、戴泽蘅、罗肇森、庞家珍等专家在河口泥沙运动、河口治理等方面作出了重要贡献。

近60年来，我国河口研究在全国老中青三代河口科技工作者的共同努力下，结合长江口、黄河口、钱塘江口、珠江口等大河口以及海河口、瓯江口、闽江口、射阳河口等中小河口的开发治理，在理论尤其在应用研究方面取得了令人瞩目的进展，不仅解决了一系列生产建设中的重大问题，在社会经济发展中起到了重要作用，而且对河口拦门沙、河口冲刷槽、河口分汊、河口潮波变形、河口环流、盐水入侵、冲淡水扩展、最大浑浊带、河口锋、物质通量、陆海相互作用、河口发育模式、河口三角洲、河口分类等一些理论问题的研究也取得了可喜的进展，提高了河口学的科学水平。半个世纪以来，我国入海河口研究取得的辉煌成就值得庆贺，但必须清醒地认识到还存在诸多问题值得重视和亟待解决：如浮躁、急功近利等不正之风的蔓延，导致缺少一流成果和一流人才；我们的研究水平特别是基础研究的深度和创新性与国际先进水平相比,仍有较大差距等。近二三十年来,我国沿海经济高速增长,在强大的人类活动作用下,入海河口的健康遭受严重损害,如入海泥沙剧减,污染物激增,滩涂湿地大量丧失,淡水资源匮乏,水产资源退化,等等,河口学面临前所未有的挑战。

回顾我国河口研究的历程和面对新的挑战,我国河口科技工作者都在思考我国河口学如何更好地发展。2007年在华东师范大学河口海岸科学研究院建所50周年之际,笔者撰写了《50周年院庆寄语》,为发展我国河口海岸学科,对研究地区、发展原有特色和增添新特色、应用研究与基础研究、宏观研究与微观研究、现代过程研究与历史过程研究、树立良好学风、老中青相结合、队伍建设、组织建设、研究方法、国内外学术交流和拓宽研究领域等12个方面提出了管见。2012年和2013年又为河口海岸学国家重点实验室和河口海岸科学研究院师生作了题为"对发展河口学的思考之一、之二"的报告。接二连三地发表浅见,除表达对河口的眷恋之情外,更主要是抛砖引玉,借此吸引更多有关河口的科技工作者、部门、领导来关注河口学科的发展,呼唤有时代责任感和开创性的科学家、思想家提出更多睿智的建议,促进河口学更快发展,以适应时代的要求。

河口学是一门年青的、综合性很强、充满活力的边缘学科。我国河口研究在相当长的时间内主要研究河口地貌学。从国际上看,1966年美国伊本主编的《河口海岸动力学》和劳夫主编的《河口湾》,1973年英国达尔(K R Dyer)著的《河口学:物理导论》,1976年美国C B Officer著的《河口及毗连海域的物理海洋学》,1977年英国B M DcDowell和B A O'Connry著的《河口水力行为》等,这些20世纪60年代和70年代代表性著作的内容也都主要是河口的物理过程。而河口学研究的对象是河口区这一自然综合体,河口过程是一个影响因素众多的异常复杂的过程,是物理、化学、生物过程三者结合和相互作用的综合过程,又受到人类活动的强烈影响。如仅考虑物理过程,忽略了河口学的综合性质,便不可能从根本上揭示河口过程的内在规律。因此,河口学要根据其研究对象的属性和所面临的强大人类活动的挑战,架构与之相应的河口学综合学科体系。这个体系的初步框架如下图所示。

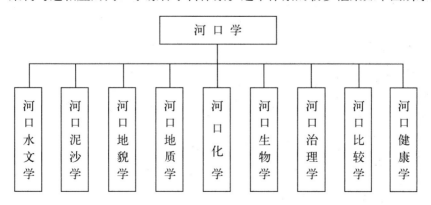

河口学综合学科体系的建立是河口学发展的需要和发展阶段的体现，此体系的建立不仅可提高河口学的科学水平，还可大幅提升河口学的学科地位。

科学研究是接力赛跑，起跑点必须在科学研究的前沿。我国河口数量和类型众多，为河口研究提供了得天独厚的自然条件，快速的经济发展使河口健康遭受严重损害，出现了诸多新问题，政府对环境与生态愈来愈重视，这为河口科技工作者提供了大展宏图的好机会，我们从事河口研究的同仁尤其是年青的同仁任重道远，要抓住这个良机，发扬优良传统，在前人研究的基础上，勇于开拓创新，敢为人先，坚持多学科交叉融合，崇尚实践，加强基础理论研究，将应用研究植根于基础研究和翔实数据的沃土之中，为建立和完善具有我国特色的河口学综合学科体系，推动河口学的发展，努力拼搏，勇攀国际高峰，为河口地区自然资源的持续开发与利用、生态环境的保护与修复提供更充分的科学依据，恢复河口健康，使人与河口和谐相处，让河口给人类带来更多福祉。

长江后浪推前浪，青出于蓝胜于蓝，一代更比一代强，河口学必将迎来更光辉灿烂的明天。

本书除前言与后语外共有6部分。第一部分是科学研究，对参加或负责的37个应用研究项目和9个基础研究项目、合作发表的220多篇论文、出版的9部专著和学术思想作了简要介绍，摘录了同行专家和相关部门对部分研究成果的评价。第二部分是教书育人，从招生、授课、指导做学位论文、综合素质培养、如何提高培养质量5个方面叙述了我培养研究生的情况与体会，并列出了学生的学位论文题目与感言。第三部分是学科建设，分河口海岸学、自然地理学与地理信息系统和地理学3个不同学科层次叙述了本人对这3个学科发展所做的相关工作。第四部分是经历纪要，简述了从我出生至大学毕业的经历以及工作后每年做的主要工作和要事。第五部分是人生旅途，记述了小学、初中、中等师范学校、大学和工作后不同阶段在人生旅途上经历的一些酸甜苦辣及难以忘怀、值得回味的人和事。第六部分是我年届八秩时部分同仁和弟子对我的鼓励与鞭策。

在本书撰写过程中得到家人尤其是老伴凌瑞霞的关心与支持，以及同仁、弟子的鼓励与配合，王佩琴同志为本书精心打字排版。本书出版时陈茂廷编审、杨传霞副编审和林峰竹精心编辑，并得到河口海岸学国家重点实验室俞世恩书记和高抒主任的鼓励、办公室同志的帮助以及室出版基金的资助，特别应指出的是原华东师范大学校长、现上海纽约大学校长、中国地理学会副理事长俞立中教授在百忙中还为本书作序，在此一并表示诚挚的感谢。书中不当之处恳请读者批评指正。

沈焕庭

目　录

1　科学研究 ⋯⋯⋯⋯⋯⋯⋯⋯⋯⋯⋯⋯⋯⋯⋯⋯⋯⋯⋯⋯⋯⋯⋯⋯⋯⋯⋯⋯ 001

1.1　应用研究 ⋯⋯⋯⋯⋯⋯⋯⋯⋯⋯⋯⋯⋯⋯⋯⋯⋯⋯⋯⋯⋯⋯⋯⋯⋯⋯⋯ 003
　　（1）动力地貌调查和水文泥沙测验 ⋯⋯⋯⋯⋯⋯⋯⋯⋯⋯⋯⋯⋯⋯ 003
　　（2）河口污水治理及水源地战略选择 ⋯⋯⋯⋯⋯⋯⋯⋯⋯⋯⋯⋯ 007
　　（3）通海航道选槽与河口整治 ⋯⋯⋯⋯⋯⋯⋯⋯⋯⋯⋯⋯⋯⋯⋯ 011
　　（4）新港区选址和港口码头建设 ⋯⋯⋯⋯⋯⋯⋯⋯⋯⋯⋯⋯⋯⋯ 017
　　（5）南水北调和三峡工程对河口生态与环境的影响 ⋯⋯⋯⋯⋯ 020
　　（6）其他 ⋯⋯⋯⋯⋯⋯⋯⋯⋯⋯⋯⋯⋯⋯⋯⋯⋯⋯⋯⋯⋯⋯⋯⋯ 024

1.2　基础研究 ⋯⋯⋯⋯⋯⋯⋯⋯⋯⋯⋯⋯⋯⋯⋯⋯⋯⋯⋯⋯⋯⋯⋯⋯⋯⋯ 026
　　（1）中美海洋沉积作用联合研究 ⋯⋯⋯⋯⋯⋯⋯⋯⋯⋯⋯⋯⋯⋯ 027
　　（2）中国河口主要沉积动力过程及其应用 ⋯⋯⋯⋯⋯⋯⋯⋯⋯ 029
　　（3）长江河口径流和盐度及其关系的谱分析 ⋯⋯⋯⋯⋯⋯⋯⋯ 031
　　（4）长江河口盐水入侵规律研究 ⋯⋯⋯⋯⋯⋯⋯⋯⋯⋯⋯⋯⋯ 032
　　（5）长江河口通量研究 ⋯⋯⋯⋯⋯⋯⋯⋯⋯⋯⋯⋯⋯⋯⋯⋯⋯ 032
　　（6）长江河口涨潮槽形成机理与演化过程的定量研究 ⋯⋯⋯ 034
　　（7）长江河口拦门沙冲淤动态及发展趋势预测 ⋯⋯⋯⋯⋯⋯⋯ 034
　　（8）长江河口陆海相互作用的关键界面及其对重大工程的响应 ⋯ 035
　　（9）长江河口段岸滩侵蚀机理及趋势预测 ⋯⋯⋯⋯⋯⋯⋯⋯⋯ 036

1.3　发表论文 ⋯⋯⋯⋯⋯⋯⋯⋯⋯⋯⋯⋯⋯⋯⋯⋯⋯⋯⋯⋯⋯⋯⋯⋯⋯⋯ 036
　　（1）河口水文 ⋯⋯⋯⋯⋯⋯⋯⋯⋯⋯⋯⋯⋯⋯⋯⋯⋯⋯⋯⋯⋯⋯ 038
　　（2）河口泥沙 ⋯⋯⋯⋯⋯⋯⋯⋯⋯⋯⋯⋯⋯⋯⋯⋯⋯⋯⋯⋯⋯⋯ 056
　　（3）河口地貌 ⋯⋯⋯⋯⋯⋯⋯⋯⋯⋯⋯⋯⋯⋯⋯⋯⋯⋯⋯⋯⋯⋯ 073
　　（4）河口沉积 ⋯⋯⋯⋯⋯⋯⋯⋯⋯⋯⋯⋯⋯⋯⋯⋯⋯⋯⋯⋯⋯⋯ 081
　　（5）河口化学 ⋯⋯⋯⋯⋯⋯⋯⋯⋯⋯⋯⋯⋯⋯⋯⋯⋯⋯⋯⋯⋯⋯ 083
　　（6）河口生物 ⋯⋯⋯⋯⋯⋯⋯⋯⋯⋯⋯⋯⋯⋯⋯⋯⋯⋯⋯⋯⋯⋯ 087
　　（7）河口比较 ⋯⋯⋯⋯⋯⋯⋯⋯⋯⋯⋯⋯⋯⋯⋯⋯⋯⋯⋯⋯⋯⋯ 091
　　（8）人类活动对河口的影响 ⋯⋯⋯⋯⋯⋯⋯⋯⋯⋯⋯⋯⋯⋯⋯⋯ 094

（9）河口开发治理 ·· 096

（10）河口研究进展 ·· 101

（11）海平面与基准面 ···································· 105

（12）其他 ·· 106

1.4　出版专著 ··· 109

（1）《长江河口动力过程和地貌演变》 ·········· 109

（2）《三峡工程与河口生态环境》 ·················· 116

（3）《长江冲淡水扩展机制》 ························· 126

（4）《长江河口最大浑浊带》 ························· 128

（5）《长江河口物质通量》 ···························· 133

（6）《长江河口盐水入侵》 ···························· 136

（7）《长江河口陆海相互作用界面》 ·············· 141

（8）《长江河口水沙输运》 ···························· 144

（9）《上海长江口水源地环境分析与战略选择》 ·· 148

1.5　学术思想 ··· 160

1.6　成果评价 ··· 163

（1）长江河口过程动力机理研究 ·················· 163

（2）河口最大浑浊带研究 ···························· 165

（3）长江河口盐水入侵规律及淡水资源开发研究 ·· 167

（4）闽江口通海航道整治研究 ······················ 172

（5）国际著名河口海洋学家，美国工程院院士 D W Pritchard
对沈焕庭的评价 ···································· 173

2　教书育人 ·· 175

2.1　招生 ··· 177

（1）招收专业 ··· 177

（2）招收渠道 ··· 178

2.2　授课 ··· 178

2.3　指导做学位论文 ·· 179

（1）选题 ·· 180

（2）创新 ·· 181

（3）论文撰写 ··· 182

2.4　综合素质培养 ··· 182

2.5　提高培养研究生质量 ·································· 184

2.6　学生学位论文题目与感言 ··························· 185

3 学科建设 ··191

3.1 河口海岸学 ···193
　　（1）带领室所同仁向河口海岸学的深度和广度进军 ·············193
　　（2）参与全国河口海岸学科发展和开发利用规划制订 ··········195
　　（3）担任多个河口海岸学的学术职务，为发展河口海岸学科
　　　　　献计献策 ···195
　　（4）参与国际合作研究 ··197
　　（5）合作出版 9 部专著 ··197
　　（6）倡导和践行物理、化学、生物过程研究相结合，多次对
　　　　　发展河口海岸学科发表管见 ·······································197
3.2 自然地理学与地理信息系统 ····································198
3.3 地理学 ··199
　　（1）连续三届被聘为国务院学位委员会学科评议组成员 ·······199
　　（2）连续三届被聘为全国博士后管理委员会地球科学专家组成员 ···200
　　（3）连续 9 年参加全国百篇优秀博士学位论文评选 ·············201
　　（4）参加香山科学会议 ··201
　　（5）与多所高校地理系师生交流地理科学如何更好发展 ·······202

4 经历纪要 ··203

5 人生旅途 ··239

（1）可爱家乡 可敬父母 ···241
（2）起跑线上引路人 ···246
（3）乡村小学教师的摇篮 ···248
（4）保送进大学深造 ···250
（5）与贫下中农"三同" ··253
（6）向海洋进军 ···256
（7）"文化大革命"拾零 ··261
（8）在"五七"干校 ···265
（9）在美国太平洋环境实验室 ···270
（10）在美国纽约州立大学石溪分校 ··274
（11）一位有良知的日本老人 ···282
（12）给家乡小朋友的信 ··284
（13）献身科研，造福人类——记全国教育系统劳动模范沈焕庭 ······287

（14）"师者，所以传道授业解惑也" ······················· 288

　　　——记河口海岸学国家重点实验室沈焕庭教授 ············· 288

（15）申报院士 ··· 289

（16）7 次住房搬迁 ····································· 292

（17）潜心河口研究 40 载——记河口学专家沈焕庭教授 ····· 295

（18）钟情河口盐水入侵研究 ····························· 296

（19）接受环球时报记者专访 ····························· 301

（20）老有所乐，老有所为 ······························· 304

6　鼓励鞭策 ······································· 315

（1）30 年君子之交 ···································· 317

（2）我认识的沈焕庭老师 ······························· 320

（3）心中有梦寿百年——恭贺沈焕庭教授八十华诞 ········· 323

（4）河口海岸学的发展 ································· 324

（5）桃李不言，下自成蹊——贺沈焕庭老师八十大寿 ······· 327

（6）值得永远感谢的人 ································· 329

（7）感恩与感悟 ······································· 332

（8）海洋沉积动力学学习研究之回顾与思考 ··············· 333

　　　——献给沈焕庭教授"潜心河口研究 50 载"学术研讨会 ··· 333

（9）河口海岸科研生涯引路人 ··························· 342

（10）跟随沈先生探索未知的河口世界 ····················· 344

（11）学习沈老师情系河口孜孜以求的学术情怀 ············· 348

（12）岁月流逝冲淡不了的师生情谊 ······················· 351

（13）贺导师沈焕庭教授八十华诞 ························· 353

（14）贺沈焕庭教授八十大寿 ····························· 356

（15）河口环境科学：我的梦想，从这里起步！ ············· 357

（16）我的河口学之缘 ································· 360

（17）河口学研究的开拓者和领路人 ······················· 362

（18）水善下成海，山不争极天 ························· 365

后　语 ··· 366

1 科学研究

　　笔者自步入河口研究领域后，根据生产和学科发展需要开展了一系列的科学研究工作。按研究性质这些研究大致可分为两大类，一类是直接为生产建设服务的应用研究，另一类是基础研究。前期以应用研究为主，中、后期除开展应用研究外，还积极开展基础研究，将应用研究与基础研究相结合。现将参加或负责的应用研究与基础研究的项目及其背景按时间先后分别叙述如下。

1.1 应用研究

自1959年起至2006年，笔者参加或负责的大小应用研究项目共计37项。研究地区北至中朝边境的鸭绿江河口，南至中越边境的北仑河口及海南岛的三亚。研究内容涉及水文泥沙测验、滩地调查、潮流图编制、污水治理、护岸保滩、通海航道选槽与整治、河口综合治理、港口与码头选址、核电厂选址、水源地选址与规划、新能源发展规划、三峡工程与南水北调等重大工程对河口生态与环境影响及对策等诸多方面。研究成果为多项工程提供了科学依据，被采纳应用，取得了明显的社会效益和经济效益。现归纳为6个方面，每个方面以时间先后为序，对每个项目作简要介绍。

（1）动力地貌调查和水文泥沙测验

● 长江口杭州湾海岸动力地貌调查（1959年）

1959年7—8月在上海河道工程局的组织下，华东师范大学地理系70余人参加了长江口与杭州湾海岸动力地貌调查，我带领数名学生负责长江河口沙岛动力地貌调查。在崇明岛奚家港潮滩观测时，发现一种奇特的褶皱状层理，引起我极大兴趣，当场对它的特征进行了描述，并拍了照片，取了原样。调查结束后将此情况向负责调查的陈吉余老师作了汇报，他听了对此也很感兴趣，认为这是一个重要的沉积现象，他回想起在长江三角洲地貌调查时于江苏六合、如皋的江岸以及在山东北镇渡黄河时于河流左岸，也见到过此种特殊的层理丛系。后经讨论，由陈先生执笔，合作发表了《层理褶皱的形成及其在沉积学与实际应用中的意义》一文，先刊载于1959年华东师范大学地理系地理论文集（2）——长江三角洲自然地理（1），后又载于1960年全国地理学术会议论文集（地貌）。调查结束后，笔者还负责编写了"长江河口沙岛动力地貌调查报告"。

● 苏北沿海水文测验（1960年）

1960年7月参加"苏北沿海水文测验和动力地貌调查"，我负责3条船在苏北嵩枝港与吕四港间的3个横断面进行同步水文测验。租用的是吕四渔船，吨位约30～40 t，马力不足，靠风帆助力。船上条件极差，甲板上无帐篷，只有一个供船员睡觉的小木棚，观测期间白天炎热，晚上很凉，我们休息睡觉不能在甲板上，只能到原用作藏鱼的船舱，舱内鱼腥味刺鼻，闻了易恶心呕吐。没有新鲜的蔬菜和鱼肉，只有咸菜、咸鱼下饭吃。更没料到该海区海况非常恶劣。据船老大讲，这里浪大流急，沙洲密布，水下地形变化无常，在同一处前几天水还很深，过几天会很浅，一不小心船进去后就会出不来，搁浅翻船事故屡见不鲜，渔民也不敢在这片海域捕鱼，出发前我们对此情况一无所知。当时连简陋的通信设备也没有，我指挥其他两条船是用拖把挂在桅杆上作为指挥旗，约定若拖把放在桅杆中段表示观测开始，若拖把落下表示观测结束，若拖把放在顶端则表示有急事。定位用六分仪。第一次观测在小潮期，潮差、流速均较小，加上天气好，晴空万里，能见度大，观测比较顺利。第二次观测接近大潮期，潮差与流速显著增大，天气在观测开始时较好，但在观测结束前约3小时，只见外海远处有一朵馒头状的云团，缓慢地飘来，如此奇特美景从未见过，大家边观测边欣赏，正陶醉在仙境中时，随着这朵美丽云团向我们靠近，风越刮越大，船摇动得越发厉害，当云团临近我们头顶时，猛然间暴风乍起，大雨倾盆，狂涛四起，船只摇晃得如荡秋千，大有翻船之势，大家都措手不及，船老大和船员急忙钻进小木棚，我们使劲地抱住桅杆，紧闭双眼，任凭船摇和风吹雨浪打。幸好测船抛的是单锚，船向可随风浪流向而改变，船虽大幅摇晃，却不易倾覆，若抛的是双锚，早已翻船，葬身大海。遭受风吹雨打摇晃与恶魔搏斗约一刻钟左右后，云过雨停风息，大海又渐渐地恢复到原来状态。我们全身湿透，都精疲力尽变成没有魂的"落汤鸡"，与死神擦肩而过，有惊无险，绝处逢生，庆幸我们命大。我定神片刻，向四周瞭望，我们的船早已

在苏北沿海水文测验（1960年）

不在原来位置，其余两条船更是不见踪影，未知凶吉，我忧心如焚，忐忑不安，但又无通信工具与他们联系，只能听天由命。这时船老大从小木棚走出来，他说这种险况他们也从未碰到过，没有翻船是不幸中的大幸。挂在绞车上的观测仪器都已受损，观测已无法继续进行，只能与船老大商量设法返航。经过两个多小时的颠簸折磨，终于靠上了吕四附近一个小港的码头。在船接近海岸时，听到响亮的敲锣打鼓声，到岸上才知道，据说此时蒋介石叫嚣要反攻大陆，前几天有两艘台湾船要在吕四附近登陆，为此全民皆兵，沿海布满敲锣打鼓的民兵。他们怀疑我们是从台湾来的特务，上岸后将我们押送到边防派出所，经再三盘问，查验证件又与上海有关部门联络后才放行。过了两三个小时，在地方政府的协助下，得知其余两条船也已靠岸，也是有惊无险，无人员伤亡，这时我才放下了心。晚上我们聚集在一起，找了

一家小饭馆，买了两瓶土酒，边痛饮边畅聊各自遭遇的惊险场面，悲喜交集，嘻说大难不死，必有后福。此刻大家深切地体会到，河口海岸地带蕴藏着无穷的奥秘，揭示其奥秘是一项充满艰辛和险情的事业，要干这一行必须敢于冒风险，经得起生与死的考验，恶劣环境是对自己的磨砺。

● 连云港水文泥沙同步测验（1967 年）

1967年河口海岸研究室接受任务，开展连云港泥沙回淤研究，先进行水文泥沙同步现场测验。在乘火车去连云港途中，因时值盛夏，天气炎热，车厢内人多拥挤，加上过度疲劳，我开始感到气闷，在快到蚌埠站时，头晕眼花，全身无力，瞬间突然晕厥，倒在旁边人身上。同去的同志见到此情此景都很着急，有的按压我的人中，有的与列车长联系，广播寻找车上有无医生，并与蚌埠站联系急救，一时气氛十分紧张，表达了同志间的深情厚谊。正在大家焦急万分时，奇迹出现了，我的脉搏重新启动，又回到了人间，有惊无险，紧张气氛顷刻被欢乐气氛替代。到达连云港第二天，水文泥沙测验开始，我照常上船观测，观测结束后编写研究报告，我负责编写其中的水文部分，圆满地完成了任务。报告中提出的一些基本观点，如驻波、波腹与波节的位置及其对泥沙输移与淤积的影响等，至今仍有重要参考价值。

● 上海市宝山地区护岸工程自然条件分析（1971 年）

宝山县位于长江河口，有长兴、横沙两岛，江堤岸线很长，大陆部分自与江苏太仓县交界的王家宅至吴淞口，长约23 km，长兴岛岸线长66 km，横沙岛岸线长36 km，新中国成立前不能抗御江潮风浪的袭击，有一首民谣是当时情景的真实写照："七尺浪头八尺潮，到处一片浪滔滔，家破人亡房屋倒，岛上穷人无依靠，妻离子散灾荒逃。"新中国成立后修筑了许多海塘工程，并围垦了大片滩地，但在一些岸段仍涨坍不定、变化无常，给安全和生产带来严重影响，宝山县农水局非常欢迎我们去研究岸滩涨坍的原因和变化规律，为护岸工程的规划和建设提供科学依据。

笔者从"五七"干校接受再教育回来后，与刘苍字、曹沛奎、董永发等组成小分队去农水局参加上海市宝山地区护岸工程自然条件分析与规划研究，几个人同住宝山县城一间民房内，在听取该局梁建文工程师介绍宝山大陆岸段和长兴、横沙两岛岸滩冲淤与江堤、海塘等护岸工程情况后，先后到宝山至浏河、长兴、横沙、川沙、南汇现场查勘，访问浏河前进渔业社和幸福渔业社、南汇海洪渔业社和海星渔业社以及长兴、横沙、川沙、南汇海塘工务所，参加郊区六县防汛工作会议，召开工地负责人、有经验的海塘工人和渔民座谈会，访问市农业局、宝山气象站等有关单位的负责人，查阅和收集了宝山县历年海塘工程、地形测量、沙岛历史演变、岸滩变化、水文气象等大量资料，在此基础上经综合分析，合作撰写了"宝山地区护

岸工程自然条件分析"报告。此报告内容丰富、资料翔实、图文并茂，为宝山地区护岸工程的规划建设提供了重要科学依据。

● 长江口外海滨水文测验及资料分析（1974 年）

1958年以来，长江口进行了多次水文泥沙测验，但测点大都集中在口内，口门及口外海滨观测资料极少。为落实交通部1973年"长江口科研设计工作会议纪要"中规定的"长江口外（包括口门）水流、泥沙运动分析"科研项目，1974年洪季（8月）和枯季（12月），在长江口门及口外海滨进行了两次较大规模的水文测验，目的主要是为近期南槽疏浚工程选择口外抛泥区和远期整治工程提供水流和泥沙运动的依据。

测验由上海市港口建设领导小组办公室委托东海舰队司令部协助进行，由我负责策划和指挥，上海基地负责船只组织，观测人员由舟山基地海测大队抽调，上海航道局和我校除提出测验任务外，也派员参加了现场观测。

洪季测验是三船同步，共6个断面18个测点，枯季测验也是三船同步，共3个断面9个测点。测验项目包括流速、流向、含盐度、含沙量、底质和风速、风向。观测层次除位于口门Ⅰ号断面的3个测点采用河口水文测验规范规定的相对层次（水面、0.2H、0.4H、0.6H、0.8H、底层）外，其余断面均采用海洋调查规范规定的层次，即水深7 m以内观测表、底两层，7～10 m观测表、5 m、底三层，10～25 m观测表、5 m、10 m、20 m、底五层。

通过对这两次观测资料的统计和分析，首次阐明了南槽口、北槽口、北港口3个口门及其口外海滨的洪、枯季和大、小潮的水流、泥沙和盐淡水混合的状况和特性，为南槽疏浚、河口演变规律研究和整治工程规划提供了重要依据。

观测地区因在口门外，风大浪高，流急且旋转性强，加之船只原为登陆舰、扫雷舰，吃水浅，抗浪性差，观测时船只摇摆颠簸非常厉害，除舰长和我没有呕吐外，其余观测人员均是边呕吐边坚持观测，此次观测资料的取得可谓来之不易。

● 张家港扩建水文测验及资料分析（1985 年）

福姜沙河段系指江阴下游被福姜沙分成二汊的分汊河段，张家港位于南汊的南岸。1969年上海港务局在此建设了一座浮码头，是一个煤炭作业区。1980年上海港货物压港严重，为减轻上海港压港的燃眉之急，拟在张家港建万吨级码头，将它作为上海经济区的组合港。但能否在此建港有争议，经我所朱慧芳、徐海根、周思瑞等论证，认为是可建港的。1982年建成了两个万吨级泊位码头，并对外开放，随着国民经济的发展，要求张家港有更大规模的发展，这就需要对该河段的自然条件作进一步了解和全面的分析，而已有水文泥沙资料很少，只有在1979年枯季于福姜沙分汊口进行过一次水文泥沙测验，为此张家港港务局为制订港区扩建总体规划以及为码头设计提供科学依据，委托我所在1985年6月27日至7月6日进行大、中、小全潮水文泥沙测验，我和朱慧芳带领47名老师和研究生参加，此次测验采用8船同步，布置5个测流断面，共观测37条垂线，每条垂线连续观测27小时，测验项目包括流速、流向、含沙量、水位和水深。现场观测完成后编写了既有实测数据又有分析的水文测验报告，为张家港扩建提供了大量新的第一手资料和重要的科学依据。

- **海南三亚国际深水客运码头综合规划水文测验及资料分析**（1994 年）

受三亚港务局及海南邢氏置业有限公司委托，负责海南三亚港国际深水客运码头综合规划水文测验，布置7条垂线，每条垂线进行27小时连续观测，观测项目包括流速、流向、水深、含沙量、表层底质等。根据实测资料对客运码头及其邻近水域的水文泥沙特性进行了分析，提供的报告为客运码头的综合规划与建设提供了重要科学依据。

在海南三亚水文测验（1994年）
左起：胡方西、李兴华、汪思明、谷国传、华棣、沈焕庭

（2）河口污水治理及水源地战略选择

- **探索黄浦江水质预报**（1968 年）

当时上海的水厂分布在黄浦江的中下段，主要有吴淞水厂、杨树浦水厂、南市水厂和闵行水厂。黄浦江是一条感潮河流，涨潮时江水主要来自水质较好的长江，落潮时主要来自黄浦江上游及黑臭严重的苏州河、虹口港等支流，由于上游来水尤其是苏州河及一些支流的水污染严重，黑臭现象时有发生，且有日益严重之势。故

作为自来水的原水水质极差，净化时要加入大量药剂，投入量由净水工人根据肉眼观察和经验确定，感觉好时少加，差时多加，这样操作工人很累，且效果欠佳。故市自来水公司技术人员考虑，水质好坏如能科学预测，再与经验结合更好。为此该公司负责净水工艺的黄元钧高级工程师来华东师范大学咨询，学校安排我接待，水质预报我没有搞过，但熟悉潮汐预报，从科学原理来讲水质预报是有可能的，黄高工认同我的看法，并希望我去进行专题研究。此时"文化大革命"正在如火如荼地进行，但已发出"抓革命，促生产"号召，我最希望去做促生产的工作。学校此时也希望有促生产的典型事例，故很快同意我去市自来水公司上班，由公司的一位副总工程师和我为主成立研究组，先到杨树浦水厂、南市水厂等与一线工人座谈和搜集资料，了解原水黑臭的时间、变化规律和原因，并参加自闵行水厂至黄浦江口的水质监测，为水质预报积累资料和增加感性认识，正在边调查边构思预测模型时，市里又发出新号召，要我去参加黄浦江苏州河污水治理工作，致使此项研究没有做到底，但学到了不少有关潮汐河口水质的感性和理性认识，也为水质预报打下了基础。

● 黄浦江苏州河污水治理（1969 年）

由于黄浦江苏州河黑臭严重影响自来水水质，居民要求改善的呼声很高，市革委会发出向黄浦江苏州河污水宣战号召，并决定由市三废办公室负责组织，抽调相关部门、单位的人员，成立黄浦江苏州河污水治理小组，我因正在自来水公司搞水质预报研究，他们与华东师范大学协商要我参加此项工作。小组由市工交组领导，成员来自三废办公室、有关设计院和高校，成立后立即开展调查研究等多项工作，由于抽调来的大多是各有关专业的骨干，在大量调查研究的基础上，根据当时的情况与条件，很快就提出了治理方案，内容主要包括3个方面：一是污水截流，减少进入黄浦江和苏州河的污水量；二是利用污水灌溉农田；三是建两条大排污管，将污水集中排向东海和长江。污水灌溉效果不好，因污水中的有害元素会转移到农作物体内，故试验一段时间后此措施不再使用。污水截流与集中外排是行之有效的，当年提出的石洞口和白龙港排污方案被采纳实施，经改建、扩建至今仍在发挥重要作用。

当时石洞口附近的长江口水域是长江口的重要渔场之一，附近以捕鱼为业的渔民很多，组成一个盛桥渔业大队，石洞口排污方案实施后，使附近的长江水域遭受严重污染，渔场消失，损害了渔民的利益。有人批判此方案是把矛盾从城市转向远郊，甚至有人说，这是挑拨工农关系。其实我们在制订此方案时也实属无奈，在当时的经济条件下，要建多座污水处理厂将污水处理后再排放是不现实的，这是没有办法的办法，也是解决当时主要矛盾的最佳方案。

● 长江——上海城市供水第二水源规划方案研究（1987—1992 年）

为了开发利用长江河口水，1987年"长江——上海城市供水第二水源规划方案研究"列为市重点项目，由市科委和建委联合立项，有24个单位参加，几乎涵盖了本市与长江口有关的所有科研机构、大学和设计院。总课题下设10个子课题和7个专题，我所主要承担盐水入侵规律和河床岸滩稳定性两个子课题，我负责盐水入侵规律研究，对南支河段的盐水入侵来源及盐水入侵规律进行了深入的分析，取得了一些新认识，如：南支南岸水域盐水入侵有北支倒灌和南港、北港盐水入侵3个来源，其相关重要性随时间、地点而变；在石洞口附近存在一个氯化物高值区，南支南港盐度分布呈马鞍形；七丫口往上盐水入侵强度明显减弱，递减率增大；氯化物日变幅宝钢比吴淞小，半月变化宝钢比吴淞大；用定性与定量相结合的方法，给出了不同流量保证率下，南岸若干点取不到合格水的最长连续天数；据盐水入侵来源及氯化物变化特点，南支南岸水域可划分为4个不同区段，从盐水入侵角度提出了几个取水口的选址方案，择优推荐浪港和上海境内陈行方案。研究成果为解决上海市2000年供水需求寻找新的优质水源，合理选择取水口位置提供了重要依据。此项目获1992年上海市科技进步一等奖。

● 长江口青草沙水源地盐水入侵规律研究（1994—1996 年）

青草沙水源地位于南、北港上段，距长江口门的距离比宝钢和陈行水库近20 km，枯季常有盐水入侵，入侵几率比宝钢和陈行水库要大，入侵强度也高。氯离子含量超标会对人体健康和工业生产带来诸多不利影响，因此，要开发长兴岛西部水域的淡水资源，掌握该水域盐水入侵规律是可行性研究中的一个关键问题。

课题主要研究内容是：长兴岛西部水域盐水入侵来源；盐度的时空变化规律；江中与江岸盐度的定量关系；南、北港盐度比较；在资料短缺情况下如何计算不同保证率的连续不宜取水天数等。课题组除进行了必要的现场观测外，着重在研究方法上下工夫，采用数值模拟、数理统计、频谱分析等多种方法对上述内容进行研究，取得了比较满意的结果，为长兴岛西部水域建库的可行性、库址选择、取水口位置和库容大小的确定，提供了科学依据。

● 江苏太仓浪港水域盐水入侵强度研究（1996—1997 年）

随着经济建设的发展，太仓市的工业和生活用水量日益增加，原水厂的供水能力已不能满足需要，同时，经济的快速发展带来了水环境的污染，开辟新水源建设第二水厂势在必行。受太仓市自来水公司委托，与茅志昌共同负责"浪港水域盐水入侵强度"咨询课题，为合理选择库址、确定库容大小和取水泵房能力提供依据。

研究内容主要为：分析河势变化对白茆沙河段盐水入侵强度的影响；白茆沙河

段盐水入侵规律；浪港水域盐水入侵强度；大通流量保证率为90%、氯化物浓度为400 mg/L条件下，浪港水域连续不宜取水天数推算；协助设计院共同确定取水泵房能力。完成的研究报告为太仓第二水厂建设提供了重要依据。

- **长江上下游排水对宝钢取水的影响及对策研究**（1999—2000 年）

宝钢生产、生活的原水均来自于长江口位于罗泾的宝钢水库，其水质不仅受到长江口径流与潮流的影响，同时又受到水库上下游排水的影响。为确保公司目前及中远期水质与用水量，探讨浏河排水和西区排污口对水库水质的影响，及时提出相应的对策措施显得极为重要。为此，由宝钢总厂立项，委托我所开展长江上下游排水对宝钢取水的影响及对策研究，由笔者与茅志昌共同负责。先是收集浏河及西区排污口水质、排水量、排水时间及频度、宝钢河段历史地形、航空遥感照片、潮位及大通流量等资料，继而进行现场观测，在此基础上，通过数模和实测资料分析阐明浏河及西区排污口污水排放与扩散规律及其对宝钢水库水质的影响，并提出相应的对策措施，为宝钢水源地保护提供了科学依据。

- **上海市水源地环境分析与战略选择研究**（2002—2003 年）

本项目系上海市环保科学技术发展基金项目，由我所联合上海环境科学研究院、上海市环境监测中心通过竞标获得，笔者为项目负责人。完成的研究报告内容有两大部分：一是根据实测数据和运用先进的计算方法对上海水源地的环境现状、盐水入侵、河势演变、水质污染、重大工程和海平面上升对水源地的影响作了全面的系统的论述；二是阐明了建立水源地的必要性、上海水源亟待解决的问题、国外先进城市水源地建设经验，提出了上海水源地战略选择的6个原则，对3个可比选的水源地的主要优缺点作了全面、深入的对比，最后提出，上海水源地的重点应从黄浦江向长江口转移，青草沙水源地是在本市管辖范围内最佳的水源地。2004年12月，上海市环保局受上海市科委委托，召开课题评审会，专家组认为，该项目成果数据翔实，资料丰富，分析和计算手段先进，根据上海水资源特点、国外先进城市水源地建设经验和上海城市总体规划的基本框架和指导思想提出的上海水源地战略选择的原则是正确的，提出的水源地推荐方案是科学合理的，总体上达到国际先进水平。2006年此项目获上海市科技进步二等奖。

2005年12月上海市水务局根据上海市人民政府的要求，主持召开"上海市长江口水源地评估审查会"，组织国内9个相关学科的26位资深专家，就青草沙水库和没冒沙水库的建设问题进行评估，一致认为，青草沙水源地具有淡水资源丰富、水质优良、可供水量巨大、水源易于保护、抗风险能力强等优势，推荐青草沙水库方案，专家们的观点与我们2003年完成的报告中的观点不谋而合，高度一致。

（3）通海航道选槽与河口整治

● 长江口7m通海航道选槽与建设研究（1972—1975年）

长江口拦门沙的自然水深在6m左右，是影响上海港船舶进出的一道门槛，使1万吨级的船舶还不能全潮进出，严重地制约了上海港的发展。1972年2月，为改善长江口通海航道水深，以适应上海港的发展，在上海航道局成立了"长江口航道整治科研组"，参加的单位有上海航道局、南京水利科学研究所和华东师范大学河口海岸研究室。此时上海航道局内部还在打内战，无暇顾及促生产。科研组由南京水利科学研究所杨志龙和我负责开展工作，全组十几个人，上海航道局有黄维敬、朱国贤、李贤诰、马相奇、汪君培、张凡夫、曾守源，南京水利科学研究所有黄胜、杨志龙、潘泉根，我室有徐海根、潘定安、李九发和我，后来还有恽才兴等，都集中在外滩海关大楼四楼的上海航道局上班。

1972年3月初交通部来电，要组织4～5人携带有关治理长江口航道的技术资料，于3月13日前抵京，汇报治理长江口航道的科学依据和今后开展科学研究的打算。前去汇报的有5人：林振汶（上海航道局测量大队党支部书记）、何运华（国产第一艘4千吨级自航耙吸式挖泥船——"劲松"号船长）、朱国贤（上海航道局测量大队资深工程师）、黄胜（南京水利科学研究所河港室主任）和我，抵京后住交通部招待所，一个大房间放10张床，除我们5人外，还有5人也是来交通部办事的，睡后，我们中有两人大声打呼噜，使其他人久久不能入睡，我们同去的忍着不作声，其他几人耐不住，有两人先是一支接一支地抽烟，后大声讲"我们干脆起来跳舞吧！"第二天向交通部有关领导汇报，主要内容一是长江口通海航道加深到7m的可能性；二是围绕建设7m航道需做哪些科研工作。汇报内容得到与会领导的肯定，要求我们根据新形势继续抓紧做好立项的准备工作。汇报后去游览了天安门广场、长城和颐和园，黄胜教授还请我们到位于长安街附近的全聚德烤鸭店吃最正宗的北京烤鸭。

赴京汇报后，进一步明确了科研组的首要任务是做好长江口通海航道由6m浚深到7m的

在交通部参加长江口航道整治座谈会后于天安门前合影（1972年）
左起：沈焕庭、黄胜、何远华、林振汶、朱国贤

在长江口航道整治科研组做潮汐知识讲座（1972年）

立项准备工作。当时科研组的10多位成员来自3个单位，每个成员有各自的专业和不同的工作经历，除黄维敬、黄胜、朱国贤外，其他成员对航道整治都不熟悉，在此情况下，只能边学边干，边干边学。每周安排相关知识的讲座，相互学习，取长补短，如请黄维敬讲授航道整治，黄胜讲授河槽演变与河口治理，朱国贤讲授航道测量，李贤诰讲授河口水文测验，我讲授河口潮汐等基础知识。在全组成员的共同努力下，齐心协力，多学科相结合，使立项工作顺利进行。

1972年12月交通部在上海科学会堂召开长江口科研设计工作会议，由基建局局长孙舒平和科技委副主任高原主持，会议主题是贯彻周总理提出的"三年改变港口面貌"指示，交通部与上海市商定：近期将长江口通海航道的水深由6m增深到7m，使1万吨级船舶能全天候进出，2万吨级的船舶能乘潮进出；当前的科研工作任务是根据河势演变分析，决定选择哪一条航道作为通海航道，如何能达到7m水深。此次会议后，长江口7m通海航道的选槽与建设工作全面展开。

1973年12月1—14日，交通部又一次在上海召开长江口科研设计工作会议，仍由基建局局长孙舒平和科技委副主任高原主持，市建港领导小组派负责同志参加会议领导工作，国务院建港领导小组办公室亦派代表参加会议，出席这次会议的还有海军司令部，水电部，长江流域规划办公室，上海、江苏、浙江水利部门及有关大专院校、科研单位、航道部门共26个单位的69名代表，不仅有干部、老年和青年工程技术人员，还有熟悉长江口情况的船员、测工和渔民。会议为期13天，分两个阶段进行，第一阶段主要是讨论长江口的选槽问题，第二阶段主要是讨论长江口科研工作，经畅所欲言，各抒己见，广泛讨论，统一了开挖南槽航道的意见，并制定了科研工作计划，保证1975年将南槽浚深到7m水深。笔者自始至终参加了此次会议，并发表了意见。

参加7m通海航道可行性研究的单位，早期有上海航道局、南京水利科学研究所和华东师范大学河口海岸研究室，后期河海大学与杭州大学也参与了部分工作。在长江口7m通海航道选槽和建设的3年中，我们华东师范大学河口海岸研究室主要做了5个方面的工作。一是收集和整理了长江口大量历史水文、泥沙、水下地形资料。二是参加和策划了10多次现场水文泥沙测验，其中有大规模的南北支、南北港、南北槽分水分沙水文泥沙测验，也有为选择抛泥区、观测舷外旁通效果等的小规模专题性水文泥沙测验，课题组成员在长江口水域度过了许多个日日夜夜，获得了大量可靠可信的第一手资料。应予指出的是，当时使用的仪器设备并不先进，如测流速用的是河道旋杯式流速仪，测流向是用旧飞机上拆下的同步罗盘，但在使用过程中，流速仪测数次后就现场清洗，使用几个航次按仪器使用规定定期送专门机构进行率定；观测时用50 kg重的大铅鱼，手摇很费力，但可使钢丝绳倾角小，测量误差小；观测为每小时整点观测，接近憩流时加测，以便正确把握转折点；采底层含沙量水样时，采样器到位后要停留片刻再使锤，以免取到失常水样；更重要的是我们亲自上船观测，新手和学生经培训后才上船观测，种种措施保证了资料的可靠性和可信性。三是多次在酷暑和严寒时上"涨潮一片汪洋，落潮一片沙滩"的潮间带浅滩观测浅滩水流、潮沟和波痕等微地貌、沉积特征和种青促淤，九段沙、中央沙、青草沙等都留下了我们的足迹。四是上"险峰"号参加南槽挖槽试验与效果分析，参加不同泥土处理方式效果对比分析和抛泥区选择研究。五是组织和指挥长江口口外海滨首次大规模同步水文测验。六是在上述工作的基础上，根据工程需要，对长江河口的径流、潮汐、潮流、盐淡水混合、余流和余环流及其对泥沙输运及河槽演变的影响进行了较为全面系统的开拓性研究，同时对北支、南支、北港、南港、北槽、南槽等河槽演变的过程和规律进行了分析，提出一系列具有创新性的见解，并提出南港—南槽是长江口7 m通海航道的最佳选择方案，该方案被采纳，1975年工程竣工后大幅度提高了上海港的吞吐能力。这3年取得的丰硕研究成果不仅为7 m通海航道的选槽、定线、疏浚、泥土处理和维护提供了必要的科学依据，也阐明了长江河口发育、演变的动力机理，深化了对长江口发育规律的认识，为深水航道建设和综合治理规划的制订提供了依据，并在研究报告的基础上撰写了多篇论文在国内外发表，被广泛引用。"长江河口过程动力机理研究"获1988年国家教委科技进步二等奖。

在长江口现场观测（1973年）

国产自航耙吸式挖泥船"险峰"号在长江口试挖(1972年)

● **长江口"三沙"治理及深水航道选槽研究**(1978—1980 年)

"三沙"(中央沙、扁担沙、浏河沙)位于南、北港分汊口附近,其动乱会直接危及宝钢码头前沿水深。为解决10万吨级矿石船进长江口及维护宝钢码头前沿水深和水域宽度,确保宝钢能正常生产以及长江口通海航道通畅,1978年9月经国务院批准成立"长江口航道治理工程"领导小组,严恺院长任科研技术组组长,笔者为成员。在科技组指导下,经上海航道局、南京水利科学研究所、河海大学和我所联合研究,在扁担沙南门通道先后修建了聚乙烯潜网坝(8条共22.87 km)和沉排抛石坝(长1.8 km)。这两项工程既是"三沙"治理的局部性试验工程,也是确保宝钢码头前沿水深的应急抢险工程,工程完工后有一定效果。同期我们几个单位又在入海航道方面进行了深水航道的选槽工作,对北槽、北港进行了试验性挖泥,以观察研究疏浚效果和泥沙回淤率。此项研究成果获2003年交通部科技进步二等奖。

● **闽江口通海航道整治研究**(1988—1990 年)

为使福州港通海航道由现状的1万吨级提高到2万吨级,以适应福州港及福州市经济开发区发展建设的需要,福建省交通厅港航管理局委托交通部水运规划设计院和福建省港航管理局设计室共同负责编制"闽江通海航道第一、二期整治工程规划设计",整治范围上起筹东电厂煤码头,下至入海口,全长约50 km,其间包括6处碍航浅滩:大屿浅滩、新丰浅滩、中沙浅滩、马祖印浅滩、内沙浅滩和外沙浅滩。我所受福建省港航管理局委托,与交通部水运规划设计院魏光裕高工及管理局设计室合作,承担:①口门地区尤其是内沙与外沙的水文泥沙特性、形成机制、演变规律的分析;②整治工程各工程点的校核潮位、设计潮位与波浪要素计算;③外沙海域沉积物特征和沉积体成因分析。通过现场观测、室内分析试验以及大量计算取得的研究成果，为该工程的设计和建设提供了科学依据，获得委托单位的高度好评，还在《海洋与湖沼》等学报上发表了多篇论文。此项目由潘定安和我负责，汪思明为主要成员。

考察闽江河口（1989年）
左起：潘定安、魏光裕、沈焕庭、黄士樑、肖贞春

● 福建省湄洲湾 10 万吨级码头通海航道可行性研究（1990—1991 年）

湄洲湾位于福建沿海中部，是个半封闭的强潮海湾。湾内有众多岛屿，水下地形复杂。福建炼油厂是福建省的新建大型企业，坐落在湄洲湾内，正在修建的油码头泊位可停靠10万吨级油轮，航道是油码头重要的配套工程，为使航道建设与油码头建设同步，现有航道需要提高等级，使之达到乘潮通航10万吨级油轮的标准。为此，福建省港航管理局委托交通部水运规划设计院和福建省港航管理局设计室负责设计，我所主要承担：①湄洲湾地形特征及水下地形成因分析；②湄洲湾气象、潮汐、波浪要素统计特征及推算；③湄洲湾流场数值模型试验。研究成果为工程设计提供了重要的理论和量值依据。通过对中央深槽和白牛浅滩的成因与演变规律分析及流场的数值模拟，将原定的炸礁方案，改为浅滩疏浚方案，工程实施情况良好，缩短工期一年，节约工程投资800万元。此项目由潘定安和我负责，汪思明为主要成员。

● 福建泉州湾数学模型试验研究（1993 年）

泉州湾是福建省境内10个主要海湾之一，湾内已建成后渚、秀涂、石湖等港区，并拟建祥芝港区。为论证祥芝港区总体规划和总平面布置的合理性以及为工程设计提供理论和量值依据，我所受交通部第三航务工程局勘测设计院厦门分院委托，承担二维非线性有限元数值模型试验研究，模型包括泉州湾总体模型、石湖至湾口的局部模型和祥芝港小范围模型3个互相包容和补充的流场模型以及祥芝港小范围泥沙数值模型。通过实测资料分析和数值模型试验，阐明了泉州湾及祥芝港区潮汐潮流特性、泥沙运移规律及祥芝港建成后对泉州湾整体的影响。此项目由潘定安和我负责，汪思明负责计算。

● 中越边境北仑河口综合治理研究（1995—1996 年）

我国大陆岸线长达18 000 km，北起中朝边境的鸭绿江河口，南迄中越边境的北仑河口。按双方商定，鸭绿江口的水域属中朝共有，双方均可使用，但不能接触对方的岸线；北仑河口中越是以主航道或河道中心线为界。自然界的河口是不断变化的，通过河口的开发和多种人工措施可使河口形态、主航道及滩地等按人们的意志加以改变。因此，作为国际界河河口的领水或领土界线具有可变性、不确定性的特点，如果缺乏科学知识，不按河口发育的基本规律来开发利用，不但可能引起国与国之间的领水领土争议，还可能对国家的主权、安全带来不良后果。

1982年笔者等受辽宁省有关部门邀请，曾去鸭绿江河口考察，发现很多问题有损我国领土和领水的主权，1993年又去北仑河口考察，发现那里也存在与鸭绿江河口相类似的问题，应引起中央和地方有关领导的重视。为此于1994年11月，写了一份"重视我国国际界河河口的开发利用研究"的建议书请孙枢院士转给时任国务委员和科委主任宋健，信中云："我是华东师范大学河口海岸研究所教授，从事我国沿海的河口海岸理论和开发研究已三十多年。在多年的实践中发现，以往我国对国际界河河口的研究重视还不够（如广西中越边界的北仑河口、辽宁中朝边界的鸭绿江河口），这些河口资源丰富、交通便捷、位置重要，关系到我国的对外开放，又涉及保卫我国领土、领水主权问题。为了使我们国家在今后处理这些问题时取得主动，并尽可能利用这里的资源与环境优势，现向您并国家科委提出一个书面建议（附后），希望能尽一名科技工作者的涓涓之心，报效祖国。并盼聆听指示。"由于此建议书既考虑国家需要和国防安全，又讲清了科学道理，宋健同志阅后非常重视，将北仑河口和鸭绿江河口综合治理研究列为"八五"国家补充科技攻关专题，并立即（1995年1月11日）批示给时任国家海洋局局长严宏谟，要对这两个河口作专门调查研究，严局长见批示后也立即（1995年1月16日）批示，要求管理司按宋健同志批示提出如何推进的意见。管理司于同年8月1日发261号文《关于下达鸭绿江河口、北仑河口综合治理研究项目任务书的通知》，参加北仑河口综合治理的单位有国家海洋局第二海洋研究所、华东师范大学河口海岸研究所、广西海委办和红树林研究中心，由沈焕庭、浦泳修、韦忠负责。参加鸭绿江河口综合治理的单位有海洋局第一海洋研究所和辽宁省海洋局，由夏东兴、白德录、李元智负责。整个项目由海洋局海洋发展战略研究所所长杨金森和沈焕庭负责。我所接受任务后，组织了由我和胡辉负责，潘定安、李九发和胡嘉敏参加的课题组，赴北仑河口现场查勘、收集资料和进行水文泥沙测验，经1年多努力完成了北仑河口（中方一侧）河槽演变和综合整治研究报告，为北仑河口的综合整治和开发利用提供了科学依据。

考察北仑河口（1993年）

（4）新港区选址和港口码头建设

● 提出"九五工程"改址方案（1975年）

中央有关部门拟在某地建设航天测量船——"远望"号的码头（对外称"九五工程"），安排某海测大队负责水文测验，该大队技术负责人是我校海洋水文气象专业1965届毕业生，我的学生，他对海洋水文观测有丰富的经验，但没有搞过河口水文测验，为此专门来校找我咨询，随同前来的还有"九五工程"指挥部的马参谋。我看到此码头建设方案后，认为在此建设码头不合适，并讲了不合适的科学依据。他们听后感到言之有理，把此意见向领导汇报，有关领导对此看法很重视，要求我去实地考察指导，经双方领导商定，徐海根与我同去，到现场查勘后更感到原方案不合适，提出改址方案，并按改址方案重新布置水文测验，工程指挥部要求我们根据水文测验资料等编写改址方案论证报告后再回校，前后花了20多天时间，编写了"'九五工程'水文测验报告和选址意见"，圆满地完成了任务，提出的改址方案被采纳，建成后状况良好，至今仍在使用，证明改址方案是科学合理的。另外，在工程设计方案中有一项港区前沿抛石防冲护坡工程，来征求意见时，我们认为没有必要。工程实施后证实这项建议也是正确的，仅这一建议节约工程投资200万元，改址方案的价值和意义更不言而喻。

由于此工程在当时是一个高度保密的工程，又值"文化大革命"时期，故请我们去和完成任务后都没有公文，但改址方案被采纳实施后，工程指挥部的史指挥和马参谋曾来校表示感谢。我校在申报国家级重点学科和申报国家重点实验室等时都将此列为河口海岸研究为国防建设服务的重要成果之一。

2016年12月我应邀去当年选定的码头参观刚完成"天宫

考察"远望"号码头（2016年）

二"号空间实验室测空任务凯旋归来的"远望7"号，据介绍，此码头工程建成至今已逾40年，在此期间无大冲大淤，一直保持优良状态。

"远望1"号是我国自己设计建造的第一代综合性航天测量船，于1977年8月31日在江南造船厂建成下水，曾44次远征大洋，连续完成远程运载火箭、载人飞船等57次国家级重大科研试验任务。2008年9月在完成"神州7"号飞船海上测控任务后退役，世博会结束后入驻位于上海浦西世博园区的中国船舶馆，作为爱国主义教育，向公众开放。

● **福建沙埕港围涂工程对军港回淤影响研究（1978 年）**

受部队委托，1978年11月下旬至12月上旬，带队查勘沙埕港，研究百尺门围垦对沙埕港淤积的影响，查勘后编写了研究报告提供给有关部门。

● **上海新港区选址调查研究（1978 年）**

为实现周总理提出的"改变我国港口面貌"的遗志，上海港拟增建新港区，扩大港口吞吐能力，以适应我国社会主义建设的需要。1976年7月由上海市港口建设领导小组组织召开了有关上海新港区选址座谈会，几个参加新港区选址的单位经讨论比选，推荐长江口罗泾岸段为新港区，而这一岸段的上下游水文泥沙和河槽演变十分复杂，故确定要对这一河段的河槽演变和整治措施进行专题研究。9月由上海航道局负责，我校和上海市农业局参加，组成中央沙河段研究小组，并于9月10日至30日在中央沙河段布置21个站位的水文测验，取得了中央沙头、中央沙北水道纵向和横向、长兴岛南北小泓以及中央沙滩面与串沟系统的水文泥沙资料。与此同时，对中央沙滩地地形进行了检测，并取得了50多个扁担沙和中央沙滩地的底质样品，进行颗粒分析。结合1975年我校在中央沙河段取得的水文泥沙、底质资料和调查报告进行计算分析，对这一河段的水文泥沙特性和河槽演变特征有了进一步的认识，在此基础上提出中央沙头的护头导流工程和中央沙滩地轻型促淤工程的方案设想，供这一河段的整治作为参考，以确保拟建新港区前沿水深和通海航道的通畅与稳定。本人主要参与水文泥沙测验和水文泥沙特性以及上海市港口建设自然条件分析和新港区选址意见报告的编写。

● 鸭绿江河口建港条件考察研究（1982年）

9月我所与大连工学院海工研究所等单位受辽宁省交通科学研究所邀请，会同丹东市建港指挥部和丹东航道处，对鸭绿江河口进行了一次踏勘，我与陈吉余、恽才兴、朱慧芳、益建芳等同去，踏勘后合作撰写了"鸭绿江河口特性及建港条件初析"，提出了鸭绿江河口水运资源开发设想，包括丹东港发展的迫切性、建港的基本原则以及"改善丹东港，发展浪头港，建设大东港"的建港方针。

考察鸭绿江河口（1982年）

左起：沈焕庭、益建芳、朱慧芳

● 南通港港口发展自然条件分析（1986 年）

为了适应南通港港口发展和进一步对外开放的需要，受中国港口协会委托，我所承担南通港港口发展自然条件分析。本课题包括3个研究内容：一是南通河段历史演变趋势；二是南通河段北岸岸线稳定性分析及其合理利用意见；三是水上储木场、船舶锚地和水上过驳基地等水域划分。经现场查勘和查阅资料，编写了研究报告，为南通港发展决策提供了重要科学依据。此课题由朱慧芳和我负责。

考察南通港（1986年）

（5）南水北调和三峡工程对河口生态与环境的影响

● 南水北调对长江口盐水入侵的影响（1978—1979 年）

我国南方水多，北方水少，为了解决北方干旱问题，1972年北方严重干旱之后，1973年水电部在天津召开了南水北调座谈会，会议认为，经过多年调查研究，沿京杭运河调运江水（即东线）比较现实。随后成立了水电部南水北调规划组，经过对引黄（河）、引汉（江）和沿京杭运河抽运江水等路线现场查勘和研究之后，于1976年3月编制了"南水北调近期工程规划"，推荐近期采用东线抽引江水方案。方案公布后各界对此工程的环境影响提出了不少问题，其中之一是南水北调会否加重长江口的盐水入侵，影响上海的生活和工农业用水，对此问题有两种不同的看法，但都缺乏足够论据。在此背景下，1978年7月中国科学院在石家庄召开了"南水北调及其对自然环境影响"科研规划落实会议，制订了1978—1985年科研实施规划，并明确了各课题的负责单位，关于南水北调对长江口影响的研究，主要由华东师范大学、南京水利科学研究所等单位负责。分工明确后，我所成立了课题组，研究重点之一是南水北调对长江河口盐水入侵的影响。

笔者与茅志昌、谷国传等接受任务后主要做了4件事：一是查阅国内外文献，查到的不多，国内更少；二是去吴淞水厂和国家海洋局东海分局等有关单位调研和收集资料，并整理我所已积累的长江口多次水文测验资料，在吴淞水厂调研时结识了当时负责化验室的徐彭令工程师，他对长江口的盐水入侵也很关注，并搜集整理了1974年以来吴淞水厂的氯化物资料，此后我们开展了没有协议书的真诚合作研究；三是在1979年2月下旬至3月上旬盐水入侵严重时期，组织长江口9个测站（徐六泾、七丫口、浏河口、吴淞、青龙港、庙港、新建、南门、堡镇）大小潮每小时盐度的观测，取得了长江口大范围同步的盐度时空变化资料；四是在上述大量工作的基础上，首次对长江河口盐水入侵的影响因子、来源和时空变化规律进行了较全面系统的分析，对东线南水北调后对长江口盐水入侵的影响进行了预测，除提供研究报告外，还在《人民长江》1980年第三期发表了《长江口盐水入侵初步研究——兼谈南水北调》一文。研究表明，按东线方案调水，会加重长江口的盐水入侵，直接影响上海市和江苏省部分地区的用水，并率先提出大通站控制流量的概念和对策。此研究成果得到水电部部长钱正英和有关部门的认可与采纳，成为南水北调决策和规划设计的重要依据之一。1981年宝山钢铁厂的科技人员还从此文中找到了可以从长江引淡水的理论依据，放弃了原来的淀山湖取水方案，1985年成功地在宝钢附近的长江边滩上建成第一座避咸蓄淡水库——宝山湖，不仅解决了宝钢近期和远期的用水，而且开创了入海河口利用淡水资源的先河，为上海及沿海河口附近地区和城市的淡水资源开发利用提供了范例，具有里程碑意义。

● 长江三峡工程对生态与环境影响及对策研究（1984—1990年）

三峡工程举世瞩目，此工程对生态与环境的影响更引人注目。"长江三峡工程对生态与环境影响及对策研究"是由国家科委下达的"六五"、"七五"攻关项目，由中国科学院组织有关科研机构和高等学校共38个单位，600多位科研人员参加，共设11个二级课题和65个三级课题，分1984—1987年、1988—1990年二期进行。笔者为总课题组成员、一个二级课题"三峡工程对长江河口生态与环境影响及对策研究"、一个三级课题"三峡工程对长江河口盐水入侵影响研究"的负责人，任项目研究报告、论证报告、论文集、图集编委，并参加《长江三峡工程对生态与环境影响及对策研究》（科学出版社，1988）部分章节的撰写和全书定稿。项目取得的研究成果获得好评，获中国科学院1989年科技进步一等奖，笔者是个人获奖者之一。"三峡工程与生态环境"系列专著获中国科学院1996年自然科学二等奖，笔者是系列专著编委、《三峡工程与河口生态环境》（科学出版社，1994）主笔之一。

"长江三峡工程对生态与环境影响及对策研究"项目组部分成员合影（1986年）

左起：曹文宣、夏宜琤、沈焕庭、罗秉征、佘之祥、徐琪、蔡述明、徐小清

● 报送全国人大的"长江三峡水利枢纽环境影响报告书"编写（1991年）

中国科学院根据时任国家科委主任宋健要求，经与有关部门协商，成立为报送全国人大的"长江三峡水利枢纽环境影响报告书"编写组，聘请18位专家为编写组成员，笔者为其中之一，负责编写三峡水利枢纽对长江河口环境的影响。

考察三峡（1986年）

● 三峡工程对长江口及其邻近海域环境和生态系统的影响研究（1999—2000年）

本项目被国家科委列为"1998年国家高技术应用部门发展项目"，由国家海洋局东海分局和华东师范大学河口海岸学国家重点实验室合作完成，笔者是第二负责人。

三峡工程经历了40多年研究和反复论证，1992年4月3日全国人大七届五次会议审议了国务院"关于提请审议兴建三峡工程的议案"，通过了"关于兴建三峡工程的决议"，1993年国务院决定开始进行三峡工程的施工准备，1997年大江截流成功，标志着三峡一期工程胜利完成。

三峡工程的经济效益和社会效益将是十分巨大的，它可能产生的环境和生态影响也是世人关心的重要问题。随着长江流域生产和建设的高速发展，在世纪之交、三峡工程即将发挥作用的前夕，应用新技术新方法继续深入进行这方面的研究是十分必要的。故笔者向国家海洋局东海分局领导建议，两单位联合向国家海洋局申请开展三峡工程对长江口及其邻近海域环境和生态的影响研究，国家海洋局领导高瞻远瞩，很快批准了这个项目。

在项目执行期间，进行了枯水期和丰水期连续3个航次、大范围（长江口内—口门—外海）环境要素和生态要素的同步观测，取得了20世纪末研究水域大量最新的环境和生态资料，结合历史资料，应用数值模型和人工神经网络等先进手段，分析和计算了三峡工程对长江口及其邻近海域环境、生态系统、盐水入侵强度及潮滩冲淤变化的影响。经国家海洋局组织的项目验收评审组认定，本项目研究成果达到国内先进水平。此项目获2002年国家海洋局创新成果二等奖。

● 三峡工程与南水北调工程对长江口水环境影响问题研究（2001年）

本项目为上海市重大决策咨询项目，笔者是项目负责人。

在大江大河上修建大型水利工程，势必随之带来一系列与环境和生态有关的问题，这在国际上有很多事例，最突出的是非洲尼罗河，自1970年在距河口约1 000 km的上游兴建阿斯旺高坝后，入海泥沙大量减少，引起了三角洲海岸的强烈冲刷，并使尼罗河口及其邻近海域的生态与环境产生一系列明显变化，严重影响了三角洲的开发利用和沿海渔业的发展。跨流域调水工程建成后也有类似情况发生，美国、加拿大、苏联等都搞过一些跨流域调水工程，调水后都取得了一些效益，但也带来不少环境与生态问题。这些工程给予我们的启示是：在工程决策前必须进行周密的可行性研究，实事求是地分析它可能产生的正面和负面影响，这样才能为工程决策和规划设计提供充分的科学依据。

三峡工程与南水北调工程对长江口水环境的影响是一个非常复杂的问题，对上海也极为重要,过去在有关部门组织下已做过不少研究工作,但其广度和深度还是不够的,另外,以往的研究是将两个工程的影响分别作研究,没有研究两者的综合影响。现在三峡工程正在进行之中,南水北调工程也即将启动,为了使这两项巨型工程能达到预定的目标,尽可能减少其不利影响,将研究这两个工程的综合影响列入上海市重大咨询研究课题是非常必要的。

本项目在我单位及有关单位原有多年工作的基础上对三峡工程和南水北调工程对径流量、泥沙量、盐水入侵、岸滩冲淤、水产、渔业和生态环境的单独影响和两者的综合影响作了进一步研究,并提出了相应的对策建议,供上海市有关领导决策提供依据。研究成果经上海市决策咨询成果评审委员会评审,评定为A级。

● 东线南水北调对长江口及邻近海域的环境和生态系统的影响研究(2001 年)

此项目由国家环保局下达,笔者是项目负责人。除提供详细的研究报告外,还发表了《东线南水北调工程对长江口盐水入侵影响及对策》论文 [长江流域资源与环境,11(2),2002]。

(6) 其他

● 东海海区半日潮流图计算与编制(1965 年)

1965年5—7月,与胡方西带领海洋水文气象专业五年级学生赴某舰队海测大队指导毕业实习。该大队多年来在东海海区很多站点进行了25小时的潮流观测,这是来之不易的非常宝贵的资料,应加以充分利用。经协商,此次实习主要是指导学生利用这些实测资料,计算和编制该海区的半日潮流图。经师生两个多月的共同努力,进行了大量计算,克服不少困难,对方法作了改进,编制完成了具有实用价值的东海海区半日潮流图,可供有关部门航行和海上施工参考使用。同时,还撰写了"平七岛—东山岛沿岸海区潮流特性"报告。

● "728 工程"(苏南核电厂)选址研究(1977 年)

当时苏南核电厂选址有数个初选方案,其中之一为江阴。经我们赴现场查勘和综合分析后,合作编写了"'728工程'附近河段建厂分析",认为在此建核电厂不合适,此方案被否定。

● 国家科委 2000 年"技术进步与经济社会发展研究规划"制订(1986—1987 年)

1986年国家科委为配合国家计委"技术进步与经济社会发展研究规划"的论

证准备工作，抓住对国民经济发展起关键作用的35个课题，组织国家有关部门共同进行立题报告的起草工作，目的是使党的"十二大"提出的国民经济发展总目标具体化，对2000年以前重点发展领域给出充分的政策性论证和切实可行的实施措施与步骤。自1986年以来，笔者受国家教委科技司的委托，代表国家教委参加了"课题14：海岸带及邻近海域开发"的全部调研、分解、分析和起草工作，担任总课题起草组副组长，并具体主持、执笔完成子课题"河口综合开发"的起草和总课题的汇总，完成后由国家科委以（88）国科发办字496号文件发给沿海各省（自治区、直辖市）和计划单列市人民政府、国务院有关部委、直属机关参阅。其主要内容由国务院办公厅编发了（1989）12号《参阅文件》分送中央政治局、书记处、国务院副总理、党中央、国务院各部门、中央军委、人大常委会、全国政协办公厅等，成为开发我国海岸带及邻近海域的重要参考文件。"海岸带及邻近海域开发"获1993年国家教委科技进步二等奖。

● 上海新能源和再生能源发展规划与政策研究（1999—2000年）

"上海新能源和再生能源发展规划与政策研究"由上海市科委立项，参加研究的主要单位有申能、上海市能源研究所和我所。新能源和再生能源主要包括氢能、太阳能、生物能、风能和海洋能等，笔者与茅志昌负责海洋能（潮汐能、波浪能）发展规划与政策研究，完成的报告为上海市新能源和再生能源发展规划与政策的制订提供了部分科学依据。

● 上海奉贤4号塘外侧水域挖土对附近围堤影响分析（2001年）

上海银海旅游开发实业有限公司为响应上海市政府和奉贤区政府关于美化环境、绿化堤岸的号召，准备植树造林，营造万亩人造森林景观，拟在奉贤新4号塘外侧水域挖土60万方充填4号塘，为此该公司委托我所就4号塘外侧挖土区域以及挖土后对附近围堤的影响进行可行性研究。笔者与茅志昌共同负责完成，分析报告为该项目建设提供了科学依据。

● 钱江通道及接线工程过江隧道河床最大冲刷深度沉积物分析（2006年）

随着我国国民经济快速发展，在沿海地区尤其在入海河口地区都急需建造跨江（海）大桥或越江（海）隧道，如长江口已建南（港）隧北（港）桥、苏通大桥、江阴大桥等，钱塘江河口也已建或拟建多座大桥。在建设这些大桥或隧道时都需要比较确切地了解建设河（海）段河（海）床的最大冲刷深度，为工程设计提供必要参数。然而，这一难题至今还没有规范的方法进行计算，给工程设计带来很大风险。浙江河口水利研究院已采用河床演变分析、动床数学模型、整体动床物理模型和水槽动床极限冲刷4种方法进行了探讨，这4种方法各有长处和短处，若还有其他方法来佐证更好。按沉积学原理，河床最大冲刷深度在沉积剖面中应有所反映。鉴于此我们受浙江水利河口研究院委托，在钱江通道过江隧道断面上选取了3个有代表性钻孔的沉积样品，做了过剩^{210}Pb分析、粒度分析和柱状样沉积层特征分析，试图通过这3种分析来探讨河床最大冲刷深度。

过剩^{210}Pb是百年时间尺度上确定理想沉积环境中沉积物年代、沉积速率和沉积通量的理想核素，如果沉积物在沉积过程中受到冲刷或一些人为扰动，则在沉积物中过剩^{210}Pb的指数衰减在某一深度上会出现一定程度的偏差。对河口河床而言，在某一点冲刷以后，原位置上的过剩^{210}Pb会比稳定沉积的少。因此可利用冲刷后的活度与先前理想的活度值之差来判断其冲刷深度，冲刷发生的年代可由冲刷发生的沉积深度所对应的年代确定。通过测定，我们认为过剩^{210}Pb能半定量地确定沉积物柱状样品中发生冲淤的位置和相对深度，但由于测定河段的冲淤变化剧烈和人类活动的影响，过剩^{210}Pb的含量低，过剩^{210}Pb随深度变化的趋势有可能被测量误差所淹没，故在此种条件下，要得到理想的定量结果有一定困难。

使用库尔特LS100Q型激光粒度仪对3个柱状样用矩阵法计算每个样品的平均粒径（μ）、分选系数（δ）、偏态（SK）和峰态系数（Ku），从得到的数据来看，3个钻孔都存在明显的分段性，不同区段反映了不同的沉积动力环境，从2K12钻孔的垂向粒度分布来看，其最大冲刷深度约在8 m左右。从柱状样沉积层特征分析可看出，在2K9孔的6.7～6.9 m以及2 K 12孔的7.3～7.5 m可能是百年时间尺度的最大冲刷所在。

采用沉积物分析方法来确定最大冲刷深度是初次尝试，虽然未取得理想的结果，尚有诸多问题有待研究，但从原理和实用性来看是值得作进一步探讨的方法。

1.2 基础研究

从1980年开始至2007年，笔者等以长江口为主要研究基地，不断追踪学科发展前沿，重视学科交叉和理论联系实际，倡导和践行物理、化学、生物过程研究相结合，积极参与全球研究计划，连续承担"七五"、"八五"、"九五"、"十五"攻关和国家自然科学重大、重点基金等10多项重大项目研究，对河口的动力、水沙输运、盐水入侵、冲淡水扩展、最大浑浊带、物质通量、陆海相互作用、人类活动对河口环境影响、河口开发利用等河口学中的重大问题进行了一系列开拓性和前瞻性研究。其中包括国际合作研究项目1项，国家自然科学重大基金项目1项，重点基金项目2项，面上基金项目3项，博士点基金2项。研究成果被广为引用，丰富了河口学的内涵，推动了河口学的发展。

（1）中美海洋沉积作用联合研究

本项目为国际合作研究项目，1980—1982 年，笔者任河口队队长，水文组大组长。

此项研究是《中美海洋和渔业科学技术合作协定书》中的一个项目，中美双方各自派出科学家共同进行海洋调查、资料收集和分析研究，这是中美建交后在海洋科学研究领域进行的首次合作。

开展此项联合研究的主要目的是：通过对东海从长江口至冲绳海槽沉积作用过程的研究，阐明长江物质向海输移的机理及其相关联的陆架和冲绳海槽的现代沉积作用过程。长江水丰沙富，年径流量近 $9\,000 \times 10^8\,m^3$，在世界大河中居第三位，多年平均输沙量约 $5 \times 10^8\,t$，在世界上居第四位。长江巨量水沙下泄对邻近陆架海域以至太平洋的温盐特

在"曙光"号调查船上
左起：胡辉、李九发、易家豪、沈焕庭（1980年）

征、流场和沉积过程有重要影响，故选择这样一个独特环境进行海洋沉积作用过程研究，在学术上特别是对发展沉积动力学和底层海洋学的理论具有重要意义，也可对长江口通海航道整治、近海资源开发提供更多的科学依据。

中美双方对此项联合研究极为重视，双方都组建了强大的科研阵营。中方参加的有国家海洋局第二海洋研究所、第三海洋研究所和海洋仪器研究所，中国科学院青岛海洋研究所，地质部青岛海洋地质研究所，交通部上海航道局，教育部青岛海洋大学、华东师范大学、厦门大学、南京大学和同济大学等10多个单位，由国家海洋局牵头。美方参加的有国家海洋大气局、地质调查局、伍兹霍尔海洋研究所、麻省理工学院、州立华盛顿大学、芝加哥大学等近10个单位。首席科学家为伍兹霍尔海洋研究所的米里曼（J D Milliman）教授，其他著名科学家有斯登伯格（R W Stornberg）、米特（Robert H Meade）、薛亚（Ya Hsueh）、爱德蒙（S M Edmond）、坎农（G A Cannon）、特马斯特（D J Demastar）、爱伦（R C Aller）等。调查分外海与河口两个队，外海队队长为国家海洋局第二海洋研究所副所长金庆明，河口队队长为笔者。

主要合作研究内容：一是长江入海物质（悬浮物和溶解物）的运移、扩散和沉积过程；二是海底冲刷和沉积作用的方式、强度；三是生物学和地球化学过程及其对沉积环境的作用。以往对沉积作用的研究一般注重物理海洋和海洋地质方面，而此次调查研究还增加了对海洋化学、海洋生物要素的观测，将物理海洋学、海洋地质学、海洋化学、海洋生物学结合对沉积作用进行综合研究，这是此次联合研究重要的特色。

此次调查的船只有5艘：美国的"海洋学家"号，中国的"向阳红9"号、"实践"号、"曙光6（或7）"号和"奋斗1"号。"海洋学家"号是当时美国用于海洋研究方面最大的一艘船，安排在外陆架区（123°30′E以东）调查，"向阳红9"号和"实践"号安排在内陆架区调查，"曙光"号安排在河口区（121°50′—122°30′E，30°50′—31°45′N）调查。"奋斗1"号负责调查区域的地球物理测量。共进行3个航次：第一航次在1980年6月；第二航次在1981年3月；第三航次在1981年8月。

此次调查我负责指挥"曙光6"号在长江口外海滨观测，观测项目有水文、泥沙、沉积、化学、生物等多项，观测方式有定点连续观测、大面准同步观测和投放SDS沉积动力球时间序列观测。美方参加观测物理海洋方面的是美国国家海洋大气局太平洋环境实验室（NOAA-PMEL）的坎农博士和柏辛斯基（D J Pashinski）。观测任务有二：一是施放一个自动连续观测多种要素的沉积动力球，用锚系固定在近底层，半月后回收；二是用流速流向仪等逐时整点观测流速、流向、温度、盐度和取水样。"曙光"号无施放沉积动力球的专用设备，施放难度大，在上海航道局海测大队队长沈庚余和柏辛斯基精心策划下，采用土洋结合的方法成功地施放到预定位置。定点逐时连续观测目的是了解长江口盐淡水混合的过程，观测从落潮憩流开始，当涨潮已涨了数小时仍观测到淡水时，坎农情绪开始紧张，担心这次在此测点测不到有盐度的水流，无法达到预定目的，态度也逐渐急躁，要求移动船位，在他看来这是很简单正常的事，因在美国如何观测都是听从科学家的，需要改变即可改变。但此次观测的船位是观测前经周密考虑和经有关部门批准的，不是科学家可随意变更的，可若这样解释他将无法接受。据我多年来研究长江口盐水入侵变化规律，认为再过一段时间，盐水会到来的，请他耐心等待。正当大家心急如焚时，含盐的水果真来了，观测现场一片欢腾，瞬间坎农的脸多云转晴，愁眉苦脸变成笑容满面，他向我竖起了大拇指，立即去取了两瓶啤酒与我同饮，庆贺圆满地完成了预定的观测任务。1981年3月和8月两个航次在中美两国科学家的共同努力下，也圆满地完成了观测任务。

1982年3—5月，受国家海洋局委托，笔者带领我国参加中美海洋沉积作用联合调查的11人，赴美国相关单位合作研究，整理和分析调查资料，编写研究报告和论文。

中美海洋沉积作用联合研究现场观测　　　　中美海洋沉积作用联合研究现场观测（1980年）
（1980年）　　　　　　　　　　　　　　左1为柏辛斯基

　　笔者到西雅图美国国家海洋大气局太平洋环境实验室，与坎农和柏辛斯基合作研究，共同完成《长江河口水流与混合》论文。期间还考察了西雅图附近的太平洋海岸、普吉松峡湾、华盛顿湖、美国第二大河——哥伦比亚河河口等，并顺访州立华盛顿大学海洋学院，与R W Sternberg教授和M Rattray教授等交流。

　　此次联合调查研究在调查海区水体和沉积物的物理、化学、生物等方面取得了大量可贵的第一手资料，并在此基础上编写了一系列研究报告和论文，提出了很多新观点，推动了沉积动力学和底层海洋学的发展。1983年4月，东海及其他陆架沉积作用国际学术研讨会在杭州召开，中国、美国、挪威、日本、荷兰、英国等7个国家200多名科学家出席了会议，这是世界海洋学界首次在我国举行的盛会，大会共收到100多篇论文，其中约有一半为中美海洋联合研究的成果。

（2）中国河口主要沉积动力过程及其应用

本项目为国家自然科学重大基金项目，1988—1993年，笔者任项目学术委员会秘书长、最大浑浊带课题负责人

　　1987年岁末，时任我校科研处处长薛天祥在北京开会时获悉，国家自然科学基金委员会将首次设立重大基金项目，资助金额超过百万。这是个令人振奋的好消息，他将此信息快速传递给校科研处，并要求及时转达河口海岸研究所所长陈吉余和副所长沈焕庭。陈先生获悉后很兴奋，要我立即考虑项目名称和研究大纲，争取第一批获得资助，这对我所的进一步发展、申报国家重点实验室和推动中国河口研究意义重大。

1983年10月至1984年10月，笔者获得杨振宁基金资助，赴美国纽约州立大学石溪分校海洋科学研究中心访问研究，与D W Pritchard、J R Schubel、M J Bowman等国际著名河口海洋学家合作研究和交流，在此期间通过阅读文献、参加河口国际研讨会、讲座、面谈等多种方式，对国际河口研究动向进行了广泛了解，回国时写了长达两万多字的国际河口研究动向报告，其中部分内容以"国际河口水文研究动向"为题在《地理学报》发表，重点阐述了河口环流、河口最大浑浊带、河口锋等研究的进展。我根据国际河口研究的动向与我国河口的特色，提出两个研究方案：一个是以长江河口最大浑浊带、河口锋为核心研究内容的河口沉积动力过程；另一个为三峡工程和南水北调等重大工程对河口过程的影响。将这两个方案向陈先生汇报后，他认为对这两个主题进行研究都很有意义和价值，但从目前我国河口研究的状况与特点来看，可先开展以第一方案为基础的研究，并确定青岛海洋大学和中山大学为合作研究单位，请杨作升、李春初教授等来我校共同商讨申报事宜。经多次深入讨论，集思广益，最后将总项目定名为"中国河口主要沉积动力过程及其应

河口最大浑浊带现场观测（1989年）

用"，下设4个课题：河口最大浑浊带、河口锋、底坡不稳定性和陆架水入侵。前两个课题以长江河口为主要研究基地，由华东师范大学负责。第三个课题以黄河口作为主要研究基地，由青岛海洋大学负责。第四个课题以珠江河口作为主要研究基地，由中山大学负责。总项目由华东师范大学负责，陈吉余先生领衔，笔者任项目学术委员会秘书长和河口最大浑浊带课题负责人，胡方西为河口锋课题负责人，杨作升为底坡不稳定性课题负责人，李春初为陆架水入侵课题负责人。在陈先生指导和参与人员共同努力下，项目申请书获得学科评审专家组的好评，顺利通过，成为我国海洋科学领域首个被批准的重大基金项目。

在长达5年的执行过程中，全体科研人员齐心协力，脚踏实地，不畏艰险，敢于创新，勇攀科学高峰，进行了多次较大规模的水文、泥沙、化学、生物等多要素综合现场观测和专题观测，在室内利用先进仪器进行了多项分析和试验，取得了数以万计的第一手资料，为完成项目目标奠定了坚实基础。通过对实测资料的计算分析，4个课题都提出了创新见解，并建立了一些概念模型和半定量、定量模型，在国内外发表了数百篇论文，出版了《长江河口最大浑浊带》等四部专著和两本论文集。项目取得的创新性研究成果得到由基金会组织的、以窦国仁院士和曾庆存院士为组长的专家验收组与评审组的高度评价，认为此项目研究成果总体上达到了国内领先、国际先进水平，为发展具有中国特色的河口学作出了重要贡献，被评为A级。由笔者负责的"河口最大浑浊带"课题被评为6A（全A）。此项目获1999年教育部科技进步二等奖，"河口最大浑浊带"获1998年上海科技进步三等奖。

（3）长江河口径流和盐度及其关系的谱分析

本项目为高校博士学科点专项科研基金项目，1993—1995年，笔者为项目负责人。

笔者带领硕士研究生王晓春应用功率谱和交叉谱分析方法，研究长江河口入海径流与盐度的变化规律及其相互关系，在国内外尚属首次。通过研究得出的一些重要的结论如下。

1）长江月平均流量序列变化存在 $4 \sim 8\,a$、$2 \sim 3\,a$、$1.5\,a$ 和 $1\,a$ 的周期振动，年周期振动对径流量变化的贡献远大于其他频段的周期振动。

2）各特征水文年日平均流量序列的谱结构的变化较小，差别很小，均表现为单波形，能量稳定集中在1波附近。

3）长江口月平均盐度序列存在 $5 \sim 10\,a$、$2 \sim 3\,a$、$1.5\,a$、$1\,a$ 和 $0.5\,a$ 的周期变化，与流量序列的周期振动基本一致，各特征水文年的谱结构相似，谱密度最大峰值稳

定在0波附近。

4）各特征水文年盐度谱与流量谱的结构较为相似，只是盐度谱结构在高频段上有较强的振动。

5）流量与盐度在5～10 a、2～3 a、1.5 a和1 a周期振动上存在高相关性。在相关频段上，盐度的波动一般落后于流量的变化，在高频段上落后的时间较短，而在低频段上落后的时间较长，即盐度变化与前期流量的关系较为密切。

6）根据流量和盐度的频率响应函数，可由流量序列预测盐度序列。

（4）长江河口盐水入侵规律研究

本项目为国家自然科学面上基金项目，1994—1996 年，笔者为项目负责人。

长江河口地处盐水与淡水的交汇地带，在这里出现的多种物理、化学、生物过程，如河口环流、细颗粒泥沙絮凝沉降、最大浑浊带、拦门沙等都与盐水入侵有关，严重的盐水入侵会使水质不能满足要求，影响人的身体健康和工农业生产，正在或拟将建设的南水北调、三峡工程、河口深水航道等大型工程也会对长江口的盐水入侵产生不同程度的影响，研究长江河口的盐水入侵具有重要的理论和实际意义。

本项研究根据实测资料分析和二维数值模型计算，研究了4个入海汊道盐水入侵的来源、时空变化规律、盐淡水混合类型、南水北调和三峡工程对盐水入侵的影响等。研究结果表明：影响长江口盐水入侵的主要因子是径流、潮汐潮流、口外流系和河槽演变；盐水入侵对细颗粒泥沙的絮凝沉降、河口环流和悬沙输移有明显影响；盐水入侵存在复杂的时空变化，北支盐水倒灌对南支有重要影响；南水北调和三峡工程均对河口盐水入侵产生明显影响等。研究成果深化了对长江口及分汊河口盐水入侵规律的认识，为河口淡水资源的开发利用尤其是陈行水库和青草沙水库建设提供了科学依据，被有关部门采用，取得了明显的经济效益、社会效益和生态效益。

（5）长江河口通量研究

本项目为国家自然科学重点基金项目，1998—2001 年，笔者为项目负责人。

物质通量是国际地圈-生物圈研究计划（IGBP）中的两个核心计划——全球海洋通量联合研究（JGOFS）和海岸带陆海相互作用研究（LOICZ）的重要研究内容，它对研究全球变化、认识地球系统的复杂性和功能具有重要意义。长江是世界第三、我国第一长河，研究此类大型河流的物质通量不仅对其本身有重要的理论和实践意义，还可为其他大型河流物质通量研究提供经验和模式，为全球入海物质通量的综合和集成作出贡献。

本项目以长江河口作为研究区域，进行了大量的现场观测和基础研究工作，运用了数学模拟、GIS、DEM等先进手段，首次对长江河口的水、沙和碳、氮、磷、硅等生源要素的通量进行了全面系统的研究，既研究了长江进入河口区的水、沙和生源要素通量的季节和年际变化规律，又探讨了这些物质进入河口区后在陆海等多种因素作用下，发生变化的过程、机制和结果，并构建了泥沙和主要生源要素的收支平衡模式，得出了包括入海断面在内的若干典型断面不同时间尺度的通量。

以往国内外的文献一般均将河流入河口区的通量视作入海通量，忽略了重要的河口"过滤器效应"，而本项研究以一个世界级大河口为例，分河流入河口区的通量、这些通量在河口区发生的变化和河口入海通量三部分进行研究，将河流入河口区的通量与河口入海通量两个不同的概念严格区分开来，这是具有开创性的，主要的创新性认识包括以下三点。

1）长江入河口区的年平均水通量在1923—2000年期间无趋势性变化，有17 a、7 a和9 a的周期性变化。从20世纪50年代以来水通量虽无趋势性变化，但泥沙通量呈明显的下降趋势，且有16 a、8 a、2 a、6 a的周期变化。生源要素浓度的年际变化可分3类：第一类比较稳定，波动较小，主要是HCO_3^-；第二类呈上升趋势，主要有NO_3^-、NO_2^-、PO_4^{3-}；第三类是有一定的下降趋势，主要是游离CO_2、NH_4^+和SiO_3^{2-}。生源要素通量的年际变化规律与浓度的年际变化规律相似。

2）根据256个钻孔地层资料，得出了长江河口冰后期的沉积通量、年均输沙量和输向外海与邻近岸段的泥沙量。通过^{210}Pb测年分析，得到长江水下三角洲泥质沉积区内以100为时标的年均沉积量。应用1861—1997年的水深图进行冲淤定量分析，构建了长江河口泥沙收支模式，得出了包括入海断面在内的若干典型断面的泥沙通量。

3）根据现场观测资料，构建了长江河口营养盐收支模型，计算出长江口溶解态无机磷和溶解态无机氮从口门入海的通量、从水下三角洲前缘向海输送的通量。

本项目在国内外发表论文43篇，出版《长江河口物质通量》专著。得到了冯士筰院士为组长的专家验收组和评审组的高度评价，认为该项目取得的研究成果对进一步阐明长江口的演变规律、预测未来环境的变化以及重大工程对河口过程的影响等有重要的理论和实践意义。与前人所完成的其他两个有关通量研究的重点基金项目，即"东海陆架边缘海洋通量研究"（1992—1995年）、"东海海洋通量关键过程研究"（1996—1999年）相衔接，使我国海洋通量研究形成一个体系，把我国的JGOFS研究提到了一个新的高度和水平。项目综合评价为A。

（6）长江河口涨潮槽形成机理与演化过程的定量研究

本项目为国家自然科学面上基金项目，2001—2003 年，笔者为项目负责人。

河口涨潮槽是有潮河口重要的地貌单元，也是河口地貌学和河口沉积动力学研究的重要内容和前沿课题。长江河口是一个径流与潮流都很强的河口，涨潮槽数量多，分布范围广，类型多样，且对通海航道、港口选址、护岸围垦和淡水资源利用等有较大影响，对其研究具有重要的理论和实践意义。

本项研究选择长江口两条较典型的涨潮槽——南支的新桥水道和南港的南小泓为主要研究对象，采用现场观测、室内试验和数学模拟的方法，对长江口涨潮槽的形态特征、判别指标、形成的动力机制、水文泥沙和沉积特性、成因类型、冲淤变化和开发利用途径等进行定量研究。进行了两次（2001年9月代表洪季，2003年2月代表枯季）全潮周期的水文、泥沙、底质和柱状样观测，对悬沙、底质柱状样进行了颗粒分析、重矿和黏土矿物分析、磁学特性分析、微体古生物分析和^{210}Pb测年等。并利用一个σ坐标系下三维非正交曲线河口海洋模式，采用比较高的分辨率研究了涨、落潮槽的流场。

（7）长江河口拦门沙冲淤动态及发展趋势预测

本项目为高等学校博士学科点专项科研基金项目，2001—2003 年，笔者为项目负责人。

拦门沙是河流汇入大型受水体如陆架海、湖泊、水库后由于水动力和生物地球化学条件的变化在口门处形成的泥沙堆积体。该地貌单元在世界上各大小入海河口普遍存在，在泥沙供应丰富的河口发育更为典型。拦门沙的形成与演化包含极其复杂的物理、化学、生物和地质过程，它的存在对航运、泄洪、排沙均有消极影响。长江水丰、沙富，在口门附近形成分布广阔、滩槽相间的拦门沙系，航道拦门沙自然水深在北港、北槽、南槽只有6 m左右，且浅滩很长，万吨级船舶须候潮进出，严重影响上海及长江中下游经济的发展。为解决这一瓶颈问题，国家投巨资进行深水航道建设，一、二、三期目标分别为8.5 m、10 m、12.5 m，当时正在进行一期建设，本课题主要研究长江河口拦门沙在自然情况下和增深后的冲淤变化规律，为深水航道建设提供科学依据。

以往对长江口、拦门沙冲淤变化的估算，大都依赖于手工计算，有工作量大、效率低下、精度不高、范围小的缺陷。本课题收集长江口1842—1949年间多年水深资料，将不同时期的测图订正到同一基面，利用GIS技术处理大量的海图资料，建立不同时期拦门沙地区水下数字地形模型，定量计算出不同时空的拦门沙冲淤量。

(8) 长江河口陆海相互作用的关键界面及其对重大工程的响应

本项目为国家自然科学重点基金项目，2003—2006年，笔者为项目负责人。

海岸带在全球物质循环和气候变化中扮演着重要角色。近几十年来，随着经济的迅速发展和人口的急剧增长，人类活动对海岸带施加的压力与日俱增，直接或间接地不断改变着海岸带的环境。为了提高有关海岸带在全球物质循环系统中所起的作用以及海岸带系统对各种全球变化源响应等问题的认识，预测将来海岸带变化及其在全球变化中的作用，为人类有效地持续利用海岸带资源服务，一个集中地研究陆地、海洋、大气相互作用的研究计划——海岸带陆海相互作用（LOICZ）计划应运而生，成为国际地球圈-生物圈计划（IGBP）的第六个核心计划。

河口地处河流与海洋的过渡地带，是海岸带的一个特殊组成部分。陆海相互作用界面是河口的一个重要特征，这些界面既受径流、潮汐潮流、地形、盐淡水混合、风应力、口外流系等自然因子的影响，又愈来愈受到人类活动尤其是一些重大工程的影响，其时空变化过程十分复杂，对人类活动和海平面等全球变化的响应也特别敏感。对这些界面的形成与演变以及对重大工程和海平面变化响应的研究能揭示陆海相互作用的机制，阐明河口区域环境对人类活动和全球变化响应途径、作用过程、动力机制及未来变化趋势，从而为海岸带特别是河口地区的开发利用和可持续发展提供科学依据，也可加深对陆海相互作用和全球变化的了解，对LOICZ计划作出贡献。

长江河口是我国最大的河口，长江水丰沙富，资源丰富，一批重大工程正在或拟将建设，这些工程的兴建将在较大程度上改变河口的陆海相互作用过程。故本项目选择长江河口作为研究陆海相互作用界面及其对重大工程和海平面变化响应的典型区域，选择潮区界面、潮流界面、盐水入侵界面、涨落潮优势流转换界面和冲淡水界面等几个对陆海相互作用响应敏感的典型界面作为研究对象。研究的主要内容包括：长江河口陆海相互作用因子的量化特征；关键界面的变化规律及机制；陆海相互作用分段；关键界面对重大工程及海平面变化的分别响应及综合响应。研究方法与技术路线为：现场观测、数学模型和物理模型相结合；水文、泥沙、地貌、沉积等多门学科相结合；定性分析和定量研究相结合。

在项目执行过程中，除进行了大量现场观测外，还利用先进的数值模型和物理模型对三峡工程、南水北调工程、河口深水航道工程等重大工程建设以及海平面变化对几个界面时空变化规律的影响逐个进行了详细模拟，并对数个工程和海平面变化对不同界面的综合影响进行了模拟分析，出版《长江河口陆海相互作用界面》专著，取得的研究成果对进一步阐明长江河口演变规律、预测未来环境变化及重大工程对河口过程的影响和加深对全球变化的认识有一定意义，对其他河口的同类研究

也有参考价值。

（9）长江河口段岸滩侵蚀机理及趋势预测

本项目为国家自然科学面上基金项目，2006—2008 年，笔者为项目负责人。

岸滩侵蚀是河口海岸地区普遍存在的一种自然现象，也是一种灾害。与国外研究和我国海岸侵蚀日益严峻的形势相比，我国对岸滩侵蚀的研究亟待提高。本项目选择一个复杂的大河口——长江口及其毗邻的杭州湾北岸作为研究对象，带领研究生胡刚、曹佳对该地区岸滩侵蚀的分布格局、近期变化、影响因素、演变模式及滩槽变化的相互作用进行了较全面系统的研究，发表论文11篇，主要取得了两项研究成果。

1）选取1980年以来的测图资料，运用ARCGIS软件进行数字化，建立DEM模型，绘制出长江口岸滩冲淤分布图；对崇明南岸、长兴岛南岸和杭州湾北岸等典型岸段岸滩侵蚀演变的特征、原因和发展趋向进行分析，建立了长江口岸滩侵蚀演变的模式；按剖面形态特征可分为平直型、宽陡型和尖陡型3种类型；按剖面变化特征可分为平行后退型、下凹型和宽陡变尖陡型。

2）杭州湾北岸岸滩经历了先侵蚀后淤涨的历史过程，近年来由于南汇边滩大规模促淤围垦和长江来沙减少，造成冲刷带由东向西移动，南汇段2003年以来处于冲淤平衡阶段，奉贤段总体上处于冲刷状态，潮流顶冲点移至三甲港、金山段处于相对稳定状态。

1.3　发表论文

1979—2011年，笔者在国内外共合作发表论文220多篇，其中中文173篇，英文48篇。这些论文绝大多数是合作发表的，与笔者合作发表的有50多人，其中大都是笔者的研究生和与笔者合作的青年教师。合作发表5篇及以上的有：茅志昌（33）、李九发（24）、朱建荣（17）、肖成猷（17）、潘定安（15）、吴华林（15）、王永红（14）、吴加学（13）、郭沛涌（11）、刘新成（9）、朱慧芳（8）、黄清辉（8）、陈吉余（6）、徐海根（6）、金元欢（6）、杨清书（6）、谢小平（5）和刘高峰（5）。显然，这些论文是我们这个交叉学科团队集体研究的结晶。早期论文的第一作者以笔者为主，中期论文的第一作者以与笔者合作的年青教师为主，后期论文的第一作者以笔者指导的研究生为主。论文除重视实测资料分析外，还运用数理统计、数值模型、模糊数学、频谱分析、神经网络等多种数学方法进行定量计算。论文内容涉及河口学的诸多方面，如河口的水文、泥沙、地貌、

在书房（1993年）

沉积、化学、生物、人类活动对河口的影响、河口比较、开发利用、学科发展和海平面与基准面等。论文发表后被国内外学者广为引用，在2004年，上海科技情报研究所和华东师范大学图书馆情报研究所对笔者1997—2001年、2001—2003年两个时段共7年发表的论文进行检索，结果为：通过DIALO国际联机检索系统的Sci Search数据库和EI数据库检索，被SCI数据库收录了15篇，被EI数据库收录了3篇。据SCI数据库引文检索，有35篇论文被他人133篇论文引用，共被他人引用149篇次。中国科技引文数据库（CSCD）收录了1989—2001年的有关文献40篇，其中有33篇论文被82篇论文引用，59篇为他引，共被他引85次。除上述1997—2003年这7年外，其他时段发表的论文没有进行检索。现将论文内容分成12类（表1–1），以发表时间为序对每篇论文作简要介绍。

表1–1　论文内容分类

分类	篇数	分类	篇数
河口水文	53	河口比较	8
河口泥沙	50	人类活动对河口影响	7
河口地貌	22	河口开发治理	14
河口沉积	7	河口研究进展	17
河口化学	15	海平面与基准面	5
河口生物	11	其他	11

（1）河口水文

1979 年　沈焕庭，潘定安．长江河口潮流特性及其对河床演变的影响．上海师范大学学报（自然科学版），(2): 131-144.

根据实测资料的分析和计算，对长江河口潮流的性质、运动形式、历时、流速、流向、潮流与潮位的位相差、潮流场特性等及其对河槽演变的影响首次作了较全面系统的分析。口外为半日潮，口内为非正规半日浅海潮，潮流性质与此基本类同，但在鸡骨礁以东、绿华山以北海域为不正规半日潮流，潮汐日不等现象显著。拦门沙向里为往复流，向外逐渐向旋转流过渡，鸡骨礁附近及其以东海域潮流旋转性最强，大都为顺时针向。涨潮流流向偏北，落潮流流向偏南，涨落潮流路分歧现象极为明显，这是长江口水道有规律分汊和沙洲北靠的重要机理。涨潮流与落潮流是长江口水动力中的一对主要矛盾，在拦门沙以上河段落潮流居矛盾的主要方面，拦门沙以下水域涨潮流逐渐转化为矛盾的主要方面。

1980 年　沈焕庭，茅志昌，谷国传，徐彭令．长江口盐水入侵的初步研究——兼谈南水北调．人民长江，(3): 20-26.

利用实测资料和数理统计方法对长江口盐水入侵概况和时空变化规律进行研究，并预估南水北调对长江口盐水入侵的影响。长江口的盐水入侵已相当严重，北支尤甚。在径流、潮流、盐水楔异重流、海流和风等因子作用下，长江口盐度存在复杂的时空变化，时间变化有半日变化、半月变化、季节变化和年际变化，空间变化有纵向变化、横向变化和垂向变化，这些变化均有规律可循。东线南水北调近期调水量为1 000 m³/s，对调水后吴淞站不同氯度值出现天数和最大氯度值作了预估：洪季影响不大，主要是枯季，尤其是枯水年的枯季影响较大。氯度与流量的相关曲线近似指数曲线，在流量超16 000 m³/s时，减少1 000 m³/s流量氯度无甚变化，而小于此值时，减少同样流量氯度值明显增加，因此流量越小时调水越要慎重，小于16 000 m³/s时最好不调。吴淞站1972—1979年间实测最大氯度值为3 950 mg/L，若调水1 000 m³/s，最大值可达6 130 mg/L。

1981 年　沈焕庭．长江口潮波特性及其对河槽演变的影响．见：中国地理学会．1977 年地貌学术讨论会论文集．科学出版社：53-60.

运用实测资料和调和分析方法首次对长江河口潮波传播的性质、方向、速度、潮波变形、潮差的长周期变化及其对河槽演变的影响作了较全面、系统的论述。东海前进潮波对长江口的影响特大，潮波在口门附近的传播方向约305°，多年来比较稳定，这一方向对长江口涨潮槽的延伸方向、横向汉道的盛衰以及总出口方向等有深刻影响，顺从这一方向的汊道比较稳定和容易维持。长江口潮波具有由前进波向驻波性质转化的特点，涨潮槽中接近驻波性质，落潮槽中接近前进波性质。潮波从几个汊道传入，在分汊口附近出现会潮点，此点附近是消能区，是泥沙沉积的有利部位，会潮点转移将导致沉积部位作相应转移。潮波传入各汊道发生变形，各汊道不同，北支潮差大，由口外向口内先递增后递减，转折点在口内，南支潮差小，递增现象不明显，最大潮差出现在拦门沙前缘，向里潮差逐渐减小。科氏力是引起长江口水面横比降的一个经常起作用的因素，也是导致涨落潮流动力轴分异、河口发生分汊的重要动力机理。长江口年平均潮差1955年后普遍增大，1959年后普遍减小，是交点因子18.61年长周期变化引起的正常现象。

1981 年　Shen H-T, Zhu H-F, Mao Z-C. The Residual Circulation at Changjiang (Yangtze) River Estuary and its Effect on Transport of Suspended Sediment. Estuaries, 4(3): 274.

1982 年　Shen Huanting, Zhu Huifang, Mao Zhichang. Circulation of the Changjiang Estuary and its Effect on the Transport of Suspended Sediment. In: Estuarine Comparisons. Proceedings of the Sixth Biennial International Estuarine Research Conference, Gleneden Beach, Oregon, November 1-6, 1981. P677-691, Edited by V S Kennedy, Academic Press.

Organizations responsible for the maintenance of navigation channels in the Changjiang estuary, and other organizations concerned with estuarine processes, have made hydrological, oceanographic, and sedimentological observations in the Changjiang estuary since the 1960s. These measurements are summarized in this paper and used to characterize mixing processes and salinity patterns from which circulation patterns and their effect on the transport of suspended sediment are inferred. It is shown that the Changjiang estuary is characterized by large fresh water runoff, abundant suspended sediments, and large intertidal volumes, all of which vary seasonally. As a result, stratification varies from place to place and time to time, ranging from well mixed to partially mixed. Fresh water runoff and tidal currents are shown to be the two most decisive factors in the formation of turbidity maximum, fluid mud layers, and the channel sand bars and their variations.

1983 年　Shen Huanting. Tidal Wave in the Changjiang Estuary. Estuaries, 6(3): 282.

1983 年　Shen Huanting, Hu Hui, G A Cannon, D J Pashinski. Flow and Mixing in the Mouth of the Changjiang Estuary. In: Proceedings of International Symposium on Sedimentation on the Continental Shelf with Special Reference to the East China Sea. China Ocean Press,148–158.

The Changjiang River discharges enormous quantities of water and sediment into the sea every year, which directly affects the navigation waterways through the estuary to the sea and has a significant influence on the characteristics of the hydrology, sediment and deposition on the East China Sea continental shelf.

This paper mainly describes the major flow and mixing characteristics in the area near the mouth of the Changjiang Estuary, and their temporal and spatial variations on the basis of the observations from the Joint Study in June 1980 and in August and November 1981.

1986 年　沈焕庭，朱慧芳，茅志昌．长江河口环流及其对悬沙输移的影响．海洋与湖沼，17(1): 26–35.

本文根据大量实测资料着重分析长江河口的混合类型、环流模式及其对悬沙输移的影响。研究表明，长江口的混合类型随洪枯季、大小潮而变，又因地点而异，北支以C型为主，北港、北槽、南槽以B型为主。北港、北槽和南槽在径流、潮流、盐淡水异重流共同作用下，存在上层水流净向海、下层水流在滞流点下游净向陆的河口环流。悬沙输移模式与河口环流模式相似。最大浑浊带、浮泥、航道拦门沙的位置及变化规律与滞流点变化相一致，其形成和变化与河口环流密切关联。

1987 年　茅志昌，周纪苪，沈焕庭．黄浦江口氯化物预报公式的初步探讨．华东师范大学学报（自然科学版），(1): 73–78.

黄浦江是上海人民生活和生产的主要水源，咸水入侵会影响黄浦江水质，给上海带来很大的危害。本文在分析黄浦江咸水入侵规律的基础上，利用吴淞水厂1973—1979年的实测资料，选取枯季月瞬时最大氯化物值为因变量，运用多元逐步回归及相合非参数回归方法，建立了黄浦江口的氯化物预报公式，取得了比较满意的结果。

1988 年　陈树中，汤羡祥，沈焕庭，茅志昌．盐度和流量关系的一个数学模型．华东师范大学学报（自然科学版），(2): 10–14.

在影响盐度的多种因素中，流量是决定因素，因为与其他因素有关的数据非常少，这里仅把盐度看成为流量的函数。流量与盐度数据分别来自安徽大通站和长江口门处的引水船，时间从1962—1977年，1980—1985年，每月收集一个点，它是全月平均值。从部分数据绘制的曲线可看出，两者明显有周期性，且盐度随流量变化而变化。为了建立相对可靠的数学模型，将数据分成两部分，一部分用于模型辨识，另一部分对得到的数学模型作有效性检验。流量和盐度间的数学模型应当是非线性随机模型，对于长江口盐度这样一个极其复杂的现象，企图获得精确的数学描述是不现实的，因此采用分段逼近的办法。建立的分段线性模型用1962—1964年，1980—1985年的数据作检验，得到较满意的结果。值得注意的是不同河口由于地理条件不同，模型参数要重新拟合。本文仅是建立盐度与流量关系的初步工作，寻求其他数学模型，进一步提高计算精度尚需更深入研究。

1988 年　沈焕庭，胡辉. 长江口门附近的水流与混合. 见：长江河口动力过程和地貌演变. 上海科学技术出版社：131–144.

中美科技工作者于1980年6月和1981年8月、11月在长江口及其邻近海域进行了3次综合性的联合调查，内容包括水文、泥沙、水化学、沉积和生物等，其中河口部分的水文观测每个航次布设了3～5个时间序列站，主要观测流速、流向、盐度、水温等，还有10余个观测水深、盐度、水温等的大面观测站。1980年6月和1981年8月还布设了3个锚系观测站。本文主要对河口部分3次水文观测资料进行综合分析，着重研究口门附近水流与混合特性及其时空变化规律。

1988 年　沈焕庭，潘定安，李九发，谷国传. 长江口余流特性及其对河槽演变的影响. 见：长江河口动力过程和地貌演变. 上海科学技术出版社：102–107.

据1958—1972年共226个测次资料的统计，长江口余流流速表层平均为20 cm/s，底层为14 cm/s，与我国其他海区相比量值较大，它是长江口水流的重要组成部分。泥沙运移与余流密切相关，分析余流的时空变化规律对研究河槽的冲淤变化、泥沙运移方向以及疏浚整治等有重要意义。影响长江口余流的因子主要有径流、风、盐水楔异重流和口外流系。巨量的长江径流量是影响长江口余流的主要因子。本区除季风影响外还受台风和寒潮的侵袭，表层余流中的相当一部分是风海流产生的。南支的3个汊道以部分混合型为主，在口门拦门沙地区盐水楔异重流颇为明显。口外台湾暖流和苏北沿岸流的消长影响口门附近余流的性质与分布。落潮槽与涨潮槽的余流方向相反，前者向海，后者向陆。南支余流向海，北支余流向陆，南支主槽余流向海而新桥水道余流向陆，南港主槽余流向海而南小泓余流向陆，在长江口存在多个空间尺度不同的逆时针向的平面环流，这对长江河口的演变有深刻的影响。

1988 年　张重乐，沈焕庭. 长江口咸淡水混合及其对悬沙的影响. 华东师范大学学报（自然科学版），(4): 83–88.

应用现场实测水文资料，讨论了长江口咸淡水混合与潮差、高潮位的关系以及在不同潮相时各种混合动力机制的相对重要性。还从混合产生的环流效应、絮凝作用、层化界面等方面分析了长江口悬沙输移和聚集的原因，并用二维盒子模型计算验证了环流对河口泥沙聚集的效应。

1992 年　Shen Huanting, Zhang Chongle. Mixing of Salt Water and Fresh Water in the Changjiang River Estuary and its Effects on Suspended Sediment. Chinese Geographical Science, 2 (4): 373–381.

Using field hydrological data, the relationship between the mixing of salt water and fresh water and the tidal range/high tidal level in the Changjiang (Yangtze) River estuary is discussed, and the transporting and concentrating of suspended sediment in the estuary were also analysed in respect to the circulation, flocculation and stratified interface resulting from mixing. The calculation results by two-dimentional box model have confirmed the effects of the circulation on the concentrating of suspended sediment in the estuary. The conclusions derived from this work have deepened the understanding on the missing in the Changjiang River estuary and are of significance in both theory and practice.

1993 年　潘定安，沈焕庭．闽江口的盐淡水混合．海洋与湖沼，24(6): 599–608.

采用盐、淡水混合比的概念研究闽江口的混合状态，并确定了分层、部分混合、高度混合3种类型的分类指标。研究表明，闽江口主要水道的盐、淡水混合以部分混合为主，其次是分层，高度混合出现的几率较小；盐水楔异重流发育良好，混合状态的变化与潮流速的变化不相一致；盐水入侵时混合比相对较小，后退时相对较大。闽江口是一个径、潮量比值较小的强潮河口，按照一般规律，其盐淡水混合应该出现高度混合型，但在闽江口的主汊道中发生的却是部分混合型，产生这种特殊现象的原因与河口分汊、会合、槽深等因素的作用有关。

1993 年　茅志昌，沈焕庭，姚运达．长江口南支南岸水域盐水入侵来源分析．海洋通报，12 (1): 5–17.

本文根据大量实测资料，分析了长江口南支南岸水域盐水入侵源和氯化物的时空变化规律。研究结果表明，本河段盐水来自北支、北港和南港。在浏河—石洞口水域存在一个比其上、下游均要高的氯化物高浓度带。根据盐度变化特征和盐水来源，把南支南岸分为4个区段，为合理开发利用长江淡水资源提供科学依据。

1994 年　茅志昌，沈焕庭．长江径流变化对南港盐水入侵影响分析．海洋科学，(2): 60–63.

根据长江大通站系列流量资料，按不同频率把枯季流量划分为丰、平、枯、特枯四类，并与吴淞、高桥氯化物进行对比分析，表明南港河段每年受到盐水入侵的影响，但入侵强度各年相差甚远，主要受控于径流量的丰竭。三峡工程兴建后对长江口咸潮的影响，既有不利的一面，又有有利的一面，建议水库调蓄方式根据实际情况调整。

1994 年　黄世昌，沈焕庭，潘定安，肖成猷．长江河口南槽流场模拟与最大浑浊带分析．见：中国海洋工程学术讨论会论文集．海洋出版社：1421–1431.

本文从三维流体力学基本方程出发推导垂向二维流体力学控制方程，通过坐标转换把不规则的计算区域转变成规则的矩形区域。应用有限差分方法，在纵向上采用显式模式、垂向上采用隐式模式离散控制方程建立数值模式。该模式表述了在河口断面沿程变化情况下流场与盐度场的垂直结构。把该数值模式应用于长江河口南港南槽河道，模拟结果与1978年洪季实测资料相验证，可以认为模式比较合理地模拟了长江口的流场情况。

对模拟的流场情况分析表明，优势流转换地带与最大流速区是相互重叠的，也与最大浑浊带的位置相一致，因此，在长江河口南槽地区，最大浑浊带的形成除河口环流外，最大特征流速所起的作用是不可忽视的。

1995 年　茅志昌，沈焕庭．潮汐分汊河口盐水入侵类型探讨．华东师范大学学报（自然科学版），(2): 77–85.

长江河口具有分汊、心滩、串沟和江心沙岛等地貌形态，系典型的潮汐分汊河口。咸潮入侵形式有外海直接入侵、倒灌、漫滩归槽和浅滩通道水体交换等四种类型，形成其特有的盐度时空变化规律，导致南支主槽存在一个氯离子含量比其上下游均要高的高氯度带，以及大潮盐度低、小潮或寻常潮期间盐度反而高等特殊现象。

1995 年　宋元平，小田纪一，沈焕庭．长江河口锋的基本特性（日文）．见：日本土木学会．日本海洋工学论文集，42 (2): 406–410.

1995 年　朱建荣，沈焕庭，秦曾灏．海洋对热带气旋响应的一种改进模式．热带海洋，14(2): 44–50.

建立一个改进的二层非线性原始方程海洋模式，研究海洋对热带气旋的响应。

采用湍流动能收支参数化风应力产生的垂直混合（夹卷），其中考虑了盐度对层结强度的影响。通过海洋对7002号台风响应的数值模拟，结果表明，在海表温度下降的各热通量分量中，夹卷约占了83%，余下的海表面热通量占了17%。在台风路径转向的右侧，海洋出现强烈的降温，表现出明显的右偏性。降温的幅度、范围和形状均与观测结果一致。

1995 年 Shen Huanting. Tendentious Analysis of Runoff Discharge of the Yangtze River. In: China Contribution to Global Change Studies. Edited by Ye Duzheng, Lin Hai et al. China Global Change Report, (2): 212.

In the past decades, with rapid development of economy, the demand of water by industrial and agricultural production has been increasing. Numerous irrigation projects and reservoirs have subtracted huge amount of water, the Yangtze River resulting in reduction of runoff discharge. The hysteron-protection is used to test if there is any tendentious variation of annual averaged runoff discharge measured at Datong Station of the Yangtze River.

With the water discharge data available (1865−1989),U is calculated being −2.39, which means that decrease tendency of water discharge has existed in the last about 125 years. Also, through analysis, human activities such as irrigation and reservoir projects, water use are dominant in this process.

1997 年 朱建荣，沈焕庭，朱首贤. 一个三维陆架模式及其在长江口外海区的应用. 青岛海洋大学学报, 27 (2): 145–156.

建立一个σ坐标系下三维非线性斜压陆架模式，并首次应用于夏季长江冲淡水扩展机制的研究。模式计算区域为整个中国东部海域，水平分辨率为7.5′×7.5′，垂向分辨率为11层，考虑实际海岸形状和海底地形，在空间完全交错的网格系统上，离散化控制方程组，采用ADI计算方法数值求解。动量方程中的非线性项采用二次通量守恒的半动量格式，温盐方程中的平流项采用迎风格式，垂向涡动扩散采用隐式。数值试验结果基本再现了伸向东北的冲淡水舌和中国东部海域的环流结构。

1997 年 朱建荣，李永平，沈焕庭. 夏季风场对长江冲淡水扩展影响的数值模拟. 海洋与湖沼, 28 (1): 72–79.

建立一个σ坐标系下三维非线性斜压陆架模式，研究长江冲淡水扩展的动力机制。数值试验再现了夏季长江冲淡水转向东北的现象。夏季风场对长江冲淡水扩展的影响，取决于风速的大小和方向。风速为3 m/s的南风，对冲淡水向北扩展的影响比较明显，而当南风风速达到6 m/s时，则起着十分显著的作用。西南风抵制了冲淡水向东扩展，并使之偏向西北。明确阐明了夏季风场对冲淡水扩展所起的作用。

1997 年　朱建荣，沈焕庭，周健. 夏季苏北沿岸流对长江冲淡水扩展影响的数值模拟. 华东师范大学学报（自然科学版），(2): 62–67.

建立一个σ坐标系下三维非线性斜压陆架模式，并首次应用于长江冲淡水扩展机制的研究。考虑实际海岸形状和海底地形，在空间完全交错的网格系统上，离散化控制方程组，采用ADI计算方法数值求解。数值试验结果首次表明，在夏季长江口水位向外倾斜，冲淡水穿越等水位线运动，远离长江口水位倾向东北，冲淡水沿水位坡面运动，同时再现了伸向东北的冲淡水舌和东海陆架上的环流结构。夏季苏北沿岸流作为长江口北部海区的一股势力，阻挡了长江冲淡水沿岸北上，并使之东转。苏北沿岸流强，冲淡水不易北上，反之，北上加深。它是决定夏季长江冲淡水总的分布形态中一个不可缺少的外在因素。

1997 年　沈焕庭，袁震东，茅志昌等. 连续不宜取水天数的预测. 数学的实践与认识，27 (2): 1–6.

长江引水使更多的上海市民能饮用长江水。市有关部门根据不断增加的用水要求，拟在长兴岛附近的青草沙建立避咸蓄淡水库，水库的容量取决于用水量和该处连续不能取到含盐度较低的长江水的天数。本文利用马尔可夫模型和线性动态模型作为估计该处连续取不到合格水的最大天数的数学模型，论文给出了模型的推导、计算及验证的整个过程。

1997 年　肖成猷，沈焕庭. 感潮河网地区水污染物总量控制的数学模型研究. 第一届全国海岸工程学术讨论会暨 1997 年海峡两岸港口及海岸开发研讨会文集（上）. 海洋出版社：60–66.

1998 年　朱建荣，肖成猷，沈焕庭. 夏季长江冲淡水扩展的数值模拟. 海洋学报，20 (5): 13–22.

建立一个σ坐标系下三维非线性斜压陆架模式，研究夏季径流量、台湾暖流、黄海冷水团、风场对长江冲淡水扩展的影响。数值试验基本再现了夏季长江冲淡水低盐水舌伸向东北的现象和渤、黄、东海的环流结构。长江径流量只影响近口门附近冲淡水朝东南方向扩展势力和整个冲淡水扩展范围的大小。台湾暖流深受底形的影响，流动路径稳定，且不受自身强度的影响，又主流远离长江口，对长江冲淡水扩展的影响不大。黄海冷水团产生的余流在长江口海区阻碍着长江冲淡水沿岸向南

扩展，在远离长江口海区诱导冲淡水向东南运动。总的黄海冷水团的作用是使长江冲淡水低盐水舌伸向东北，黄海冷水团越强，这种作用就越明显。夏季风场在冲淡水转向东北的过程中作用显著。

1998 年　朱建荣，肖成猷，沈焕庭. 黄海冷水团对长江冲淡水扩展的影响. 海洋与湖沼，29 (4): 389–394.

利用作者已建立的σ坐标系下三维非线性斜压陆架模式，研究黄海冷水团（YSCWM）对长江冲淡水（CDW）扩展的影响。数值试验结果表明，黄海冷水团产生的余流，与黄海冷水团的强度和海底地形有关。在长江口海区由于底形的影响，黄海冷水团产生了向北流动的海流，阻碍着长江冲淡水沿岸向南扩展。在远离长江口海区，黄海冷水团产生的气旋式黄海环流诱导冲淡水向东南运动。总的黄海冷水团的作用是使长江冲淡水低盐水舌伸向东北，黄海冷水团越强，这种作用就越明显。黄海冷水团在夏季长江冲淡水伸向东北过程中起着重要作用。

1998 年　Zhu Jianrong, Shen Huanting. Wind Impact on the Expansion of the Changjiang River Diluted Water in Winter and Summer. In: Land-Sea Interaction in Chinese Coastal Zones, Edited by Zhang Jing. China Ocean Press, 77–90.

A there-dimension nonlinear barochinic estuary and ocean mode; with primitive equations in σ coordinate system is developed to study the wind impact on the Expansion of the Changjiang Diluted Water (ECDW, CDW) in winter and summer. The calculation domain is the whole East China Sea (ECS) and the topography and real shape of the coast are considered. The horizontal resolution of the model is, and the vertical resolution is 11 layers. The ocean control equations are discrete in a completely staggered grid system and the Alternating Direction Implicit (ADI) scheme which is adopted for the numerical resolution. The semi-momentum scheme which is quadratic conservation is adopted for the nonlinear terms in the momentum equations. The upstream and implicit scheme are used for the advection terms and the vertical eddy diffusion and convection terms respectively in the salt and temperature equation. Considering the presence of the continental currents, the numerical experiments show that the ECDW in the winter is controlled by the northerly wind. The northerly wind speed has a substantial impact on the extent of the south ward expansion of the CDW. The more stronger the northerly wind is, the more wider the extent that the CDW southward expands along the coast is, and the more narrower the CDW is confined into the band. The change of the northerly wind direction has a small influence on the ECDW. In summer, the effect of the south wind on the ECDW is determined by the wind speed and direction. At 3 m·s^{-1}, the south wind makes the CDW northward expanding relatively obviously; at 6 m·s^{-1}, the south wind has a very obvious effect, and makes the CDW expanding northwards along the North Jiangsu coast. The southwest wind enhances the eastward expansion of the CDW, but has a very little effect on its longitudinal expansion. The southwest wind makes the CDW northwestward expansion. The phenomena that the freshwater tongue expands northeastwards in summer and the CDW stretches southwards in a narrow band along the coast in winter are simulated quite correctly, and the circulation structures of the ECS (Such as the Kuroshio and its branches, the coastal currents, and so forth) in summer and in winter are also reappeared fairly successfully by the numerical experiments.

1998 年　肖成猷，沈焕庭. 长江河口盐水入侵影响因子分析. 华东师范大学学报（自然科学版），(3): 74–80.

本文根据大量实测资料，研究了径流、潮汐、地形等几个重要因子对长江口盐水入侵的影响，并对长江口盐度变化的一些特殊现象作了初步解释，还探讨了北支盐水倒灌的基本规律及其对南支盐度变化的重要意义。

1998 年　Shen Huanting, Zhang Cao, Xiao Chengyou, Zhu Jianrong. Change of the Discharge and Sediment Flux to Estuary in Changjiang River. In: Health of the Yellow Sea, The Love Publication Association, SEOUL, 129–148.

Changjiang River is the largest river China and the third river in the world. It transports large amount masses into the East China Sea and Yellow Sea each year. A further understanding on the variation of these mass fluxes is not only important for the study of the evolution of Changjiang Estuary with its effects on the environment of the East China Sea and the Yellow Sea but also helps us understanding the study of the global sea-land interaction and global circulation of the mass fluxes. Studies of mass fluxes of Changjiang Estuary into the sea have been carried out. But many associated problems still need to be studied. This paper will emphasize the seasonal and yearly variations of discharge and suspended fluxes of Changjiang River into estuary, as well as the relationship between the two.

1999 年　刘新成，沈焕庭，杨清书. 长江河口潮差变化的谱研究. 华东师范大学学报（自然科学版），(2): 89–94.

利用长江口吴淞等3个验潮站连续25年来的月均验潮资料，通过低通数字滤

波、谱分析和交叉谱分析等方法，对长江口的月均潮差的趋势性变化和周期性变化进行了计算，并对长江口月均潮差与径流及海平面的关系进行了分析。

2000 年　沈焕庭，张超，茅志昌 . 长江入河口区水沙通量变化规律 . 海洋与湖沼，31(3): 288-294.

根据大通站1950—1985年的水、沙实测资料，运用统计分析方法研究长江入河口区水、沙通量的季节性变化，年际变化以及水、沙通量之间的关系。结果表明，长江入河口区的水、沙通量有明显的季节性变化，其中沙通量的变化更为显著；丰水年很少连续出现，枯水年有75%以连续两年的形式出现；多沙年的出现形式有1年出现一次的，也有2～3年出现的，少沙年基本上以连续2～3年的形式出现；水、沙通量间的相关性较差，其中细颗粒泥沙通量与水通量间基本上无相关性。

2000 年　沈焕庭，王晓春，杨清书 . 长江河口径流与盐度的谱分析 . 海洋学报，22(4): 17-23.

根据大通水文站的流量和引水船站的盐度系列资料，应用谱分析方法研究长江口径流、盐度的变化规律及两者的相互关系。分析表明，长江口径流存在4～8 a，2～3 a，1.5 a，1 a，30～60 d及20 d的变化周期；盐度存在5～10 a，40～50 d，26～30 d，14～15 d，7～8 d及3.5 d的变化周期。径流和盐度的谱结构在各水文年基本一致，均以1 a周期变化占优势，但盐度谱结构在高频部分较径流的谱结构具有更大的振荡。盐度与流量的5～10 a，2～3 a，1.5 a，1 a的周期振动上存在高相关。径流对盐度变化的影响主要体现在低频部分。在低频变化中表现为盐度变化滞后于径流变化，在高频带呈同步变化。

2000 年　肖成猷，朱建荣，沈焕庭 . 长江口北支盐水倒灌的数值模型研究 . 海洋学报，22(5): 124-132.

鉴于北支倒灌规律的复杂性，特别是在南支及南、北港各种盐水入侵源交织作用，利用现有的现场资料还难以把握这一复杂的规律，利用数值模型工具可望对此问题得到比较深入的结果。但是目前有关长江口盐水入侵的数值模型一般都以口外或口门附近作为研究重点，对北支的盐水入侵以及北支倒灌考虑较少，模型的网格较粗，也难以用于研究北支倒灌这种比较精细的现象。本文在实测资料分析的基础上，利用二维模型模拟了北支盐水倒灌的过程，进行多项数值试验，研究北支倒灌与上游径流量之间的定量关系，同时进一步模拟北支倒灌的影响范围以及影响时间尺度，把北支倒灌与盐度的特殊半月变化相联系。

2000 年　朱建荣，沈焕庭，朱首贤 . 数值试验冬季长江口外台湾暖流和苏

北沿岸流．见：海岸海洋资源与环境学术研讨会论文集．香港科技大学海岸与大气研究中心，香港，2000.10, ISBN 96-2.85282-2-X, 77-78.

 本文用一个非正交曲线坐标系下原始方程模式试验长江口外的台湾暖流和苏北沿岸流，并初步探讨它们对长江河口的影响。共设计了6个数值试验，分别考虑在开边界通量（分包括和不包括长江通量两种情况）、密度梯度力、风应力、边界通量和密度梯度力以及风应力驱动模式的情况下，数值试验长江口外的台湾暖流和苏北沿岸流，讨论它们的分布和变化。模式除模拟了台湾暖流和苏北沿岸流外，还较好地模拟了计算区域的黑潮、对马暖流、黄海暖流和其他沿岸流，模拟的流的形态和量值与以往的观测结果较为一致。台湾暖流携带高温、高盐水沿水下河谷流到长江口外，高盐水能随潮流入侵长江河口，有利于悬浮泥沙的絮凝，从而加速细颗粒泥沙在长江口拦门沙和水下三角洲地区沉降。冬季苏北沿岸流能携带长江口北部浅水区域的泥沙和低盐水进入长江口外。台湾暖流和苏北沿岸流对长江河口有重要的影响。

2001 年 Zhongyuan Chen, Jiufa Li, Huanting Shen, Zhanghua Wang. Yangtze River of China: Historical Analysis of Discharge Variability and Sediment Flux. Geomorphology, 41(2001): 77-91.

 Hydrological records (covering a 100-year period) from the upper, middle and lower Yangtze River were collected to examine the temporal and spatial distribution of discharge and sediment load in the drainage basin. The Yangtze discharge, as expected, increases from the upper drainage basin downstream. Only an estimated 50% of the discharge is derived from the upper Yangtze, with the rest being derived from the numerous tributaries of the middle and lower course. However, the distribution of sediment load along the Yangtze is the reverse of that observed for discharge, with most of the sediment being derived from the upper basin. A dramatic reduction in sediment load (by~0.8×10^8 t/a) occurs in the middle Yangtze because of a marked decrease in slope and the change to a meandering pattern from the upper Yangtze rock sections. Considerable siltation also occurs in the middle Yangtze drainage basin as the river cuts through a large interior Dongting Lake system. Sediment load in the lower Yangtze, while significantly less than that of the upper river, is somewhat higher than the middle Yangtze because of additional load contributed by adjacent tributaries. A strong correlation exists between the discharge and sediment load along the Yangtze drainage basin during the dry season as lower flows carry lower sediment concentration. During the wet season, a strong correlation is also present in the upper Yangtze owing to the high flow velocity that suspends sand on the bed.

However, a negative to poor correlation occurs in the middle and lower Yangtze because the flow velocity in these reaches is unable to keep sand in suspension, transporting only fine-grained particles downstream.

Hydrological data are treated for 30 years (1950–1980), when numerous dams were constructed in the upper Yangtze drainage basin. At Yichang and Hankou hydrological stations, records revealed a decreasing trend in annual sediment load, along with slightly reduced annual discharge at the same stations. This can be interpreted as the result of water diversion primarily for agriculture. Sediment load at Datong further downstream is quite stable, and not influenced by slightly reduced discharge. Furthermore, sediment concentration at the three hydrological stations increased, which can be attributed to sediment loss in association with intensifying human activity, especially in the upper drainage basin, such as deforestation and construction of numerous dams. Mean monthly sediment load of these 30 years pulses about 2 months behind discharge, implying dam-released sediment transport along the entire river basin during the high water stage.

2001 年　茅志昌，沈焕庭，肖成猷．长江口北支盐水倒灌南支对青草沙水源地的影响．海洋与湖沼，32 (1): 58–66.

自1978年以来，在长江口的几个关键岸段（例青龙港、新建、高桥、堡镇等）设置了盐度观测站；1992—1994年的枯季，在青草沙水源地的南、北两侧各抛测量船一艘，在一个完整的大、中、小潮期间，连续逐时观测流速、流向、水深、盐度等，同时在青龙港等处设置6个岸边观测点同步取样；1995—1996年在船站位置各设置了氯离子自动监测仪一台；1996年3月又进行了一次大规模的长江口水文测验。本文对大量的现场资料作了分析计算。研究结果表明，青草沙水源地盐水来源主要有北支倒灌咸水团和外海咸水入侵。前者的特征为，氯度的半月变化是小潮期（或小潮后的寻常潮）的氯度反高于大潮期，氯度的潮周日变化是日最高值出现在落憩附近，日最低值出现在涨憩附近，氯度的垂向分层不明显。这与外海盐水入侵引起的氯离子浓度在半月和潮周日内的变化特性正好相反。

2001 年　Mao Zhichang, Shen Huanting, James T Liu & D Eisma. Types of Salt Water Intrusion of the Changjiang Estuary. Science in China (Series B), 44: 150–157.

The Changjiang Estuary is characterized by multi-order bifurcations, unsteady submerged sandbars, mid-channel sandbars, creeks and riffles. The following four types of saltwater intrusion are found: (1) direct intrusion from the sea; (2) intrusion during tidal flooding; (3) intrusion from tidal flats overflow; and (4) salt water coming upstream through other waterways. These result in a complicated temporal and spatial salinity distribution. A high chlorinity concentration zone exists from the Liuhekou to the Sidongkou along the South Branch. The salinity during neap tide or ordinary tide is higher than during spring tide.

2001 年　Bai Yuchuan, Jiang Changbo, Shen Huanting. Large Eddy Simulation for Wave Breaking in the Surf Zone. China Ocean Engineering, 15 (4): 541–552.

In this paper, the large eddy simulation method is used combined with the marker and cell method to study the wave propagation or shoaling and breaking process. As wave propagates into shallow water, the shoaling leads to the increase of wave height, and then at a certain position, the wave will be breaking. The breaking wave is a powerful agent for generating turbulence, which plays an important role in most of the fluid dynamic processes throughout the surf zone, such as transformation of wave energy, generation of near-shore current and diffusion of materials. So a proper numerical model for describing the turbulence effect is needed. In this paper, a revised Smagorinsky subgrid-scale model is used to describe the turbulence effect. The present study reveals that the coefficient of the Smagorinsky model for wave propagation or breaking simulation may be taken as a varying function of the water depth and distance away from the wave breaking point. The large eddy simulation model presented in this paper has been used to study the propagation of the solitary wave in constant water depth and the shoaling of the non-breaking solitary wave on a beach. The model is based on large eddy simulation, and to track free-surface movements, the Tokyo University Modified Marker and Cell (TUMMAC) method is employed. In order to ensure the accuracy of each component of this wave mathematical model, several steps have been taken to verify calculated solutions with either analytical solutions or experimental data. For non-breaking waves, very accurate results are obtained for a solitary wave propagating over a constant depth and on a beach. Application of the model to cnoidal wave breaking in the surf zone shows that the model results are in good agreement with analytical solution and experimental data. From the present model results, it can be seen that the turbulent eddy viscosity increases from the bottom to the water surface in surf zone. In the eddy viscosity curve, there is a turn-point obviously, dividing water depth into two parts; in the upper part, the eddy viscosity becomes very large near the wave breaking position.

2002 年　刘新成，沈焕庭. 运用等面积时变网格估算长江口南北港断面净水沙通量. 泥沙研究，(2): 46–52.

对断面进行网格划分，是进行断面通量估算的重要步骤之一。本文根据等面积时变网格的设计原则，运用Sufer和MapInfo软件的技术支持，结合长江河口的地形资料和实测水位资料分别设计并计算出南、北港两断面随潮汐变化的等面积时变网格。在此基础上，根据1998年枯季大、小潮期间，南、北港两断面8个定点站位连续的水位、流速和悬沙的观测资料（大潮连续25小时，小潮连续13小时），运用机制分解法，分别估算了长江河口南、北港两断面的水和悬沙在大、小潮周期平均下的净通量，并对各不同动力因子对净通量的贡献和输运机制作了讨论。

2002 年　杨清书，沈焕庭，罗宪林等. 珠江三角洲网河区水位变化趋势研究. 海洋学报，24 (2): 30–38.

根据珠江三角洲网河区29个验潮站的实测验潮记录，应用傅氏变换与最平滤波器串联的方法来消除月均序列的周期波动对确定水位变化趋势的影响，由低通序列一元线性回归分析确定各站水位的变化趋势。结果表明，周期波动对确定海平面变化趋势的影响是显著的。应用经验正交函数（EOF）对网河区的水位变化场进行分解，由相互独立的时间函数和空间特征函数表征网河区区域的水位变化特征；应用时间特征函数计算区域水位的平均变化率为0.02 mm/a。根据验潮站的水位变化趋势，探讨网河区水位变化与河床冲淤的关系。

2003 年　朱建荣，刘新成，沈焕庭，肖成猷. 1996 年 3 月长江河口水文观测和分析. 华东师范大学学报（自然科学版），(4): 87–93.

基于长江河口1996年3月现场水文观测资料分析，得出：北支涨潮流速明显大于落潮流速，余流指向上游，存在着严重的外海盐水入侵；在南支中上游，盐度的变化受外海盐水入侵和北支盐水倒灌的共同影响，盐度变化规律不同，在大潮和中潮前期，盐度主要受下游外海盐水入侵的影响；在南支下游，落潮流速大于涨潮流速，落潮历时大于涨潮历时，盐度最大值发生在涨憩，最小值发生在落憩，盐度变化受外海盐水入侵的影响，水文状况遵循一般河口变化规律。

2003 年　Qi Ding–man, Shen Huan–ting and Zhu Jian–rong. Flashing Time of the Yangtze Estuary by Discharge: a Model Study. Journal of Hydrodynamics (Series B), (3): 63–71.

Flushing time of the Yangtze estuary by discharge is one of the important factors responsible for the transport of pollutants from various sources located along the Yangtze estuary: Therefore, an objective of the present study, which analysis flushing time in the case of different discharge is very helpful to evaluate the water environmental of the Yangtze estuary. Using a dissolved conservative material as a tracer in the water, a three-dimension advection-diffusion water exchange numerical model was used to study the flushing time by discharge and the discharge dominated region of the Yangtze estuary. The initial tracer concentration is set to 0.0 in the numerical domain of the Yangtze estuary, and the concentration value is set to 1.0 on the inflow boundary. The tracer flux normal to the solid boundary is set to 0.0. The flushing time and the out limit of discharge dominated region can be calculated in terms of the tracer concentration. Estuarine, Coastal and Ocean Model (ECOM) is used as the hydrodynamic model. The result shows that the flushing time is approximately in inverse proportion to the discharge at the upper stream. The out limit is farther from the upper inflow boundary as discharge increases. The out limit at the north branch is different from that of the south branch because the discharge into the north branch is much less than that into the south branch. The data is qualitative similar to the observed data, which show the three-dimensional advection-diffusion equation can be used to estimate the flushing time and the discharge dominated region of the Yangtze estuary.

2003 年　杨清书，罗章仁，沈焕庭，杨干然．珠江三角洲网河区顶点分水分沙变化及神经网络模型预测．水利学报，(6): 56–60.

根据西、北江干流高要、石角及西北江三角洲网河区顶点马口、三水共 4 个水文站的流量、输沙率的月均序列统计分析，探讨近几十年来西北江三角洲网河区顶点分水分沙的季节变化和多年变化。分析结果表明，网河区顶点的分水分沙格局以 1993 年为转折点，自 1993 年后，水沙分配已发生了重大变化，三水站的分流比和分沙比突然增大，分流比约增大了一倍，保持在 20% 以上，分沙比在 16% 以上。应用非线性神经网络模型对马口、三水两水文站的分流比和分沙比进行建模，并对网河区顶点的分水分沙变化趋势作多步预测，结果表明：1998—2000 年三水站的分流比均在 25% 以上；1998 年的分沙比较小，预测值为 12%，1999 年和 2000 年的预测值分别为 15 %、16%。

2004 年　茅志昌，沈焕庭，陈景山．长江口北支进入南支净盐通量的观测与计算．海洋与湖沼，35 (1): 30–34.

根据 2001 年 4 月 10—13 日长江口大潮期 5 个潮周期 3 条测量船的同步连续观测资料，计算了长江口北支进入南支的净盐通量为 5.45×10^6 t，这一结果为预测长江口南支及青草沙水源地的咸潮入侵强度和开发利用长江口淡水资源提供了重要数据。

2005 年　左书华, 李九发, 万新宁, 应铭, 沈焕庭. 长江河口年平均流量的灰色拓扑预测与趋势分析. 水力发电, (12): 19–21.

以大通站为例, 根据 1953—2002年年平均流量时间序列进行统计特征分析, 其具有多年变化相对稳定的特点, 各年的年平均流量值围绕着多年平均值上下波动, 序列变差系数 C_v 为0.146, 反映了其年均流量序列年际变化小; 丰水年很少连续出现, 枯水年中75%是以连续2年的形式出现的, 平水年的最长持续时间可达4年。以大通站1961—1990年30年来的实测径流量资料为依据, 运用灰色拓扑预测方法建立了一组GM(1,1)拓扑预测模型群, 对其径流量进行预测, 预测结果的相对误差值较小。采用Kendall秩相关检验对大通站年平均流量1953—2002年时间序列进行趋势检验, 结果表明, 大通站年平均流量存在一定的增加趋势, 但趋势不显著。

2005 年　刘高峰, 朱建荣, 沈焕庭, 吴华林, 吴加学. 河口涨落潮槽水沙输运机制研究. 泥沙研究, 5: 51–57.

以长江口南支、新桥水道、南小泓和南港主槽作为典型涨、落潮槽研究对象, 分析了2001年洪季水沙资料, 研究了长江河口涨、落潮槽的水沙输运机制, 探讨了不同河槽的各种动力因子对水沙输移的贡献差异, 结果表明: 落潮槽的欧拉余流均大于涨潮槽的值; 水量净输移大小依次是南支主槽、南港、新桥水道和南小泓。净输水量分布和其欧拉余流分布相对应。平流输沙项在落潮槽对总输沙的贡献要大于其在涨潮槽的贡献, 瞬时源汇输沙项在涨潮槽对总输沙的贡献要大于其在落潮槽的贡献。

2005 年　刘高峰, 沈焕庭, 吴加学, 吴华林. 河口涨落潮槽水动力特征及河槽类型判定. 海洋学报, 27 (5): 145–150.

在前人对河口冲刷槽研究的基础上, 选择长江口南支、新桥水道、南小泓和南港主槽作为典型涨、落潮槽研究对象, 以2001年洪季和2003年枯季实测资料为根据, 比较分析了长江口涨、落潮槽的水流、泥沙、优势流和优势沙等动力特征, 结果表明用单一因子分析河槽性质不够全面。提出了一个 (无量纲因子) 河槽类型系数 (λ) 来综合表述河槽的多种水文泥沙特征, 可以较全面地用多个影响因子来合理地判断河槽类型。

2005 年　朱建荣, 王金辉, 沈焕庭, 吴辉. 2003 年 6 月中下旬长江外海区冲淡水和赤潮的观测与分析. 科学通报, 50 (1): 59–65.

2003年6月中下旬, 应用多参数环境监测系统YSI6600和取水样分析对长江口外海区进行了多学科综合观测。观测期间长江冲淡水以双峰状向外扩展, 一股朝东南，一股朝东北，主轴朝东北方向扩展。长江口外海区发生了严重的大面积赤潮现象，水体呈褐色，叶绿素的分布在近口门侧也呈双峰结构，位置和形状与冲淡水的扩展基本一致。水样分析表明，长江冲淡水携带的大量营养盐造成水体严重富营养化是赤潮暴发的主要原因。大部分测点赤潮生物优势种为中肋骨条藻。叶绿素a的分布存在3个高浓度的中心，分别位于（122.45°E，31.5°N），（122.4°E，30.8°N）和（123.25°E，30.0°N）。122.45°E，31.5°N处的赤潮位于长江冲淡水主峰和高浊度的水中，生物优势种为具齿原甲藻，密度为2.23×10^6 ind/L。122.4°E，30.8°N 处的赤潮位于长江冲淡水次峰和低浊度的水中，生物优势种为中肋骨条藻，密度为1.6×10^7 ind/L。123.25°E，30.0°N处的赤潮生物优势种为异甲藻，密度为2×10^6 ind/L，为首次发现该生物在长江口外海区形成赤潮。

2005 年　Zhu Jianrong, Wang Jinhui, Shen Huanting, Wu Hui. Observation and Analysis of the Diluted Water and Red Tide in the Sea off the Changjiang River Mouth in Middle and Late June 2003. Chinese Science Bulletion, 50(3): 240–247.

An interdisciplinary comprehensive survey was conducted in middle and late June 2003 with the Multi-Parameter Environmental Monitoring System YSI6600 and water sample analysis in the sea off the Changjiang River mouth. The Changjiang diluted water (CDW) extended offshore with a bimodal structure during the observation, one extending toward the southeast, the other toward the northeast. The main axis of the CDW extended toward the northeast. A severe red tide with wide spatial extent and brown water color happened. Chlorophyll-a (Chl-a) distribution near the Changjiang River mouth also presented a bimodal structure, and its position and shape were roughly consistent with the extension of the CDW. Water sample analysis indicated that the serious eutrophication produced by the huge amount of nutrient load via the Changjiang River was the main cause of red tide bloom. The dominant algal species at the most measurement stations was *Skeletonema costatum*. There existed three centers of higher Chl-a concentration, locating at (122.45°E, 31.5°N), (122.4°E, 30.8°N) and (123.25°E, 30.0°N), respectively. The red tide at (122.45°E, 31.5°N) was located in the major modal of CDW and higher turbid seawater, its dominant algal species was *Prorocentrum dentatum* with density 2.23×10^6 ind/ L. The red tide at (122.4°E, 30.8°N) was located in the second modal of CDW and lower turbid seawater, its dominant algal species was *Skeletonema costatum* with density 1.0×10^7 ind/L. The dominant algal species at (123.25°E, 30.0°N) was *Heterocapsa circularisquama horiguchi* with density 2.0×10^6 ind/L, which was found for the first time

forming red tide in the sea off the Changjiang River mouth.

（2）河口泥沙

1983 年　沈焕庭，郭成涛，朱慧芳，徐海根，恽才兴，陈邦林．长江口最大浑浊带的变化规律及成因探讨．见：中国海洋湖沼学会河口海岸分会编．海岸河口动力、地貌、沉积过程论文集．科学出版社：76–89.

长江河口在盐水入侵范围内存在着一个高含沙量区，上层含沙量小且沿程变化不大，近底层含沙浓度要比其上、下游高得多，我们称它为最大浑浊带（turbidity maximum）。其位置与涨落潮流优势的转换带以及滞流点的变动范围基本一致，这里也是悬沙易于落淤和底沙易于停积的地段。对它进行研究将有助于阐明拦门沙的成因和冲淤变化规律。本文根据现场观测和实验室分析资料，对影响长江口最大浑浊带的水文泥沙因子、最大浑浊带的时空变化、形成的动力条件、悬沙沉降的物理化学过程、对河口淤积的影响5个方面进行了探讨。

1983 年　Shen Huanting，Li Jiufa, Zhu Huifang, Han Mingbao and Zhou Fugen. Transport of the Suspended Sediments in the Changjiang Estuary. In: Proceedings of International Symposium on Sedimentation on the Continental Shelf with Special Reference to the East China Sea. China Ocean Press, 389–399.

Based on the data obtained from the three cruises during "China-US Joint Study Program of Marine Sedimentation Process", this article lays emphasis on discussing the properties of the water and sediment from the Changjiang River, the Characteristics of suspended sediment distribution in the Changjiang Estuary, and the distribution and dispersion of sediment emptying into the sea, in an attempt to make a combined study of hydrology, sediment and deposition so as to explain the cause and effect of the suspended sediments transported to the Changjiang Estuary.

1984 年　J D Milliman, Ya Hsueh, Dun-Xin Hu, DJ Pashinski, Huan-Ting Shen, Zuo-Sheng Yang, P Hacker. Tidal Phase Control of Sediment Discharge form the Yangtze River. Estuarine, Coastal and Shelf Science, 19(1): 119–128.

Tidal phase plays a major role in controlling sediment discharge from the Yangtze River estuary in eastern China. Direct measurements indicate that during spring tide in mid-November 1981 approximately 3 times the sediment passed down the main channel of the river as during the next neap tide, 3 days later. The estuary presumably acts as a conduit for riverine sediment during spring tide but as a sink during neap tide. Tidal phase control of sediment discharge appears to be primarily dependent upon tidal range relative to estuarine depth rather than river discharge or absolute tidal range per se.

1985 年 J D Milliman, Shen Huanting, Yang Zuosheng, R H Mead. Transport and Deposition of River Sediment in the Changjiang Estuary and Adjacent Continental Shelf. Continental Shelf Research, 4 (1): 37–45.

Hydrographic observations, suspended-sediment measurements, and historical data indicate transport paths and sinks for sediment within the Changjiang estuary and adjacent shelf. Most of the sediment transported by the Changjiang to the ocean is carried through the North Channel of the South Branch. Sediment transport is directly related to river stage, but tidal phase (spring vs neap tides) also plays an important role. An estimated 40% of the sediment load in the river is deposited in the estuary, mostly in and seaward of the South Channel. The remaining sediment is deposited directly offshore during flood seasons, but much is resuspended and carried southward by subsequent winter storms.

1986 年 沈焕庭，李九发，朱慧芳，周福根．长江河口悬沙输移特性．泥沙研究，(1): 1–13.

长江来水来沙具有水量沙量大、有明显的季节变化、水量与沙量时而相应时而不相应、流量最大月后的沙量比流量最大月前大等特点。口门附近的悬沙浓度和净输沙量在时间上有明显的涨落潮、大小潮和洪枯季变化。在空间上，3条汉道各异，同一汉道拦门沙内外也有较大差异，北港是目前长江输水输沙的主要通道，流域来沙约有50%以上在南支口门附近沉积，南港口外的水下三角洲是主要淤积区，122°30′—123°E间是悬沙向东扩散的一条重要界线，入海泥沙主要向东偏南方向扩散。

1992 年 Shen Huanting, Li Jiufa, Zhu Huifang, Han Mingbao and Zhou Fugen. Transport of Suspended Sediment in the Changjiang Estuary. International Journal of Sediment Research, 7 (3): 45–65.

The Changjiang River is characterized by the enormous volume of runoff and the great amount of sediment load with remarkable seasonal variation. The annual runoff sometimes is respondent to the amount of sediment load, and sometimes not. The amount of monthly sediment load after the month of the maximum runoff is larger than those before the month. The sediment concentration and net quantity of sediment transport in the vicinity of the river mouth varies greatly in time between the ebb and flood, spring and neap, and dry seasons and flood seasons. The three bifurcations also have differences in concentration and net quantity in space. Even in the same bifurcation they have differences in and out of the sand bar. At present, the North Channel is the main passage for water and sediment load emptying into the sea form the Changjiang River. More than 50 percent of the sediments from the river basin are deposited nearby the South Branch entrance and the main depositional area ia situated in subaqueous delta off the South Channel. Between 122°30′E and 123°E is an important boundary for eastward sediment dispersion from which the suspended sediment are dispersed towards the east by south.

1992 年　沈焕庭，贺松林，潘定安，李九发．长江河口最大浑浊带研究．地理学报，47 (5): 472–479.

本文在以前一系列研究的基础上，把长江河口最大浑浊带视作一个系统，对它形成的环境背景、时空变化规律、泥沙来源、絮凝作用对悬沙落淤的影响、浮泥的特性与分布、悬沙的富集机制等进行了较系统的综合分析，并指出了需要深入研究的问题。

1993 年　Shen Huanting, He Songlin, Pan Dingan, Li Jiufa. Study on Turbidity Maximum in the South and North Passages of the Changjiang Estuary. In: Proceedings of the Symposium on the Physical and Chemical Oceanography of the China Seas. Editor in Chief Su Jilan etc. China Ocean Press, 237–243.

The research results of the turbidity maximum in the Changjiang Estuary since 1970s are summarized, and the environmental background, the changing law in time and space, sediment source and the formation mechanism of the turbidity maximum, flocculation and setting of suspended matters, property and distribution of fluid mud are briefly described. In the paper the authors also point out some problems to be studied further.

1993 年　时伟荣，沈焕庭，李九发．河口浑浊带成因综述．地球科学进展，8(1): 7–13.

河口"浑浊带"（turbidity maximum），又称"最大浑浊带"、"最大浊度带"、"大含沙量区"等，是广泛存在于河口的一种动力沉积表征。它的主要特征是含沙量明显高于上游和下游地区，而且在不同的水文条件下出现。河口浑浊带对河流泥沙向海的输移、河口泥沙的淤积产生巨大影响，对各种化学元素（包括有害元素）具有过滤器的作用。浑浊带内透光性弱，生物活动受到影响。为此国内外学者对它进行了许多实地观察和理论研究，使它成为20世纪60年代以后河口泥沙运动研究的一个热门课题。进入20世纪80年代，有关浑浊带形成的机制已有了多种学说，对有些机制已建立了一定的理论模式，但仍是河口泥沙运动的一个重要的理论和实际问题。本文拟就至今为止国内外学者根据不同的实际和理论模式得出的成因机制作一综述。

1993 年 Li Jiufa, Shi Weirong, Shen Huanting, et al. The Bedload Movement in the Changjiang Estuary. China Ocean Engineering, 7 (4): 441–450.

Sandwaves in the Changjiang estuary were measured with a shallow sediment profiler and an echosounder from 1978 to 1988. The data, together with grain size and bedform of sediment indicates that the bedload movement by rolling and saltation is of great significance to sediment transport and is the principal factor responsible for sandwave and sandbody development in the estuary. The sandwaves were found well-developed, which is related to the tidal range and the velocity of ebb current. However, the further growth is restricted by strong flood current prevailing in the estuary. Because of the significant bedload, the sandbodies shift obviously and frequently, and sometimes the exchange of position occurs between the sandbodies and tidal channels. As a result, ships are regularly forced to change their navigation course.

1994 年 李九发，时伟荣，沈焕庭 . 长江河口最大浑浊带的泥沙特性和输移规律 . 地理研究，13 (1): 51–59.

本文通过对不同泥沙特性和输移规律的对比分析，确认长江河口来沙丰富，在河口潮流不对称和重力环流的作用下，大量泥沙向滞流点辐聚，形成最大浑浊带。最大浑浊带含沙量高，泥沙絮凝沉速快。潮流强劲，引起床沙再悬浮，输沙能力强。长江河口最大浑浊带活动区与河口拦门沙位置基本一致。

1994 年 姚运达，沈焕庭，潘定安，肖成猷 . 河口最大浑浊带若干机理的数值模型研究 . 泥沙研究，(4): 11–21.

本文运用垂向二维数值模型对部分混合型河口的深度、宽度、拦门沙地形变化以及悬沙浓度对最大浑浊带区域的环流结构、盐度和悬沙分布的影响进行了探讨，结果表明：河口拦门沙对盐水上溯有阻碍作用，它使滞流点和最大悬沙浓度中心的位置向海推移，最大悬沙浓度有所降低；河口宽度与坡度有变化会改变环流结构和

盐度、悬沙分布；考虑悬沙浓度对水体密度的影响后，滞流点更接近上边界，最大悬沙浓度中心更接近下边界，悬沙浓度有所降低。

1995 年　李九发，沈焕庭，徐海根．长江河口底沙运动规律．海洋与湖沼，26 (2): 138–145.

于1981—1988年以浅地层剖面仪和回声测深仪取得沙波观测资料，运用这些资料以及河床表层沉积物和历年河口水文、地形资料，采用水文学、沉积学与泥沙运动力学相结合的研究方法，分析长江河口底沙的运移规律。结果表明：长江河口底沙运动非常频繁，一般有单颗粒滚动、跳跃，沙波及沙体推移等形式；在沙质床面上沙波发育良好，其形成、发展和消失与潮差和落潮流速有一定的相关性，因受涨、落潮流改造，沙波难于得到充分发展；沙体推移为长江河口底沙运动的主要形式，推移量很大，有时甚至能使滩槽移位，迫使通海航道改线。

1995 年　沈健，沈焕庭，潘定安，肖成猷．长江河口最大浑浊带水沙输运机制分析．地理学报，50 (5): 411–420.

本文根据大量实测资料，运用机理分析方法，讨论了长江口最大浑浊带中各输沙项的作用。结果表明，平均流输沙、斯托克斯漂流效应、潮汐捕集以及垂向环流是净输沙的主要部分。在南槽，斯托克斯漂移和潮汐捕集作用占优势，对最大浑浊带的形成有重要作用。在北港，平均流输沙及垂向净环流输沙占优势，垂向环流是导致最大浑浊带形成的主要因素。北槽介于南槽和北港之间。

1995 年　沈焕庭．我国河口最大浑浊带研究的新认识．地球科学进展，10 (2): 210–212.

在国家自然科学基金重大项目"中国河口主要沉积动力过程研究及其应用"资助下，我们从1988年开始河口最大浑浊带研究，并以长江河口为研究重点，应用现场观测、室内分析试验、遥感图像分析和数学方法首次对长江河口最大浑浊带的水文、化学、生物、沉积特征及其相互作用进行全面的综合调查研究，在研究中力求宏观与微观相结合、定性与定量相结合和多种学科相结合，将物理过程、化学过程、生物过程与沉积过程融为一体，为河口浑浊带研究创出了新路，在浑浊带泥沙来源、集聚机制、时空变化规律等方面获得了很多新的认识。

1998 年　沈焕庭，肖成猷，孙介民．河口最大浑浊带数学模拟．见：陈述彭主编．地球系统科学·中国进展·世纪展望．中国科学技术出版社：831–833.

由于河口最大浑浊带（Turbidity Maximum，简称TM）在河口航道维护以及河口学理论研究上的重要性，近20年来已引起国内外有关学者的广泛重视，他们从不同学科出发，对世界上许多河口的最大浑浊带进行了调查，已取得很多进展。其中利用数学模型研究TM的成因和演化机制已成为TM研究中的有力手段。现分通量分析、一维数学模型和一些简单的机理模型、二维数学模型3个方面分别叙述河口最大浑浊带数学模拟的研究进展。

1999 年　潘定安，沈焕庭，茅志昌．长江口浑浊带的形成机理与特点．海洋学报，21(4): 62–69.

泥沙积聚是长江口浑浊带形成的主要机理。促使泥沙积聚有径流潮流相互作用和盐淡水交汇混合两种机制，前者形成潮汐浑浊带，后者形成盐水浑浊带。长江口浑浊带是具有两种不同机制的盐潮复合浑浊带。长江口浑浊带在不同时间、不同地点表现出不同的特点。

1999 年　吴加学，沈焕庭．黄茅海河口湾泥沙输移研究——兼论 Mclaren 模型在河口中应用的问题．泥沙研究，(3): 26–32.

以珠江黄茅海河口为例，使用1988年4月和1992年洪、枯季表层沉积物颗粒分析成果，根据泥沙粒径统计特征值，运用Mclaren模型分析河口泥沙输移趋势，并结合水动力及水下地形进行综合分析，确定泥沙来源、搬运方向，探讨泥沙输移机制。为进一步研究河口泥沙运动规律及泥沙通量提供背景，同时为研究河口湾出海航道、港口泥沙淤积及河口污染物输移扩散提供一条新途径。

1999 年　J X Wu, H T Shen. Estuarine Bottom Sediment Transport Based on the "Mclaren Model": A Case Study of Huangmaohai Estuary, South China. Estuarine, Coastal and Shelf Science, 49(2): 265–279.

Considering the effect of subaqueous morphodynamic units and bed forms on sediment transport, the present paper applies the McLaren model to calculate the sediment transport trends in Huangmaohai Estuary, South China. Good agreement is seen between the calculated sediment transport trends and the directions of sediment transport and observed hydrodynamics. The model results also identify sediment sources and sinks, determine sediment transport pathways and reveal some of the sediment transport mechanisms. Some comments on the proper applicability of the McLaren model in coastal environments with multiple sediment sources are also provided. All these will assist in an in-depth study of estuarine sediment movements and sediment fluxes. It also provides an effective and simple method to study sediment source and transport in navigational channels and harbours and pollutant transport in estuarine environments.

我的河口研究与教育生涯

2000 年　Bai Yuchuan, Shen Huanting and Hu Shixiong. Three Dimensional Mathematical Model of Sediment Transport in Estuarine Regions—A Case Study of the Haihe River Mouth. International Journal of Sediment Research, 15(4): 410–423.

A 3-D numerical model for simulating tidal flow and sediment transport in the estuarine regions is presented in this paper. The model adopts σ-coordinate system and carries out σ-coordinate transformation to the basic equations, which ensure that all horizontal area has equal numbers of calculation points in vertical direction, this method provides higher distinguishable rate to the flow and sediment transport. Under the σ-coordinate system, the Galerkin finite-element method is applied for horizontal domain by using a new specially interpolating shape functions, while a finite difference approximation is employed over depth. The model can be used even in the situations with a considerable variety in the water depth in the computational domain. The model is verified by a test for which analytical solutions are available and then applied to simulate the tidal current and sediment transport of the Haihe River Mouth. A modeling system of sediment transport is established for applying to muddy estuary of North China. The comparison with the field data shows that the model can well simulate the evolution process in the estuary.

2000 年　Li Jiufa, He Qing, Zhang Lili, Shen Huanting. Sediment Deposition and Resuspension in Mouth Bar Area of the Yangtze Estuary. China Ocean Engineering，14(3): 339–348.

A comprehensive analysis is conducted based on observations on topography, tidal current, salinity, suspended sediment and bed load during the years of 1982, 1983, 1988, 1989, 1996 and 1997 in the Yangtze Estuary. Results show that the deformation of tidal waves is distinct and the sand carrying capacity is large within the mouth bar due to strong tidal currents and large volume of incoming water and sediments. Owing to both temporal and spatial variation of tidal current, deposition and erosion are extremely active. In general a change of up to 0.1 m of bottom sediments takes place during a tidal period. The maximum siltation and erosion are around 0.2 m in a spring to neap tides cycle. The riverbed is silted during flood when there is heavy sediment load, eroded during dry season when sediment load is low. The annual average depth of erosion and siltation on the riverbed is around 0.6 m. In particular cases, it may increase to 1.4 m to 2.4 m at some locations.

2000 年　Pan Dingan, Shen Huanting, Mao Zhichang and Liu Xincheng. Characteristics and Generation Mechanism of Turbidity Maximum in the Changjiang Estuary. Acta Oceanologica Sinica, 19(1): 47–57.

Sediment convergence and resuspension are the two major mechanisms in forming turbidity maximum (TM) in the Changjiang Estuary. Sediment convergence is mainly controlled by the interaction between runoff and tidal current, the mixing of freshwater and salt water, the former forming tidal TM, whereas the latter forming brackish TM. The TM in the Changjiang Estuary is characterized by a combination of tidal TM and brackish TM, which varies temporally and spatially.

2000年　Wu Hualin, Shen Huanting, Zhu Jianrong, Zhang Xiaofeng. Group Settling Velocity of non–Cohesive Sediment Mixture. China Ocean Engineering, 14(4): 485–494.

Settling velocity is a fundamental parameter in sediment transport dynamics. For uniform particles, there are abundant formulas for calculation of their settling velocities. But in natural fields, sediment consists of non-uniform particles. The interaction among particles is complex and should not be neglected. In this paper, based on the analysis of settling mechanism of non-cohesive and non-uniform particles, a theoretical model to describe settling mechanism is proposed. Besides suspension concentration and upward turbulent flow caused by other particles, collision among particles is another main factor influencing settling velocity. By introducing the collision theory, equations of fall velocity before collision, collision probability, and fall velocity after collision are established. Finally, a formula used to calculate the settling velocity of non-cohesive particles with wide grain gradation is presented, which agrees well with the experimental data.

2000 年　吴华林，沈焕庭，李中伟．泥沙颗粒沉降变加速运动研究．海洋工程，18(1): 44–49.

本文从泥沙沉降的力学机制，考虑泥沙与液体边界的黏性作用，建立了泥沙群体的基本运动方程，通过求解得到了泥沙沉降瞬时速度的一般计算式。从理论上证明了一般泥沙静水沉降由零趋近终速过程时间极短的看法，同时发现对于尺度较大的固体颗粒（如抛石），其在沉降时趋近终速过程相对来说是相当长的过程。

2001 年　Z C Mao, Z B Wang, H T Shen, C B Lee. Transport and Deposition of Suspended Sediment in Yangtze Estuary. Journal of the Korean Society of

Oceanography, 36(2): 42–50.

The Yangtze Estuary is a meso-tidal delta estuary with three levels of bifurcation and four outlets connecting to the sea. There are five forms of residual suspended sediment transport in the Yangtze Estuary: overall upstream transport, overall downstream transport, downstream transport in the upper layer and upstream transport in the lower layer, exchange between channel and intertidal flat, and circulation in flood and ebb-channel system. Deposition of suspended sediment in the estuary occurs at underwater sandbanks, bars at the mouth, ebb-tidal delta outside the mouth, and marshes along the shores. Special attention is paid to the turbidity maximum and its relation with the estuarine circulation in the density-flow section, the spring-neap tidal cycle and the upstream discharge.

2001 年　吴华林, 沈焕庭, 朱建荣. 河口泥沙通量研究综述. 泥沙研究, (5): 73-79.

河口泥沙通量的研究既是与全球变化研究有关的理论课题，也是与河口工程、经济生活关系密切的现实课题，本文系统地介绍了国内外关于河口泥沙通量研究的进展。泥沙通量研究多采用水文统计、机制分解、数学模型的方法进行，水文统计和机制分解无法达到预报的高度，相比之下，数学模型的优点很多，但由于河口海岸地区的泥沙运动规律复杂，其物理机制尚不完全清楚，阻碍了河口泥沙数学模型的发展。在深入分析的基础上，文章就今后的河口泥沙通量研究工作提出了建议。

2001 年　Jia-Xue Wu, Huan-Ting Shen, Cheng-You Xiao. Sediment Classification and Estimation of Suspended Sediment Fluxes in the Changjiang Estuary, China. Water Resources Research, 37(7): 1969-1979.

Estuarine suspended sediment is transported in a mixed nonuniform way under unsteady flows. Sediment of different grain sizes has different characteristics and transport behavior and has a different effect on the ecological system. Therefore classification and fractionization of the mixed sediment are required before the flux is estimated. A fuzzy clustering approach is applied to the classification of suspended fine-grained sediment in the Changjiang Estuary. Two populations are objectively found by considering the standard grain-size distribution statistics of each cluster. The critical grain size of ~10 μm in diameter is the size limit for cohesive sediments. A grid with equal cell areas is used to estimate fractional sediment fluxes through an estuarine cross section since this type of grid introduces less statistical error in the flux calculation. The sediment transport mechanism is analyzed.

2001 年　Li Jiufa, He Qing, Xiang Weihua, Wan Xinning, Shen Huanting. Fluid Mud Transportation at Water Wedge in the Changjiang Estuary. Science in China (Series B), 44: 47–56.

In situ data show that fluid mud of the Changjiang Estuary consists of fine sediment ranging from 8 to 11.5 μm (median grain-size) including 28.8%–36.4% of clay. The composition of the clay is illite, chlorite, kaolinite and montmoillonite. The FM is a layer of high sediment concentration near the bed and results from flocculation under the environment of salt and fresh water mixing. Three kinds of FM have been identified under typical dynamic conditions: the first one is formed at slack water of ebb tide during the flood season, with the characteristics of extended area and low thickness; the second one is formed following a storm, characterized by large area and larger thickness; the third one is formed around the front of the saltwater wedge, characterized by small area but large thickness. In the dredged channel, the FM can be accumulated up to 1 m thick. In general, FM will change with the alternation from spring to neap tides, flood and dry seasons. Drastic change can happen during storms. At the same time, the change of FM is closely related to the erosion and growth of the mouth bar.

2001 年　沈焕庭，贺松林，茅志昌，李九发．中国河口最大浑浊带刍议．泥沙研究，(1): 23–29.

本文根据实测资料和多年来笔者的研究成果对我国一些河口的最大浑浊带作了综合分析，比较了它们形成的环境背景和特点，并根据泥沙来源及集聚机制把长江口、珠江口、黄河口、钱塘江口、瓯江口、椒江口等中国河口的最大浑浊带分成陆源–潮致型、陆源–盐致型、陆源–潮盐复合型、海源–潮致型和海源–盐致型5 种类型。

2001 年　吴加学，沈焕庭．河口悬移质泥沙分类——兼论河口细颗粒黏性与非黏性的临界粒径．见：中国博士后科学基金会编．2000 年中国博士后学术大会论文集：土木与建筑分册．科学出版社：361–370.

2002 年　吴加学，沈焕庭，吴华林．潮汐河口断面悬沙通量分组模式及其在长江口的应用．海洋学报，24 (6): 49–58.

断面泥沙通量估算的误差主要来源于计算方法、测点布局等，参量模式建立在通量估算统计误差最小的原则基础之上。在断面网格设计中采用统计误差最小的等面积单元网格，在泥沙通量估算中采用泥沙组分浓度，在流速变量插值上垂向采用对数函数插值，横向采用第一边界三次方样条函数插值。这样建立的潮汐河口悬沙断面通量组分模式较以往的任何模式更完善，断面通量估算的误差最小。将该模式应用于长江河口南港断面悬沙通量估算及其输移机制分析，断面泥沙通量表现为：大潮期大进大出、大出大于大进；小潮期小进小出、小出大于小进；主要输移机制是拉格朗日输移和潮泵。

2002 年　Bai Yu-chuan, NG Chiu-on, Shen Huan-ting, Wang Shang-yi. Rheological Properties and Incipient Motion of Cohesive Sediment in the Haihe Estuary of China. China Ocean Engineering, 16 (4): 483-498.

The Haihe cohesive sediment, which is typical in China, is studied systematically for its basic physical and incipient motion properties. Following the requirements of dredging works in the Haihe Estuary, cohesive sediment samples were taken from three locations. Laboratory experiments were conducted to determine the rheological properties of these samples and to examine the incipient motion of the cohesive sediment. It is found that the cohesive sediment has an obvious yield stress τ_b, which increases with the mud densily in a manner of an exponential function, and so does the viscosity parameter η. The cohesive sediment behaves like a Bingham fluid when its density is below 1.38-1.40 g/cm^3, and when denser than these values, it may become a power-law fluid. The incipient motion experiment also revealed that the incipient velocity of the cohesive sediment increases with the density in an exponential manner. Therefore, the incipient motion is primarily related to the density, which is different from the case for non-cohesive sediment in which the incipient motion is correlated with the diameter of sand particles instead. The incipient motion occurs in two different ways depending on the concentration of mud in the bottom. For sufficiently fine particles and a concentration lower than 1.20 g/cm^3, the cohesive sediment appears as fluidized mud, and the incipient motion is in the from of instability of an intimal wave. For a higher concentration, the cohesive sediment appears as general quasi-solid-mud, and the incipient motion can he described by a series of extended Shields curves each with a different porosity for newly deposited alluvial mud.

2002 年　刘高峰，沈焕庭．非均匀沙水流挟沙力公式改进．人民长江，33 (12): 14-15.

水流挟沙力是泥沙研究中的一个关键问题之一。杨国录等分析了水温、泥沙的级配对挟沙力的影响，用分组的方法建立了一个水流挟沙力公式。在前人研究的基础上，考虑大小泥沙颗粒的相互作用和床沙的悬起概率对挟沙力的影响，对杨国录的挟沙力公式进行了改进，利用改进后的公式对117组资料进行预测，通过计算分析发现，用改进后的公式计算，无论是在低含沙量或高含沙量时，计算值和实测计算值都基本符合，相关系数有所提高，说明改进是有意义的。

2003 年　刘高峰，沈焕庭，王永红，吴加学．长江口涨、落潮槽底沙输移趋势探讨．海洋通报，22 (4): 1-7.

选择长江口南港南小泓和南港主槽作为典型涨、落潮槽为研究对象，以2001年9月年所采底沙的颗粒分析资料为根据，并结合实测水文、泥沙资料进行水动力分析，运用Gao–Collins粒径趋势分析模型分析了底沙输移趋势，结果表明，南小泓的底沙主要是来自口门附近，由于涨潮流强于落潮流而使底沙向上游输移，即SE—NW方向，而南港主槽的底沙主要来自上游，由于落潮流强于涨潮流而使泥沙向下游输移，即NW—SE方向。

2003 年　Yuchuan Bai, Zhaoyin Wang, Huanting Shen. Three–dimensional Modelling of Sediment Transport and the Effects of Dredging in Haihe Estuary. Estuarine, Coastal and Shelf Science, 56(1): 175–186.

The Haihe Tide Lock was constructed on the Haihe River in 1958 to stop salty and muddy water intrusion. Nevertheless, tidal currents carry sediment, which is eroded form the surrounding silty coast, into the river mouth and, thus siltation of the channel downstream of the tide lock becomes a major problem. Employed are trailer dredges, which stir up the silt and subsequently moves it out of the mouth with ebb tidal currents. While the application of this method is encouraging there are still problems to be studied: how high is the dredging efficiency, how far can the resuspended sediment be transported by the ebb currents, and is the sediment carried back by the next flood tide? This paper develops a 3-D model to answer these questions. The model employs a special element-interpolating-function with the σ-coordinate system, triangle elements in the horizontal directions and the up-wind finite element-lumping-coefficient matrix. The results illustrate that the efficiency of dredging is high. Sediment concentration is 4−20 times higher than the flow without dredging. About 40%−60% of the resuspended sediment by the dredges is transported towards the sea 3.2 km off the river mouth and 10%−30% is transported 5 km away from the mouth. Calculations also indicate that the rate of siltation of the river mouth is about $0.6\,\text{Mm}^3$ per year. If the average discharge of the river runoff is 0, 200 or $400\,\text{m}^3\cdot\text{s}^{-1}$ the mouth has to be dredged for 190, 99 or 75 days every year so to maintain it in equilibrium. The dredging efficiency per day is 0.53%−1.31%.

2003 年 Wu Jiaxue, Shen Huanting and Zhang Shuying. Acoustic observations of fine sediment dispersal and deposition during dredged sediment release in the Yangtze Estuary. Proceedings of the International Conference on Estuaries and Coasts, November 9–11. Hangzhou, 521–530.

ASSM-Ⅱ Acoustic Concentration Profiler and Acoustic Doppler Profiler were deployed to concurrently observe the concentrated suspension dispersal provided by dredged material in the Changjiang Estuary. Field measurements were conducted at the flood, moderate and neap tides in June 2002, respectively. Results show: (a) Vertical profiles of suspended sediment concentration are serrate curves in three types, i.e. L-shaped, exponential and floating- like. Both deposition from suspension and horizontal advection of dense, high concentration layers contribute to the emplacement of cohesive sediment. (b) Two modes of sediment suspension dispersal and deposition coexist, i.e. the upper low-concentration plumes and the lower high-concentration density currents, and the latter is the major mechanism for suspension dispersal. (c) The low-velocity patches at the local transverse fields become weakly dispersed downstream with little vertical displacement at the moderate tide, whereas at the neap tide they rapidly move down to the bottom. The behavior of upper lutocline layers responds to that of the horizontal dispersal of the low-velocity patches. (d) Two kinds of internal waves are generated by the lutocline interfacial instability and the interaction of tidal flow with subaqueous topography, respectively. The former evolves along the flood currents from instability to stability according to calculated Richardson numbers, and the concentration profiles collapse, forming L- shaped structure and resulted in benthic density currents. Tidal internal waves and surface waves travel at different wavelengths and velocities across the water column, producing different degrees of shear damping for the high-concentration underflow spread. The density current moves far away in the approximate phase between the internal wave and surface wave, whereas it diminishes immediately out of phase.

2004 年 万新宁，李九发，沈焕庭. 长江口外海滨典型断面悬沙通量计算. 泥沙研究，(6): 64–70.

长江河口的口外海滨地区是河流和海洋之间的过渡区域和长江入海泥沙扩散、堆积的主要场所，也是与杭州湾、江苏海域等邻近水域进行水、沙交换的过往之地。本文运用目前较为成熟和可靠的机制分解法和等面积时变网格法分别对口外海滨地区典型断面的悬沙通量进行了估算，两种方法计算得到的通量结果方向一致，量级相同。结果表明，长江流域来沙出口门后，大约27%向南进入杭州湾，向东入海的有20%左右，还有9%左右的泥沙向北进入江苏海域，剩余的大约44%的泥沙在水下三角洲地区沉积下来。就各输沙项而言，平流作用输沙贡献最大，潮泵作用输沙量次之，垂向净环流和垂向潮振荡切变项的相对贡献较小。

2004 年　李九发，沈焕庭，万新宁，应铭，茅志昌．长江河口涨潮槽泥沙运动规律．泥沙研究，5: 34-40.

在30年来对涨潮槽性质和水沙条件有所了解的基础上，于2001年洪季和2003年枯季又一次对长江口新桥水道和南小泓两条典型涨潮槽及与其相邻的南支和南港主槽（落潮槽）的水流、泥沙和河床沉积物进行观测，并进行了专题研究。结果表明：潮流历时涨潮比落潮短；潮流速和单宽潮量涨潮比落潮大，优势流小于50%，净水流向槽顶方向；涨潮含沙量、单宽输沙量大于落潮，优势沙小于50%，净输沙向槽顶方向；悬沙粒径组成较细，河床泥沙粒径组成较粗，河床存在推移质泥沙运动，并形成微地貌沙波。

2004 年　傅德健，朱建荣，沈焕庭．河口形状对最大浑浊带形成的影响．华东师范大学学报（自然科学版），4: 84-90.

利用改进的ECOM模式和耦合三维的悬沙输运模式，通过设计一个平直和喇叭形理想河口，研究河口形状对最大浑浊带的影响。在滞流点处存在着最大浑浊带，中心位于南岸，从动力机制上揭示了最大浑浊带形成的原因。与平直河口相比，喇叭形河口因口门内河口变宽，使得表层向海的流辐散而流速减小，从而造成喇叭形河口段盐水入侵加剧，进而造成底层向陆的密度流及其向西流动的距离增加，盐水在平直河道内向西入侵的距离增加。喇叭形河口悬沙浓度减少，但存在着两个最大浑浊带。一个在平直河道段，因滞流点上移，而相应向上游移动；另一个在喇叭形河口段南岸，主要是由挟带悬沙的径流受科氏力的作用向南岸偏转以及底层横向环流向南岸输送高浓度悬沙造成的。河口形状对河口环流、盐水入侵和最大浑浊带的影响明显。

2004 年　李佳，沈焕庭，谢小平．应用 ADP 探测长江口区泥沙浓度的实验研究．海洋通报，23 (6): 71-76.

声学多普勒流速剖面仪ADP不仅可以测量流速，其记录的声强信号还包含有泥沙浓度的信息，为探讨ADP测悬沙浓度的可行性，本文根据长江口区现场六点法测得的悬沙浓度，对输出信号进行标定，反演获得悬沙浓度。结果表明在500 kHz的工作频率下，计算出的悬沙浓度在中上层水体平均误差较小（25%~38%），但要用ADP测整个垂直剖面的悬沙浓度还有待做进一步试验研究。

2005 年　应铭，李九发，万新宁，沈焕庭. 长江大通站输沙量时间序列分析研究. 长江流域资源与环境，14 (1): 83–87.

长江来水来沙直接影响着河口三角洲的发育过程以至入海物质通量变化。大通站作为长江河口的第一个关键界面，有近50年左右的输沙量和流量连续观测资料（1953—2001年）。利用肯德尔、有序聚类和熵谱分析等方法，着重对输沙量时间序列进行了统计分析。大通站径流量在保持稳定的情势下，输沙量在过去49年中有明显的下降。输沙量变化主要呈跳跃式下降，同时表现出16年左右周期性阶梯下降规律，1968年和1984年分别为阶梯下降的跳跃点。尤其1984年后，年均输沙量比1984年前下降26.4%，且最大值未超过1984年前的平均值。输沙量减少与人类活动密切相关。20世纪80年代末的"长江上游水土保持重点防治工程"的实施，使长江上游的来沙减少，这是大通站输沙量减少的主要原因；其次是长江流域内水利工程的拦沙作用。

2005 年　吴华林，王永红，沈焕庭. 长江口入海泥沙扩散与分布——兼论长江河口入海泥沙通量. 见：中国海岸工程学术讨论会文集. 海洋出版社：116–121.

将历史海图的基准面进行统一换算，采用GIS技术，建立了长江口及杭州湾水下数字高程模型（DEM），作为长江口及杭州湾冲淤分析及通量计算的基础。通过百年时间尺度的大范围冲淤分析，估算了长江河口入海泥沙通量，并分析了泥沙入海后的扩散与沉积分布。

2005 年　李九发，万新宁，沈焕庭，应铭，时连强，左书华. 长江河口口外水域含沙量分布和泥沙输移过程研究. 见：第六届全国泥沙基本理论研究学术研讨会论文集. 黄河出版社：1203–1210.

本文利用从20世纪中期至今10余次现场多点同步观测的流速、流向、盐度、含沙量和水深等实测资料，分析研究了长江河口口门外水域含沙量的空间分布和随时间变化的规律及泥沙输移过程。该水域含沙量平面分布不均，高含沙量核心区的含沙量在1.6 kg/m³以上，而口外海滨区含沙量小于0.10 kg/m³，一般呈西部水域高，东部水域低，东、西部分界处在10 m等深线附近，含沙量为0.3～0.5 kg/m³。南部水域高，北部水域低，南、北部分界带位于深水航槽的北槽出口纵向水域。并存在枯季含沙量大于洪季，大潮高于小潮，以及相邻涨落潮含沙量不等的平面和纵向分布特点。同时，讨论了导致该水域含沙量分布差异大以及泥沙运动过程中的主要影响因素，初步确定与长江季节性来水来沙和河口不同出海通道排水排沙比、盐水楔入侵、潮流季节性和潮周期变化及河口拦门沙洪淤枯冲等因素影响有关。

2006 年　左书华, 李九发, 万新宁, 沈焕庭, 付桂. 长江河口悬沙浓度变化特征分析. 泥沙研究, (3): 68-75.

2003年2月、7月在长江口进行了枯、洪季大规模综合水文观测, 本文以此次观测资料为基础, 采用数理统计、水文学等方法以江阴—南通—徐六泾—南支—南港—南槽（北槽）的格局对长江河口悬沙浓度的时空变化特征进行了分析研究。分析结果表明：①徐六泾节点至江阴潮流界河段主要受径流影响, 悬沙浓度比较稳定, 而在徐六泾以下多级分汊区段, 由于各汊道的分流比等因素的不同, 悬沙浓度的分布也存在着差异；②悬沙浓度受径流、潮流作用影响具有明显的季节变化、潮周期变化；③涨、落潮悬沙浓度大小与流速大小密切相关, 但存在着一定的滞后性；④单宽输沙量在时空上存在着复杂的变化；⑤在长江口南北槽拦门沙最大浑浊带中, 泥沙的再悬浮过程比其他河段更复杂多变, 同时也存在着一定的规律性、周期性。

2006 年　吴华林, 沈焕庭, 严以新, 王永红. 长江口入海泥沙通量初步研究. 泥沙研究, (6): 75-80.

将历史海图的基准面进行统一换算, 采用GIS技术, 建立了长江口及杭州湾的DEM, 作为长江口及杭州湾冲淤分析及通量计算的基础。通过百年时间尺度的大范围冲淤分析, 结合泥沙动力学、沉积学方法, 建立了长江口泥沙收支平衡模式, 以此为基础, 计算了长江河口若干重要界面的泥沙通量。

2006 年　万新宁, 李九发, 沈焕庭. 长江口外海滨悬沙分布及扩散特征. 地理研究, 25 (2): 294-302.

长江口外海滨地区是陆海相互作用显著的区域, 该区域复杂的水流等动力因素和地形条件决定了悬沙分布和扩散的特点。本文利用大量实测资料, 对口外海滨地区悬沙的分布特征进行了综合分析, 研究结果表明：平面分布不均, 西高东低, 南高北低, 高低相差悬殊是长江口外水域悬沙平面分布的主要特点。枯季自西向东含沙量均匀减小, 等值线分布较为稀疏。垂向涨落潮含沙量也表现出不同的分布特征, 在口外的中西部水域垂向扩散系数较大, 垂向混合程度加强, 使水体含沙量显著增加, 形成了口外的南、北两个高含沙区。

2006 年　李占海, 高抒, 沈焕庭, 汪亚平. 江苏大丰潮滩悬沙级配特征及其动力响应. 海洋学报（中文版）, (4): 87-95.

根据2002年和2003年夏季在江苏大丰潮滩的现场观测资料, 详细分析了悬沙级配的时空分布特征、影响因素及其对再悬浮、沉降和流速的响应。研究结果表明, 悬沙颗粒较细, 以粉砂为主, 悬沙级配在潮周期内的变化模式有两种类型：一是稳定型，悬沙级配的时空（垂向和平面）变化很小；二是双峰型，悬沙级配的时空变化显著，粗细峰高度不断变化。再悬浮、沉降、涨潮时输入潮滩的悬沙和底质级配是影响悬沙级配的重要因子。再悬浮使粗颗粒悬沙的含量增加，悬沙与底质级配不断接近，沉降对悬沙级配的影响与再悬浮相反。再悬浮发生时悬沙级配对流速有明显响应。在没有再悬浮和沉降影响的情况下，潮滩不同部位、不同时间的悬沙级配趋于稳定和相同，对这种状态下的悬沙级配可称为背景悬沙级配，大丰潮滩背景悬沙级配的平均粒径为7 μm。

2006年　李占海, 高抒, 沈焕庭. 大丰潮滩悬沙粒径组成及悬沙浓度的垂向分布特征. 泥沙研究, (1)：62–70.

2003年7月中小潮期间使用 Midas-400型边界层探测仪在江苏大丰潮滩的细砂滩上对悬沙浓度进行了六层位垂向同步观测，根据实测资料分析了悬沙粒径组成和悬沙浓度的时空分布特征。结果表明，Midas-400型边界层探测仪在测量悬沙浓度时具有较高精度，浊度计的平均测量误差介于±7%。观测期间悬沙粒径组成十分稳定，时空变化很小，悬沙物质来源是影响悬沙粒径组成的主要因素。悬沙颗粒细，粉砂和黏土是悬沙的主要成分，两者含量之和大于99%。悬沙颗粒在垂向上混合充分，Rouse公式能够比较准确地模拟各水层的悬沙浓度。悬沙沉降速度为悬沙中值粒径静水沉降可能速度的22~28倍，絮凝沉降可能是影响悬沙总体沉降速度和悬沙浓度垂向分布的决定性因素。悬沙浓度的垂向分布也可用对数形式表达，根据两个水层的悬沙浓度具有的对数分布关系可以比较准确地模拟其他水层的悬沙浓度。

2006年　李占海, 高抒, 沈焕庭. 金塘水道的悬沙输运和再悬浮作用特征. 泥沙研究, (3): 55–62.

根据1986年秋季和1987年春季金塘水道内10个站点的大、中、小潮的流速和悬沙浓度的同步观测资料，利用悬沙质量守恒原理，分析了金塘水道的悬沙输运和再悬浮作用特征。水道与外海的悬沙交换、水道内悬沙与底质的泥沙交换分别使水道内的悬沙质量平均每小时发生2%~10%和7%~14%的变化，前者小于后者。水道与外海进行悬沙交换时，水道向外海输出悬沙，大潮周日输出的悬沙质量比小潮大两个数量级。在悬沙与底质的泥沙交换过程中，大潮和中潮以再悬浮作用为主，小潮以沉降作用为主，在一个大、中、小潮周期中，再悬浮作用强于沉降作用，水道底床发生侵蚀。再悬浮通量与流速、$(\tau-\tau_{cr})/\tau_{cr}$具有一定的正线性关系（$\tau$为底部切应力，$\tau_{cr}$为临界再悬浮切应力）。再悬浮系数处于$10^{-4}$ kg·(m^{-2}·s^{-1})量级，与$(\tau-\tau_{cr})/\tau_{cr}$不具有明显关系，底质沉积特征是影响再悬浮作用和再悬浮系数的重要因素。

2006 年　Jiaxue Wu, James T Liu, Huanting Shen, Shuying Zhang. Dispersion of Disposed Dredged Slurry in the Meso-tidal Changjiang (Yangtze River) Estuary. Estuarine, Coastal and Shelf Science, 70(4): 663-772.

To understand the dispersal pattern of sediment plume and its controlling processes, a field experiment of concentrated slurry dispersal created by a dredger was conducted in the Changjiang (Yangtze River) Estuary during the 2002 flood season. An acoustic suspended sediment concentration profiler and an acoustic Doppler profiler were deployed to simultaneously observe suspended sediment concentrations (SSC) and tidal currents at the pre-selected sections shortly following the release of dredged materials. Water sampling, grab sampling and shallow coring were simultaneously carried out to obtain the SSC and grain-size texture. High-resolution SSC profiler observations showed that two distinct sediment plumes (middle level- and near-bed plumes) occurred during the intermediate tidal phase between the spring and neap due to differential settling of the sediment mixture, whereas only a benthic plume occurred due to rapid flocculation settling during the neap tide. Three subsequent stages can be identified during the dispersal of the sediment plume: (1) initially stable stage before the release; (2) unstable stage shortly following the release as a settling cloud; and (3) stable stage after the formation of a primary lutocline or a benthic plume. Enhanced mixing due to oscillatory shear flows could raise only the elevation of the lutocline in the slurry, but could not enhance the transport capacity of suspension. In the presence of high concentration, the fate of bottom sediment plume was controlled by the bottom stress, independent of the interfacial mixing.

（3）河口地貌

1991 年　金元欢，沈焕庭. 分汊河道形成的基本特性. 海洋湖沼通报，(4): 1-9.

河口分汊作为一种十分常见的河口形态，存在于众多自然界的河口中。河口出现分汊需具备两个基本条件：一个是河口的向海淤积延伸，这实质上是河口湾的被充填过程及其延续；另一个是河口的展宽，因为过于窄小没有展宽的河口是无法形成分汊的。只有具有了上述这两个基本条件，河口分汊的形成才成为可能。

1991 年　金元欢，沈焕庭. 我国建闸河口冲淤特性. 泥沙研究，(4): 59-68.

我国沿海的许多中、小型入海河口，由于闸下河道的严重淤积，导致河口河道束窄变浅，严重地降低了原有航道的通航能力，有些若不采取清淤措施，甚至将完全失去航运价值。因此，研究入海河口建闸后河道的冲淤特性，弄清其一般规律，以便对建闸河口采取合理的整治措施，将具有重大意义。本文在分析我国主要建闸河口河道冲淤资料的基础上，对不同物质组成、不同类型的河口以及同一河口闸上、闸下河道在不同时间内的冲淤特性，作了较为系统的论述。

1991年　潘定安，谢裕龙，沈焕庭．闽江口川石水道的水文泥沙特性及其内拦门沙成因分析．华东师范大学学报（自然科学版），(1): 87-96.

闽江川石水道，口内段落潮流占优势，口门附近是落潮流优势向涨潮流优势转化的过渡地带。由于水流分汊、分歧、扩散、会潮以及盐淡水混合等因素的作用，口门附近水动力条件较弱。该水道在中潮位以下的低水时期泥沙运动活跃，河槽冲淤变化剧烈。在川石水道的口门上发育着拦门沙，堆积体部分处在口内，部分处在口外，两部分堆积体虽然相连，在外形上是一整体，并统称为"内沙浅滩"，但是口内外堆积体的形成发育过程有明显的差别。川石水道口门上的拦门沙实质上是由不同原因造成的两个浅滩的联合体。

1992年　潘定安，贺松林，沈焕庭．闽江口外通海航道及其外拦门沙形成机制探讨．泥沙研究，(3): 1-10.

本文通过边界条件和水动力环境的分析，认为闽江口外通海航道是在川石、梅花等水道共同作用下形成的，该航道是一条由径流塑造、潮流维持和改造的水道，河槽形态与梅花水道的变化密切相关。闽江口外拦门沙的形成，洪水是主要动力，水流扩散是发育的主要动力机制，波浪起修饰作用，梅花水道输出水量的多寡以及动力轴摆荡是促使外拦门沙演变的主要原因。梅花水道在闽江口外航道及外拦门沙的演变过程中起着十分重要的作用。

1993年　金元欢，沈焕庭．科氏力对河口分汊的影响．海洋科学，(4): 52-56.

以长江口、黄河口、珠江口、闽江口等几个分汊河口为例，分析了科氏力在河口分汊中的作用。结果表明，涨落潮流路分歧主要通过形成涨落潮冲刷槽和中央缓流区浅滩而逐渐使河口产生分汊；水面横比降则以横向环流和横向切滩两种形式，或堆积或冲刷，导致河口分汊。

1993年　Pinxian Wang, Huanting Shen. Changjiang (Yangtze) River Delta: a Review. In: Deltas of the World Coastal Zone: Proceedings of the Symposium on Coastal and Ocean Management, Publ. by ASCE，New York, USA, 16-29.

The Changjiang river delta is the best studied one in China in terms of hydrology, sedimentology and evolution history. The construction of "Pudong New Area" in Shanghai in the 1990s has given a new impulse to the socio-economic development of the delta. Coastal erosion, silting up of waterway in estuary, soil salinization, saltwater intrusion, water pollution, and ground subsidence are the major environmental problems faced by the Changjiang delta now. The growth in economy is accompanied by growing environmental concern, and the gigantic projects of three gorge dam and south-to-north water transfer would bring about much more serious problems such as saltwater intrusion, land loss and disturbance of ecosystem to the delta environment. This paper briefly reviews the recent progress in Chinese studies on the Changjiang river delta and discusses its various environmental problems related to its present status, to the future constructions and to the sea level rise caused by global warming.

1994 年　潘定安，汪思明，沈焕庭. 湄洲湾中央深槽及白牛浅滩的成因探讨. 地理学报，49 (1): 55–69.

通过流场和地形特征的分析，研究湄洲湾中央深槽及白牛浅滩的形成机理。从湾顶延伸至口外的中央深槽，在半岛、岛屿和岬角控制下，由潮流塑造而成，但发育过程各段不尽相同，有涨潮流作用为主、落潮流作用为主和涨落潮流共同作用三种类型。白牛浅滩的地貌形态，似沙嘴，如沙脊，又像独立的堆积体，形成模式与众不同，是湄洲湾中一个特殊的浅滩。

1995 年　沈焕庭，李九发，金元欢. 河口涨潮槽的演变及治理. 海洋与湖沼，26 (1): 83–89.

根据长江口1958—1987年的地形、水文测验资料和研究成果，对河口涨潮槽的形态特征、水文泥沙特性、形成原因与演变规律作较系统的分析研究。结果表明：涨潮槽呈上口窄下口宽的喇叭形，延伸方向受口外潮波传播方向制约，潮波更多地呈现驻波性质；涨潮流起主导作用，余流方向指向上游，涨潮期含沙量大于落潮期；涨潮槽的水文泥沙特性有明显的大小潮、洪枯季和年际变化；其分布可从口外海滨一直延伸到潮流界；按成因涨潮槽可分为以涨潮流作用为主、由落潮槽被沙嘴分割和由落潮槽退化而成3种类型；涨潮槽的利用与整治要因势利导，顺应其演变规律。

1997 年　倪海祥，沈焕庭，杨清书. 红树林海岸带研究的一个新方向——生物地貌研究. 地球科学进展，12 (5): 451–454.

本文介绍了红树林海岸生物地貌研究产生的背景，讨论了研究的目标和研究的

主要内容，以及几点建议性的研究方法。

2001年　茅志昌，潘安定，沈焕庭．长江河口悬沙的运动方式与沉积形态特征分析．地理研究，20(2): 170–177.

长江河口为三级分汊四口入海的中等潮汐强度的三角洲河口。长江河口的悬沙输运有净上移、净下泄、上层下泄而下层上溯、潮滩与主槽之间的泥沙交换及涨潮槽泥沙倒灌落潮槽5种形式。根据悬沙沉积的地点不同，沉积形态可分为暗沙、拦门沙、口外水下三角洲以及河口潮滩4种类型。

2002年　吴华林，沈焕庭，胡辉，等．GIS支持下的长江口拦门沙泥沙冲淤定量计算．海洋学报，24 (2): 84–93.

依据1842—1997年10幅不同年代的长江口海图资料，利用地理信息系统和数字化仪进行处理，建立不同时期的长江口水下数字高程模型，以此作为基础资料，实现了从横剖面、深泓线纵剖面、平面变化等不同角度对长江口拦门沙地区滩槽演变、岸线侵蚀、沙岛形成与变迁等进行研究。通过计算河槽容积，实现了对不同时段泥沙冲淤量的计算。结果表明，155年来拦门沙总的趋势是不断淤积，但不同时期淤积速度大不一样，个别时期甚至会发生一定程度的冲刷，这主要与动力条件的波动有关。1842—1997年，共淤积泥沙 38.10×10^8 t，平均每年淤积 0.246×10^8 t，约占长江来沙的5%，年均淤厚为1.1 cm。泥沙淤积部位主要在九段沙、横沙及横沙东滩、崇明东滩3处。发生冲刷的范围较小，仅占总面积的21.4%，主要在北槽，北港上段和南槽局部也有轻微的冲刷发生。

2002年　张莉莉，李九发，吴华林，沈焕庭．长江河口拦门沙冲淤变化过程研究．华东师范大学学报（自然科学版），(2): 73–80.

该文在对长江河口拦门沙百余年来变化过程分析的基础上，利用GIS工具，计算了长江口拦门沙自1982年以来的冲淤量，其结果表明，150余年来，长江口拦门沙地区虽存在时冲时淤的变化规律，但总体上是处于不断淤积之中，在计算区域内净淤积总量达 40.93×10^8 t，最大年份高达约 1×10^8 t/a。这些可加深对河口拦门沙河段形成和沉积过程的认识，同时也可为长江河口深水航道治理提供科学依据。

2003年　Hualin Wu, Huanting Shen, Yonghong Wang. Evolution of Mouth Bars in the Changjiang Estuary, China: A GIS Supporting Study. In: Proceedings of the International Conference on Estuaries and Coasts, November 9–11, Hangzhou, China.

Supported by GIS, 10 pieces of charts of the Changjiang Estuary from 1842 to 1997 are studied. Digital elevation models of Changjiang Estuary is established with Kriging gridding method to research evolution of channel, change of coasts, formation and evolution of islands in mouth bar area with different points of view: transverse sections, longitudinal profiles, plane change, etc. Furthermore, the channel-fill volumes are calculated and calculations of amount of deposition or erosion in different scope between different years are conducted.

2004 年　吴华林，沈焕庭，茅志昌. 长江口南北港泥沙冲淤定量分析及河槽演变. 泥沙研究, 3: 75–80.

作者收集了自1842年至1997年多幅不同年代的长江口南北港地区海图资料，利用地理信息系统（GIS）和数字化仪进行处理，基于不同基准面的换算关系，建立了不同时期的长江口南北港水下数字高程模型（DEM），并以此作为基础资料，计算了南北港河槽容积，分析了南、北港河槽容积与分汊口演变的互动关系，总结了南北港河槽演变过程。

2004 年　Qi Dingman, Zhu Jianrong，Shen Huanting. Preliminary Study of the River Bed Regulation in the Process of the Construction of Yangtze Estuary Deepwater Channel. In: Ninth International Symposium on River Sedimentation, October 18–21, Yichang, China.

This paper analyzes the topographical features of the south channel, the bifurcation section, the south passage and the north passage, and investigates on the riverbed regulation during the course of the construction of the Yangtze Estuary deepwater channel project. There are large quantities of bed load sediment moving from upstream to the South Channel. These bed load sediment is mainly relevant to two flood of Yangtze River taken placed in 1998 and 1999. The sediment in the South Channel often goes downstream, and the entry of the South Passage will inevitably be in deposition if scour occurs in the South channel, which indicates that the South Passage is the main access of bed load sediment in the Yangtze Estuary. During the course of the deepwater channel regulation, the ebb flow ration of the North Passage will decrease whereas the ebb flow ration of the South Passage will increase because the regulation structures give rise to the resistance of the flow in the North Passage. And there occurs scour in the entry of the South Passage and deposition in the upper section of the North Passage. The flow momentum in the spur dike section will increase and the topography will be washed out dramatically after the spur dike project, which indicate that the spur dike begin to play an important role in water diversion, sand retaining and deposition reduction. The topography transform in the lower section of the

South Passage depends on the transform in the upper section of the South Passage. The lower section is subjected to deposition if there is scour in the upper section. The balances of scour and deposition in the spur dike section and middle section of the North Passage are maintained in May 2001, and the riverbed regulation came to be stable. The flow ration of North Passage must be controlled to guarantee that it will not continuously be reduced so severe that the beyond retrieve change will occur between South Passage and North Passage during the second stage of Yangtze estuary deepwater channel regulation project.

2005 年　王永红，沈焕庭，李广雪，刘高峰.长江口南支涨潮槽新桥水道冲淤变化的定量计算.海洋学报，27 (5): 145–150.

根据1861—2002年100多年中的15幅海图资料，以GIS技术为支持，建立不同时期长江口水下数字高程模型（DEM），对长江河口南支涨潮槽新桥水道进行了冲淤变化的定量计算，并对比计算了多年来新桥水道0 m岸线和5 m等深线以及横断面的演变。计算结果显示，在所研究的区域内自1861年以来新桥水道冲淤过程明显可分为3个阶段：1861—1926年的66年间新桥水道区域经过一段时间的冲刷后又重新产生淤积，总容积变化不大；1926—1958年的33年间新桥水道在不断的冲刷中总容积由 $2.603 \times 10^8 \, m^3$ 增长到 $5.076 \times 10^8 \, m^3$；1958年至今的45年时间里水道容积基本保持在平均 $5.02 \times 10^8 \, m^3$。1926年新桥水道10 m等深线已经形成一定的格局。1947年5 m等深线向上延伸，扁担沙已经不再与崇明岛相连。1958年上、下扁担沙的5 m等深线基本连成一体，可以认为此时新桥水道已经形成。从新桥水道的横断面变化来看，其主泓不断发生变化，主泓经历了向北移的过程，移动约为1.1～2.8 km。

2006 年　谢小平，付碧宏，王兆印，沈焕庭.基于数字化海图与多时相卫星遥感的长江口九段沙形成演化研究.第四纪研究，26 (3): 391–396.

九段沙位于长江河口南、北槽之间，为新形成的河口沙洲，其形成距今只有50年的历史。利用对大通水文站1950—2003年的水沙资料的分析，结合对数字化海图和多时相卫星遥感影像的解译及野外现场考察，对九段沙形成过程和演化过程中的面积、体积、高程和地貌特征等进行了综合研究，研究结果表明九段沙自形成以来面积、体积总体上是处于增大过程中，高程也在增高，成陆化作用明显。但由于来水来沙的不同和河口动力作用，这种增长不是线性的，有时因受到冲刷而面积减小，高程降低。利用采自九段沙上沙的短柱状样分析发现潮间带和潮上带的沉积速率不同，植物群落对九段沙的形成演化具有一定的影响，但总体上九段沙正处于从河口沙洲向河口沙岛的演化过程之中。九段沙的植被保持着自然演替的原生状态，植物群落结构简单，生物多样性尚较低，以芦苇群落为代表的高等湿地植被主要分布在九段沙潮间带上部和潮上带，九段沙属于发展过程中的河口湿地。

2006 年 Hualin Wu, Huanting Shen, Yonghong Wang. Channel Evolution after the Construction of the 1st Phase of the Deepwater Channel Project of the Yangtze Estuary. International Journal of Sediment Research, 21(2): 158–165.

In order to deepen the navigation channel, the Chinese government authorized the construction of the Yangtze Estuary Deepwater Channel Project in 1997. The project is divided into three phases, increasing the navigation channel depth to 8.5, 10.0, and 12.5 m stage by stage. The evolution of the North Passage after the construction of the first phase of the deepwater channel project is analyzed, based on surveyed topographic data. Then, the paper summarizes the comprehensive effect of the first phase of the project. Regarding hydrologic data monitored during the constructing process, the effects of the training dikes and groins on the riverbed erosion of the North Passage is studied. Finally, the evolution mechanism is analyzed and summarized. The evolution mechanism found can be helpful for regulation of other braided rivers or estuaries.

2007 年 胡刚，沈焕庭，庄克琳，周良勇，刘健 . 长江河口岸滩侵蚀演变模式 . 海洋地质与第四纪地质，27 (1): 13–21.

长江河口地区由于流域带来的泥沙沉降堆积，形成了巨大的长江三角洲平原和水下三角洲。近年来，由于水土保持和流域建水库使得入海泥沙迅速减少，造成长江河口区岸滩侵蚀态势逐渐加重。根据多年海图资料得到的岸滩剖面变化，长江河口区岸滩侵蚀的演变模式按岸滩侵蚀剖面形态特征分为平直型、宽陡型和尖陡型；按剖面的变化特征可分为平行后退型、下凹变上凸型和宽陡变尖陡型。

2008 年 Yong–Hong Wang, Peter V Ridd, Hua–Lin Wu，Jia–Xue Wu, Huan–Ting Shen. Long–term Morphodynamic Evolution and the Equilibrium Mechanism of a Flood Channel in the Yangtze Estuary (China). Geomorphology, 99: 130–138.

The stability of flood channels has attracted considerable attention because of their complicated interactions with the prevailing hydrodynamics and importance in ship navigation. This research examines long-term morphodynamic evolution in the Yangtze Estuary from 1861 to 2002 and the equilibrium mechanism of the Xinqiao Channel in the Yangtze Estuary by digitizing 15 selected maritime charts and calculating the volume of the channel. Although the total period of channel development is much longer than the historical data used in this paper, three stages are identified during the study period:

the first embryonic stage (66 years), the second formation stage (33 years) and the third equilibrium stage (45 years). Variations in coastline location, channel volume, and hydrodynamics in the channel during the three stages indicate that the channel equilibrium was reached and maintained when the channel direction was aligned with the direction of offshore tidal wave propagation. Variations in river and sediment discharges affect erosion and deposition in the channel and thus channel geometry. However, future reduction in sediment supply by 10%–33% due to the ongoing river engineering projects would increase the volume of the Xinqiao Channel only by 1%–3%. It seems unlikely that the above change in sediment discharge will disrupt the equilibrium of the Xinqiao Channel.

2009 年 曹佳，茅志昌，沈焕庭 . 杭州湾北岸岸滩冲淤演变浅析 . 海洋学研究，27(4): 1–8.

收集了1976—2004年杭州湾北岸的多幅地形图，使用ARCGIS软件进行数字化处理，以这些资料为主要依据对杭州湾北岸岸滩冲淤的历史演变和近期演变特征及其影响因素进行了分析。结果表明：①历史上杭州湾北冲南淤，其北岸经历了先侵蚀后淤涨的过程。②由于圈淤围垦，近30年杭州湾北岸岸线全线外移。③芦潮港至南奉边界岸滩1997年前基本处于淤积状态，1997年后基本处于冲刷状态；金山岸滩基本处于稳定状态；金山嘴—金山卫滩涂一直比较稳定；漕泾—金山嘴滩涂经历了一个冲刷—淤积—再冲刷的过程，但冲淤幅度不大；奉贤部分岸滩处于侵蚀状态，1997—2004年0 m等深线以上岸滩进入侵蚀状态，侵蚀带由东向西推进，同时也向岸北侵，使5 m等深线以下滩坡侵蚀变成5m等深线以上滩坡侵蚀。杭州湾北岸岸滩冲淤受多种动力因子的影响，除受潮流和风浪等动力因子的作用外，南汇边滩和杭州湾北岸围垦工程的影响及长江来沙量的减少是造成杭州湾北岸岸滩冲刷的两个重要因素。

2011 年 王永红，沈焕庭，李九发，茅志昌 . 长江河口涨、落潮槽内的沙波地貌和输移特征 . 海洋与湖沼，42(2): 330–336.

涨、落潮槽是河口区的重要地貌单元，槽内由于不同的优势流作用而表现出不同的泥沙运移特征。沙波是底沙输移的表现，因此研究槽内的沙波特征对于涨、落潮槽的水动力和沉积地貌研究有重要的意义。本文依据现场声呐、测深仪测深、表层取样和现场水动力观测等方法获得河槽床面沙波和水动力资料，对沙波的几何形态、波高和全潮周期的迁移距离进行了分析和计算。结果显示：涨潮槽沙波的波长和波高都小于落潮槽的沙波，波形指数大于落潮槽；涨潮槽内有部分沙波倾向上游，落潮槽沙波一般倾向下游；除了涨潮槽新桥水道在大潮时沙波净向上游输移外，涨潮槽南小泓和落潮槽的底沙无论大、小潮都净向下游输移，大、小潮全潮周期内涨潮槽的沙波净输移距离约为1～10 m，落潮槽内的沙波净输移距离约为涨潮槽的3倍。涨、落潮槽内的沙波特征和迁移距离的差异主要反映了河槽内不同水动力与河床地形的相互作用关系，这种差异导致了两种河槽中的底形不稳定。

（4）河口沉积

2002年　李保华，李从先，沈焕庭．冰后期长江三角洲沉积通量的初步研究．中国科学（D辑），32(9): 776-782.

在265个长江三角洲钻孔地层资料中识别出了冰后期海侵旋回底界面和（或）最大海侵面，分别记录了它们的埋深值。由此绘出了长江三角洲冰后期沉积物等厚图及冰后期最大海侵以来的沉积物等厚图，计算了冰后期沉积旋回及其海侵和海退层序的沉积物数量，并且分析了其分布特征。结果表明，长江三角洲在冰后期及其海侵和海退期间的沉积物数量分别为$17\,742.2 \times 10^8$ t，$9\,791.9 \times 10^8$ t和$7\,950.3 \times 10^8$ t。其中，下切河谷沉积量超过三角洲两翼，海侵期沉积量大于海退期，南翼沉积量大于北翼，两翼前缘沉积量大于后缘。综合考虑冰后期滞留于现今三角洲地区的沉积物数量与长江输沙量之间比值的变化以及输沙量本身可能的变化，可以认为冰后期长江年均输沙量应当在$2.36 \times 10^8 \sim 4.86 \times 10^8$ t之间，总量约为$35\,400 \times 10^8 \sim 70\,800 \times 10^8$ t；年均输向外海和相邻岸段的泥沙在$1.18 \times 10^8 \sim 3.54 \times 10^8$ t之间，总量约为$17\,700 \times 10^8 \sim 53\,100 \times 10^8$ t。

2002年　王永红，沈焕庭．河口海岸环境沉积速率研究方法．海洋地质与第四纪地质，22 (2): 115-120.

沉积速率是河口海岸沉积环境的重要参数。对于河口海岸地质历史时期沉积速率的研究，大多采用^{14}C年龄值计算；现代河口海岸沉积速率的研究方法较多，常见的有河流输沙法、海图对比法、GIS法、放射性同位素测年法等。^{14}C法结合考古、孢粉等方法，能比较真实地反映河口海岸地质历史时期的沉积速率。对于现代河口海岸沉积，由于GIS和DEM方法的发展和计算机功能的支持，使海图对比的方法克服了手工带来的误差，目前仍然是一种可以使用的方法。放射性同位素^{210}Pb、^{137}Cs、^{239,240}Pu法使沉积速率的计算趋于定量化。要一定时间区域范围内，多种同位素测年同时运用，相互印证，从而使河口现代沉积速率更加准确。

2003年　Li Baohua, Li Congxian, Shen Huanting. A Preliminary Study on Sediment Flux in the Changjiang Delta during the Postglacial Period. Science in China(Series D)，46(7): 743-753.

The sequence boundary and maximum flooding surface of the postglacial transgressive cycle in the Changjiang Delta have been identified by 265 cores. Based on these data, the sediment amounts and the thickness-isopach maps of postglacial sedimentary cycle, transgressive and regressive successions in the Changjiang Delta have been worked out. The results show that the sediment amounts of the postglacial cycle, transgressive succession and regressive succession are $17\,742.2 \times 10^8\,t$, $9\,791.9 \times 10^8\,t$ and $7\,950.3 \times 10^8\,t$, respectively. The postglacial sediments deposited in the incised valley are more than those in the two flanks, and the sediments contained in the transgressive succession are more than those in the regressive succession. The postglacial sediments deposited in the southern flank are more than those in the northern flank, and the sediments in the area seaward from the postglacial transgression maximum (PTM) of each flank are more than those in the area landward from the PTM. Considering both the possible changes of the ratio between the sediment amount remained in the modern Changjiang Delta and the sediment discharge of the Changjiang River in the postglacial period, and the changes of the sediment discharge, the authors believe that in the postglacial period, the sediment discharge of the Changjiang River is $(2.36–4.86) \times 10^8\,t/a$ on average, totaling to $(35\,400–70\,800) \times 10^8\,t$, and the sediments delivered to sea and adjacent coasts are $(1.18–3.54) \times 10^8\,t/a$ on average, totaling to $(17\,700–53\,100) \times 10^8\,t$.

2003 年　谢小平，佟再三，沈焕庭 . 甘肃景泰红水堡晚石炭世沉积环境与沉积相分析 . 沉积学报，21 (3): 381–389.

甘肃省景泰县红水堡地处北祁连加里东褶皱带东段。晚石炭世地层包括红土洼组、羊虎沟组及太原组。根据岩性、颜色、粒度分析、沉积相标志及古生物组合，并结合古生态以及地球化学特征，将景泰红水堡晚石炭世沉积环境与沉积相划分为潟湖、潮坪、支间湾河口坝和三角洲平原，是一个明显的陆源沉积物向海推进的海退序列。

2004 年　谢小平，王永栋，沈焕庭 . 宁夏中卫晚石炭世沉积相分析与古环境重建 . 沉积学报，22(1): 19–28.

宁夏中卫地处北祁连加里东褶皱带东段，出露有连续而发育完好的晚石炭世海陆交互相含煤地层。根据岩性、颜色、粒度分析、沉积相标志、地球化学特征以及结合古生物化石资料，对中卫下河沿地区晚石炭世红土洼组、羊虎沟组和太原组的沉积相进行了分析研究。确立并划分出潟湖、潮坪、支间湾河口坝、滨海沼泽及三角洲平原等沉积相。在此基础上，结合本地区的古地理背景对宁夏中卫的晚石炭世的古沉积环境进行了重建。

2005 年　谢小平，王兆印，沈焕庭．长江口九段沙现代潮滩沉积特征．沉积学报，23 (5): 566–573.

根据2003年对长江河口九段沙潮间带和潮上带的现场调查和室内对沉积构造、粒度分布、矿物组成、沉积速率等的分析，对九段沙现代潮滩的沉积特征进行了研究。研究表明：九段沙潮间带以小型交错层理为主，波痕发育，粒度主要为细砂至粗粉砂；潮上带主要为水平层理，粒度主要为中细粉砂。潮间带和潮上带的沉积矿物组成非常接近。沉积速率以潮间带低而潮上带高为特点。

2009 年　王永红，沈焕庭，李九发，茅志昌．长江河口涨落潮槽沉积物特征及其动力响应．沉积学报，27 (3): 22–28.

涨、落潮槽是河口区的重要地貌单元，涨、落潮槽的水动力有着明显的差异。通过对涨潮槽新桥水道和南小泓以及落潮槽南支主槽和南港表层沉积物的粒度、黏土矿物、重矿物以及磁性特征分析，发现落潮槽表层沉积物的粒径较粗，为粉砂质砂，涨潮槽沉积物主要是砂质粉砂。在双向水流的作用下，黏土矿物重新发生分配，涨、落潮槽黏土矿物的组分变化不大。涨潮槽的重矿物颗粒百分含量中，稳定的不透明矿物比落潮槽有所减少，而比重小的片状矿物有所增加，碳酸盐含量较高。磁性矿物的含量在不同的地方相差很大，落潮槽中的亚铁磁性矿物含量高于涨潮槽。这些沉积特性的不同是对涨、落潮槽内水动力差异响应的结果。

(5) 河口化学

1994 年　茅志昌，沈焕庭，陈敏．三峡工程对长江河口溶解物含量影响的研究．海洋通报，13(6): 41–47.

影响长江口咸潮入侵强度的因素很多，但起主导作用的是上游径流量的丰竭。河口区主要溶解物浓度的增减值与氯化物含量变化呈线性正相关。三峡工程对河口区咸潮入侵强度和溶解物浓度的影响作用，既有不利的一面，又有有利的一面。根据长江流量的具体情况，建议适当改变水库的调蓄时间。

1996 年　陈敏，陈邦林，夏福兴，沈焕庭．长江口最大浑浊带悬移质、底质微量金属形态分布．华东师范大学学报（自然科学版），(1): 38–44.

本文用Tessier分离方法分析了长江口最大浑浊带洪、枯季悬移质和表层底质样品中Cd、Cu、Pb和Zn的形态分布，结果表明：Cd主要以非残渣态存在，占总量的90%左右，其中铁锰氧化物结合态占多数，其次为碳酸盐结合态和离子交换态；Pb在非残渣态中比例约有74%，其中铁锰氧化物结合态占近一半；Cu和Zn约有60%以非残渣态存在，其中有机态Cu比例较高，离子交换态的Cu和Pb接近为零；悬移质中微量金属不仅存在洪、枯季变化，而且存在空间变化，涨憩时南槽高于北槽，而落憩时则相反，同时，表层悬移质微量金属含量沿南、北槽向海有递减的趋势；总量变化与非残渣态特别是铁锰氧化态和有机态的变化有良好的相关性。

1996年　夏福兴，陈敏，陈邦林，沈焕庭．长江口最大浑浊带悬浮颗粒中有机重金属的异常．华东师范大学学报（自然科学版），(1): 52–56.

长江口悬浮颗粒中重金属的化学形态分析表明：从徐六泾到口外海滨，悬浮颗粒中Pb、Cu、Zn的有机态含量总趋势是逐步下降，但在最大浑浊带出现一个峰值；受潮流作用较强的南槽最大浑浊带比受径流作用较强的北槽最大浑浊带有机重金属的含量高得多，这种现象洪季比枯季尤为显著；最大浑浊带内，南槽最大浑浊带Cu、Zn的有机态含量显著增加，与长江口其他河段有明显的差别。

2000年　黄清辉，沈焕庭．GC–MS法在测定河口海岸环境样品中有机锡化合物的应用．环境科学动态，(3): 28–31.

本文对环境样品中有机锡化合物的GC-MS测定技术进展情况作了分析，看到其有了新的突破，如大体积进样、现场衍生化、QA/QC的新手段以及自动化技术的应用等，GC–MS测有机锡越来越受到青睐。

2001年　黄清辉，沈焕庭．河口海岸环境中有机污染标志物的研究意义．海洋科学，25 (12): 18–20.

河口是海岸带陆海相互作用（LOICZ）显著的区域，各种化学物质通过地表径流、潮汐潮流、排污和大气干湿沉降等途径进入河口环境。在有机地球化学研究中，可以通过一些生物标志化合物指示出其物质来源。

由于人类活动对河口地区影响较为剧烈，往往许多物质来源于人类活动，而不是陆源高等植物、海洋生物或微生物等，因此在河口研究某些能够指征环境污染的标志化合物（如UCM，PAH及粪甾等）往往具有特殊意义。

2001年　黄清辉，沈焕庭，茅志昌．长江河口溶解态重金属的分布和行为．上海环境科学，20(8): 372–377.

通过1999年春、夏季对长江口的现场观测，探讨了该处溶解态重金属（Cu、Pb、Cd）在潮汐等水动力因素作用下的分布行为，研究发现：溶解态Cu，Pb和Cd在长江口呈现出非保守行为。低盐度区溶解态Cu、Cd呈现出除去行为，Pb呈现出添加行为，较高盐度区则恰好相反。溶解态重金属含量枯水期比丰水期高，枯水期总体表现为大潮高于小潮，丰水期溶解态Cd也是大潮高于小潮，Cu、Pb则大致表现出小潮高于大潮。通过资料对比，发现近20年来溶解态Cu、Cd和Pb均有不同程度的增加。长江径流量和输沙量的减少，将对上海沿岸水域生态环境产生影响。

2001 年　黄清辉，沈焕庭，刘新成，傅瑞标．人类活动对长江河口硝酸盐输入通量的影响．长江流域资源与环境，10 (6): 564–569.

利用长江口枯季潮区界大通站40年来的水文化学观测资料，求得长江径流来源的硝酸盐通量，并以此作为长江河口硝酸盐的输入通量。结合历年长江流域的社会经济统计资料和降水量资料等分析，发现长江河口硝酸盐的输入通量与流域的人口密度、农业氮肥施用量、灌溉面积以及降水量等显著正相关。随着人口的增长，流域内的人类活动不断加剧，直接或间接地对长江河口硝酸盐的输入产生影响。而降水及灌溉等活动促进了土壤中氮向河流流失的过程，并经长江径流向河口、海洋输送。20世纪90年代后期，由人类因素造成的硝酸盐通量的增加占长江河口硝酸盐输入通量的95%以上。降水引起的水土流失和大气氮氧化物的沉降是硝酸盐通量增加的直接原因，而农业活动、燃料燃烧和污水排放等人类活动是该通量变化的主要控制因素。

2001 年　Liu Xincheng, Shen Huanting. Estimation of Dissolved Inorganic Nutrients Fluxes from the Changjiang River into Estuary. Science in China (Series B): Chemistry, 44(S1): 135–141.

Because the estuary acts as either a trap or a source or both for nutrient elements and will modify greatly the riverine transport to the ocean, it is necessary to calculate the flux from river into estuary and that from estuary into sea, respectively. The present work aims to use a long-term record of nutrients concentrations and runoff discharges on H.e Datong section (625 km inland from the Changjiang River mouth) to identify the variability of nutrients concentrations and to estimate nutrients fluxes from the Changjiang River into the estuary.

2002 年　刘新成，沈焕庭，黄清辉．长江入河口区生源要素的浓度变化及通量估算．海洋与湖沼，33(3): 332–340.

利用近几十年长江大通断面的实测流量和生源要素（C、N、P、Si）资料，讨论了C、N、P、Si较长时间序列浓度的变化特征和长江入河口区的通量。结果表明，HCO_3^-浓度比较稳定，波动较小；NO_3^-、NO_2^-、PO_4^{3-}主要呈上升趋势；游离CO_2、NH_4^+和SiO_3^{2-}浓度表现出一定的下降趋势。研究了长江C、N、P、Si入河口区年内各月的平

均通量、年际间各年的通量、多年平均的年均通量和主要变化特征。利用月通量序列以及相应的流量序列，拟合出可以利用已知的月均流量预测进入河口区的月通量的关系函数。这些研究是进行河口区生源要素收支平衡计算的重要基础。

2002 年　傅瑞标，沈焕庭，刘新成. 长江河口潮区界溶解态无机氮磷的通量. 长江流域资源与环境，11 (1): 64–68.

利用长江河口潮区界大通站的水质资料探讨了溶解态无机氮、磷浓度的变化。结果表明：NO_3^-、NH_4^+、DIN 的浓度随季节变化不明显，而 NO_2^-、PO_4^{3-} 浓度是枯季较高、洪季较低；1963—1984 年间，NO_3^-、NO_2^-、NH_4^+、DIN 和 PO_4^{3-} 的年平均浓度分别为 17.1 μmol/L、0.43 μmol/L、7.1 μmol/L、24.7 μmol/L、0.19 μmol/L，平均通量分别为 33.1 kg/s、0.51 kg/s、3.67 kg/s、10.5 kg/s 和 0.51 kg/s，平均年通量分别为 104.44×10^4 t、1.61×10^4 t、11.56×10^4 t、33.1×10^4 t 和 1.70×10^4 t；溶解态无机氮、磷的通量由于受到流量的影响而在年内分配不匀，其中 NO_3^-、NO_2^-、NH_4^+、DIN 和 PO_4^{3-} 在洪季的通量分别为全年的 72.9%、58.1%、69.2%、71% 和 68.3%；NO_3^-、NO_2^-、DIN 年通量的总变化趋势是上升，且与氮肥使用量呈高度显著的正线性相关。1998 年，NO_3^-、NO_2^-、NH_4^+ 和 PO_4^{3-} 的年通量分别为 477.3×10^4 t、356×10^4 t、3.097×10^4 t 和 2.296×10^4 t。

2002 年　傅瑞标，沈焕庭. 长江河口淡水端溶解无机氮磷的通量. 海洋学报，24 (4): 34–43.

1998 年 2 月和 9 月在长江河口淡水端连续观测了 DIN（NO_3^-、NO_2^-、NH_4^+）、PO_4^{3-}、流速和流向。结果表明，溶解态无机氮、磷浓度的时空变化较复杂；1998 年 2 月 NO_3^-、NO_2^-、NH_4^+ 和 PO_4^{3-} 的月通量分别为 168 241 t，974.4 t，19 335 t 和 2 648 t，9 月的月通量分别为 905 678 t，8 317 t，5 797 t 和 6 281 t；1998 年 NO_3^-、NO_2^-、NH_4^+ 和 PO_4^{3-} 年通量分别为 497.1×10^4 t，3.911×10^4 t，10.22×10^4 t 和 4.155×10^4 t。

2002 年　傅瑞标，沈焕庭. 长江河口羽状锋溶解态无机氮的生物地球化学特征. 海洋通报，21 (4): 9–14.

利用 1988 年 8 月在长江河口的实测资料探讨了溶解态无机氮、磷在羽状锋区的生物地球化学特征。结果表明：①溶解态无机氮、磷的浓度在锋面和盐跃层出现明显的跃变；②在 10～25 m 水深处 NO_2^- 和 NH_4^+ 的浓度出现峰值；③垂向环流可把底层海水中再生的 NO_3^- 和 PO_4^{3-} 输送到上层，以供浮游植物吸收。

2002 年　Fu Ruibiao, Shen Huanting. Biogeochemical Character of Dissolved Inorganic Nitrogen and Phosphate at Plume Front in the Changjiang

River. Marine Science Bulletin, 4(2): 25–31.

Biogeochemical character of dissolved inorganic nitrogen and phosphate at plume front is studied based on the data, which were observed in the Changjiang River Estuary in 1988. The results are as follows: The concentrations of nitrate and phosphate change abruptly at plume front and halocline. The concentrations of NO_2^- and NH_4^+ are very high at 10–25 m depth. The vertical circumfluence transports NO_3^- and PO_4^{3-}, which are released from organisms at the bottom to phytoplankton.

2003 年　茅志昌，沈焕庭，陈景山. 浏河排污对罗泾河段南岸浅水区水质的影响. 海洋湖沼通报，(2): 37–40.

分析了水文观测资料和DO、COD_{cr}、BOD_5、NH_3–N、TP、NO_3–N、NO_2–N等浓度数据。结果表明，浏河污水排入长江后，在长江落潮流挟带下沿南岸下泄，形成近岸污染带，对宝钢、陈行水库水质造成一定影响。为确保水库水质，须建造污水处理厂，达标排放；利用长江口涨、落潮规律，在落潮2 h内，水库开泵引入长江水，避免近岸污染带影响。

2006年　Qinghui Huang, Huanting Shen, Zijian Wang, et al. Influences of Natural and Anthropogenic Processes on the Nitrogen and Phosphorus Fluxes of the Yangtze Estuary, China. Reg Environ Change, 6: 125–131.

Nutrient flux to the sea through the estuary is important to the health of the sea. Combining natural processes with anthropogenic activities, we discuss the influence on the nitrogen and phosphorus fluxes to the Yangtze River basin, to the estuary and to the sea. The fluxes of dissolved inorganic nitrogen (DIN) and dissolved inorganic phosphorus (DIP) to the estuary through the river/estuary interface are obviously higher than those to the sea through to the estuary/sea interface of the Yangtze estuary. The changes in nutrient fluxes through different interfaces are largely due to the estuarine hydrological and biogeochemical processes. Household, livestock and agricultural runoff are major sources of nitrogen from human activities, and household and livestock contribute to an increase in the anthropogenic phosphorus. The fluxes of DIN and DIP from economic activities account for about one-third of DIN and DIP fluxes to the sea through the Yangtze estuary.

（6）河口生物

1995 年　顾新根，袁琪，沈焕庭，周月琴. 长江口最大浑浊带浮游植物生态研究. 中国水产科学, 2(1): 16–27.

研究海区浮游植物数量的时空变化具有相当明显的潮汐节律特征。具体表现为：①洪、枯水期均为大潮的数量高于小潮的数量，洪季前者为后者的6.8倍；枯季前者为后者的6.1倍；②洪、枯期的大、小潮期，基本上都是涨憩的数量高于落憩的数量；③洪、枯季均为大潮期的数量空间分布不均，疏密分布（斑块）现象明显。此外，1988年枯季的大、小潮期的数量均要比洪季的数量为高。此一现象与调查区外侧的浮游植物的空间分布状态密切相关。各类组成较为单纯，在数量上以骨条藻和圆筛藻等低盐沿岸性种占绝对优势。粗根管藻和距端根管藻等高盐外海暖流性种在洪季所占比例也相当大，是一种较为特殊的现象。

1995 年　徐兆礼, 王云龙, 陈亚瞿, 沈焕庭. 长江口最大浑浊带浮游动物生态研究. 中国水产科学, 2(1): 39–48.

本文阐明了长江口浑浊带水域内浮游动物的生物量、种类组成、群落结构等生物学特征及生物学过程。研究结果表明：在丰水期平均生物量为98.9 mg/m³，明显低于长江口外河口锋区内同期生物量；各类组成也少于河口锋区内组成；群落结构虽呈现多种复合的结构，但却以河口半咸水性种类为优势；优势种为真刺唇角水蚤*Labidocera euchaeta*、火腿许水蚤*Schmackeria poplesia*、虫肢歪水蚤*Tortanus vermiculus*等；浮游动物的生物量、种类组成、优势种及群落结构等均有明显的季节性和潮汐性变化。

2001 年　郭沛涌, 沈焕庭. 长江河口水环境的生物监测. 科技导报, (6): 61–63.

长江河口是世界大河口之一，我国最大的工业城市上海处于长江河口区，频繁的人为活动对长江河口水环境有深刻的影响。因此，探讨人为因子对长江河口水体的影响，并将污染物、水质和生物诸因素综合考虑，特别注意水生生物本身对水环境变化的反应，为水环境保护与管理提供更科学有效的信息，是长江河口区经济可持续发展的重要课题。

2002 年　郭沛涌, 沈焕庭. 水生生物资源在长江河口环境监测中的应用. 农业环境保护, 21 (1): 81–83.

探讨了若干人为因子对长江河口水环境的影响及水生生物资源对水质的指示作用。研究表明，尽管从有关化学指标来看，人为因子对长江河口水质的影响尚限于局部，但许多化合物和潜在的污染物质所产生的有害生物效应浓度往往低于现有的分析能力，因此，必须将污染物、水质、生物诸因素综合考虑，特别注意水生生物本身对水环境变化的响应，才能为水环境保护提供更有效、科学的管理信息。

2002 年　郭沛涌，沈焕庭，张利华．流式细胞术在水体微型生物研究中的应用．生物物理学报，18(3): 359–364.

流式细胞术是利用流式细胞仪对微小生物颗粒的多种物理、生物学特性进行定量，并对特定细胞群体进行分选的分析测量技术。本文综述了流式细胞术（flow cytometry，FCM）在水体微型生物研究中的应用，包括微型生物的识别、记数和生物量研究，微型生物的细胞周期分析以及生态与生理学研究。讨论了FCM在淡水微型生物和环境生物学中的应用。FCM技术与仪器的改进将促进水体微型生物的研究，从而有助于对水生生态系统的深入认识。

2002 年　郭沛涌，沈焕庭，张利华．水体微型颗粒的流式细胞测定．分析测试学报，21 (4): 20–23.

流式细胞术（FCM）是当代激光、流体力学、光学和电子计算机等学科技术高度发展的产物，它能在极短时间内同时分析水体大量颗粒物（如超微浮游植物）的光散射和不同荧光信号。该技术所用流式细胞仪是当今水体生态学研究最先进的仪器之一，其应用领域也不断扩展，作者尝试应用FCM对水体中不同粒径级颗粒物的数量、百分比及时间变化进行初步研究，以期为有关研究提供新途径。

2002 年　郭沛涌，沈焕庭，张利华．淡水微型浮游植物的 FCM 研究．中国环境科学，22 (2): 101–104.

应用流式细胞术（FCM）对淡水微型浮游植物进行了初步研究。结果表明，利用微型浮游植物的光散射信号和自身所含光合色素，FCM可快速、即时区分不同类群微型浮游植物，计算其细胞数量，并可对不同时间微型浮游植物生态学动态变化进行有效分析，从而大大改进了微型浮游植物监测与研究手段。

2003 年　郭沛涌，沈焕庭，刘阿成，等．长江河口浮游动物的种类组成、群落结构及多样性．生态学报，23(5): 892–900.

于1999年枯水期（2—3月）、丰水期（8月）、2000年枯水期（2—3月）对长江河口浮游动物采样调查，研究了长江河口浮游动物的种类组成、群落结构及多样性，并初步探讨了三峡工程对长江河口浮游动物的影响及长江河口水环境的生物监测。调查共发现浮游动物87种，其中甲壳动物占绝对优势，共59种。在所有浮游动物中桡足类31种，其次为水母类，有9种，此外，枝角类、毛颚类各8种。3次采样浮游动物的优势种主要为河口半咸水种和近岸低盐种类，如华哲水蚤（*Sinocalanus sinensis*）、火腿许水蚤（*Schmackeria poplesia*）、虫肢歪水蚤（*Tortanus vermiculus*）、真刺唇角水蚤（*Labidocera euchaeta*）等，还有长江径流带到河口的淡水种，如近邻剑水蚤（*Cyclops vicinus*）、英勇剑水蚤（*Cyclops strenuus*）、透明溞（*Daphnia hyalina*）等。一些浮游动物可作为水系指示种，其分布、数量反映了不同水系分布变化，长江河口浮游动物有5类水系指示种。通过对长江河口浮游动物群落聚类分析发现，1999年、2000年枯水期浮游动物群落结构相似，可分为河口类群、近岸类群和近外海类群。1999年丰水期只形成近岸类群和近外海类群。浮游动物种类数由口门内向口门外方向有逐渐增加的趋势。浮游动物种类数由北向南变化趋势一致。大潮与小潮、涨憩与落憩等潮汐作用对浮游动物的影响往往因采样时间与区域等的不同而不同。对长江河口3次采样的物种多样性指数和均匀度指数进行了计算，结果表明：浮游动物多样性指数1999年枯水期最低，1999年丰水期最高。

2008年 郭沛涌，沈焕庭，刘阿成，王金辉，杨元利. 长江河口中小型浮游动物数量分布、变动及主要影响因素. 生态学报，28 (8): 3517–3526.

于1999年枯水期（2—3月）、丰水期（8月）、2000年枯水期（2—3月）对长江河口浮游动物采样调查，研究了长江河口浮游动物的数量分布、变动及主要影响因素。结果表明：1999年枯水期浮游动物平均数量仅为79.07 ind/m^3，浮游动物在河口内与口外海滨形成两个高丰度区，浮游动物个体数量从口门内向近岸及近外海逐渐递减，优势种数量分布情况决定了该期浮游动物总数量分布；1999年丰水期，浮游动物平均数量高达300.89 ind/m^3，浮游动物分布不均匀，数量由河口内向近岸水域与近外海水域递增。2000年枯水期，浮游动物数量分布总体趋势与1999年枯水期相同。1999年枯水期、丰水期，2000年3月枯水期，桡足类数量占浮游动物总数量的比例分别为95.54%、85.82%、84.83%，桡足类数量在浮游动物总数量中占绝对优势，并在浮游动物数量分布中起关键作用。浮游动物数量分布受潮周期影响显著，优势种在浮游动物数量潮周期分布中起重要作用。由各样站的浮游动物数量与盐度作回归分析，在枯水期均不成线性关系，在丰水期则成线性相关，回归方程为：$y = 0.341\,34 + 0.011\,2x$（$r = 0.9341$，$n = 8$）。此外，长江口浮游动物数量季节变化与温度、径流量、海流及食物等关系密切。

2008年 郭沛涌，沈焕庭，刘阿成，王金辉，杨元利. 长江口桡足类数量分布与变动. 生态学报，28 (9): 4259–4267.

于1999年枯水期（2—3月）、丰水期（8月）、2000年枯水期（2—3月）对长江河口浮游动物桡足类采样调查，研究了长江河口桡足类的数量分布与变动。结果表明：

1999年枯水期，桡足类在整个长江河口区的平均数量相对不大，为76 ind/m³，但却占同期浮游动物平均数量的95.61%；1999年丰水期，桡足类平均数量为254 ind/m³，占同期浮游动物平均数量的84.29%；2000年枯水期，桡足类平均数量为97 ind/m³，占同期浮游动物平均数量的84.46%。从优势度看，1999年、2000年枯水期主要优势种为中华哲水蚤（*Sinocalanus sinensis*）；1999年丰水期主要优势种为火腿许水蚤（*Schmackeria poplesia*）。虫肢歪水蚤（*Tortanus vermiculus*）、真刺唇角水蚤（*Labidocera euchaeta*）在枯、丰水期均为优势种。从种类数看，桡足类在1999年、2000年枯水期均为14种，1999年丰水期为枯水期的近2倍，达25种。对于长江河口主要桡足类而言，中华哲水蚤的季节变化明显，适宜生活在盐度较低水域；虫肢歪水蚤数量年际变化较大，其适盐范围比中华哲水蚤较宽、较高；真刺唇角水蚤的适盐范围与虫肢歪水蚤相似且更高一些，但该种在枯水期数量较少，丰水期数量较多，变化显著，更适宜在较高温时生长；火腿许水蚤适盐范围宽，能适应很大范围盐度变化，枯水期数量少，丰水期数量大，较高温度时生长良好。

2009年　郭沛涌，刘阿成，王金辉，杨元利，沈焕庭. 应用浮游植物监测与评价长江口水体营养状况. 海洋科学, 33(12): 68–72.

通过对长江河口浮游植物采样研究，应用浮游植物群落多样性指数和均匀度指数、浮游植物丰度以及生物学综合评价法对长江河口水体营养状况进行监测与评价。生物学综合评价结果显示：1999年枯水期，口门内的SX01—SX04样站表、底层水体为中营养水平，口门外近岸及近外海水域一般为贫营养水体；1999年丰水期，表、底层水质状况与枯水期不同，口门内的SX01—SX04样站水体为贫营养型，近口门、近外海水域为中营养型，近岸中部、东部表层一般达到富营养型水体，近岸底层东北部为富营养型，其余近岸水域为中营养型水体；2000年枯水期口门内表、底层水体为贫营养水体，近岸水域表层为中营养水体，底层为贫营养水体，近外海水域表、底层一般也为贫营养水体。

（7）河口比较

1986年　J R Schubel, Huan-ting Shen, Moon-jin Park. Comparative Analysis of Estuaries Bordering the Yellow Sea. In: Estuarine Variability, D A Wolfepubl (eds), Academic Press. Orlando, FL, 43–62.

Like all estuaries throughout the world, estuaries bordering the Yellow Sea were formed by the most recent rise in sea level and are less than 10 000 years old. The rivers and estuaries which enter the Yellow Sea form the west (China) are distinctly different from those entering from the east (Korea). The rivers on the west coast have larger water discharges, larger sediment loads and smaller tidal ranges. Because of these factors, the Chinese estuaries have reached a much more advanced stage of geological evolution-infilling than the Korean estuaries and have lower filtering efficiencies for the fluvial sediment they receive. The Huang He (Yellow River) no longer has an estuary; the Changjiang's (Yangtze) estuary is only 15−20 km long during the wet season and 85−125 km long during the dry season. Chinese rivers make much greater contributions of sediment to the Yellow Sea than do the Korean rivers because of their much larger sediment discharges and, to a lesser extent, because of the lower filtering efficiencies of their estuaries.

1987 年　陈吉余, 沈焕庭. 我国河口基本水文特性分析. 水文. 水利电力出版社, (3): 2–7.

我国有大小河口1 800多个, 仅河流长度在100 km以上的河口就有60多个, 从水文学观点纵观我国的入海河口主要有两大特点。一是入海水量、沙量、离子量丰富。据1956—1979年实测资料统计, 直接入海河流的多年平均径流量为17 237×10^8 m^3, 为全世界河川径流总量的4.4%; 每年入海的泥沙量平均为18.5×10^8 t, 占世界河流入海泥沙量的10.5%; 平均每年入海的离子径流量为26 427×10^4 t, 占全国江河离子径流总量的58%。二是河口类型众多。按潮汐作用强弱来分, 有平均潮差大于4 m的强潮河口, 潮差在2~4 m间的中潮河口, 潮差小于2 m的弱潮河口; 如按盐淡水混合与环流来分, 有A型——高度成层河口, B型——部分混合河口, C型——垂向均匀混合河口; 如按泥沙来源分, 有陆域来沙为主的陆相河口、以海域来沙为主的海相河口以及有海、陆两方来沙的海陆双相河口。文中还对长江河口、黄河河口、珠江河口和钱塘江河口的水文特征作了专门分析。

1990 年　金元欢, 沈焕庭, 陈吉余. 中国入海河口分类刍议. 海洋与湖沼, 21 (2): 132–143.

本文在回顾国内外各家河口分类基础上, 进一步从流域状况、河流情势、海洋情势和人为作用诸方面, 分析了影响河口形态及其冲淤演变的主要因子, 得到3个形态分类指标和6个水沙分类指标。运用模糊聚类分析方法进行综合定量分类, 得到中国河口的4个基本类型, 并首次提出潮径流量比 (QF/QR) 和潮径流输沙比 (SF/SR) 两指标作为各类河口的分类判别指标, 最后对分类指标作了初步验证, 且简述了各类河口的相互关系。

1990 年　沈焕庭. 黄海沿岸河口过程类比. 海洋与湖沼, 21(5): 449–457.

本文通过对黄海沿岸几个主要河口的水文、泥沙和沉积特性的综合研究表明,黄海两岸河口的来水来沙条件和海洋动力条件有显著差异，使两岸的河口处在不同发育阶段，从而形成了不同的河口类型和对黄海沉积作用的不同贡献。长江河口的南移、黄河口的北徙以及一些河口建闸，改变了黄海沉积物冲淤分布的格局，也导致了黄海沉积速率的减缓。

1990 年　沈焕庭，益建芳，金元欢．中国的河口．见：1990 自然科学年鉴，6．上海翻译出版公司出版．

中国河口可分4类：①强潮喇叭状河口，如钱塘江河口、瓯江河口、鳌江河口、椒江口、飞云江河口等；②中强潮河口，其中又可分弯曲型河口和分汊河口两亚类，前者如射阳河口、海河口、黄浦江河口等，后者如长江口、闽江口、鸭绿江河口、九龙江河口等；③中弱潮网状型河口，如珠江口、韩江口、南渡江河口、南流江河口等；④弱潮游荡型河口，如黄河口、滦河口等。文中还简要地分析了鸭绿江河口、辽河口、海河口、黄河口、长江口、钱塘江口、瓯江口、闽江口和韩江口的特性。

1992 年　沈焕庭．中国的入海河口．中国港口，第 6 期，15–17．

在分析综合中国入海河口几个特点的基础上，对长江口、黄河口、珠江口和钱塘江口的水文、泥沙、河槽演变和开发利用作了较全面的介绍。

2001 年　茅志昌，沈焕庭．长江河口与瓯江河口最大浑浊带的比较研究．海洋通报，20 (3): 8–14．

长江河口与瓯江河口均发育了庞大的最大浑浊带（TM），但这两条河口的河流性质、几何形态、径潮流动力条件、盐淡水混合类型和泥沙来源等差异极为明显。长江口与瓯江口TM的变化特点是：前者洪盛枯衰，后者枯盛洪衰；所在部位，前者在口门附近，后者在口门之内。研究结果表明，除了径潮流平衡带和丰富的泥沙来源是发育长江口、瓯江河口TM的两个基本条件外，河口环流和潮汐不对称分别在长江口、瓯江河口的TM形成、发育、维持过程中起了第二位作用。

2004 年　王永红，沈焕庭，张卫国．长江与黄河河口沉积物磁性特征对比的初步研究．沉积学报，22 (4): 658–663．

根据2001年8月和9月分别采自黄河与长江河口沉积物样品的磁性测量和粒度分析，探讨长江和黄河河口沉积物的磁性特征及其差异。长江河口沉积物中亚铁磁性物质的含量高于黄河口，但长江口与黄河口沉积物中都是亚铁磁性矿物主导了样品磁性特征，亚铁磁性矿物晶粒都以假单畴—多畴为主。相比黄河口沉积物，长江口沉积物不完整反铁磁性物质对磁性特征的贡献较小。长江与黄河河口的这种磁性特

征主要反映了不同的沉积物来源的控制影响。此外，无论是长江口还是黄河口沉积物，磁性参数χ_{ARM}、χ_{fd}%与沉积物细粒级组分存在显著的相关性，表明这两个参数作为粒度的代用指标具有普遍性。

（8）人类活动对河口的影响

1983 年　沈焕庭，茅志昌，谷国传，徐彭令.南水北调对长江河口盐水入侵的影响.见：远距离调水——中国南水北调和国际调水经验.科学出版社：211-216.

据国际国内公共给水标准，饮用水的氯化物一般规定不能超过250 mg/L。工业用水对氯化物的含量也有规定，如宝山钢铁厂对水质要求的指标中，氯化物一个月期间的平均值为50 mg/L，最高不能超过200 mg/L。农业灌溉用水也要求含氯度越低越好，如水稻育秧用水不能超过600 mg/L，一般灌溉用水要小于1 100 mg/L，3 150 mg/L就接近一般植物安全用水的最大浓度。目前长江口在枯水期盐水入侵已相当严重，南水北调后将更严重，它不仅对上海市及江苏省部分沿江地区的工农业用水、生活用水以及黄浦江的排污带来严重危害，而且对河口区的水文结构、河槽演变和生态环境也产生很大影响。本文在阐明长江口盐水入侵的影响因子、盐度的时空变化规律的基础上对调水后对盐水入侵的影响作了预估。

1983 年　Shen Huanting，Mao Zhichang，Gu Guochuan and Xu Pengling. The Effect of South–to–North Water Transfer on Saltwater Intrusion in Changjiang Estuary. In: Long–distance Water Transfer: A Chinese Case Study and International Experiences. Published for the United Nations University by Tycooly International Publishing Ltd.: Dublin, Ireland, 1983, p351–359.

Public Water Supply standards for chloride content vary according to the type of usage. Drinking water should not exceed 250 mg/L. Industrial water at the Baoshan Iron and Steel Plant in Shanghai has a monthly average target of 50 mg/L with a maximum limit of 200 mg/L. Low chloride contents are also required in irrigation. For example, rice seedlings require under 600 mg/L and general irrigation less than 1 100 mg/L. The maximum concentration for safe water use of ordinary crops is about 3 150 mg/L.

At present, during dry seasons, saltwater intrusion is quite serious in the Changjiang estuary. This poses a serious danger to industrial, agricultural and domestic water use in Shanghai Municipality and in some areas along the river in Jiangsu Province, as well as to the drainage of pollution in the Huangpujiang. In addition it has had a major impact on the hydrological regime, channel evolution and the ecological environment in the estuary. The proposed northward transfer of Changjiang water would unavoidably aggravate these effects. There are, exploring the patterns of saltwater intrusion into the Changjiang and estimating possible impacts after the water transfer would be helpful in considering the south-to-north water transfer schemes.

1987 年 陈吉余，沈焕庭，徐海根，等．三峡工程对长江河口盐水入侵及侵蚀堆积过程影响的初步分析．见：长江三峡工程对生态与环境影响及其对策研究论文集．科学出版社：350-368.

河口地处河流与海洋的连接地带，它既受到河口情势的影响，又受到海洋情势的作用。这两种情势相互制约，其中任一情势发生变化都将引起河口区长时期以来形成的平衡状态的改变。国内外大量事例表明，在河流上修建水库会在不同程度上改变河口区的来水来沙的数量和过程，从而会破坏原来的平衡状态，引起种种影响。长江河口的流域来水来沙非常丰富，河流因子对河口区的水文、泥沙、沉积和河槽演变等特性都起重要作用。本文根据实测资料用数理统计方法对三峡工程对长江河口盐水入侵的强度和长度及侵蚀堆积过程可能产生的影响作了初步分析。

1991 年 Shen Huanting, Mao Zhichang, Yao Yunda. Analysis of a Major Impact on the Estuarine Saltwater Intrusion due to the Construction of the Three Gorge Dam on the Changjiang River. International Workshop Storm Surges, River Flow and Combined Effects, 55-56.

The key hydraulic project at Three Gorge on the Changjiang river (simply called the three gorge project in the paper) undoubtly is a brilliant one. It exerts a tremendous influence on environment. So it is concerned by the whole nation and also attracts worldwide attention. This project would have significant impacts on, such as water and sediment supply, ecological system, and whole estuarine processes (Figure 1). This paper analysis the major impact of the three gorge project on the saltwater intrusion on the measured data and information form departments concerned, and provide scientific information decision-makers and designers.

1995 年 Shen Huanting, Li Jiufa. Zhang Chen, Xiao Changyou. Effects of Human Activity on the Changjiang Estuary. In: International Workshop on Water-related Problems in Low-lying Coastal Areas. Thailand, 350-359.

Six major projects on the Changjiang River and their effects on estuarine processes and eco-environment are discussed in the paper. These projects are reclamation engineering, water way regulating engineering, water supply engineering, sewage water drainage, water transport from south and Three-Gorge project.

1997 年　沈焕庭, 李九发, 肖成猷. 人类活动对长江河口过程的影响. 气候与环境研究, 2(1): 48–54.

随着经济高速发展, 人类活动对长江河口过程的影响日益显著。本文对围海造地、排污工程、取水工程、航道增深工程、南水北调和三峡工程等几项规模较大的已建和拟建工程及其对长江河口过程的影响作了初步论述, 建议继续重视和加强这方面的研究, 开发要适度, 人工控制要遵循自然演变基本规律, 以利于该地区经济的持续发展。

2002 年　沈焕庭, 茅志昌, 顾玉亮. 东线南水北调工程对长江口咸水入侵影响及对策. 长江流域资源与环境, 11 (2): 150–154.

南水北调工程是长江流域继三峡工程后的又一重大工程, 工程建成后对长江河口的环境与生态有何影响以及影响程度如何是众所关注的一个重要问题。南水北调是大规模的跨流域调水, 有东、中、西线3种方案, 它建成后必将对长江口的自然环境产生影响, 这种影响可能涉及径流、泥沙、咸水入侵、岸滩冲淤、航道、水产、渔业和生态环境等诸多方面。根据有关初步设计资料及长江河口的流量和盐度等实测资料, 用统计的方法对东线南水北调调水500 m³/s、700 m³/s和1 000 m³/s后对长江口咸水入侵的影响进行了初步预测。为了减少其不利影响, 提出了采取加快实施北支整治工程、尽快建造新的避咸蓄淡水库、确定调水的控制流量和三峡工程提前蓄水等措施, 供南水北调工程决策和设计部门参考。若能采取这些措施, 南水北调对咸水入侵造成的负面影响是可以缓解或抵消的。

(9) 河口开发治理

1983 年　陈吉余, 沈焕庭. 长江河口治理中的几个关键问题. 海洋科学, (2): 1–5.

长江水道优良, 但因徐六泾以下水面宽阔, 游移不定, 尤以南支河道及南北港分汊口变化复杂, 给航运事业带来了不利影响。治理长江口是扩大上海港和发展上海经济亟须解决的问题。对于长江口治理, 笔者认为: 要确保徐六泾窄河段的控制作用; 堵塞北支利多弊少; 三沙治理至关重要; 必须改善南港航道; 拦门沙航道改善方案需深入研究。建议1985年前完成长江口水文站网建设, 制订出长江口治理的整体规划、岸线利用规划及管理措施，组织协作加强长江口科研基地建设。

1983年　沈焕庭，徐海根，马相奇. 长江河口入海航道治理研究. 海洋科学，(3):5-9.

长江河口的入海航道长期以来一直处于自然状态，口门拦门沙滩顶最小水深只有6 m左右，不足7 m水深的滩长约30 km，严重地影响了上海港的发展和长江水运的充分利用。1973年决定将长江口航道增深至7 m。通过大量调查研究和紧张施工，7 m航槽于1975年被打通，从此万吨级海轮可随时进出上海港，2万吨级海轮也能满载乘潮进港，长江口通海航道治理迈出了可喜的一步。笔者参加了这一工程的可行性研究，本文从选择开挖南槽方案、合理布置挖槽线、采用行之有效的疏浚措施和妥善解决泥土处理问题4个方面进行了总结，并指出7 m航槽已远远不能适应工农业日益发展的需要，必须尽快进一步增深航道，长江口的综合治理已是刻不容缓。

1988年　恽才兴，沈焕庭，徐海根，李九发. 长江口入海航道选槽意见. 见：长江河口动力过程和地貌演变. 上海科学技术出版社：428-442.

长江口是分汊河口，上游来水来沙经北支、北港、北槽、南槽四口入海。1842年以来，由于长江主流南北迁移，曾使上海港通海航道两次改线，1842年南港为上海港的开港航道，1870年后因南港水深状况恶化辟北港为主航道，1927年北港上口淤浅，通海航道被迫改走南港。当前，为适应我国水运事业的发展和满足上海港建设的要求，长江口入海航道的选择和进一步开发已成为改变上海港面貌的关键问题。本文基于长江口河床演变特性和汊道发展总趋势提出长江口航道的整治原则、选槽意见和工程布置的初步设想。选择南槽的方案被采纳，1975年长江口通海航道由6 m增深至7 m，迈开了长江口航道人工增深的第一步。

1990年　陈吉余，恽才兴，沈焕庭，朱慧芳，益建芳. 鸭绿江河口特性及建港条件初析. 见：中国海洋湖沼学会海岸河口学会编. 河口海岸研究. 海洋出版社：204-219.

自20世纪40年代以来，鸭绿江中上游修建的一系列水电站和沿岸修筑的护岸围垦工程，已引起河口区河势的剧烈调整，并对港口、航道带来不同程度的影响。本文以1982年9月查勘所得为依据，对鸭绿江河口的径流、潮汐、潮流、风浪、盐度、泥沙等水文泥沙特征，河流段、过渡段、潮流段的河槽演变以及丹东港发展的可能性进行分析，提出鸭绿江河口水运资源的开发设想，建议改善丹东港，发展浪头港，建设大东港。

1992 年　沈焕庭，杨作升．我国河口的开发利用．海洋与海岸带开发．9 (1)：1-15．

本文论述了我国河口开发的现状、开发中存在的问题、开发目标、政策与措施。开发现状以长江口、珠江口、黄河口、钱塘江口四大河口为例来说明。存在问题主要有：对河口资源认识不全面；对资源的数量、质量以及环境因子的基本情况了解不够；对资源开发缺乏全面观点；不注意环境保护；对工程前期可行性研究不重视和管理体制不健全。开发总目标是：以我国大河口为中心，对全国大、中、小河口进行统一规划，把河口地区建成带动沿海和内地经济发展的火车头、外引内联的窗口和海洋开发基地，提前实现翻两番。要实施这个目标必须制定一系列有关法律与规定。

1992 年　Shen Huanting, Xu Haigeng, Ma Xiangqi. Study on the Improvement of Sea-Estuary Water Way in the Changjiang Estuary. China Ocean Engineering, 6 (2): 361-368.

The Changjiang Estuary is the Shanghai Harbour and the throat for the six provinces in the Changjiang River drainage area. However the minimum water depth of the waterway in the estuary is only about six meters, so that the development of the Shanghai Harbour and the utilization of water transportation on the Changjiang River have been greatly restrained. Since 1975, the depth of the sea-entering waterway of the Changjiang Estuary has been successfully increased by one meter. This article has made a comprehensive summing-up about the selection of waterways, the determination of the line creasing and disposal of the dredged material, thus providing reference data for future work in increasing the depth of the waterway of the Changjiang and for controlling similar waterways of other estuaries.

1992 年　胡辉，沈焕庭．上海市海洋、海岸带综合开发．1987—1990 年中国海洋年鉴．海洋出版社：270-272．

回顾了1987—1990年期间上海市海洋和海岸带综合开发取得的进展。

1995 年　沈焕庭，李九发，刘苍字，肖成猷．黄河口治理若干问题．见：黄河河口治理论文集．黄河水利出版社：29-32．

近代河口治理都是从研究河口特性和演变规律着手，一方面就整个河口范围内进行全面分析，研究较长时期内河口发育的特点及其演变趋势，为河口综合治理规划指引方向，避免发生原则性的重大失误；另一方面是根据水文泥沙等因素研究河口某一河段在较短时间内的变化规律，为河口局部河段治理方案的制订提供依据。因此，要治理河口首先要对河口特性有一个正确的认识。黄河口的特性可概括为水少沙多，变率大，潮弱，河口演变剧烈，河口发育已进入老年阶段。据此特性提出了黄河口的治理方略。

1998 年　沈焕庭. 对钱塘江河口治理的管见. 河口海岸工程, (4): 58–59.

尖山河段保持一个微弯的河段是合理的，不仅对保持这一段稳定有好处，而且对其上游也有好处。局部还可以进行一些调整，但应注意的一个问题是对杭州湾北岸深槽不要产生不利的影响。尖山河段治理后意味着把河口段向下推移，也意味着沙坎坎顶正在逐步向下推移，但要注意不要使这些泥沙的淤积发展到杭州湾北岸深槽里去。关于杭州湾的治理开发规划，南岸促淤缩窄方案和人工岛两个方案都做了很多工作。杭州湾开发治理方案是个大的治理方案，考虑钱塘江口潮流强、径流弱的特性和顺应杭州湾的特点，不宜采用人工岛方案，南岸促淤缩窄方案好。

1999 年　李九发, 徐海根, 沈焕庭. 上海潮滩滩涂资源的开发利用研究. 见: 林健枝等编. 迈向二十一世纪的中国——环境资源可持续发展. 香港中文大学香港亚太研究所: 255–274.

据历史考证，上海陆地是距今七千年前冰后期海侵之后由长江下泄泥沙堆积而成的，而62%的土地是近两千年来沿岸人民围海造地形成的，最近45年围垦的土地为787 km^2，建立了一批农耕农场、乡村垦区和一些大中型工厂企业。目前上海沿江在理论深度基准面以上的滩涂面积为837.1 km^2，这些淤积潮滩每年以20～200 m的速度不断地向海淤涨。但以自然淤涨的速度，围垦土地，与上海市建设需求的土地相比，仍然入不敷出。据统计，近50年来上海城市建设共占用农业耕地面积1 514 km^2。因此，采用人工促淤措施，加速中、低潮滩沼泽化和围涂造地的速度，扩大土地面积，已成为上海市国民经济进一步发展的一项重要工程。但是滩涂的开发要适度，要遵循自然演变的基本规律，同时需要与河口的综合开发治理相结合。过度开发将会严重破坏生态环境，从而影响经济的持续发展。

2000 年　茅志昌, 沈焕庭, 徐彭令. 长江河口咸水入侵规律及淡水资源利用. 地理学报, 55(2): 243–250.

长江河口系多级分汊潮汐河口，其盐水入侵有外海入侵、倒灌、浅滩通道水体交换及漫滩归槽4种形式，时间上有周日、朔望、洪枯季、年际等变化特点，南支—南港河段纵向上存在3条盐度梯度急剧变化的分界线，形成其特有的盐度时空变化规律。研究成果对宝钢水源长江引水方案的形成起了重要作用，并为陈行水库的选址、库容设计提供了基础数据，在长江河口建库，研究工作的重点是推算最长连续取不到合格水的天数，它是确定库容的关键数据。

2000年 茅志昌，沈焕庭，贺松林. 长江口北支潮汐能开发与配套政策浅议. 上海环境科学，（增刊）: 24–25.

据调查，长江口北支蕴藏着丰富的潮汐能资源，装机总容量为70×10^4 kW，年发电量为23×10^8 kW·h。潮汐能是一种清洁的可再生能源，北支潮汐能的开发将使上海的能源结构得到改变，减少二氧化硫的排放量。为了尽快有效地开发北支潮汐能，建议上海市政府制订一些激励、推动新能源开发利用的具有法律效力的政策法规。

2001年 茅志昌，沈焕庭，黄清辉. 长江河口淡水资源利用与避咸蓄淡水库. 长江流域资源与环境，10(1): 34–42.

开发利用长江口的淡水资源，首先要研究河口水质的污染程度以及咸潮入侵的时空变化规律。长江河口水质除边滩存在局部污染外，主槽水质良好。长江口南支、南港、北港盐水来源主要有北支倒灌和外海盐水直接入侵两种形式，盐水入侵具有周日、半月、季节和年际变化规律，由于北支倒灌咸水团的影响，低盐度值往往出现在大潮期和涨憩附近。通过修建边滩水库，可达到控制引水时间、避咸蓄淡的目的。最长连续超标天数的推算是确定水库库容的关键问题，采用数理统计、二维数值模拟、ARMAX模型＋Markov模型等方法推算，几种方法相互印证，计算结果基本上符合实际情况。"避咸潮取水，蓄淡水保质"，这是宝钢干部、科技人员总结出来的长江河口引水经验。长江口取水工程由取水系统、调蓄水库和输水系统三大部分组成。长江口避咸蓄淡水库的成功经验，对沿海潮汐河口的淡水资源开发利用具有示范作用。

2003年 沈焕庭. 认识和治理黄河河口. 见：中国水利学会、黄河研究会编. 黄河河口问题及治理对策研讨会专家论坛. 黄河水利出版社: 97–100.

黄河口是一个非常重要的河口，也是一个非常典型和复杂的河口，研究黄河口不仅能为治理黄河口提供科学依据，对发展河口学这门年轻的交叉学科也有重要意义。在1994年举行的黄河口治理总结暨学术研讨会上，本人等对黄河口治理的若干问题发表了一些看法，现根据新的情况，再谈三点看法：一是关于河口的共性和个性；二是关于海岸侵蚀后退；三是关于进一步加强科研工作。

（10）河口研究进展

1985 年　陈吉余，沈焕庭，胡辉．前进中的中国河口研究．自然科学年鉴，1.15–1.25.

新中国成立前我国河口研究只有一些基本资料积累和少数有关河口三角洲静态描述的文献。从20世纪50年代开始，河口研究进入了动态描述阶段，即以动力学为基础研究沉积作用和河口演变过程。随着国民经济建设的发展，特别是近年来开放沿海城市和沿海各省进行海岸带资源的综合调查，河口研究已在我国许多大中河口广泛开展，这些区域性的研究促进了各类河口研究，解决了经济建设中的实际问题，也丰富了世界河口研究的内容。本文回顾了我国在河口分类、河口动力、河口泥沙、河口汊河发育、河口拦门沙和河口水下三角洲等方面的研究进展，并对长江河口、珠江河口、黄河河口和钱塘江河口4个典型河口研究的进展作了较详细的阐述。

1988 年　沈焕庭．国外河口水文研究动向．地理学报，43(3): 274–280.

近10多年来，随着河口水文要素监测技术的现代化，物理和数学模型的不断完善，有力地推进了河口水文学的发展。本文从研究内容和研究方法两个方面对国外河口水文研究的动向进行了分析，着重介绍河口环流、河口最大浑浊带和河口锋研究的进展，并对现场观测、物理模型和数学模型三种研究方法进行评价，可为发展具有我国特色的河口水文学提供借鉴。

1991 年　沈焕庭．我国河口水文研究的回顾与建议．水科学进展，2(3): 201–205.

我国入海河口水文研究的进展主要表现在积累了大量实测资料，广泛开展了物理模型试验和数学模拟，在河口潮汐、潮流、盐淡水混合、余环流、波浪、风暴潮、泥沙等方面取得了很多研究成果。建议今后进一步完善河口水文观测站网，加强长时间序列观测，重视遥感技术等新技术的应用和学科间的相互渗透，在加强开发应用研究的同时，要重视对基础理论的研究。

1992 年　沈焕庭，王晓春．中国河口研究．见：中国海洋年鉴 (1987—1990)．海洋出版社：270–272.

回顾了1987—1990年期间中国河口研究的进展。

1994 年　沈焕庭，肖成猷，孙介民．河口最大浑浊带数学模拟研究的进展．地球科学进展，9(5): 20–25.

分3个方面介绍了河口最大浑浊带研究中数学模拟研究的进展：①利用通量分

析计算河口盐度、污染物和泥沙通量，分析带内泥沙富集机制；②由物质平衡原理建立一维和较简单的机理模型，讨论最大浑浊带的成因；③据水动力方程和物质平衡方程建立二维或三维数值模型，计算最大浑浊带的水流结构和物质浓度分布，模拟并探讨不同条件下最大浑浊带的成因和演化机制。

1997 年　沈焕庭，倪海祥．河口海岸学研究进展．见：中国海洋年鉴 (1994—1996)．海洋出版社：236–240.

回顾了1994—1996年中国河口海岸研究取得的进展。

1997 年　沈焕庭．中国河口数学模拟研究的进展．海洋通报，16 (2): 80–85.

我国采用数学模型研究河口及河口工程的可行性已愈加普遍。从总体而言，20世纪70年代以河口一维潮流模型为主，进入20世纪80年代后，除继续应用推广一维潮流模型外，大多已采用二维潮流数学模型，并按需要配以泥沙、温度、盐度和污染物等物质输移模型，三维模型也已逐步展开。本文从二维数值模型、一维与二维连接混合数值模型、悬移质输移和河床变形数值模型、推移质输沙数值模型、波流共同作用数学模型、拉格朗日余流数值模型、三维数值模型、复合模型8个方面较全面地论述了我国近15年来河口数值模拟研究的进展，认为从80年代以来，我国将数学模型应用于河口研究已取得显著进展，它已成为研究河口的有力工具。

1999 年　沈焕庭，吴加学．河口海岸学研究进展．见：中国海洋年鉴 (1997—1999).海洋出版社：281–283.

回顾1997—1998年我国在河口海岸学研究方面取得的进展。

1999 年　沈焕庭，朱建荣．论我国海岸带陆海相互作用研究．海洋通报，18(6): 12–17.

本文主要阐述海岸带相互作用（LOICZ）研究的意义和国内外研究现状，在此基础上提出选择典型地区开展我国陆海相互作用研究的构想，并以长江河口为例，对其研究目标、研究思路和研究内容作简要介绍。

1999 年　沈焕庭，时伟荣．国外河口最大浑浊带生物地球化学研究动态．地球科学进展，14(2): 205–206.

自人们发现河口最大浑浊带以来，各国学者通过现场调查、实验室分析实验、数学模拟、放射性示剂跟踪测定、遥感遥测等多种先进技术和方法对河口最大浑浊带进行一系列研究，对其成因、特征和变化规律的认识不断深化，已在许多方面取得显著进展，本文仅就其中的生物地球化学研究的动态作概括介绍。

2001年　张莉莉，李九发，沈焕庭. 中国主要河口拦门沙的研究进展. 海洋科学，25 (10): 33–36.

河口拦门沙常处在河流入海的咽喉部位，是海陆相互作用的产物，也是河口水沙与河床作用最剧烈的地带，曾经引起众多学者的广泛关注。由于河道突变，拦门沙因水浅给河流水运和海运事业的发展以及通海航槽建设带来了极大的影响。此外，由于拦门沙水域特殊的理化性质，使得其在河口地球化学过程和河口生态系统中起着不可替代的作用。所以，对于河口拦门沙的研究受到了广泛的重视，取得了很大的进展，本文对于国内在河口拦门沙研究方面所取得的进展作了评述。

2002年　万新宁，李九发，何青，沈焕庭. 国内外河口悬沙通量研究进展. 地球科学进展，17 (6): 864–870.

系统地介绍了国内外河口悬沙通量研究的进展，目前对于河口悬沙通量主要采用模型研究、水文学方法、机制分解、仪器直接测量等方法从理论和实际相结合的角度来进行研究。目前，物理模型的研究成果直观，但受到模型尺度等的限制；数学模型研究具有快、准的优点，可以给出令人满意的定性结果，但未能达到定量预报的程度；传统的水文学方法可以用来研究河口地区悬移质泥沙在不同动力因子作用下的输移情况；机制分解法是比较成熟和可靠的方法，但该方法与河口动力机制和泥沙输移过程结合不够；先进仪器进行直接测量则受到仪器精度和取样点的布设等条件的限制。因此，关于河口悬沙通量的研究还有待于深入和细化。

2002年　王永红，张经，沈焕庭. 潮滩沉积物重金属累计特性研究进展. 地球科学进展，179 (1): 69–77.

在分析总结国内外潮滩重金属研究现状和成果的基础上，指出潮滩重金属来源的定量分析尚很不完整；沉积物的物质组成、粒径、水动力作用、潮滩生物、河流输入量、人类活动等都对重金属在潮滩的分布有着重要影响。在垂岸方向，重金属从高潮滩到低潮滩含量逐渐降低，反映了水动力以及粒径对潮滩重金属的分布的控制；沿岸方向，淤涨岸段，重金属含量低，排污口严重影响着重金属的沿程分布，重金属含量随离排污口的距离增大而呈指数减小；垂向方向，在许多地方重金属分布与人类活动、经济发展状况相吻合。生物活动使潮滩重金属的累计特征变得复杂，改变了潮滩局部的微环境。与国内外河口重金属研究相比，潮滩重金属的研究远远不足。沉积物中重金属的常用研究方法，如Tessier地球化学相连续提取法、Mesocosm模型，以及数值和现场模拟的方法的应用，对潮滩重金属的研究将有很大帮助。在潮滩重金属的污染评价中，生物标准较其他标准更为合适。

2003 年　王永红，沈焕庭，刘高峰．河口涨潮槽的研究进展．海洋通报，22 (3): 73-79.

河口涨潮槽是河口的重要地貌单元。对河口涨潮槽的发育过程与演化规律的研究在理论上可以丰富河口地貌学的内容，而在实践上对港口和通航等具有重要意义。文章认为河口涨潮槽不仅指河口潮流作用下形成的冲刷槽，还包括涨潮冲刷坑和涨潮水道。国内外关于河口涨潮槽研究较为薄弱，研究内容多集中于涨潮槽的几何形态、涨落槽优势流判别和悬沙输移等方面，定性研究较多，缺乏全面而系统的定量研究，尤其缺乏成因机制方面的深入研究和沉积环境的研究。长江口涨潮槽种类较多，具有一定的研究基础，对其进行系统全面的研究具有重要的意义。

2003 年　郭沛涌，沈焕庭．河口浮游植物生态学研究进展．应用生态学报，14(1): 139-142.

综述了河口浮游植物种类组成、时空分布、初级生产力及其影响等方面的主要研究进展。同时，对河口浮游植物在水环境监测中的作用以及河口浮游植物多样性与边缘效应进行了初步探讨。研究表明，通常河口区重要的浮游植物有硅藻、甲藻等，微型、超微型浮游植物在河口生态系统中占有重要地位。河口浮游植物种类组成、初级生产力的时空变化明显，并受到光、温度、营养盐、动物摄食以及径流等因素的影响。

2006 年　沈焕庭，胡刚．河口海岸侵蚀研究进展．华东师范大学学报（自然科学版），(6): 1-8.

从岸滩侵蚀的过程和机理、侵蚀模式—模型、侵蚀管理和保护对策3个方面介绍了国内外近10多年来河口海岸侵蚀研究的进展，并以典型事例分析了我国日益严峻的河口海岸侵蚀状况。在此基础上提出了深入开展我国河口海岸侵蚀研究的4点建议：加强对人为因素引起的侵蚀的研究；把岸与滩和岸与槽的侵蚀结合起来研究；高度重视3个大三角洲岸滩侵蚀研究；加强现场观测。

2006 年　刘启贞，李九发，陆维昌，李道季，沈焕庭．河口细颗粒泥沙有机絮凝的研究综述及机理评述．海洋通报，25(2): 73-80.

河口海岸水域细颗粒泥沙的絮凝研究一直是人们广泛关注的课题，由于河口区水体成分较为复杂，加上水动力条件的影响，所以对絮凝的研究也是众说纷纭。本文针对河口区丰富的有机质，着重分析和综述了有机质对细颗粒泥沙粒径、表面电性质和稳定性的影响以及有机絮凝的热力学理论解释等研究成果，同时对泥沙颗粒有机絮凝的机理和有机-无机复合絮凝的模式进行了详细评述。在此基础上，结合国内有机絮凝研究现状，提出了今后的研究方向。

（11）海平面与基准面

1982年　沈焕庭．平均海面研究的意义和计算方法．海洋科学，(3): 39–42.

论述了平均海平面研究对大地测量、海岸升降、地震预报、河床演变研究的意义及需要注意的问题，介绍了日平均海面计算的4种方法。平均海平面是陆地高度和海图深度基准面的起算面，它受到天文、气象、径流、增减水、海流等多种因素影响，存在明显的日变化、月变化、年变化和多年变化，计算理想的平均海面最短的可靠观测时间为9年，最好是19年，我国用7年资料确定的黄海平均海面尚欠理想。海面升降和海岸升降都是变数，故两者关系极为复杂，用平均海面资料来论证地壳升降，必须设法将天文、气象、径流、海流等地壳以外的因素过滤后，才能用来确切地说明地体的升降。一个较大的地震发生前，附近验潮站的平均海面往往有异常变化，海平面研究应用于地震学领域研究正在国内外受到重视。从地貌学角度看，平均海面是入海河流的侵蚀基准面，平均海面的上升或下降会使纵比降发生变化，以致改变水流的下切能力，从而影响侵蚀与堆积。

1982年　朱国贤，沈焕庭．吴淞零点和陆地沉陷造成的高程混乱．上海航道科技，(2): 26–32.

长江流域的高程过去都用吴淞零点作为高程起算面，此面接近于黄浦江吴淞口的最低潮面。由于陆地沉陷和观测使用部门不同等原因使长江流域的高程系统极为混乱，给有关研究、设计、施工带来很多麻烦，本文在查阅大量历史资料的基础上，对这种混乱情况作了详细的回顾与分析，并得到了各高程系统的数量关系。长江流域规划办公室"使用高程"在苏南减0.288 m，在苏北减0.278 m等于城建局公布的高程。浙江省公布的高程减0.25 m等于城建局公布的高程。城建局的高程减1.630 m等于黄海平均海面上的高程。浙江省公布的高程减1.881 m等于黄海平均海面上的高程。

1993年　Shen Huanting. Applications of the Study on Mean Sea Level and Its Calculation Methods. International Workshop Sea Level Changes and Their Consequences for Hydrology and Water Management, 19–23 April 1993. Netherlands.

1998年　杨清书，沈焕庭，刘新成．应用数字滤波消除潮位短周期波动对确定海平面变化趋势的影响．水科学进展，9 (4): 256–260.

由一元线性回归分析的正则方程计算表明，在验潮记录较短的客观条件下，验潮序列中的周期潮波对确定海平面变化趋势的影响是显著的。着重讨论采用数字滤波方法消除周期小于4年的短周期波动对确定海平面变化趋势的影响，并设计了最平滤波器，其通带截止频率对应的周期为4年，即应用最平滤波器对月均验潮序列进行低通滤波，基本上可消除周期小于4年的短周期波动对确定海平面变化趋势的影响。

2002 年　吴华林，沈焕庭，吴加学．长江口深度基准面换算关系研究．海洋工程，20(1): 69–74.

长江口不同时期的海图采用的深度基准面不一样，为充分利用诸多历史海图资料，需要了解历史海图深度基准面的关系。本文介绍了海图理论深度基准面（苏联弗拉基米斯基的低潮面）的推算方法，用Matlab语言实现了对海图理论深度基准面的人机交互式计算。利用1977年实测潮位资料计算获得的调和常数，计算了长江口10个验潮站的理论深度基准面，探讨了不同深度基准面之间的换算关系。

（12）其他

1985 年　沈焕庭．笔谈：2000 年的水文地理研究——河口区的水文研究．地理学报，40(1): 70–76.

为使我国的河口水文科学能更好地为四化建设服务，笔者建议：①大力加强和改进现场观测工作，这是深入开展我国河口水文研究的关键；②要采用现场观测资料分析、物理模型试验和数学模型等相结合的研究方法；③要制订河口水文研究的发展规划。

1991 年　Shen Huanting. Relating Our Experience in China to the Prospects for Integrated Coastal Zone Management. In: The Status of Integrated Coastal Zone Management: A Global Assessment, P.83–85, CAMPENT, The Coastal Area Management, and Planning Network.

1993 年　孙介民，沈焕庭．河口最大浑浊带数据库系统的开发和应用．海洋科学，(6): 16–17.

最大浑浊带的形成机制与该地区的动力、环境特征有关，故它的环境信息量极大。反映最大浑浊带环境信息的数据建库方法是在计算机硬件（GW286B）、软件（GW1–2–3等）设备的支持下，把采集到的数据以一定的组织形式储存到计算机存储器上，生成数据库文件（即数据库）。用数据库方法克服了数据文件的缺点（不可避免的数据冗余及数据与应用程序无法摆脱互相依赖的关系），方便多用户数据共享。开发最大浑浊带数据系统的主要手段就是应用数据库、专题分析模型以及输入输出人机界面工具（软件），建立一个能满足应用业务（信息输入、编程、存储、更新、检索以及图形处理和决策分析输出等功能）需要的数据管理工作。本系统的开发不仅对河口最大浑浊带课题研究有重要作用，而且可为多种相关学科研究提供有用的数据。

1994年　Huanting Shen, Jiong Shen. Afterward: A Look at Shanghai. The Journal of Urban Technology, 1(3): 97–101. Published at New York City Technical College, The City University of New York.

BEFORE 1949, Shanghai was the most westernized city on China's mainland, and in the wake of that country's economic reforms begun in 1985, it is again poised to be what Newsweek magazine recently called the "New York of China". Indeed, Shanghai already boasts active financial services and a nascent computer industry and, in 1990, was permitted to create "economic zones" within its jurisdiction. The economic boom of Shanghai has created problems associated with rapid development: population density, traffic, clogged roads, housing shortages, and difficulties in the management of solid wastes.

1996年　Shen Huanting. China: Prospects for Integrated Coastal Zone Management, Coastal Zone Management Handbook. John R Clark, Lowes publishers, New York, 508–509.

The mainland coast of China is about 18 000 km. The island coastline is around 14,000 km. There are gravelly, sandy, and muddy coastal zones, some of the largest cities in China, such as Shanghai, Guangzhou, and Tianjin, are in coastal zones. Thus, integrated management of coastal resources (ICZM) is of vital importance to China. China has a long history of coastal resources utilization and has achieved a great deal. Especially since the nationwide coastal resource investing in cities and provinces began in 1977.

1999年　吴华林，沈焕庭. 我国洪灾发展特点及成灾机制分析. 长江流域资源与环境，18(4): 445–451.

本文利用大量数据对我国洪灾发展的特点进行了分析，并指出：与历史相比，近年来我国洪涝灾害呈"频发、灾重"的趋势。在此基础上，对洪水的成灾机制进行了介绍，并将诱发洪涝灾害的原因分自然和人为两个方面进行了比较全面的论述。其中，自然原因包括地理条件、气象特点和异常天文活动影响3个方面，分析得出"在洪涝灾害的高风险中谋求发展是我国较长时期的基本国情"的结论；人为原因主要是人类活动引起的各个方面的消极影响，从分蓄洪湖泊退化、水土流失、河道设障、堤防标准低4个方面进行了论述。这些是我国洪灾的促成因素。鉴于我国洪水频发的原因比较复杂，提出我国未来的减灾必须走生态减灾、工程减灾、管理减灾、科技减灾并举的综合治理之路。

2001 年　王永红，沈焕庭．论海洋资源、海洋技术和可持续发展．海洋开发与管理，(1): 6–9.

随着陆地资源逐渐枯竭，海洋资源日益引起人们的重视。本文通过可持续发展理论和可持续发展的资源观，从海洋化学资源、海洋生物资源、海洋能源和动力资源、海洋空间资源分别论述了海洋资源在社会可持续发展中的重要作用，并分析了现代科学技术的飞速发展为开发海洋资源提供了极大的可能。但海洋资源并不是无限的，人们只有遵循自然和社会发展规律，合理地利用和开发海洋、保护海洋，才能实现社会的可持续发展。保护海洋就是保护我们的未来。

2005 年　蔡中祥，沈焕庭，熊伟．基于 GeoDatabase 模型的长江河口时空数据建模研究．海洋技术，24 (3): 1–4.

传统的数据模型或数据存储方式已经影响了长江河口研究的进展，对时空数据的组织建模研究，将有利于长江河口研究更好地面向动态过程。本文从时空数据模型的角度，分析和总结了长江河口研究数据的特点，使用简单的方法构建了长江河口时空数据模型，并探讨了时空数据模型的实际应用。

2005 年　蔡中祥，沈焕庭，张晶，刘建忠．长江河口空间元数据研究．海洋通报，24 (4): 59–67.

信息共享能够有力推动长江河口的管理和研究，空间元数据是实现有效信息共享的支撑技术，目前长江河口研究的一个重要的瓶颈问题是数据格式不统一、无法实现共享，因此研究长江河口空间元数据尤为必要。本文从实现长江河口信息有效共享的角度，提出了长江河口空间元数据的概念，归纳了空间元数据的内容体系，并进一步研究了长江河口空间元数据获取的步骤和方法，利用XML文档技术实现其管理和应用。

2005 年　沈焕庭．海岸带陆海相互作用．见：秦大河主编．中国气候与环境演变（上卷）：气候与环境的演变及预测．科学出版社：307–315.

海岸带陆海相互作用（LOICZ）是国际地圈–生物圈计划（IGBP）的第六个核心计划。河口是海岸带的重要组成部分，是陆海相互作用最活跃的场所。本文选择长江和黄河两个大河口来论述我国海岸带的陆海相互作用。主要论述长江、黄河对海洋作用与海洋对长江、黄河作用的主要因子、相互作用区分段及南水北调、三峡工程对长江河口生态与环境的影响，三门峡水库、小浪底水库等重大工程对黄河河口生态与环境的影响。

2008年　沈焕庭.50周年院庆寄语。见:王平，丁平兴主编.实践与创新——河口海岸50年（1957—2007）.海洋出版社:145–149.

为使河口海岸学国家重点实验室对河口海岸学发展在国内能持续起到领头羊作用，在国际上能进入先进行列，本文从研究地区、发展原有特色和增添新特色、应用研究与基础研究、宏观研究与微观研究、现代过程研究与历史过程研究、树立良好学风、老中青相结合、队伍建设、组织建设、研究方法、国内外学术交流和拓展研究领域12个方面提出了看法。

1.4　出版专著

从1988年至2015年，共合作出版专著9部：《长江河口动力过程与地貌演变》（1988，711千字），《三峡工程与河口生态环境》（1994，508千字），《长江口冲淡水扩展机制》（1997，200千字），《长江河口最大浑浊带》（2001，352千字），《长江河口物质通量》（2001，277千字），《长江河口盐水入侵》（2003，301千字），《长江河口陆海相互作用界面》（2009，360千字），《长江河口水沙输运》（2011，380千字），《上海长江口水源地环境分析与战略选择》（2013，240千字）。现以出版时间为序对每册作简要介绍，介绍内容包括内容简介、序和前言。

（1）《长江河口动力过程和地貌演变》

陈吉余、沈焕庭、恽才兴等著，上海科学技术出版社出版，1988年。

- **内容简介**

本书由河口发育、河口水文、河口泥沙运动、河口沉积、河口河槽演变、河口治理六部分组成。采用宏观与微观、历史过程与现代演变、野外观测与实验分析、遥感新技术等研究方法，将河口动力、地貌、沉积等学科紧密结合，全面系统地阐述和总结了长江河口的动力过程与地貌演变，并提出了治理原则和可供选择的治理方案。对河口整治和开发利用有较大的实用价值，同时也丰富了河口学理论。本书可供水利、航道、水运、海洋、环境、地质、地理和海岸工程等有关科研、生产和教学人员参考应用。

● 绪论

长江全长6 300 km，居我国大河首位，世界大河第三位。长江干流先后流经青海、西藏、四川、云南、湖北、湖南、江西、安徽、江苏和上海10个省、自治区、直辖市，汇集了大小数百条支流，在黄海与东海的交界处入海，流域面积达180 km^2，接近全国总面积的五分之一。

长江干流宜昌以上为上游，宜昌至鄱阳湖湖口为中游，湖口以下为下游。自安徽大通（枯季潮区界）向下至水下三角洲前缘（约30～50 m等深线）为长达700 km余的河口区。根据动力条件和河槽演变特性的差异，长江河口区可分成3个区段：大通至江阴（洪季潮流界），长400 km，河槽演变受径流和边界条件控制，多江心洲河型，为近口段；江阴至口门（拦门沙滩顶）长220 km，径流与潮流相互消长，河槽分汊多变，为河口段；自口门向外至30～50 m等深线附近，以潮流作用为主，水下三角洲发育，为口外海滨。

长江河口是由漏斗状河口湾演变而成。约在6 000～7 000年前，长江河口为一溺谷型河口湾，湾顶在镇江、扬州一带。2 000多年来，由于大量流域来沙的充填，河口南岸边滩平均以40年1 km的速度向海推进，北岸有许多沙岛相继并岸，口门宽度从180 km束狭到90 km，河槽成形加深，主槽南偏，逐渐演变成一个多级分汊的三角洲河口。

长江河口水量丰沛。据大通站资料，最大流量92 600 m^3/s（1954年），最小流量4 620 m^3/s（1979年），年平均流量29 300 m^3/s，年径流总量9 240×10^8 m^3，在世界大河中流量次于亚马孙河、刚果河、奥里诺科河、恒河-布拉马普特拉河，居第五位。径流量有明显的季节性变化，5—10月为洪季，占全年的71.7%，以7月为最大；11月至翌年4月为枯季，占28.3%，以2月为最小。

长江的含沙量年平均值0.547 kg/m^3。由于水量大，年平均输沙量达4.86×10^8 t（实测最大输沙量6.78×10^8 t，最小输沙量3.41×10^8 t），在世界上次于恒河-布拉马普特拉河、黄河、亚马孙河，居第四位。沙量在年内的分配比水量更集中，洪季输沙量约占全年的87％，7月输沙量最大，约占全年的21％，2月输沙量最小，不足全年的0.7％。河口段由于受涨落潮流影响，悬沙的年内分配比较均匀，与径流量大小的关系不甚密切。大通站悬沙粒径小于0.1 mm的占94.9％，中值粒径为0.027 mm。河口段悬沙中值粒径约0.019 mm。

长江口是中等强度的潮汐河口。口外为正规半日潮，口内为非正规半日浅海潮。南支潮差由口门往里递减，口门附近的中浚站多年平均潮差为2.66 m，最大潮差为4.62 m，至黄浦江口的吴淞站多年平均潮差减低为2.21 m。北支呈喇叭形，潮差比南支大，由口门往里逐渐递增，在永隆沙至青龙港河段有涌潮现象，涌潮高度可达1 m。由于科氏力等因素的作用，北岸潮差要比南岸大，据实测资料，南港北岸潮差一般要比南岸大40～50 cm。

潮流在口内为往复流，一般为落潮流速大于涨潮流速。出口门后逐渐向旋转流过渡，旋转方向多顺时针向。在上游径流接近年平均流量，口外潮差近于平均潮差的情况下，河口进潮量达266 300 m³/s，为年平均流量的8.8倍。进潮量枯季小潮为13×10⁸ m³，洪季大潮达53×10⁸ m³。口门潮波传播方向约305°。受到径流、地形等诸因素影响，潮位与潮流过程线存在一定的位相差，一个潮周期过程中有涨潮涨潮流、落潮涨潮流、落潮落潮流、涨潮落潮流4个阶段。

长江口盐水入侵距离因各汊道断面形态、径流分流量和潮汐特性不同存在较大差异。北支盐水入侵距离比南支远，盐水入侵界枯季一般可达北支上段和南支中段，洪季一般可达北支中段，南支在拦门沙附近。在特定枯水与大潮组合下，北支盐水入侵可达南北支分流口；在特定洪水与小潮组合下，南支拦门沙以内可全为淡水占据。盐淡水混合类型北支以垂向均匀混合型为主，在南支口门附近，除枯季大潮出现垂向均匀混合型，洪峰流量大又遇特小潮差时出现高度成层型外，全年以部分混合型出现几率最多。

长江口的余流比较复杂。在南支、北支、南港和北港上段，余流流向和强度主要取决于径、潮流的力量对比和潮波变形程度，落潮槽中的余流与落潮流流向一致，涨潮槽中的余流与涨潮流流向一致，导致在平面上产生逆时针向的环流。在南槽、北槽和北港下段，受盐水楔异重流的影响，在纵向上存在上层流净向海，下层流净向陆的河口环流。在滞流点附近的最大浑浊带其范围约25～46 km，含沙量表层变化于0.1～0.7 kg/m³之间，底层变化于1～8 kg/m³间，洪季小潮时常有浮泥出现。口外海滨的余流，上层以东向为主，中层多偏北，底层有偏西趋势，径流是上层余流的重要组成部分，中、下层余流则与台湾暖流的顶托与牵引有关。

长江口外流系有台湾暖流、东海沿岸流和苏北沿岸流。台湾暖流具有高温、高盐、透明度大以及夏强冬弱的特点。夏季，盐度为34.0～34.7，温度为20～28℃；

冬季，盐度为33.0～34.6，温度为10～17℃。苏北沿岸流具有低温、低盐、透明度小以及冬强夏弱的特点，大约在33°N，122°30′E附近，它渗入黄海冷水团范围内，并向东南伸展。夏季，台湾暖流增强，苏北沿岸流减弱，长江冲淡水在口门附近先顺汊道方向流向东南，约在122°30′E左右转向东或东北，冲淡水的影响最远时可达济州岛附近。冬季，台湾暖流减弱，苏北沿岸流增强，长江冲淡水沿岸南下，成为东海沿岸流的主要组成部分。

长江口的波浪以风浪为主，涌浪为次。风浪浪向的季节性变化十分明显，冬季盛行偏北浪，夏季盛行偏南浪，春秋两季为过渡季节，各向频率较为分散。涌浪以偏东浪为主，其他方向很少出现。波高从口门向口内逐渐降低，口门引水船站平均波高0.9 m，最大波高6.2 m，平均周期3.9 s；口内80 km的高桥站平均波高0.4 m，最大波高2.3 m，平均周期1.7 s。

长江口自徐六泾以下，河槽出现有规律地分汊。在科氏力作用下，长江口存在明显的落潮流偏南，涨潮流偏北的流路分异现象。在涨落潮流路之间的缓流区，泥沙容易淤积形成心滩、沙岛，促使水道分汊。在徐六泾以下先被崇明岛分为南支和北支，南支在浏河口以下又被长兴岛和横沙岛分为南港和北港，南港在九段以下又被水下沙坝——九段沙分为南槽和北槽，从而形成三级分汊四口入海的形势。

在径流与潮流两股强劲动力的作用下，河口段河床冲淤多变，主槽摆荡频繁。18世纪中叶长江主流重归南支后，北支日益淤浅，主槽水深不足5 m，已失去大轮通航价值。由于进入北支的径流量减少，潮流作用相应增强，使其成为涨潮流占优势的涨潮槽，在径流量小和潮差大时有水、沙、盐倒灌入南支，影响南支水质和河势稳定。南支是排泄长江径流的主要通道，河面宽阔，多水下沙洲和浅滩通道，在以落潮流占优势的涨落潮流共同作用下，河槽演变复杂，特别是在其下段南、北港分流口附近，滩槽演变甚为剧烈。介于南、北支之间的崇明岛是由一系列沙洲合并而成，长期以来南坍北涨，有向苏北并岸的趋向。

南、北港的径流分配较为接近，北港径流分配变化在36.6%～65.3%之间，南港径流分配变化在34.7%～63.4%之间，1958年后，北港的分流量大于南港。南、北槽的径流分配与南、北港大致相似，南槽径流分配变化在35.8%～67.6%之间，北槽的径流分配变化在32.4%～64.2%之间，1965年以来，北槽的分流量大于南槽。由于南港与北港，南槽与北槽的径流分配较为接近，从而使它们的主次关系易于更迭。1842年南港为上海港的通海航道，1870年后因南港水深恶化，辟北港为主航道，1927年北港上口淤浅，通海航道又被迫走南港。

四条入海汊道均存在航道拦门沙，北支的拦门沙深居口内，南槽、北槽和北港的拦门沙都位于口门附近。拦门沙是长江口主要的泥沙沉降区，滩顶水深除北支外，一般在6 m左右，多年来比较稳定。这样的自然水深在世界许多河口拦门沙中尚属优良，但却存在滩长、坡缓、变化复杂的特点。在径流、潮流、盐淡水异重流等多种因素作用下，拦门沙有洪季淤、枯季冲、小潮淤、大潮冲的变化规律。南槽铜沙浅滩是长江河口最大的航道拦门沙，水深不足7 m的滩长有25 km左右，不足10 m的滩长达60 km余，成为通海航道的天然障碍。长江口通海航道近五十年来取用南港南槽，1975年将南槽拦门沙水深由6 m浚深到7 m，1979年后挖槽维护日益困难，1983年又改在北槽开挖了7 m航槽。

在长江口外有一面积约10 000 km²余的水下三角洲，其上端为拦门沙滩顶，下界水深约30～50 m，北面与苏北浅滩相接，南面越大戟、小戟叠覆在杭州湾的平缓海底之上。水下三角洲的组成物质，以30°20′N为界，北部较粗，南部较细，前缘与陆架残留沙相接。据100多年来海图对比分析，水下三角洲是在冲淤不断变化过程中逐渐向海推展，1860—1927年的主要淤积区在崇明东滩外侧，1927—1976年的主要淤积区在南汇东滩外侧，沉积速率很快。北港口外和横沙东滩外海，淤积速度较慢，相对比较稳定。

长江每年入海离子径流量为14 823×10⁴ t，占全国入海总离子径流量的43%。长江流域来沙除有50%以上在口门附近沉积外，还有相当数量输向外海。从含沙量分布和悬沙组成看，自122°30′E向东含沙量显见减小，粒径大于50 μm的石英和碳酸盐颗粒以及粒径大于60 μm的云母、絮凝体和有机体，一般扩散至122°30′E附近，再往东，粒径和数量急剧减小，可见，122°30′—123°E间是长江悬沙向东扩散的一条重要界线，它大致与水下三角洲的前缘相吻合。入海泥沙主要向东偏南向扩散，成为杭州湾和浙江沿海细颗粒泥沙的重要来源之一。

长江是世界上少数几条具有优越通航条件的江河之一，万吨海轮可以自河口直达南京港，素有"黄金水道"之称。长江口扼长江的咽喉，是我国最大的港口——上海港的门户，1985年上海港的年吞吐量达1.1×10⁸万吨。目前在长江口南支下段南岸，除已建的宝山钢铁厂外，尚有许多重要的企业正在或将要兴建。长江自南京港以下尚有镇江港、张家港、南通港等港口均在不断开发扩展。长江口两岸有丰富的滩涂资源，可逐步开发促淤围垦。河口的输出物被带往浩渺海域，为鱼类索饵提供丰富的营养盐类，使长江口外及其邻近海域成为我国最大的渔场。由此可见，长江口的开发利用对促进长江流域，特别是上海经济区的工农业生产以及对外贸易发展江海联营，具有极其重要的意义。

然而，河口发育过程也给建设事业带来一些不利影响。一方面，长江河口有拦门沙存在，航槽水深不足，河槽多变与阴沙迁移使航槽稳定性受到威胁，河口水流变异和强浪拍岸引起的侵蚀作用给岸滩防护带来不利影响，为稳定河槽，增深航道，护岸保滩，围垦土地，就需要对长江河口进行深入研究。另一方面，河流中上游的大型工程措施往往会改变河口区的自然平衡，从而产生一些自然调节，有时也给河口带来巨大影响，此在世界上其他河口如尼罗河口等已经有所反映，这种现象尤应引起我们的注意。南水北调、三峡工程等一些重大水利建设一旦实施后，长江河口的河槽以至生态与环境将会发生怎样的变化，它对长江河口自然资源有何影响，这些问题也必须通过对长江河口的深入研究，提出预报，采取相应的措施，使河口的生态、环境和资源免遭破坏。

对于水面辽阔、流域来水来沙非常丰富、进出潮量巨大的长江河口，在现代科学发展以前，要进行深入系统的研究是有困难的。虽然如此，我国丰富的历史记载，还是为长江河口研究提供了有价值的史料。枚乘《七发》和郭璞《江赋》生动地描述了历史时期长江河口水文条件的变化，六朝的历史记载反映了长江河口增水影响的范围，各种史料以及地方志记载着三角洲海岸向海推展与河口缩窄过程的历史事实。19世纪40年代，长江河口有了用近代技术测量水深的水道图件。从19世纪50年代开始，长江有了连续的水位记录。20世纪以后，长江河口区陆续设立了水位站和验潮站。1915年长江口进行了首次水文测验，瑞典人海德生根据这些水文资料对长江河口的潮波传播、水文、泥沙运动进行了较系统的然而是初步的研究。此后，直至20世纪40年代末，长江河口研究除对水下地形有过一些测量图件外，其他方面的科学研究则很少进展。

新中国成立以后，特别是1956年提出全国自然科学十二年规划后，开始了长江河口研究的新阶段。1957年中国科学院在南京组织了河口学报告会，同年7月，华东师范大学成立了河口研究室。1958年华东师范大学地理系全体师生对长江三角洲进行了全面调查，其中包括南京至吴淞之间河槽演变的调查研究，从而对长江河口发育过程有了一定的认识。同时，由上海航道局（当时称上海河道局）组织南京水利科学研究所和华东师范大学等单位对长江河口有计划有步骤地进行了大规模的水文测验、沙岛调查、河口动力地貌调查、拦门沙地区打钻以及盐淡水混合与河槽演变研究等。此外，华东师范大学河口研究所还曾在长江口建立了定位观测站，为长江河口研究积累了大量第一手资料，对长江河口的动力特征、地貌过程、沉积现象、河槽演变特性及河口发育规律等有了比较全面的认识，为进一步深入研究打下了基础。

1972年周总理发出了"三年改变我国港口面貌"的号召，长江口航道治理第一期工程被列为重点建设项目之一，长江河口研究从资料积累阶段上升到规律性的研究并与生产实践密切结合的阶段。1973年起，在交通部上海航道局组织下，围绕拦门沙航道的浚深和深水航道选槽，华东师范大学河口海岸研究所对长江河口的动力条件、泥沙运动、河槽演变、沉积特性等作进一步系统调查和规律性探讨，研究了河口潮波传播、潮流和余流特性、盐淡水混合、最大浑浊带与浮泥运动、河口环流、泥沙输移及其在口外扩散现象；对江阴河段、福姜沙河段、南通河段、北支、南支、中央沙河段、北港、南港、北槽和南槽等的河槽演变的过程与规律逐段地进行了分析；对粒度分布、絮凝作用、重矿物和黏土矿物的组成与分布特征、拦门沙的沉积结构以及水下三角洲的发育进行了研究；并对长江河口过程总结出其发育的基本模式。从1981年开始的上海市海岸带和海涂资源综合调查，取得了丰富的调查资料，并应用遥感新技术，使我们对长江河口的认识又向前跨了一大步。

华东师范大学河口海岸研究所和上海航道局、南京水利科学研究院、华东水利学院、杭州大学等单位通过多年的协作研究，已系统掌握长江河口的基本情况，对河口水文、泥沙、沉积和河槽演变的基本规律已经基本了解。长江河口研究在生产实践中已发挥了作用，如7 m通海航道选槽、上海新港区选址、南支河段治理方案、崇明宝山护岸保滩、排污口选址、南通河段治理、张家港扩建、七二八工程、九五工程和交通部澄西船厂选址，南水北调与三峡工程对长江河口影响等，都离不开长江河口研究提供的科学依据。

现就本所30年来对长江河口的主要研究成果，按学科体系汇总成《长江河口动力过程和地貌演变》一书，目的是将我们的研究成果作系统汇集，以供水利、水运、海洋、地质和地理等有关部门和专业的科研、生产和教学人员参考应用。全书分6个部分：

第一部分为河口发育，从地质地貌的宏观角度阐述了长江三角洲的地貌发育过程和河口发育的模式；

第二部分为河口水文，对河口潮波、潮流、余流、盐淡水混合、环流、波浪、增减水和海面变化等水文因子逐个进行了分析，并探讨了它们与河槽演变的关系；

第三部分为河口的泥沙运动，着重讨论了悬沙的输移特性、最大浑浊带和浮泥的成因与变化规律、细颗粒泥沙的界面化学、滩槽泥沙交换以及入海悬浮泥沙的扩散；

第四部分为河口沉积，对长江三角洲的第四纪地质和新构造运动、长江口全新世的沉积层序、孢粉组合和微体化石群特征以及沉积物粒度分布与水动力的关系等进行了研究；

第五部分为河口河槽演变，对江阴以下的一些河段，如福姜沙河段、南通河段、南支、北港、南北槽分汊口河段等的河槽演变过程与规律逐段进行了分析；

第六部分为河口治理，除阐明长江河口的治理原则和治理中的关键问题外，还对入海航道选槽、南支河段治理等提出了可供选择的方案。

应予指出，河口学是一门新兴科学，目前尚处在一个不很成熟的发展阶段。长江河口又是一个大而复杂的河口，对它的研究无论在深度上和广度上都有待我们进一步努力。

（陈吉余、沈焕庭、恽才兴，由沈焕庭执笔）

（2）《三峡工程与河口生态环境》

罗秉征、沈焕庭等著，科学出版社出版，1994年。

● 内容简介

"三峡工程与生态环境"系列专著共9册，是中国科学院主持的"七五"攻关课题"三峡工程对生态与环境影响及其对策研究"成果的理论总结。

本书是该系列专著之一。科研人员根据多年的实地调查，比较系统地、全面地阐明了长江河口及邻近海域生态环境的基本特点、现状和存在问题，主要内容有盐水入侵、土壤盐渍化、沉积和拦门沙变化、理化环境、生态环境和渔业资源等，并在此基础上对三峡工程可能给河口及邻近海域带来的影响进行了探讨。本书可供环境、海洋、生态等领域科研人员及水利工程决策部门、高校有关专业师生参考。

● 《三峡工程与生态环境》序言

随着人类社会经济的发展，水资源越来越宝贵。对其合理利用和保护，已受到社会广泛重视。现代水资源利用和水利工程建设的重要特征包括4个方面。

1）利用方向从单向走向综合。除了灌溉、发电之外，还与防洪、城市供水和调水、渔业、旅游、航运、生态与环境保护等多目标决策相联系，一水多用。

2）水利工程建设的数目越来越多，工程的规模从不断扩大到加以适当控制。20世纪30年代美国建成的装机容量为$310 \times 10^4\,kW$的胡佛大坝，是当时世界上最大的水电站；尔后，埃及阿斯旺、美国大古力以及苏联古比雪夫、布拉茨克等，几百万至近千万千瓦的大型水电站相继建成；现在建设中的巴西伊泰普水电站装机容量达$1260 \times 10^4\,kW$。但自此之后，几无超过$1\,000 \times 10^4\,kW$的水电站开工，并有不少拟议中或建设中的大型水利工程，或缓建或下马。

3）从单项工程建设逐步发展成流域综合开发，如美国田纳西流域与科罗拉多河流域的开发，前者在$1\,000\,km$余的河段上建设50多座大坝，后者也有近30座大坝，形成坝、库、渠、管，干支配套，各区域大、中、小工程相互协调的体系。

4）水利建设部门的经营职能多样化。除水电外，还兼营火电、核电、旅游、农业灌溉、水上运动、航运、垦殖等，成为综合开发实体或庞大的产业体系。

由于水资源开发利用的强度和速度越来越大，对环境的影响日益增强。人类对水资源的利用，并不总是有利的，历史上得不偿失的工程并不罕见，一般是一项工程既有利，也有弊。为了更好地利用水资源，化害为利，对水利工程的论证、预测和环境影响评价已越来越受到人们的重视。国际大坝会议，连续几届的主题都是环境影响问题，而环境保护部门和生态学界，对水利建设引起的环境问题更为关切。自从1969年美国率先实行建设项目环境影响评价制度以来，其基本思路、理论、方法和实践已普遍为各国各类建设项目的评价、论证所接受并获得迅速发展。当前水利工程环境影响研究的基本动向有3个，分述如下。

1）人们对水利建设与环境相互关系的思维空间和实践领域，经历了由点（工程）到线（河段、河流梯级开发）到面（库区生态与环境研究）到体（流域、自然、生态、环境、经济的复合大系统研究）的发展演化，体现了开发的整体化、系统化和综合化。

2）水利环境影响研究已从单学科发展到多学科协同攻关。水利环境问题源于水利工程，水利学是其母体，而现在已发展到大气物理、水文、生物、医学、生态、环境科学、化学、地质、农学等众多自然学科参加，社会学、经济学、人口学、政策科学、文物、考古、旅游等学科或部门积极参与，形成以生态学和环境科学为中心的跨越自然科学、社会科学以及数学、技术科学等众多门类学科联合攻关的综合研究。

3）从着重现状评价发展到现状评价与长远预测相结合；从质量评价发展到经济评价；从单纯影响评价发展到对策、实施、反馈、再对策的完整过程。水利工程引起的环境问题不再是以建设工程开始为结束，而是与工程的寿命同始终；不是以作出评价为目标和终结，而是坚持长期观测，将生态与环境效益作为工程的长远效益和目标之一。

工程建设项目的环境影响评价是从环境保护角度对拟建项目进行评审、把关和督促。其主要任务是分析建设项目对生态与环境可能引起的影响，预测这些影响给未来的生态与环境和社会经济带来的变化和后果，提出相应对策。环境影响评价不仅丰富了建设项目论证的内容，而且是提高建设项目论证水平和决策科学化的重要步骤，对提高建设项目的经济效益、社会效益和环境效益都有重要意义。它是我国环境保护法规定的必须履行的程序，其利在当代，功在千秋，从根本上说，与建设项目和经济建设的目标是一致的。

三峡工程举世瞩目，随着工程的提出、调查和论证工作陆续进行，几十年来，对与长江及三峡工程有关的地质、地貌、水文、土壤、水生生物、鱼类资源、陆生生物、湖区环境、河口环境等，都先后开展了调查研究，积累了一定的资料，摸清了一些自然规律。这对于三峡工程的环境影响研究，无疑起着先行、奠基作用。

但是，以往的许多调查研究，即使是直接为三峡工程论证服务的，与现代观念的环境影响研究相比，仍然是很不够的。一方面，以往的研究，未能自觉按环境影响研究的要求来组织课题，缺乏统一的设计和规划，所取得的一些成果和资料，无法系统满足工程论证的需要和反映这方面工作的水平。另一方面，以往环境影响研究在三峡工程论证、设计中的作用和地位，未受到应有的重视，成果对工程论证的参与程度是有限的。

真正比较自觉地对三峡工程的环境影响开展研究是80年代以后的事。1984年11月，国家科学技术委员会在成都召开长江三峡工程科研工作会议，正式将"三峡工程对生态与环境影响及对策研究"作为三峡工程前期重大科研项目之一。根据此次会议要求，中国科学院于1984年冬成立了该项研究的领导小组及其办公室，设置11个二级专题、63个子专题，组织了一支包括38个单位、700多人的多学科科技队伍，开展本课题的（前期）研究。经过两年的努力，于1987年7月完成"三峡工程对生态与环境影响及对策前期研究"，并于青岛通过国家科学技术委员会聘任的以马世骏教授为首的专家组的评审，达国际先进水平。鉴于三峡工程对生态与环境的影响是长期的、极其复杂的，前期研究虽然取得巨大成绩，但与问题的复杂性相比，尚存在许多未被认识的领域；对有的问题虽有所认识，但只知其然而不知其所以然，更未能提供良好对策。经1987年6月在北京、1987年7月在青岛两次请专家组论证，国家计划委员会、国家科学技术委员会、中国科学院及时地将此项研究又列入"七五"国家重大科技攻关课题。此项延续研究共设置8个专题、24个子专题，共投入300多人。在课题实施过程中，研究组曾参与1987年、1989年和1990年有关三峡工程的多次讨论和论证。于1991年1月又由以马世骏教授为首的专家组进行评审鉴定，给予成果总体上达国际先进水平的评价。接着研究组于1991年10月至1992年2月，参加中国科学院环境评价部与长江水资源保护局的合作，编写了"三峡水利枢纽环境影响报告书"。1991年3月，研究组部分成员还参加了国务院三峡工程论证委员会"生态与环境"专题预审专家组，提出生态与环境影响的预审意见，提交国务院论证委员会作最后决策参考。

"三峡工程对生态与环境影响及对策研究"的成果分两次出版。根据前期科研工作的成果，在98篇研究报告（360万字）的基础上，先后出版了《长江三峡工程对生态与环境影响及其对策研究论文集》（180万字，科学出版社，1987）、《长江三峡工程对生态与环境的影响及对策研究》（50万字，科学出版社，1988）、《长江三峡生态与环境地图集》（科学出版社，1989）。上述成果获得中国科学院科学技术进步奖一等奖（1989年）。

本次延续研究的成果编辑成"三峡工程与生态环境"系列专著，共分为9册，全面总结了8年来中国科学院在三峡工程对生态与环境影响及其对策研究方面的丰富成果，集中介绍与三峡工程相关的主要生态与环境问题，论述如何使有利影响得到合理利用，不利影响得到减少或改善，以及对未来工程管理和长江流域生态环境建设的对策，提出需要作长期研究的问题。这套系列专著是前期研究成果的延伸、深化和新的开拓。它与前期的科研工作相比，在研究深度、广度和解决实际问题方面，可以说有着突破性的进展。这主要表现在5个方面。

1）基础信息扎实丰富

01专题比较彻底地摸清了三峡库区陆生植物种类、植物区系和植物类型。从重庆到三斗坪系统地作了17个垂直剖面样带；评估工程淹没植物损失的经济量；整理出《三峡库区植物名录》，包括对库区几乎是全部植物的180科、885属、2 895种植物的生境、分布、海拔高度、利用价值、区系等9项指标进行较详细、精确的描述；摸清库区有经济植物资源2 102种，特有植物30种；在涪陵、奉节、三斗坪3个点上编绘了1∶5万植被图；探索了库区主要农业生态类型及其优化模式。

02专题对长江干流、湘江、洞庭湖和石门水库进行了4年共26航次的考察，航程3.5×10^4 km余，收集到各类标本6 000余号，鱼卵、鱼苗60 000余件，统计渔获物9 000 kg余，实例数据57 000个，收集水文数据约30 000个。确定长江白鱀豚数量不足200头，查清白鱀豚、中华鲟、胭脂鱼、白鲟等珍稀水生生物的生境及活动规律，掌握三峡工程对它们的影响及保护方法。

03专题完善了对四湖地区地下水位的定点观测，共取得数据4.5万个；基本查清三峡工程对土壤潜育化、沼泽化影响的现状、潜在威胁范围和程度；用测距精度为10 m的雷达定位，重新测量了洞庭湖湖盆地形，并结合自20世纪20年代以来该湖的地形资料、沉积物测年和沉积速率资料，定量评价了三峡工程对洞庭湖湖面、荆江三口分流口门、河道和入江三角洲的影响；采用GPY浅地层剖面仪测量鄱阳湖湖盆地区断面150 km，在1∶2.5万地形图上重新量算和核校了数千个湖底高程，编制了1∶40万和1∶50万鄱阳湖湖底地形图。在1∶2.5万大比例尺湖底地形图上，按1956年黄海高程分区逐段分层量算了鄱阳湖不同水位的湖区面积和容积，求算出符合实际的水位、面积和容积的关系。

04专题对长江河口进行了两次海上考察，共作了48个断面的水文、水化学和沉积环境调查，基本摸清了三峡工程对河口区水域盐度锋面、余流、盐度、冲淡水面积的影响；完成了3航次生物、初级生产力河口调查，对709份样品进行鉴定、分析、定量计算；对虾、蟹资源进行了3次大面积的渔船拖网调查，共完成96网次；在河口三角洲进行了大范围土壤、地下水定点观测，取得数据l4 356个，基本探明三峡工程可能引起的水、土（盐）系统的变化，进一步论证了土壤盐渍化潜在威胁的范围和程度。

05专题在库区选定涪陵市作城市径流闭合小区，进行较长期地表径流污染定量观测，对农田径流对水体污染的影响也进行了实地观测实验，计算出库区污染排放总量、主要污染物、污染负荷、污染强度、污染带范围和等级等。还在秭归县拟新迁的县城地址茅坪乡进行医学本底调查，获数据近万个。

06专题查清了库区有滑坡、崩塌214处，总体积$13 \times 10^8 \sim 15 \times 10^8 \, \mathrm{m}^3$；库区泥石流沟271条。查明各类土壤侵蚀强度及其产沙量，计算出库区土壤侵蚀总量约$1.67 \times 10^8 \, \mathrm{t}$，年入江沙量约$4\,000 \times 10^4 \, \mathrm{t}$，其中以农地侵蚀量为最大，达$9\,450 \times 10^4 \, \mathrm{t/a}$，占库区总侵蚀量的60%；年入库泥沙量也以农地为最高，占库区年入库泥沙总量的46.16%。

07专题在库区土地承载能力研究中，曾3次到野外调绘训练区约4\,000个，处理卫星遥感数据2亿多个，遥感图像处理的覆盖面积达$118\,000 \, \mathrm{km}^2$，编绘了1∶10万《长江三峡地区地面覆盖类型遥感数据监督分类图》；利用SPOT卫星影像最新信息修编了1∶10万《三峡地区土地利用现状图》和1∶10万《长江三峡地区土地自然坡度图》。在上述工作基础上，配合大量地面工作和其他多种信息编制成1∶10万《长江三峡地区土地资源评价图》。分别用计算机—数字化量测法和光电量测仪对土地资源评价图和土地利用现状图近5万个图斑进行量测，取得各地类和不同坡度级土地的面积，整理出《三峡地区土地资源数据册》和《三峡地区土地自然坡度、高程和利用数据表》。

2）对策研究有新的开拓

本次研究集中力量回答工程上马不上马、何时上马的问题，加强定点和典型区实例研究，成果可为未来工程施工、管理、调控等所应用。01专题突出了三峡自然保护区的规划。02专题对在湖北石首天鹅洲建立白鳖豚半自然保护区进行了可行性研究。通过大量本底调查、预测，为未来白鳖豚保护区的建立和运转奠定了基础。03专题对中游平原湖区因"四水"（降水、地面水、地下水、土壤水）矛盾而产生的土壤潜育化、沼泽化进行研究。通过作物渍害与土壤水和地下水关系的调查，布置不同项目试验的分析与观察，对土壤潜育化、沼泽化潜在影响的程度和范围作出评估，提出大系统与小系统相结合，工程建设与生态建设相结合的治水改土对策和措施。06专题在朱衣河流域自然、资源、环境、灾害、经济的本底调查基础上，对未来发展预测、经济投入、防治对策等提出具体可行的措施，为未来三峡库区的综合整治提供样板。07专题提出并实践了以卫星遥感数据计算机分类为主要手段进行大规模资源调查评价的技术方案，完成了面积等于一个省的遥感数据机助资源分类与制图，经多点复核验证，大类型划分精度达84%，界线精度达86%。为今后省级规模，特别是地面复杂地区使用这种技术提供了实例。在查明现有耕地的基础上，采用点面结合，既考虑耕地类型的空间结构和质量评价，又有多点试验结果作依

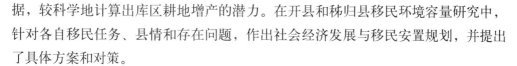

据，较科学地计算出库区耕地增产的潜力。在开县和秭归县移民环境容量研究中，针对各自移民任务、县情和存在问题，作出社会经济发展与移民安置规划，并提出了具体方案和对策。

3）移民环境容量研究获得进展

百万移民是三峡工程论证、设计和建设中必须十分慎重考虑和处理的问题。前期研究对移民环境容量研究较晚，认识比较肤浅，未能满足移民对生态与环境影响研究的要求。这次研究下了较大力量和投资，比较彻底地摸清了库区的土地资源，并结合其他方面的资料对移民与环境容量的关系作了较系统的研究。07专题在土地资源评价图基础上，把库区土地资源分为21个地类、36个地组、244个地型。基于9种土地评价因素，用等差指数法将土地分为8等，其中1～4等地为农地和宜农地，5～7等地为宜林地，8等地为特殊用地（城镇、道路、沙洲、水面等）；摸清了库区各类土地面积，特别是后备宜农土地资源的数量、质量和分布。结合多点增产潜力试验，对目前库区与建坝后超过25°陡坡耕地退耕后土地承载能力的变化作了多方案比较。经研究指出库区土地已经过垦，后备宜农土地资源紧缺，不宜再提倡开荒种粮；大面积荒山草坡应发展大农业，开展综合利用、多种经营；移民缺粮应由国家统筹解决等观点已被国家采纳，作为移民安置的指导原则。在开县、秭归县、万县移民区研究中还编制了大量以第一手调查资料为基础的移民环境容量的图件。06专题在大量调查、研究、实验的基础上，编制了《三峡库区不同土地利用土壤侵蚀量图》、《三峡库区土壤侵蚀泥沙潜在危害图》、《三峡库区侵蚀土壤退化图》，作为移民搬迁和生态控制的参考图件；在朱衣河流域综合治理研究中，应用计算机编制了该流域地貌、地质、土壤侵蚀等大比例尺基本图件，为移民搬迁与区域经济同步发展提供科学依据。

4）新规律的发现和新方法的创立有所突破

本次研究，在突出应用性的同时，依靠扎实的研究基础和基础资料的积累，发现了不少新规律。02专题发现，以往认为松滋口家鱼的产卵活动自4月至7月上旬，现发现其繁殖季节有滞后现象，这主要取决于亲鲟性腺的成熟状况、水质和河床底质，而与水位涨落和含沙量无明显相关，还发现胭脂鱼仔鱼孵出后死亡率最大为静卧期。04专题在河口鱼类资源的研究中，解决了狭颚绒螯蟹亲体运输、饲喂和孵化等问题，获得了狭颚绒螯蟹的形态学特征，填补了我国学术上的一个空白。同时，分析了长江口及邻近海区几种蟹的幼体密度分布，这在我国还是第一次。研究中各专题、子专题普遍应用数学模型，进行定量和动态分析，使传统生物学、地理学、环境学和生态学研究，提高到一个新水平，而且创立了新方法。01专题应用生态系统的食物链结构，探索了库区主要农业生态类型的优化途径，建立了以农林牧相结合的多种优化模式，使生态系统的经济效益与生态效益得到很大的提高。03专题利用数值模拟方法预测了三峡工程对洞庭湖和鄱阳湖水情的动态影响，发展了一种流体力学和统计学相结合的方法，能根据流域降水及河道水位、面积、流量资料自动选定有关参数，并随时补充最新实时资料，能很好地重演历史过程（包括极端过程），可进行水情动态预测，河道二维、湖泊三维水动力学模拟，具有创造性。04专题就三峡工程对宝钢河段盐度变化的影响预测，应用统计方法、波谱方法和数值分析法等建立数学模式，对相关规律进行动态、定量的描述；应用逐步多元回归分析方法探索河口环境因子变化与渔业资源变化的关系；利用三维分析，探索河口区无脊椎动物资源的时空变化规律，同时利用国际上渔业管理方面最新推出的模式，对主要的虾、蟹的生长、死亡、补充等特征进行模拟。05专题对库区岸边污染带提出新的定义和鉴别标准，具有创新性和更符合实际的应用性。07专题根据社会、经济、生态学等15个指标，通过聚类分析，把库区分为4个农业生态功能区。

5）综合评价的探索向高层次发展

08专题在综合评价研究中，在理论上突出价值观在综合评价中的指导作用，在环境评价中引入和发展了环境资源论、资源有限论、环境经济观、环境机会成本等理论与概念；提出了包含评价对象、时间动态序列、影响识别系统的多维动态、综合评价体系、环境质量指标与影响程度及时效的概念；建立了环境质量与影响的转换公式。在综合评价模型和方法上，在水利工程环境评价上，首先提出了应用布尔矩阵分类评价法，解决二次影响的定量评价问题，发展了多元回归与系统重构分析相结合方法；应用变权函数法突出影响评价重点；建立了生态环境预警模式，深化影响评价内容；运用自然景观价值评价法对三峡自然景观进行定量评价，应用和发展了区域环境计算机图形模拟技术、环境影响对策的DNA有效性评价模型、环境影响时空分布模型等。在影响评价、趋势预测和可靠性研究中，应用模糊数学、灰色系统理论、概率论等进行定量分析，应用现代经济学理论和方法进行经济评价；还就工程引起的生态环境问题进行治理投资与效益分析，提出三峡工程与长江流域生态建设、环境保护的宏观战略、对策体系、实施方案和投资优化等问题。

"三峡工程与生态环境"系列专著是在上述8个专题研究成果的基础上写成的。作为专著，它不同于成果报告，也不同于论证报告和环境影响报告书，而试图从更高的层次上对所研究的对象及其基本规律进行理论概括和总结，较系统地反映研究所得的新思想、新资料、新观点和新方法。希望本套系列专著能够对三峡工程和长江流域当前的建设和未来的开发利用起到一点作用，为子孙后代认识长江、建设长江留下一份永久记录，有助于三峡工程顺利建设；同时也期望会有益于促进我国生态与环境科学的发展。

本系列专著是集体劳动的成果，它是几十个单位、数百名科技人员历经3年多的努力和辛勤劳动的结晶，又是各级领导机关、科学研究单位、长江沿岸和三峡地区各级政府大力支持、关心的产物。几年来，国家科学技术委员会及有关承担单位的领导自始至终给予我们巨大的支持。中国科学院孙鸿烈副院长多次听取课题、专题汇报，并深入库区、中游湖区考察研究，给我们很大鼓舞。以马世骏教授为首的国家专家组，从课题设计到进度检查、现场指导，倾注了巨大心血。中国科学院资源环境局等领导都对本研究给予了具体指导，社会各界人士也都对本研究给予了热情支持，在此，一并表示衷心感谢！

在本系列专著书稿送出版社前，我国生态学界两位德高望重的前辈，中国科学院学部委员侯学煜教授和马世骏教授不幸相继逝世，巨星陨落，无限悲痛！我们课题的研究和专著的写作都是在他们的关心、指导下完成的。此专著寄托着我们对他们的无限哀思，愿其出版能慰他们在天之灵。

长江是我国第一大河，世界第三大河。长江流域是我国经济发达的地区，治理和开发长江对我国"四化"建设具有深远影响。尽管经过8年的考察和研究，取得了丰硕的成果，但是为了使三峡工程的建设做到万无一失，为了真正了解长江的自然规律，合理开发利用长江流域的自然资源，保护和改善生态与环境，还需要进行大量细致的研究工作。欢迎读者对本系列专著提出宝贵意见，更希望本系列专著能成为一块铺路石子，让人们踏着它继续攀登，去揭开长江和长江流域这一宝库的奥秘，为中华大地造福。

"三峡工程与生态环境"编辑委员会

1991年4月

● 前言

河口对人类社会的发展与生物的繁衍、进化起着重要作用。长江口是我国最大的河口，它通江达海，外引内联，具有优越的环境和地理条件。富饶的长江三角洲，农业发达，工业基础坚实，综合配套能力强，经济基础和科技力量雄厚，在我国经济发展的历史长河中一直起着龙头作用。20世纪90年代，全国改革开放的重点正迅猛地从沿海向沿江推进。沿江的开放，将在我国中部形成一条横贯东西的开放带。长江上经巴蜀"天府之国"，中渡两湖"鱼米之乡"，下达河口"金三角洲"，形成得天独厚的"黄金水道"。它对全国经济的发展起着至关重要的作用，同时也决定了长江三角洲在实施上述战略中的重要地位和作用。

长江源源不断地向河口输送大量营养物质，优越的自然环境给各种生物和鱼类的生存提供了有利条件，孕育了丰富的生物资源，形成了著名的舟山渔场、吕泗渔场和长江口渔场，使长江口及其邻近海域成为生产力最高的水域。河口还是一些溯河种类和降海种类洄游的必经之路。因此，河口对于生物种群的生存与延续以及保

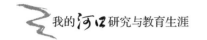

持生态平衡具有十分重要的意义。

但是，随着人口的迅速增长和科学技术的发展，生产力不断提高，人类对资源的需求量愈来愈大，与此同时对环境的影响日益加深，对河口的干扰也日益严重。诸如资源利用过度，交通运输和工业大量发展，以及港口建设、水电工程和污水排放等，加速了环境的恶化和生态的失调，使生态环境问题成为当今人类面临的世界性重大问题之一。可见，人类社会经济活动是环境建设中的一个不可忽视的影响因素。

长江流域是一个大系统，河口是长江的末端，海水和淡水在这里交汇，环境因子复杂多变。河口的许多重要理化特征和生物特征都具有其特殊性，在长期的历史演变和发展中，使河口形成一个结构复杂、功能独特的生态系统。由于河口环境因子变化剧烈，生态系统的结构有明显的脆弱性和敏感性，在长江干流上兴建三峡水利枢纽这样巨大的工程，必然会牵一发而动全身。河流的任何重大变化，必将在河口反映出来。三峡工程的兴建和上海浦东的开发，一方面将带动长江流域经济和社会的发展，另一方面对生态环境也必将带来深远的影响，不仅给长江中下游带来影响，而且也将波及河口及其邻近海域。

从国外兴建大型水电工程的经验教训看，它们对生态环境既产生有利影响也带来不利影响。因此，在考虑经济效益的同时，必须重视生态环境的研究。有些工程由于弊大于利而被取消或改变方案；也有由于在建坝前预测不力，建坝后往往出现严重后果。例如闻名世界的莱茵河三角洲荷兰东谢尔水道入海口处的挡风暴潮闸工程，由于考虑对生态环境的影响而改变了原有的设计方案。又如尼罗河阿斯旺水坝建成后，因上游来水和来沙量减少，使河口营养盐下降，致使渔业资源大幅度减产，同时由于使下游地区失去肥沃的有机质和淤泥，而加重了盐渍化的程度；三角洲海岸也因泥沙补给减少而发生侵蚀。我国20世纪50年代由于治理黄河以适应工农业发展的需要，致使黄河径流量不断减少，对黄河口生态环境产生一系列影响，例如营养物质输入减少，河口水域肥度下降，饵料生物量降低，造成1960年后渔业生产严重减产。苏联南部诸海在入海河流兴建工程后其饵料基础发生很大变化，例如齐姆良水利工程建成后，亚速海的浮游植物和浮游动物数量大幅度下降，从而削弱了渔业资源的基础。凡此等等均表明江河上的水利建设，特别是比较大的水电工程，对河口都会带来各种影响。

近年来，由于全球性环境不断恶化和生态失调不断加剧，加之国内外兴建水库的经验教训，对举世瞩目的三峡水库巨大工程，其益害如何，人们不得不认真地从各个方面权衡其利弊得失，因而三峡工程引起国内外各方面人士极大的关注。为了加强三峡工程对生态与环境的影响及对策的研究，国家科学技术委员会于1984年11月在成都召开的长江三峡工程科研工作会议上，听取了各部门和专家的意见，强调了对生态与环境影响方面的研究，并建议与泥沙、防洪、航运、工程地质等项目并列，作为三峡工程前期重大科研项目之一。中国科学院受国家科学技术委员会委托组织了一支多学科综合性科技队伍，就三峡工程对生态与环境的影响及其对策，开展了全面、系统的调查研究工作。把长江上游、中游、下游及河口作为一个大系统，应用系统工程的方法，对项目总体设计与课题分解并进行综合研究。1985年至1987年，中国科学院海洋研究所、华东师范大学河口海岸研究所和中国科学院南京土壤研究所，共同承担了三峡工程对长江口生态与环境影响的前期研究，继此之后在1988年至1990年期间继续进行了研究。

但是，长江三峡工程对生态与环境影响的研究是一项极其复杂且难度很大的系统工程。由于河口距三峡库区较远，故而使一些人士认为三峡工程对河口不致带来什么影响。当然，工程对河口的影响不像对库区那样显而易见，但其影响是在长期潜移默化中缓慢发展和变化着的。水库建成后将改变长江径流量原有的季节分配，与径流相关的若干环境因子也将发生变化，诸如输沙量、营养物质、水文物理条件以及生物群落的数量和分布特征等都将随环境条件的改变而变化，这类变化对河口及其近海的生态系统可能产生一定影响。有学者（Sinclair，1986）在评述径流对河口海洋学和渔业资源的影响时指出，探讨这一问题一般采用两种方法，一种是根据理论进行概念性的探讨；另一种是以已有的时序资料用相关分析进行研究。大多数学者采用后一方法。相关分析在一定程度上可以反映生物与环境因子间的关系，但难以了解其生物学过程与环境相互作用的因果关系。何况我国在这方面的历史时序资料又缺乏系统性和可比性，针对三峡工程影响所进行的研究就更少了。近年来，我们虽积累了一些资料，但仅仅是开始而已，相距要求甚远。许多重要问题仍待解决。对这样涉及环境要素和影响因子众多、利弊交织、因果关系错综复杂的问题，需要长期积累资料和深入地进行研究。在三峡水库已决定兴建之际，希望有关部门能看到未来，重视对河口生态与环境影响的研究，未雨绸缪，以防患于未然。在现有资料的基础上，本书对长江口及其邻近海域生态环境的基本状况和特点进行了比较系统地阐述，对三峡工程可能给河口区带来的影响，仅作了初步探讨。尽管目前资料不足，作者还是杜撰成章完成此书，以飨读者或有参用之时。书中数据与前期发表的有差异之处，应以本书为准。

中国科学院海洋研究所刘瑞玉教授和华东师范大学河口海岸研究所陈吉余教授给予热情关心和指导。兰永伦、朱鑫华、胡晓燕同志在文稿电脑处理方面给予帮助，谨此致谢。

（罗秉征执笔）

（3）《长江冲淡水扩展机制》

朱建荣、沈焕庭著，华东师范大学出版社出版，1996年。

● 内容简介

　　本书建立了一个σ坐标系下三维非线性斜压浅海与陆架模式，研究长江冲淡水扩展的动力机制。计算区域为整个中国东部海域，水平分辨率为7.5′×7.5′，垂向分11层，数值计算采用ADI方法。由于长江冲淡水的扩展与余流密切相关，本书先对长江口外海区的余流，包括风生流边界力产生的余流、密度流、潮致余流作了数值模拟，并分析了它们对长江冲淡水的扩展可能带来的影响。数值模拟了底形、斜压及其相互作用等对长江冲淡水扩展的影响，并用一个考虑底斜和海面坡度及其与斜压相互作用的涡度方程对模拟的结果作了动力分析。夏季长江冲淡水的扩展，尤其是夏季长江冲淡水的转向现象，是本书研究的重点。对径流量、台湾暖流、风场、黄海冷涡等因子对夏季长江冲淡水扩展的影响，作了详细的数值模拟和动力分析。最后对冬季长江冲淡水的扩展作了数值模拟。本书不仅模拟了长江冲淡水夏季转向东北、冬季在沿岸一狭窄带内向南扩展的现象，同时再现了东中国海冬季和夏季的环流结构。本书可供海洋、河口海岸、气象等专业的研究人员、教师、学生参考阅读。

● 序

　　长江冲淡水扩展机制是物理海洋学界多年来悬而未决的问题，长期以来为国内外同行所瞩目。本书作者在充分了解国内外研究现状的基础上，根据长江口外海区复杂的自然条件，设计了一个σ坐标系下三维非线性斜压原始方程细网格浅海与陆架模式，以整个东中国海为计算区域，考虑多种影响因子，比较系统地研究了长江冲淡水的扩展机制。模式性能良好，其分辨率甚高，这在东中国海的水文数值模拟中并不多见。长江冲淡水的扩展与东海流场紧密相关。本书作者首先对长江口外海区各个余流成分进行了数值模拟，这对深入探讨长江冲淡水扩展的动力机制是十分有益的。继而对夏季、冬季长江冲淡水的扩展，尤其是作为东中国海水文特征之一的夏季长江冲淡水的转向现象，进行了翔实的数值模拟。通过对相关的底形、斜压、径流量、风应力、台湾暖流、夏季黄海冷涡、沿岸流等因子的细微分析，得到了一些重要结论。另外，作者还利用动力学模式较好地模拟出了冬季和夏季东中国海的环流结构，如黑潮、台湾暖流、对马暖流、黄海暖流、沿岸流等，这也是很有意义的结果。

本书内容丰富、思路清晰、观点新颖、结构合理、推理严谨、结论可信，是研究长江冲淡水扩展机制的一部力作。本书的问世必将进一步推动物理海洋学界对长江冲淡水问题及其相关领域研究的深入开展。

秦曾灏（上海气象局台风研究所所长、研究员、

原中国海洋大学教授）

1996年9月20日于上海

● 前言

长江是我国第一大河。长江河口区上起安徽大通（枯季潮区界），下迄水下三角洲前缘（约30～50 m等深线），全长约700 km。根据动力条件和河槽演变特性的差异，长江河口区可分成3个区段：大通至江阴（洪季潮流界），长400 km，河槽演变主要受径流和边界条件控制，多江心洲河型，此段称近口段；江阴至口门（拦门沙滩顶），长220 km，径流与潮流相互消长，河槽分汊多变，此段谓之河口段；自口门向海至30～50 m等深线附近，以海洋因子作用为主，水下三角洲发育，为口外海滨段。国内学者对长江河口进行系统深入研究已近40年，但研究工作大多在口内，尤其是集中在河口段，对口外海滨的研究相对较为薄弱。因而对口外海滨的物理过程、化学过程、生物过程和沉积过程的认识甚少，尤其是对其中一些问题的认识仍很模糊，以致存在着较大分歧。如所周知，长江口扼长江的咽喉，是我国最大港口——上海港的门户；长江三角洲经济发达，人口密集，是我国重要的经济中心；河口通江达海，是内引外联的枢纽。因此，这一地区的开发与建设对我国的经济发展具有极其重要的意义。随着改革开放的不断深入，长江河口的综合开发和利用也在加速进行，12.5 m的深水航道开发已到实施阶段，这就要求对口外海滨的水文、泥沙、化学、生物、地貌和沉积等有更深入的了解，为充分、合理地开发长江河口提供科学依据。

本书重点研究长江冲淡水的扩展机制，尤其是夏季长江冲淡水的转向现象。冲淡水的扩展发生在东海陆架上，与位于其上的余流密不可分，要搞清长江冲淡水的扩展机制，很有必要首先了解东海陆架上的余流状况。余流是指滤去周期性流动之后的那部分流动。在浅海陆架区，最显著的运动是潮流，余流的量值小于潮流。但就海水的输移来说，周期性的往复潮流起不了大的作用，而余流由于旷日持久地搬运着海水，构成海洋环流，在大的时间尺度上就显得非常重要。

本书共分6章。第一章为导言，主要概述东海陆架环流基本特征和长江冲淡水扩展研究概况，为下文浅海与陆架模式的建立、数值计算结果的分析打下基础。第二章设计了一个浅海与陆架模式，包括原始方程组、物理过程的处理、初边界条件和数值方法的给出。第三章模拟东中国海的余流，包括风生流、边界力产生的余流（如台湾暖流、黑潮）、夏季黄海冷涡产生的余流、近长江口门海区的密度流、潮致余流。第四章研究底形、斜压等对长江冲淡水扩展的影响。为从动力上分析长江冲淡水的扩展行为，建立了一个包括底形和水位坡度以及它们与斜压相互作用的涡度方程，并针对底形、斜压、底摩擦、径流量对长江冲淡水扩展的影响，分别作了数值模拟。第五章为夏季长江冲淡水扩展机制研究，数值模拟了径流量、风、台湾暖流、黄海冷涡对夏季长江冲淡水扩展的影响，并作了较为详细的动力分析。第六章为冬季长江冲淡水扩展的数值模拟。

（4）《长江河口最大浑浊带》

沈焕庭、潘定安著，海洋出版社出版，2001年。

● **内容简介**

本书是国家自然科学基金重大项目——"中国河口主要沉积动力过程研究及其应用"课题之一——"河口最大浑浊带"的成果总结。全书共分10章，主要内容为：绪论，长江口最大浑浊带发育的环境条件，长江口最大浑浊带的悬沙和细颗粒泥沙的絮凝沉降，长江口最大浑浊带形成机理和水沙输移分析，长江口最大浑浊带的地球化学过滤效应，长江口最大浑浊带的浮泥和底质，长江口最大浑浊带的浮游生物，中国河口最大浑浊带的特性与类型。本书可供海洋、水文、泥沙、地理、环境、港口航道等学科科研工作者与大中专院校师生阅读参考。

● **序言**

序一

我国对河口正在进行广泛深入的研究，除解决了大量实际问题外，在理论上也有显著的进展。然而河口学是一门正在发展的年轻学科，它的理论尚不够完善，众多问题尚有待进一步深入研究。20世纪80年代末期，我组织了华东师范大学河口海岸研究所、山东海洋学院（现青岛海洋大学）河口海岸带研究所和中山大学河口海岸研究室等单位向国家自然科学基金委员会提出"中国河口主要沉积动力过程研究及其应用"重大项目的申请，得到了基金委的资助。该项目由四个既独立又相互有机联系的课题组成，"河口最大浑浊带"是其中之一。

20世纪70年代我在论述河口盐、淡水交汇混合时提及了"最大浑浊带"，以后我国学者逐步开展了这方面的研究。将"最大浑浊带"列为"中国河口主要沉积动力过程研究及其应用"项目中的主要课题之一，是由于最大浑浊带是河口中普遍存在的自然现象，河口最大浑浊带的研究对揭示河口沉积动力过程的本质能起到十分重要的作用。河口发育与演变是在水动力作用下通过泥沙的搬移而完成，河口泥沙有的悬浮在水中随流运动，有的悬浮、沉积、再悬浮、再沉积，有的在床底上推移前进，但它们在径流、潮流等动力条件和盐、淡水的相互作用下，最终将会在适当的地区沉积下来。同时，泥沙尤其是细颗粒泥沙，在河水和海水交汇混合时会发生一系列物理、化学变化，从而改变泥沙的沉积过程。泥沙沉积对河口发育演变起着关键作用。在最大浑浊带内集聚的大量泥沙，其运动过程直接影响河口的沉积过程，如拦门沙与最大浑浊带有着密切的关系。对最大浑浊带水沙运动规律的深入探讨，将在很大程度上推动河口沉积动力过程、河口发育和演变的研究，故河口最大浑浊带的研究早已引起相关科学家的重视。

现在，由沈焕庭教授和潘定安教授在"最大浑浊带"课题组研究成果的基础上撰写的《长江河口最大浑浊带》专著即将付梓，这是一件十分欣慰的事，本书内容丰富、资料翔实、条理清晰，对国内外河口最大浑浊带研究的进展、长江口最大浑浊带发育的环境、最大浑浊带悬沙的时空变化、细颗粒泥沙的絮凝、最大浑浊带形成机理和特点、最大浑浊带中水沙输移的机制、地形和悬沙浓度对最大浑浊带的影响、地球化学过滤效应、最大浑浊带中的浮泥和底质以及浮游生物、我国河口最大浑浊带的特性和类型等方面均作出了较全面、系统、深入的探讨，提出了一些具有创新性的观点。这是我国第一部有关河口最大浑浊带的著作，它不仅加深了对长江口最大浑浊带的认识，而且丰富了河口最大浑浊带的研究内涵，推动了河口沉积动力学的发展，很有参考价值。值此，我很高兴将本书推荐给大家，相信本书的出版将会进一步推动河口最大浑浊带的研究和河口学的发展。

陈吉余（中国工程院院士）

2001年8月

于华东师范大学

序二

河口最大浑浊带是一个广泛存在于潮汐河口的重要自然现象，它在河口沉积过程中对泥沙的集聚与输移、拦门沙的形成与演变起着十分重要的作用，在河口的生物地球化学过程中对许多重金属元素和有机物的化学行为、迁移和归宿产生显著影响，对其进行研究具有重要的科学意义和实用价值。半个多世纪以来，很多学者对它的形成机理、变化规律、特性及其对航道和生态环境的影响做了大量的研究工作。但河口最大浑浊带是一个非常复杂的自然现象，尽管对它进行了大量研究，但还有诸多问题有待进行深入探讨。

我国入海河口数量众多，类型复杂，且含沙量大，故河口最大浑浊带的发育不仅典型，而且类型齐全，为深入研究最大浑浊带创造了极为有利的条件。沈焕庭教授等在20世纪80年代初，结合长江河口通海航道的开发利用，即开始对最大浑浊带进行了专题研究，在1984年发表了我国第一篇专门讨论河口最大浑浊带的论文《长江河口最大浑浊带的变化规律及成因探讨》。嗣后，同类研究在我国其他河口也相继展开。80年代末在国家自然科学重大基金支持下又专门立题，以长江河口最大浑浊带为主要研究对象对河口最大浑浊带进行深入研究。该课题组经过五年多的艰苦努力，取得了一批具有开拓性和创新性的研究成果，其中部分已以论文形式先后在国内外发表。本书是在这些研究成果基础上的综合和集成。

综观全书内容，其成果基础有如下特色：①在研究中对长江河口进行了大量的现场观测和室内实验，还对有些问题进行了数学模拟，研究手段全面；②除研究长江河口最大浑浊带的物理过程外，还同时研究其化学过程和生物过程，体现了学科交叉的特色；③在深入研究长江河口最大浑浊带的基础上，参阅了国内其他河口最大浑浊带的研究成果，对我国若干河口最大浑浊带的共性和差异性进行了分析，并根据泥沙补给和泥沙集聚机制，将我国若干河口的最大浑浊带分为5种类型。

本书论述较系统、全面，构成一个完整的体系。它较详细地介绍了国内外河口最大浑浊带研究的进展，扼要地介绍了长江河口最大浑浊带发育的环境背景，较深入地分别探讨了河口最大浑浊带的泥沙来源、输移、集聚和再悬浮，细颗粒泥沙的絮凝沉降，浑浊带形成的机理，浑浊带的地球化学过滤效应以及浮泥、底质和浮游生物的特性等。本书是我国第一部有关河口最大浑浊带的著作，它丰富和发展了河口最大浑浊带的研究内容，将推动河口沉积动力学的发展，并为拦门沙航道水深改善、排污口选址和水环境保护等提供重要科学依据。

苏纪兰（中国科学院院士）

2001年8月

于国家海洋局第二海洋研究所

● 前言

河口地处陆海交界地带，是岩石圈、水圈、大气圈和生物圈四大圈层交互作用和各类界面的汇集地带。在这一地带的物理过程、化学过程、生物过程及地质过程错综复杂，加上全球变化和频繁的人类活动，使该地带的各种现象更趋复杂。河口地区资源丰富，交通便捷，经济发达，人口密集，在国民经济建设中具有举足轻重的地位。因此，河口历来是科学家和政府部门普遍关注的区域。

我国海岸线漫长，入海河流众多，类型复杂。据初步统计，在包括台、琼及其他一些大岛在内的长达21 000 km余的海岸线上，分布着大小不同、类型各异的河口1 800余个，仅河流长度在100 km以上的河口就有60余个，其中长江口、黄河口、珠江口、钱塘江口等都是各具特色的世界著名河口。

我国对河口的研究极为重视，半个世纪以来对河口进行了大量的调查研究工作，已取得一系列颇有价值的研究成果，这些成果不仅具有科学意义，而且在河口的开发利用中得到了广泛应用。但河口是一个复杂的自然综合体，以往的研究在广度和深度上均显见不足，诸多问题亟待深入研究，河口最大浑浊带（turbidity maximum）就是其中重要问题之一。

在河口区的局部河段，水体含沙量明显地高于其上游和下游，这个区段就是最大浑浊带。最大浑浊带在世界上不同气候带的河口广泛存在，它在河口沉积过程中对细颗粒泥沙的集聚和沉降起着十分重要的作用，在河口的生物地球化学过程中对许多重金属元素和有机物的化学行为、迁移和归宿产生显著影响，是河口"过滤器"作用的突出表现。关于这一现象在河口学理论和河口开发利用上的重要性，早已被人们发现和重视。自1938年L Glangeaud首次报道法国吉伦特（La Gironde）河口的最大浑浊带以来，很多国家的学者，从不同学科的角度对世界上许多河口的最大浑浊带进行了调查研究。相对而言，我国对河口最大浑浊带的专门研究开展较迟，笔者等于1980年对长江河口最大浑浊带的变化规律及其成因作了初步探讨。嗣后，同类研究在瓯江河口、椒江河口、珠江河口、钱塘江河口和黄河河口等相继展开。但总体而言，无论是国内或国外，对河口最大浑浊带的研究尚欠深入和系统，还需在深度与广度上拓展。

本课题是由陈吉余教授总负责的国家自然科学基金重大项目"中国河口主要沉积动力过程研究及其应用"的课题之一，它以长江河口的最大浑浊带作为主要研究对象。在研究过程中我们特别重视两个结合：一是现场调查、室内试验和数学模拟相结合；二是物理过程、化学过程、生物过程和沉积过程研究相结合。这两个结合也体现了本项研究的特色。在上述学术思想的指导下，本课题进行了大量的现场调查和室内试验，取得了丰富的第一手资料，并针对某些问题作了数学模拟，在此基础上进行了较为系统和深入的开拓研究，获得了一些具有创新性的研究成果，加深了对河口最大浑浊带的认识。本书是这些主要研究成果的综合和集成。

全书共分10章。第1章，绪论，主要阐述河口最大浑浊带的定义、研究意义、国内外研究的进展，长江河口最大浑浊带研究的总体构思、研究内容和研究方法；第2章，长江口最大浑浊带发育的环境条件，主要阐述与河口最大浑浊带发育、演化密切相关的水文、悬沙、表层沉积物、河口河槽和水下三角洲等环境条件；第3章，长江口最大浑浊带的悬沙，主要阐述长江河口最大浑浊带悬沙的来源、输移及集聚机制，泥沙再悬浮及悬沙的时空变化；第4章，长江口最大浑浊带细颗粒泥沙的絮凝沉降，主要阐述盐水入侵锋及其对最大浑浊带的贡献，细颗粒泥沙的动水絮凝过程和沉降特性，泥沙在流动盐水中的含沙量梯度，细颗粒泥沙的有机絮凝以及天然水流中细颗粒泥沙的絮凝作用；第5章，长江口最大浑浊带形成机理和水沙输移分析，主要阐述长江河口最大浑浊带的形成机理、特点、水沙输运机制及地形和悬沙浓度对最大浑浊带的影响；第6章，长江口最大浑浊带的地球化学过滤效应，主要阐述微量金属的分布与输移，新生相与微量金属的转移，悬移质和底质微量金属的形态分析，悬移质的表面性质及其对微量金属在固液界面分布的影响，悬浮颗粒中有机重金属的异常；第7章，长江口最大浑浊带的浮泥，主要阐述长江口浮泥的特性、组成、形成条件以及浮泥层的利用；第8章，长江口最大浑浊带的底质，主要阐述长江口最大浑浊带底质的矿物特征、化学组成和重矿物、轻矿物、黏土矿物的沉积作用；第9章，长江口最大浑浊带的浮游生物，主要阐述长江口最大浑浊带浮游植物的细胞个体总数量、优势种个体数量的分布与变化和主要生态类型，浮游动物的生物量数量分布、季节变化、种类组成及优势种的数量分布；第10章，中国河口最大浑浊带的特性和类型，主要对我国一些河口的最大浑浊带进行了综合分析，比较了它们形成的环境背景和特点，并根据泥沙来源及集聚机制把长江口、珠江口、黄河口、钱塘江口、瓯江口、椒江口等中国河口的最大浑浊带分成海源-潮致型和陆源-盐致型等5种类型。

在开展本课题的研究过程中，自始至终得到国家自然科学基金委员会地球科学部有关领导的热情关怀和支持以及陈吉余教授的关心和指导。在本书撰写过程中，胡方西教授、胡辉教授、李九发教授等提出宝贵意见，王佩琴同志为本书精心绘制图件，海洋出版社社长盖广生同志和编辑赵觅同志等为本书的出版工作付出了辛勤劳动，出版时还得到上海市重点学科建设项目的资助。特别应指出的是中国工程院陈吉余院士和中国科学院苏纪兰院士还为本书作序。在此一并深表谢忱。

最后应予强调的是，本书是河口最大浑浊带课题组全体成员悉心研究的结晶。参加本课题的主要成员有：华东师范大学河口海岸研究所沈焕庭（课题负责人）、潘定安、李九发、时伟荣、贺松林、孙介民、吕全荣、茅志昌、徐海根、周月琴、胡嘉敏、益建芳、沈健、姚运达、肖成猷、黄世昌等及化学系陈邦林、夏福兴、陈敏、韩庆平等；杭州大学张志忠、阮文杰、蒋国俊等；中国水产科学研究院东海水产研究所陈亚瞿、顾新根、徐兆礼等；上海航道局徐海涛等。

由于时间、条件和水平所限，加之学科跨度大，书中不当和错误之处在所难免，敬请批评指正。

（5）《长江河口物质通量》

沈焕庭等著，海洋出版社出版，2001年。

● 内容简介

本专著系国家自然科学基金重点项目"长江河口通量研究"项目的主要研究成果。全书共分6章，主要内容为：绪论，长江入河口区水、沙及主要生源要素通量的年际和年内变化特征，长江入河口区的水、沙及生源要素在陆海相互作用等多种因素的作用下发生的量变和质变的过程、机理与结果，通过对长江口泥沙和主要生源要素的收支平衡计算得出的典型断面的泥沙及主要生源要素的通量。本书可供有关海洋、水文、泥沙、地理、环境、港口航道等专业的科技工作者及大专院校师生阅读。

● 序

河口学是一门年轻的交叉学科，它既是地理学又是海洋学的一个重要分支。20世纪50年代末，在陈吉余院士主持下，根据国家建设需求，艰辛创业，逐步开展这门新兴学科研究，在华东师范大学建立了我国第一个河口海岸研究机构。沈焕庭教授自大学毕业后不久，即进入这个研究集体，并一直致力于河口学研究。长期以来，他以长江河口为主要研究基地，对河口学中的若干重要问题，诸如潮汐潮流、余环流、盐水入侵、悬沙输移、最大浑浊带、冲淡水、三峡工程和南水北调工程等重大工程对河口过程的影响等进行了一系列开拓性研究。他十分重视多学科的交叉渗透，善于从相邻学科中汲取营养。70年代他主要研究河口动力，并将河口动力研究与泥沙运动、河槽演变和沉积过程研究紧密结合。从80年代开始，又重视将数学、物理、化学等基础学科的理论和新成就应用于河口研究，将物理过程、化学过程、生物过程和地貌、沉积过程的研究相互紧密结合，他与合作者取得的一系列创新研究成果，推动了我国河口学的迅速发展。

　　沈焕庭教授在工作实践中，不断追索河口学发展前沿。他先后阐明了长江河口潮波的传播特性及其对河槽演变的影响，建立了长江河口水、沙净环流模式，全面、系统地研究了长江河口最大浑浊带的形成机理和时空变化规律，探讨了长江河口盐水入侵规律和长江冲淡水的扩展机制。近几年他积极参与全球研究计划，在国家自然科学重点基金支持下，开展了与"全球海洋通量联合研究（JGOFS）"密切相关的"长江河口通量研究"，在河口学中开辟了一个新的研究领域。在他的带领下，经过四年的艰苦努力，通过大量的现场观测和室内分析，运用数学模拟、GIS和DEM等先进技术手段，首次对长江河口的水、沙和氮、碳、磷、硅等生源要素通量进行了较全面系统的研究，取得了一批具有重要创新性的研究成果。本书是这个项目的主要研究成果，也是我国第一部有关河口物质通量的著作。它既研究了长江进入河口区的水、沙和碳等生源要素通量的变化规律，又探讨了这些物质进入河口区后发生的变化，最后构建了泥沙和营养盐的收支平衡模式，得出了包括入海断面在内的若干典型断面不同时间尺度的通量。由于以往的文献一般均将河流入河口区的通量视作入海通量，忽略了河口的"过滤器效应"，而现在分3部分进行研究，把河流入河口区的通量和河口入海的通量两个不同的概念严格地区分开来，这是具有开创性的，将河口物质通量研究推上了一个新的台阶。其研究成果不仅对进一步阐明长江河口的演变规律、预测未来环境的变化以及重大工程对河口过程的影响等有重要的理论和实际意义，还可为其他河口物质通量研究提供经验和模式，为全球物质通量研究的综合与集成作出贡献。

　　我阅读了上述书稿部分内容后，深为钦敬沈焕庭教授的博学深思，百尺竿头，日进不已，不愧为一门学科成熟的高水平带头人。河口学尤其是长江河口研究在现代化建设中有重大作用，任重而道远，热切祝愿焕庭教授和他的集体继续努力，作出更多更大的贡献。

施雅风（中国科学院院士）

2001年8月

● 前言

　　物质通量是国际地圈–生物圈研究计划（IGBP）中的两个核心计划——全球海洋通量联合研究（JGOFS）和海岸带陆海相互作用（LOICZ）的重要研究内容，它对研究全球变化、认识地球系统的复杂性和功能具有重要意义。作为在全球开展的研究计划，首先要研究局地尺度（local scale）的物质通量，然后在区域尺度（regional scale）以及全球尺度（global scale）上进行综合和集成。由于河流和陆架边缘海在陆海相互作用中的突出作用，所以河流及陆架边缘海是研究局地尺度物质通量理想的天然场所。长江是世界第三、我国第一长的河流，研究此类大型河流的物质通量不仅对其本身有重要的理论和实践意义，还可为其他大型河流物质通量研究提供经验和模式，为全球物质通量的综合和集成作出贡献。

鉴于物质通量研究的重要性，国家自然科学基金委员会从1992年起以两个重点基金项目资助了陆架边缘海物质通量研究：第一个是"东海陆架边缘海洋通量研究"（1992—1995年）；第二个是"东海海洋通量关键过程研究"（1996—1999年）。这两项研究均取得了颇有价值的研究成果，使我国成为国际JGOFS计划中最早开展陆架海洋通量研究的国家。然而这两个项目研究的问题和区域主要集中在陆架海域，对河口物质通量的研究涉及甚少。为弥补这一不足，国家自然科学基金委员会又给我们资助了一个重点项目——"长江河口通量研究"（1998—2001年），此处的通量主要是指水、沙和氮、碳、磷、硅等生源要素的通量。在此项目研究过程中我们将JGOFS和LOICZ两者紧密结合，即在研究河口物质通量的同时也能充分考虑和体现陆海相互作用，并力图将宏观研究与微观研究、定性研究与定量研究、现代过程研究与历史过程研究、物理过程研究与生物地球化学过程研究、理论研究与应用研究紧密结合在一起。

如所周知，以往的有关文献，往往将河流进入河口区的物质通量视作河口的入海物质通量，这是不严格的甚至是错误的，因为它忽略了河口的"过滤器效应"。实际上，河流输入河口区的物质在河流与海洋等多种因子的作用下发生了一系列的量变甚至质变。如长江的年平均入海输沙量约$5 \times 10^8 t$，其实这是长江入河口区的年平均悬沙通量，在径流与潮流、淡水与盐水等多种因素作用下，这些泥沙有相当多的部分在河口区沉积，从而使长江入海的泥沙不仅在数量上远不足$5 \times 10^8 t$，且在颗粒级配、矿物组成和沉降速度等方面也发生相应的变化，这些变化直接影响了河流实际的入海泥沙通量。因此，不能将河流输入河口区的物质通量与河口入海的物质通量简单地等同起来。有鉴于此，本项目在研究时分3部分进行：①长江输入河口区的物质通量；②入河口区物质在陆海相互作用下发生的量变和质变过程、机理和结果，即所谓的河口"过滤器效应"；③河口入海的物质通量。通过本项目的研究试图改变以往将河流进入河口区的物质通量视作入海物质通量的传统观念，为更客观地评价河口在全球物质循环中的地位与作用，为河口的合理开发利用提供科学依据，为发展河口学与海洋学作出贡献。

本书是"长江河口通量研究"项目的主要研究成果的综合与集成，由笔者和由笔者指导的研究生（吴华林、刘新成、吴加学、黄清辉和傅瑞标等）协同完成。全书共分6章：第1章绪论，主要论述河口物质通量研究的科学背景、研究意义以及国内外河口物质通量研究的进展；第2、第3章分别论述长江入河口区水、沙及主要生源要素通量的年际和年内变化特征；第4、第5章分别论述长江入河口区的水、沙及

生源要素在陆海相互作用等多种因素的作用下发生的量变和质变的过程、机理与结果；第6章是在前几章的基础上，通过对长江口泥沙及主要生源要素的收支平衡计算，得出包括入海断面在内的典型断面的泥沙及主要生源要素的通量。

本项目研究自始至终得到国家自然科学基金委员会地球科学部有关领导的关怀和支持，在进行现场观测时得到国家海洋局第二海洋研究所、长江口航道建设有限公司的通力合作与协助。在本书撰写过程中，台湾中山大学海洋地质与化学研究所刘祖乾教授和洪佳章教授提供宝贵意见；在出版过程中海洋出版社社长盖广生同志和编审赵叔松同志等付出了辛勤劳动；出版时得到上海市重点学科建设项目的资助；特别应指出的是中国科学院施雅风院士还为本书作序。在此谨表衷心感谢。由于时间、条件和水平的限制，加上学科跨度大，以及开展这样的研究尚属首次，不当之处在所难免，盼请指正。

（6）《长江河口盐水入侵》

沈焕庭、茅志昌、朱建荣著，海洋出版社出版，2003年。

- **内容简介**

本专著系作者20多年来对长江河口盐水入侵及其对重大工程响应研究的系统总结。全书共分8章，主要内容为：绪论，影响长江河口盐水入侵的因素，长江河口盐淡水混合类型及时空变化，口外海滨高盐水特征及盐度的时空变化，河口段盐水入侵的来源及盐度的时空变化，南水北调、三峡水库等重大工程对河口盐水入侵影响预测，长江河口盐水入侵预测的统计模型和数值模型。

本书可供水资源、水利、环境、地理、港口航道等学科的科技工作者、大专院校师生及政府有关部门的工作人员阅读参考。

- **序**

径流带来的淡水通过河口向海扩散，高盐的海水向河口入侵，由此产生的盐淡水混合是河口特有的自然现象，也是河口区的本质属性。它对河口的物理、生物地球化学过程以及淡水资源的开发利用有深刻影响，是河口研究中关键的科学问题之一，对它进行研究具有重要的理论和实践意义。

　　长江河口的径流量大，在丰水期冲淡水向海扩展很远，有时可及济州岛海域，但长江河口的潮流也很强，盐水入侵河口在枯水期也很严重，有时可上溯到南北支分汊口以上水域。盐水入侵对长江河口的环流、最大浑浊带和拦门沙等的形成与变化有深刻影响，对上海、江苏的工农业、生活用水以及水产、渔业等也至关重要。特别是近年来，随着我国经济的快速发展，三峡工程、南水北调、河口深水航道等多项重大工程都已在开工建设，这些工程的实施必将对河口环境特别是盐水入侵产生影响。因此，研究长江河口盐水入侵规律及其对重大工程的响应，不仅是深入研究长江河口过程的必需，也将为重大工程建设与河口淡水资源的开发利用提供科学依据。

　　由沈焕庭教授负责的课题组，自20世纪70年代以来，结合南水北调、三峡工程等重大工程建设，对长江河口的盐水入侵规律及其对工程的响应进行了较全面系统的研究，至今已持续20多年，取得了一系列具有开拓性和创新性的研究成果，其中有的已被有关部门采用，有的以论文形式在国内外发表，本书是对这些基础研究和应用研究成果的系统总结。

　　纵观全书内容，其研究成果具有两个鲜明特色：①国外对河口盐水入侵也做过很多研究工作，但研究的内容主要集中在盐淡水混合的机制、类型以及盐水楔活动规律等方面，有关工程兴建对盐水入侵的影响研究甚少。而此项研究，除较全面、系统地研究了长江河口盐水入侵的来源及盐度扩展的时空变化规律外，还对南水北调、三峡工程等重大工程对河口盐水入侵可能产生的影响进行了预测，为有关工程的建设提供了重要科学依据；②在研究过程中进行了大量的现场观测，积累了丰富的第一手资料，为本项目原创性研究打下了坚实基础。为了从不同侧面更准确地预测盐水入侵及其对工程的响应，在计算方法上进行了很多探索，选用了多种行之有效的数学方法，建立了5个统计模型和2个数值模型，多模型相互补充和印证，取得了较为满意的结果，为进一步开展盐水入侵研究打下了基础和拓展了思路。

　　冲淡水向海扩散与外海高盐水向河口入侵是一个问题的两个方面。1997年朱建荣教授与沈焕庭教授出版的《长江冲淡水扩展机制》专著，曾将长江冲淡水向外海扩展研究向前推进了一大步。现在由沈焕庭教授负责的课题组，又对20多年来取得的研究成果加以总结，出版《长江河口盐水入侵》专著，把长江河口盐淡水相互作用研究推上了一个新的台阶，是对河口研究的新贡献。值此，我很高兴将这本富原创性的书推荐给大家，相信本书的出版将会进一步推动河口盐水入侵的研究和河口学的发展。

苏纪兰（中国科学院院士）

2003年9月

于国家海洋局第二海洋研究所

● 前言

河口是盐水与淡水的交汇地带，河口出现的多种物理、化学、生物过程，如河口环流、细颗粒泥沙絮凝沉降、最大浑浊带等都与盐水入侵密切相关，因此，研究河口盐水入侵对全面深入了解河口过程具有重要的理论意义。

河口也是人口密集、经济发达地区，随着工农业生产的迅猛发展和人口的急剧增长，对淡水的需求无论在数量上还是质量上均提出了更高的要求。根据国际国内给水标准，饮用水的氯化物含量一般不能超过250 mg/L，工业用水和农业灌溉用水对氯化物含量也有一定要求。严重的盐水入侵，将影响人民的身体健康和工农业生产。上海的用水现在主要取自黄浦江，但无论从水质或水量上看，均不能满足日益增长的需要。自宝钢水库和陈行水库建成后，长江河口作为上海的第二水源已日益被人们所关注，充分利用长江河口的淡水资源已势在必行。但长江河口在枯水时常发生盐水入侵现象，有时还非常严重，使水质不能满足要求。现在南水北调、三峡水库、河口深水航道等一批大型工程也正在建设，这些工程对长江河口盐水入侵是否会产生影响，若有影响，其影响程度如何等，这些众所关注的问题也需要作科学预测。另外，盐水入侵河口对水产、渔业等也有明显影响。可见，研究长江河口的盐水入侵也具有重要的实际意义。

由本人负责的课题组，根据我国国民经济建设的需求，从20世纪70年代末开始，就对长江河口的盐水入侵规律进行研究，先后承担与此相关的主要研究项目有：中国科学院主持的"南水北调（东线）对生态环境影响研究"中的对长江口盐水入侵影响预测（1978—1979年）；"七五"攻关项目"长江三峡工程对生态环境的影响及对策研究"中的对长江河口盐水入侵的影响（1984—1990年）；上海市重大项目"长江——上海城市供水第二水源规划方案研究"中的长江河口盐水入侵（1986—1991年）；高等学校博士学科点专项科研基金"长江河口径流与盐度及其相互关系的谱分析"（1993—1995年）；国家自然科学基金"长江河口盐水入侵规律研究"（1994—1996年）；上海市建委重点项目"青草沙水库预可行性研究"中的青草沙水源地盐水入侵规律研究（1994—1996年）；1998年国家高技术应用部门发展项目"三峡工程对长江口及邻近海域的环境和生态系统的影响"中的对盐水入侵的影响（1999—2000年）；国家环保局下达的"南水北调对长江口盐水入侵影响"（2000—2001年）；2001年度上海市决策咨询研究重大课题"三峡工程与南水北调工程对长江口水环境影响问题研究"（2001年）；上海市环境保护科学技术发展基金科研项目"上海水源地环境分析与战略选择研究"（2002—2003年）等。

通过上述项目研究，对长江河口的盐水入侵进行了大量的现场观测，积累了较丰富的资料，并在此基础上采用相合非参数回归、分段线性模型、频谱分析、马尔科夫模型和线性动态模型、人工神经网络模型和二维、三维数值模型等多种方法进行计算和分析，较系统地揭示了长江河口不同汊道盐水入侵的来源、盐淡水混合类型和盐度的时空变化规律，并对三峡工程、南水北调等重大工程对长江口盐水入侵可能产生的影响进行了预测，为有关工程的规划设计提供了重要的科学依据。如：在20世纪70年代东线南水北调规划时，有关部门曾提出不会对河口盐水入侵产生影响，通过由本人负责的课题组研究，认为会加重对河口的盐水入侵，并率先提出"控制流量"概念，此研究成果很快被有关部门接受和采纳；20世纪80年代承担三峡工程对长江口环境影响研究时，提出三峡工程对长江口盐水入侵有利有弊，利在枯水期流量增加使盐度峰值削减，弊在10月流量减少使河口盐水入侵时间提前，总受咸天数增加。此结论被送交全国人大的《长江三峡水利枢纽环境影响报告书》采纳；宝山钢铁厂受由本人负责的课题组提出的长江河口盐水入侵规律的启发，放弃了原先的淀山湖取水方案，经有关单位进一步研究，成功地在长江口边滩上建造了"避咸蓄淡"水库，既节约了巨额投资，又为上海和沿海地区利用河口淡水资源提供了新途径；20世纪90年代由本人负责的课题组参与"长江——上海第二水源规划方案研究"，根据长江河口盐水入侵规律提出了近、远期取水方案，为解决浦东开发和整个上海用水提供了重要依据；21世纪初在接受上海市和国家环保局有关研究任务时，为了既能支持南水北调，又能不加重甚至可减轻长江口的盐水入侵，在多年对长江口盐水入侵规律研究的基础上，提出了综合治理北支、削减甚至杜绝北支盐水倒灌南支等对策，受到有关领导和部门的重视，现正在组织进一步论证。

从20世纪70年代末至今的20多年中，由本人负责的课题组对长江河口盐水入侵的研究，几乎没有中断过，取得的研究成果，大部分已被或正在被有关部门或单位采用，部分研究成果也已在国内外有关学术期刊上发表，本书是对上述这些应用研究和基础研究成果的系统总结。如所周知，国外对河口盐水入侵的研究约始于20世纪50年代，研究的内容大都集中在盐淡水混合和盐水楔的活动规律方面，对大型工程对盐水入侵的影响研究甚少。而我们不仅对长江口盐水入侵的来源、盐淡水混合类型以及盐度的时空变化规律进行了较为全面、深入的研究，还对重大工程对盐水入侵的影响以及减轻盐水入侵的对策进行了较为深入的研究，取得的研究成果既有理论意义，又有实用价值。为了更全面地掌握长江河口盐水入侵规律，书中也引用了有关学者的部分研究成果。

全书共分8章：第1章，绪论，主要论述长江河口区的范围及其分段、氯度与盐度的定义及其换算关系、盐水入侵对河口环流、细颗粒泥沙絮凝及对工农业和生活用水的影响，以及国内外河口盐水入侵研究的进展；第2章，影响长江河口盐水入侵的因素，主要阐述径流、潮汐、潮流、口外流系、海平面变化和河口河势演变的特性及其对盐水入侵的影响；第3章，长江河口盐淡水混合类型，主要阐述河口盐淡水混合类型的划分、长江河口各汊道的盐淡水混合类型、盐淡水混合的时空变化及对悬沙沉降和输移的影响；第4章，长江河口口外海滨盐度的时空变化，主要阐述外海高盐水入侵的特征、来源，盐度的空间变化和盐度锋；第5章，河口段盐水入侵的时空变化，主要阐述河口段盐度的周日、半月、季节、年际等时间变化和纵向、横向、垂向等空间变化，以及北支盐水倒灌南支的机理、形式、途径，倒灌盐水对南支和南北港水质的影响；第6章，重大工程对长江口盐水入侵影响预测，主要阐述南水北调和三峡工程对长江河口盐水入侵的影响；第7章，长江河口盐水入侵预测模型，主要阐述多元回归与相合非参数回归、分段线性模型、频谱分析、马尔科夫模型和线性动态模型、人工神经网络等五种盐水入侵预测模型；第8章，长江河口盐水入侵的数值模拟，主要阐述河口环流和盐水入侵的数值试验、北支盐水倒灌的二维数值模拟以及长江河口流场的三维数值模拟。本书第1、第2、第3、第4、第6、第7章由沈焕庭执笔，第5章由茅志昌执笔，第8章由朱建荣、肖成猷执笔，全书由沈焕庭构思、编写大纲、统稿和定稿。

本书是由本人负责的盐水入侵课题组全体成员多年悉心研究的结晶。除本人外，主要成员还有：华东师范大学河口海岸国家重点实验室、河口海岸研究所的茅志昌教授、朱建荣教授、肖成猷副教授、王晓春博士、杨清书博士和胡松硕士；上海市自来水公司的徐彭令高级工程师；华东师范大学数学系的袁震东教授、周纪芗教授、陈树中教授和潘仁良副教授。在本课题研究和本书撰写过程中，曾得到我室、所陈吉余院士、潘定安教授、胡方西教授、李九发教授、胡辉教授、吴加学博士等的关心和帮助，得到原上海市公用事业管理局芮友仁、程济生、俞季兴等领导的大力支持，王佩琴同志为本书精心绘制图件，海洋出版社盖广生社长、陈茂廷等编辑为本书的出版工作付出了辛勤的劳动。出版时还得到上海市"重中之重"学科建设和"211"工程学科建设项目的资助。特别应指出的是中国科学院苏纪兰院士还为本书作序，在此一并表示衷心感谢！

最后应指出的是，河口盐水入侵是一个极为复杂的问题，而长江河口是一个三级分汊、四口入海的大河口，其盐水入侵更为复杂。本书仅是阶段性的研究成果，诸多问题还有待作深入研究。由于经费、条件和水平等多种因素，书中不足甚至错误之处在所难免，有关这方面的研究我们仍在继续进行之中，恳请读者不吝赐教。

（7）《长江河口陆海相互作用界面》

沈焕庭、朱建荣、吴华林等著，海洋出版社出版，2009年。

● **内容简介**

海岸带陆海相互作用（LOICZ）是国际地圈–生物圈计划（IGBP）的第6个核心计划。陆海相互作用界面在河口受到径流、潮汐潮流、盐淡水混合、风应力、口外流系、地形等自然因子的作用和人类活动的影响，时空变化过程特别复杂。本书是国家自然科学重点基金项目"长江河口陆海相互作用的关键界面及其对重大工程的响应"研究成果的系统总结。全书共分9章，将诸多热点问题融为一体，系统地阐述了长江河口陆海相互作用主要因子的量化特征以及表征陆海相互作用

的潮区界面、潮流界面、盐水入侵界面、涨落潮优势流转换界面及冲淡水扩散主界面等的时空变化规律及其对重大工程和海平面上升的响应，为海岸带特别是河口地区的开发利用和可持续发展提供科学依据。

本书采用现场观测、数学模拟和物理模型相结合的研究方法，内容丰富，叙述简洁，图文并茂。可供从事海洋、环境、水文、地理、水利、港口航道等专业的科研人员和大专院校相关专业的师生参考。

● **序**

海岸带处在陆海交界的过渡地带，是地球四大圈层相互作用、各类界面的汇聚地带。这一地带资源丰富、人口密集、经济发达、生态环境脆弱，是沿海国家政府部门和科学家高度关注的区域。

占我国陆域国土面积13%的沿海经济带，承载着全国42%的人口，创造了全国60%以上的国民经济产值。我国沿海经济带的快速发展对海岸带资源与环境有极大的依赖性，同时，赋予环境的压力之大不言而喻。因此，海岸带研究与我国社会经济的持续发展关系密切，意义重大。

海岸带陆海相互作用（LOICZ）是国际地圈–生物圈计划（IGBP）的核心计划之一，主要研究自然变化和建坝、引水、施肥、城市化、快速社会经济发展等人类活动对海岸带的种种环境和生态影响，为海岸带综合管理、近海环境和资源的可持续发展、利用提供科学理论依据。国际LOICZ计划实际上是从1995年开始的，此计

划提出后得到有关国家和地区的迅速响应，在我国海洋科学发展战略研究报告中将此项研究作为我国海洋学近中期的主攻方向和重点之一，国家自然科学基金会也将陆海相互作用研究列为"九五"、"十五"和"十一五"的优先资助领域。

本书是由沈焕庭教授主持的国家自然科学重点基金项目"长江河口陆海相互作用的关键界面及其对重大工程的响应"主要研究成果的综合和集成。海岸带陆海相互作用研究涉及面很广，本项目以我国最大河流——长江的河口作为研究基地，选择潮区界面、潮流界面、盐水入侵界面、涨落潮优势流转换界面和冲淡水扩散界面等几个对陆海相互作用响应敏感的典型界面作为研究对象，这在国内外是具有开创性的。在项目执行过程中，除进行了大量的现场观测外，还利用先进的数值模型和物理模型对三峡工程、南水北调工程、河口深水航道工程等重大工程建设以及海平面变化对几个界面时空变化规律的影响逐个进行了详细的模拟，更难能可贵的是，对数个工程和海平面变化对不同界面的综合影响进行了模拟分析，填补了空白。该项目取得的创新研究成果，对进一步阐明长江河口演变规律、预测未来环境变化及重大工程对河口过程的影响和加深对全球变化的认识具有重要的意义，对其他河口的同类研究也很有参考价值。值此，我很高兴将本书推荐给大家。

由沈焕庭教授领衔的课题组，长期以来结合中国河口的特点和开发利用中存在的问题，追踪学科前沿，坚持理论研究与应用研究相结合，连续得到国家自然科学重大、重点和面上基金的资助，对河口学中的若干重大问题，诸如河口最大浑浊带、物质通量、过滤器效应、盐水入侵、重大工程对河口过程的影响以及陆海相互作用等进行了一系列开拓性研究，推动了我国河口学的迅速发展，并为一些重大工程建设提供了科学依据。我多年来因为工作岗位的性质，一直关注地球系统科学的发展趋势，对沈焕庭教授等的研究成果很有兴趣，从中我学到许多新知识，并体会到重视地球各圈层相互作用大大有助于认识自然规律的真谛。本专著的出版，将有力地推动这一重要科学领域的发展。

孙枢（中国科学院院士、国家自然科学基金委员会副主任）

2008年5月

● 前言

海岸带在全球物质循环和气候变化中扮演着重要角色。近几十年来，随着经济的迅速发展和人口的急剧增长，人类活动对海岸带施加的压力与日俱增，直接或间接地不断改变着海岸带的环境。为了提高有关海岸带在全球物质循环系统中所起的作用以及海岸带系统对各种全球变化源响应等问题的认识，预测将来海岸带变化及其在全球变化中的作用，为人类有效持续地利用海岸带资源服务，一个集中研究陆地、海洋、大气相互作用的研究计划——海岸带陆海相互作用（LOICZ）计划应运而生，成为国际地圈-生物圈计划（IGBP）的第六个核心计划。此计划提出后得到有关国家和地区的迅速响应，我国也制定了相应的研究计划，在中国海洋科学发展战略研究报告中将此项研究作为我国海洋科学近中期的主攻方向和重点之一，国家自然科学基金会也将陆海相互作用列为"九五"、"十五"和"十一五"的优先资助领域。海岸带陆海相互作用已引起国内外政府部门和科技工作者的高度关注，成为当今海岸带研究的一个新方向。

入海河口地处河流与海洋的过渡地带，是海岸带的一个重要、特殊组成部分。表征陆海相互作用的若干界面——潮区界面、潮流界面、盐水入侵界面、涨落潮优势流转换界面和冲淡水扩散界面等是河口的一个重要特征，也是河口存在的普遍现象，这些界面既受到径流、潮汐潮流、盐淡水混合、风应力、口外流系、地形等自然因子的作用，又愈来愈受到人类活动尤其是一些重大工程的影响，其时空变化过程十分复杂，对人类活动和海平面等全球变化的响应也特别敏感。对这些界面的形成与演变以及对重大工程和海平面变化响应的研究能揭示陆海相互作用的机制，阐明河口区域环境对人类活动和全球变化的响应途径、作用过程、动力机制及未来变化趋势，从而为海岸带特别是河口地区的开发利用和可持续发展提供科学依据，也可加深对陆海相互作用和全球变化的了解，对LOICZ计划作出贡献。

长江是我国第一大河，地处东亚季风区，其入海径流量占全国入海径流量的51%，入海输沙量占全国入海输沙量的23%，入海离子径流量占全国入海离子量的43%。巨量径流、泥沙和离子进入东海，对沿岸海洋的水文、地貌、沉积、生物等产生重要作用，且对西太平洋的物质循环也有重大影响。长江河口是我国最大的河口，是我国最大港口——上海港的门户。为充分利用长江的丰富资源，三峡工程、南水北调、河口深水航道等一批重大工程正在建设，这些工程的兴建将在较大程度上改变河口的陆海相互作用过程。故长江河口是研究陆海相互作用界面变化规律及其对重大工程和海平面变化响应的理想区域。

"长江河口陆海相互作用的关键界面及其对重大工程的响应"是国家自然科学基金委员会的重点基金项目（40231017，2003—2006年），本项目采用现场观测资料分析、数值模拟和物理模型三种不同的研究手段相结合，较系统地研究了长江河口陆海相互作用主要因子的量化特征以及表征陆海相互作用的若干界面——潮区界面、潮流界面、盐水入侵界面、涨落潮优势流转换界面及冲淡水扩散主界面等的时空变化规律及其对重大工程和海平面上升的响应。选择一个复杂的大河口作为典型区域对能表征陆海相互作用的若干关键界面进行专题研究，并把地球科学数个热点课题的研究融合在一起，在国内外尚未见报道，是初次尝试。

本书是"长江河口陆海相互作用的关键界面及其对重大工程的响应"项目主

要研究成果的综合与集成，是全体课题组成员共同努力的结晶。全书共分9章：第1章绪论，主要论述海岸带陆海相互作用研究的意义与背景、国内外研究进展以及本项目研究的总体构思、研究内容和研究方法；第2章分别论述长江入河口区水量、沙量及东海、黄海、渤海潮波的量化特征；第3章论述长江河口潮区界面和潮流界面的时空变化规律；第4章论述长江河口潮流界面和涨落潮优势流转换界面的时空变化及其对重大工程响应的物理模型试验研究；第5章论述长江河口三维数值模式的建立和验证；第6章论述长江河口涨落潮优势流转换界面的时空变化及其对重大工程响应的数值模拟；第7章论述长江河口盐水入侵界面的时空变化及其对重大工程响应的数值模拟，本章也是《长江河口盐水入侵》一书（沈焕庭、茅志昌、朱建荣著，2003）的第8章"长江河口盐水入侵的数值模拟"的延续；第8章论述长江冲淡水的观测与冲淡水扩展界面对重大工程的响应；第9章论述基于GeoDatabase模型的长江河口时空数据建模。本书第1章由沈焕庭执笔，第2章由沈焕庭、马翠丽、应铭、张衡执笔，第3章由李佳、沈焕庭执笔，第4章由吴华林、刘高峰执笔，第5、第6、第7、第8章由朱建荣、吴辉执笔，第9章由蔡中祥、沈焕庭执笔，全书由沈焕庭构思、编写提纲、修改、统稿和定稿。

本项目研究自始至终得到国家自然科学基金委员会地球科学部有关领导的关怀和支持，王佩琴同志为本书精心绘制图件和打字排版，本项目还得到"973"项目"中国典型河口—近海陆海相互作用及其环境效应"（2002CB412400）、国家自然科学基金项目"长江河口段岸滩侵蚀机理及趋势预测"（40576042）和上海市优秀学科带头人计划"长江入海冲淡水、泥沙和营养盐输运的研究"（05XDl4006）的资助，特别应指出的是，中国科学院孙枢院士在百忙中还为本书作序，在此一并表示诚挚的感谢。由于时间、条件和水平的限制，书中不当之处在所难免，恳请读者批评指正。

（8）《长江河口水沙输运》

沈焕庭、李九发著，海洋出版社出版，2011年。

- **内容简介**

本书系作者多年来对长江河口水沙输运及其对河槽演变影响研究的系统总结。全书共分6章，主要内容为：河口区不同区段的水沙通量，潮汐潮流、余流余环流及其对悬沙输运与对河槽演变的影响，悬沙输运特性和机制，滩与槽、长江口与杭州湾之间的水沙交换，涨潮槽和最大浑浊带的水沙输运，底沙输运。本书可供水文、泥沙、水利、港口航道、水资源、环境、地理、海洋等学科的科技工作者、大专院校师生及政府有关部门的工作人员阅读参考。

● 前言

大尺度河流物质输运问题已引起人们越来越多的关注。很多国际项目，如IGBP（国际地圈－生物圈计划）的3个核心计划：BAHC（水文循环中的生物问题）、LOICZ（海岸带陆海相互作用）和PAGES（古全球变化研究）都将河流输送作用作为核心研究工作的一部分。美国陆地边缘生态研究（LMER）和长期生态研究（LTER）已经对陆－水相互作用及其中的各种过程进行了全面、长期的定时研究，研究范围一直到海岸带。

长江是我国第一大河，它源于青藏高原，经巴蜀"天府之国"，中渡两湖"鱼米之乡"，下达河口"金三角洲"，形成得天独厚的"黄金水道"，对全国经济的发展起着至关重要的作用。长江水丰沙富，据大通站资料（1950—2006年）统计，入河口区的多年平均流量为28 518 m³/s，年径流量达8 978×10⁸ m³，在世界大河中仅次于南美的亚马孙河与刚果的扎伊尔河，居第三位；多年平均输沙量达4.1×10⁸ t，在世界上次于恒河－布拉马普特拉河、黄河和亚马孙河，居第四位。长江巨量水沙下泄及其时空变异不仅影响河口区的河床演变、盐水入侵和生态环境，而且对邻近海域甚至太平洋的温盐特征、流场和沉积过程等也有重要影响。对长江河口水沙输运的研究具有重要的理论意义和实用价值，长期以来一直受到科技界和管理部门的高度关注。

笔者于1957年在华东师范大学地理系毕业留校任教，1960—1962年在山东海洋学院（现中国海洋大学）和中国科学院海洋研究所进修物理海洋学，1962—1965年为华东师范大学海洋水文气象专业讲授《海洋潮汐学》和《海岸动力地貌学》，1969年开始涉足河口研究领域，将地理学与海洋学结合致力于河口海岸研究。根据当时生产建设的需要、自己的知识背景以及陈吉余先生"动力、地貌、沉积相结合"的学术思想，该时期的研究重点是河口动力及其对地貌、沉积的影响。

20世纪70年代初，国家发出"三年改变港口面貌"的号召，作为我国最大港口——上海港咽喉的长江河口通海航道，首期目标是通航水深从6 m增深到7 m，使万吨级海轮可全天候进出，2万吨级海轮能乘潮进出上海港。笔者有幸参加了这一工程的可行性研究工作，根据工程需要，对长江河口的径流、潮汐、潮流、盐淡水混合、余流、余环流及其对泥沙输运及河槽演变的影响进行了较为全面系统的开拓性综合研究，提出了一系列具有创新性的见解，不仅为7m通海航道的选槽、定线、疏浚、泥土处理和维护等提供了必要的动力依据，也在一定程度上阐明了长江河口发育、演变的动力机理，深化了对长江河口发育规律的认识，为深水航道建设和综合治理规划的制订提供了依据。尔后又结合三峡工程、南水北调、长江口深水航道等重大工程以及JGOFS、LOICZ等一些国际前沿的研究项目对长江河口水沙输运作持续研究，取得的研究成果已被有关工程设计和编制长江综合治理规划时采用，并在此基础上撰写了多篇论文在国内外发表，被广为引用。

合作者李九发教授于1973年在华东师范大学地理系毕业留校任教，1978—1980年先后赴武汉水利电力学院（现武汉大学）和清华大学水利系进修泥沙运动力学，师从国际著名泥沙专家钱宁教授，他将地理学与泥沙运动力学相结合，长期从事河口悬沙、浮泥和底沙运动及河口演变研究，取得了一系列颇有价值的研究成果，已在国内外合作发表论文100余篇。

在对长江河口水沙输运的研究过程中，主要做了如下工作：一是亲自策划和参加了数十次现场水文泥沙观测，在长江河口内外水域度过了许多个日日夜夜，在多次观测中，参与了从制订观测计划—准备仪器—摇绞车取样观测—仪器检修—资料整理、计算分析，一直到编写研究报告的全过程，获得了大量亲自取得的第一手资料；二是多次上"涨潮一片汪洋、落潮一片沙滩"的潮间带浅滩观测浅滩水流、微地貌和沉积特征，九段沙、中央沙、扁担沙、瑞丰沙、青草沙和南汇边滩、崇明东滩等都留下了我们的足迹；三是到崇明、长兴、横沙、佘山、鸡骨礁等岛屿和测量船、渔船、挖泥船，访问长期生活和工作在长江口、对长江口的水文泥沙特性和河床演变有丰富感性认识的船员、海塘工人、航道工人、渔民和部队官兵，从他们那里学到了很多书本上学不到的知识；四是参加可行性研究的有许多资深的老专家，如华东水利学院（现河海大学）原院长严恺教授、华东师范大学河口海岸研究所所长陈吉余教授、上海航道局原总工程师黄维敬、上海港务局原总工程师丁承显、南京水利科学研究院河港室主任黄胜教授、河海大学呼延如琳教授等，以及多位著名的国际合作研究者，在合作研究过程中向他们学习到很多知识和经验，得益匪浅；五是坚持科研为生产建设服务，研究的主要问题都是工程建设中急需解决的问题，后来发表的论文大都是工程实施后在原生产报告的基础上进一步研究写成的；六是重视学科之间的交叉渗透，努力探索动力与地貌、沉积相结合的途径，产生新的学科生长点。以上这些工作也从一个侧面反映了本书的特色。

回顾本人数十年的河口研究生涯，大致可分为4个阶段。第一阶段是从20世纪60年代末致力于河口研究开始，主要研究长江河口的水动力及其对泥沙输运与河床演变的影响，将动力过程研究与地貌、沉积过程研究相结合，代表作为《长江河口动力过程和地貌演变》（上海科学技术出版社，1988）中的多篇论文。第二阶段是从

20世纪70年代末开始，结合流域重大工程建设，开展南水北调、三峡工程对长江河口生态与环境影响的研究，重点研究对河口盐水入侵的影响，代表作为《三峡工程与河口生态环境》（科学出版社，1994）、《长江河口盐水入侵》（海洋出版社，2003）。第三阶段是从80年代后期开始，在研究过程中逐渐感悟到，河口的泥沙有很多是一些属于非牛顿体的细颗粒泥沙，仅研究物理过程是无法搞清楚其运动机理的，必须同时研究化学、生物过程对它的影响；另外，河口的环境问题已日显突出，其中很多是化学、生物方面的问题，作为河口研究工作者也应给予高度关注。故从此时开始，我除研究物理过程外，还与有关单位合作进行化学、生物过程研究，并将三者相结合，切入点是研究河口最大浑浊带的形成机制与时空变化规律，代表作为《长江河口最大浑浊带》（海洋出版社，2001）。第四阶段是从20世纪90年代开始，为了追踪河口国际前沿研究和为全球变化研究作贡献，结合IGBP中的两个核心计划（JGOFS——全球海洋通量联合研究、LOICZ——海岸带陆海相互作用）开展长江河口物质通量和陆海相互作用研究，代表作为《长江河口物质通量》（海洋出版社，2001）和《长江河口陆海相互作用界面》（海洋出版社，2009）。

　　本专著是笔者等多年来（主要是第一阶段）在有关研究成果的基础上进行系统综合、梳理、修改和补充完成的，全书共分6章。第1章为长江河口水沙通量，自陆向海主要探讨长江中下游的水沙通量、入河口区的水沙通量、河口段内南、北港的水沙通量和口外海滨的悬沙通量及其变化。第2章为长江河口水动力及其对河槽演变的影响，主要探讨长江河口的潮汐、潮流、余流、余环流及其对悬沙输运与河槽演变的影响。第3章为长江河口悬沙输运与滩槽水沙交换，主要探讨长江河口悬沙输运特性、盐淡水混合对悬沙输运的影响、南槽北槽悬沙输运机制、南汇边滩及邻近海域的悬沙输运、滩槽水沙交换、长江口与杭州湾泥沙交换以及口外海滨的悬沙分布及扩散特征。第4章为长江河口涨潮槽的水沙输运，主要探讨长江河口涨潮槽的形成与演变、水沙输运的特征与规律，并与落潮槽进行对比。第5章为长江河口最大浑浊带水沙输运，主要探讨长江河口最大浑浊带的时空变化及其影响因子、水沙输运机制、河口形状对浑浊带形成的影响以及浮泥的形成机理及变化过程。第6章为长江河口底沙输运，主要探讨长江河口底沙的颗粒组成、沙波运动以及水下沙洲的推移。

　　科学进步来自集体智慧，本书是集体研究的结晶。参加本项研究的还有：潘定安、朱慧芳、徐海根、胡辉、郭成涛、茅志昌、时伟荣、金元欢、吴加学、吴华林、刘新成、杨清书、王永红、沈健、万新宁、谷国传、李身铎、刘高峰、应铭、陈小华、张琛、傅德健等。本项目研究得到交通部上海航道局等生产单位、国家自然科学基金委（如项目批准号：50939003，40071013，50579021，50179012，40576042等）的资助，还得到华东师范大学河口海岸科学研究院和国内外兄弟院所同仁们的支持和帮助。王佩琴参加绘图和打字排版工作。出版时得到河口海岸学国家重点实验室学术著作出版基金的资助，在此一并深表谢忱。

本书综合了从20世纪70年代至今不同时段的研究成果，时间跨度大，有些统计数字和表现方式存在一些差异，为了尊重原研究成果的真实性，本书未作全部统一的修订。科学研究是接力赛跑，河口水沙输运是河口河床演变的基础，水动力是泥沙等物质运动的驱动力，泥沙是水动力与河床演变的纽带，河床演变是结果，此结果又反作用于水动力和泥沙运动，这是一个开放的、非常复杂的巨系统，尤其是细颗粒泥沙，人们对它的认识还只是冰山一角，还有很多现象与问题有待去发现和探索。近十多年来，长江流域众多大型拦河大坝、南水北调和河口航道整治及土地圈围工程建设，必将对河口水沙输运过程带来新的巨大的影响，更有待我们去作深入研究。

本书学科跨度较大，加上条件和水平有限，书中不当和错误之处在所难免，敬请批评指正。

(9)《上海长江口水源地环境分析与战略选择》

沈焕庭、林卫青等著，上海科学技术出版社出版，2015年。

● 内容简介

上海正在向现代化国际大都市迈进，充沛、优质、安全的供水是城市持续发展的基本保证。本书系在2003年完成的"上海水源地环境分析与战略选择研究"成果的基础上修改和补充完成。全书共分9章，前6章为水源地的环境分析，全面、系统地论述了长江口水资源状况、盐水入侵、河势演变、水质污染以及重大工程和海平面上升对长江河口水源地的影响。第7章是上海水源地的战略选择，论述了上海水源地战略选择的原则、新水源地方案比选、推荐方案以及风险和对策等。第8、第9章是推荐青草沙水源地作为新水源后需要进一步探讨的两个关键问题。此研究成果已对并还将对上海市和长江河口区淡水资源的开发利用起到指导作用，同时对我国及国外沿海河口地区淡水资源的开发利用有借鉴和启发意义。

本书可供城市供水、水资源、水环境、水利、海洋、地理等学科的科技工作者、大专院校师生及有关部门工作人员阅读参考。

● **序**

在我认识沈焕庭教授之前，就曾研读过他的学术论文《长江口盐水入侵的初步研究——兼谈南水北调》，在我许多遍地研读这篇学术论文之后，在自己的工作笔记上写道："这是我在这一知识领域的启蒙教材，作者是我的启蒙老师。"这篇学术论文发表在《人民长江》1980年第3期，作者是华东师范大学河口海岸研究所的沈焕庭、茅志昌、谷国传，以及上海吴淞自来水厂的徐彭令。这篇学术论文是由宝钢设计管理处副处长江凤友工程师向我推荐的，他把这篇学术论文作为他的一个建议方案——宝钢长江水源工程避咸蓄淡保水质方案的理论基础。在这期间，宝钢正处于停、缓、建论证时期，全国人大代表纷纷质疑冶金工业部和宝钢领导，为什么宝钢就建在长江边，冬季不用长江水，而要到72km外的淀山湖去取水，以淀山湖为水源。

当时主持宝钢工作的宝钢常务副总指挥、冶金工业部副部长马成德同志也有同感，他曾多次和我商讨这个问题，并要我陪同他一起去看望宝钢首席顾问李国豪教授和市科协党组书记江征帆同志，希望上海市科技界和宝钢科技界一同攻关来解决这个问题，并指定我和市科协的孙淑云同志及张贻康同志一同来完成这项任务。显然，这是一个很不容易解决的难题，因为中方和日方在钢铁厂水质指标上有一致的技术指标，就是氯离子浓度值最大不超过200 mg/L，年平均不超过50 mg/L，若超标会造成钢材产品和设备内冷却管道锈蚀，而当年（1979年）一季度氯离子浓度最高值吴淞达3 950 mg/L，比要求的最大值高出20倍，比平均值高出80倍，石洞口为2 640 mg/L，浏河口为1 550 mg/L，所以中日双方专家从吴淞口沿内河上溯找到72 km处的淀山湖的石塘港，认定该处水质合格，可作为宝钢冬季水源地。此方案经国家计委、国家建委批准，已动工铺管8.6 km，在这种情况下，重议宝钢水源方案是极不容易的，但是马成德同志、李国豪同志和江征帆同志仍努力倡导，召集多次论证会，得到多方响应，收到十多个建议方案，其中最值得重视的是江凤友同志的避咸蓄淡方案和李祥申工程师的长江徐六泾明渠方案，我和江凤友、李祥申同志一起博采众长，集中各方智慧，终于形成了一份有充分理论依据的避咸蓄淡筑库取水的新方案，又经过河海大学、南京水利科学研究院的科学论证和上海市政工程设计院、六机部第九设计院所作的可行性研究，又征求了第十九冶金建设公司和上海基础工程公司的意见，得到国务院代表韩光、冶金部部长李东冶、上海市副市长陈锦华等领导支持，于1982年9月获得国务院批准，1983年2月动工建设，1985年9月宝钢长江水源工程建成，向宝钢一号高炉系统送水。

20多年来，宝钢水库（又称宝山湖）保证了宝钢厂区每天得到20×10^4 m³长江优质淡水，一年四季全年365天从不间断，证明当年沈焕庭教授等学术论文中关于长江口氯离子时空变化规律的阐述是符合客观实际的，具有多么强的生命力，20多年来每逢农历初一和十五前后，长江口罗泾段水域总能有极低氯离子值的长江优质淡水，因此在20多年前，被认为是一项国内外没有先例的令人担心的工程，如今不仅有了成功的第一例——宝钢水库，而且有了第二例——陈行水库，第三例——青草沙水库和第四例——崇明西沙水库，还有了钱塘江口的珊瑚沙水库和珠江西江口的珠海水库，其社会效益和经济效益是巨大的。

今天，沈焕庭教授和林卫青教授级高工等在对长江口水资源多年悉心研究的基础上又完成了这部新的著作，全面系统地论述了长江河口水资源状况、盐水入侵、河势演变、水质污染、重大工程和海平面上升对长江口水源地的影响、上海水源地战略选择原则、新水源地方案比选、推荐方案以及风险与对策等，其意义非同一般。这是一本呕心沥血之作，是他们带领的团队几十年来实践与理论研究的系统总结，是对长江口水资源利用的新贡献，它已对并必将对上海市和长江河口区淡水资源的开发利用起到直接的指导作用，同时对我国沿海河口地区以及其他国家沿海河口地区开发利用淡水资源也将产生很好的启发作用。

谨以前述心得体会作为本书的序，希望本书的读者能在读完本书后作出更大的贡献。

凌逸飞（原宝钢工程指挥部副总工程师、教授级高级工程师）

写于2013年9月

● 前言

充沛、优质、安全的供水是城市持续发展的基本保证。濒江临海，以水而兴的上海是一个特大型城市，正在向现代化国际大都市迈进。随着城市发展和人民生活水平的提高，城市供水范围将进一步扩大，需求量也将增加，对水质的要求也愈来愈高。根据联合国专家组的预测，上海是21世纪饮水严重缺乏的六大城市之一。其实，上海的淡水资源并不少，但由于污染严重和盐水入侵，可供饮用的水源愈益减少，成为典型的水质型缺水城市。

黄浦江长期以来一直是上海的主要供水水源，由于人们没有善待这条母亲河，自20世纪70年代以来，下游水质逐年恶化。1981年上海自来水公司立题，组织有关单位进行黄浦江中、上游引水工程可行性研究，经3年论证认为，将取水口上移是改善上海城市供水水质比较经济现实的途径，1987年供水取水口上移至中游临江，2002年又上移至上游淞浦，取水口上移后在一定程度上改善了水质，但仍存在水质不能保证等问题。从长远看，黄浦江的水量和水质都难以满足上海增长的需要。在此情况下，另辟蹊径，寻找新的水源，将目光投向长江，向水量丰沛、水质总体良好的长江要水已势在必然。

将长江作为上海城市供水的第二、第三水源,经历了一个比较长和曲折的过程,上海市几届领导和几代科技工作者为此作出了贡献,笔者也有幸参加了这一工程的可行性研究,客观地回顾这一历程和总结已取得的研究成果,具有重要的实践意义和理论意义,将给予今人和后人诸多启示。

1976年水电部提出南水北调东线方案后,各界对该方案对环境的影响提出了不少质疑,其中重要一点是会不会加重长江口的盐水入侵,从而影响河口地区特别是上海的生活和工农业用水,对此问题有两种不同的看法,但都缺乏足够论据。在此背景下,1978年7月中国科学院在石家庄召开南水北调及其对自然环境影响科研规划落实会议,确定华东师范大学河口海岸研究所负责对长江河口影响的研究,研究重点之一是南水北调对长江河口盐水入侵的影响,我们接受任务后主要做了四件事:一是查阅国内外文献,但查到的不多,国内更少;二是去吴淞水厂和国家海洋局东海分局等有关单位调研和收集资料,以及整理我们已积累的长江口多次水文测验资料;三是在1979年2月下旬到3月上旬盐水入侵严重时期组织了长江口9个测站(徐六泾、七丫口、浏河口、吴淞、青龙港、庙港、新建、南门、堡镇)大小潮每小时盐度的观测,取得了长江口大范围同步的盐度时空变化资料;四是在上述大量工作的基础上,首次对长江口盐水入侵的时空变化规律进行了全面系统分析和对南水北调后对长江河口盐水入侵的影响进行了预测。撰写了《长江口盐水入侵的初步研究——兼谈南水北调》一文,在《人民长江》1980年第3期发表。此文原是为回答东线南水北调会不会加重长江口盐水入侵而写,后来宝钢的科技人员从此文和《黄浦江受咸潮入侵的初步研究》(上海市自来水科技情报资料1352号,1979年12月)中找到了可从长江河口引水的理论依据。

20世纪80年代初,中央决定在上海长江边建设宝山钢铁厂。宝钢的工业用水按设计要求,氯化物的标准比饮用水还高,月平均值不能超过50 mg/L,最高值不能超过200 mg/L。由于冬季长江流量减少,盐水入侵加剧,致使江水氯化物严重超标,故建厂初期,曾采用从离厂72 km的淀山湖引水的工程方案,而不就近从长江取水。虽然方案已定,且已施工,但宝钢的部分领导和科技人员认为,这并不是最佳方案,在时任冶金部副部长兼宝钢工程指挥部常务副总指挥马成德的支持下,由宝钢工程指挥部副总工程师兼引水办公室主任凌逸飞带领一个团队,冒着风险,孜孜不倦地探索最好能取长江水,将淀山湖水留给上海人民的方案,经一番深入的调查研究后,见到了上述两篇论文,文中除阐述了长江口、黄浦江盐水入侵情况、1978年冬及1979年春的严重盐水入侵及其对工农业生产造成的危害、预估了南水北调对长江口盐水入侵的影响外,还首次较全面、系统地阐明了在径流、潮流、风浪、盐水楔异重流、海流等多种因子作用下,长江口和黄浦江盐度的时空变化规律,时间变化包括年际变化、季节变化、半月变化、周日变化,空间变化包括纵向变化、横向变化和垂向变化，这些变化都有规律可循，为他们提出的择机取水建造避咸蓄淡水库，从淀山湖引水改为从长江河口引水提供了理论依据。后经多方进一步论证，1985年成功地在宝钢附近的长江口边滩上建造了第一座避咸蓄淡水库，宝钢水库的建成，不仅解决了宝钢近期和远期的用水问题，而且开创了入海河口利用淡水资源的先河，为上海及沿海江河入海河口附近地区和城市的淡水资源开发利用提供了范例。

为了开发利用长江河口水，1987年"长江——上海城市供水第二水源规划方案研究"被列为市重点项目，由市科学技术委员会和市建设委员会联合立项，总课题由市自来水公司负责，参加研究单位有：水电部上海勘测设计院、华东师范大学河口海岸研究所、上海市环境科学研究所、同济大学、市卫生防疫站等24个单位，几乎涵盖了本市与长江口有关的所有科研机构、大学和设计院。总课题下设10个子课题和7个专题，内容包括盐水入侵规律、河床岸滩稳定性、选址区取水点方案优化、选址区水质现状评价及预测、管道网络设计优化、2000年与2020年城市供水量预测等。研究结果表明，长江口南支南岸有徐六泾、钱泾口、浪港、陈行等多处可开发成为城市供水水源地，但在徐六泾以下均须建避咸蓄淡水库；对几处可开发的水源地进行比选，浪港取水方案最佳，但它属江苏省，受行政区划等限制，未来建设、管理、环境保护等都会出现一些难以解决的问题，后又经进一步研究，推荐在位于上海市境内的陈行边滩建库为优先方案。此项研究历经4年，围绕长江河口淡水资源的开发利用做了大量现场观测和基础性的研究工作，共取得原始数据43万个，编写研究报告31篇，5项子课题或专题获市、部委科技进步奖，总课题获上海市科技进步一等奖、国家科技进步三等奖。此项研究成果为上海长江口水源地战略选择与开发奠定了基础。

1992年6月陈行水库基本建成投产，成为上海城市供水的第二水源，结束了上海城市供水以黄浦江为唯一水源的历史。1994年陈行水库实施长江引水二期工程，至1996年6月建成投产，从长江水源取水规模达到130×10⁴ t/d。但由于受岸线和滩地的限制，库容量不大，无法满足上海日益增长的用水需求。加上从浏河口到五好沟岸段的岸线基本已被利用，要在岸边安排避咸蓄淡水库已无可能，五好沟以下岸段，盐水入侵严重，从饮用水水源角度不予考虑。在上海长江南岸边滩无处可建水库的情况下，人们的目光不约而同地投向了位于江心的长兴岛。

1990年年初，上海市水利工程设计院莫敖全高工与市水利局资深工程师赵承建、王振中在进行青草沙促淤工程可行性研究时，发现那里的水质非常好，认为在那里促淤围垦不行，搞上海水源地开发较好。同年11月，市公用事业管理局、市环保局、市水利局的专家及市计委的领导到青草沙现场考察，时任市环保局局长靳怀刚起草了《关于青草沙作为水库开发的建议》，刊载在市政府的1990年11月第24期《咨询简报》上。

1990年10月，上海市科学技术协会主持召开了上海市海洋湖沼学会、水利学会、环境保护学会、净水学会、地质学会、土木学会和城市学会7个学会关于上海水资源讨论会，在会上华东师范大学河口海岸研究所陈吉余教授、柳仁锭高工提出了"干净水源何处寻，长江河口江中求——把长兴岛建成上海市的水源岛"的方案。1991年2月上海市科学技术协会又召开了"引长江水缓解上海供水的多种构想的预可行性评议会"，华东师范大学水资源研究组又写"再论把长兴岛建成上海市的水源岛"。

1991年1月，市水利局、市公用事业管理局、市环保局联合向市政府打报告，要求进行青草沙水源地研究，3月获批准，4月市建设委员会、市科学技术委员会根据市政府要求组织、下达了青草沙水源地预可行性研究课题，用4个月时间，以历史资料和有关成果为基础，进行探索性方案研究，9月完成了"青草沙水源地开发预可行性研究报告"，认为围滩筑库、开发青草沙水源的可能性是有的。

一个可取的方案需同时具有科学性、现实性和可操作性，以上建议和报告虽颇有见地，但由于时间短，实测资料少，研究深度有限，特别是在当时过江管等关键技术尚未过关，经济实力也不够，建设条件还未成熟，故不可能被决策部门所采纳。此时，有关部门根据当时状况及条件，将黄浦江取水口由中游上移至上游，在一定程度上改善了供水水质。

为进一步掌握青草沙水域水、沙、盐及污染状况，华东师范大学河口海岸研究所在市公用事业管理局的资助下，于1992—1994年的枯季大小潮期间，在青草沙南北两侧布船逐时连续观测，上海市环境科学研究院和市环境监测中心在原有监测断面的基础上又增加了观测点，取得了大量的第一手现场观测资料，为该水域盐水入侵和污染状况研究提供了坚实基础。

1995年4月，市政府建议由市建设委员会牵头，着手开展长江口新水源地开发利用的预可行性研究，12月市建委下达《长江口青草沙水源地预可行性研究总课题研究计划大纲》，由市建委牵头，以市公用事业管理局、市水利局为主，组织了有关委、局、大专院校、研究院、设计单位、公司等24个单位参加，由时任市建委副主任谭企坤为总课题领导小组组长，并成立由23人组成的工作小组，笔者也为工作小组成员。总课题下设5个分课题，18个子课题。5个分课题是：2020年城市需水量预测及分配布局规划；河势河态分析及库址方案的确定；取水口水域环境评价及预测；水库工程技术论证；取水头部、长江过江管施工论证及管线陆域走向、取水输水泵站布置。经3年多的努力，在1998年底完成了"上海市长江口青草沙水源地预可行性研究报告"，结论有12点，其中前3点为：上海城市供水范围扩大和需水量增加，必须开辟供水新水源；上海城市供水新水源应选长江口水源；长江口青草沙是上海城市供水的新水源地之一。

　　要利用长江河口的水资源作为上海饮用水的供水水源已有共识，如何避咸蓄淡取得优质淡水，宝钢水库已提供了范例。但水源地选在何处当时却有多种方案，除青草沙方案外，还有位于南汇边滩的没冒沙方案、以陈行水库为主体的边滩水库链方案、太仓边滩水库方案等，这些方案各有利弊，但总的来说，科学论证都显不足，致使领导难以决策。

　　在对水源地选址方案众说纷纭的情况下，上海市环境保护局领导高瞻远瞩，利用上海市环境保护科学技术发展基金，在2002年专列"上海水源地环境分析与战略选择研究"环境科技攻关项目，立项招标，目的是要在已有工作的基础上，根据本市供水现状和发展需求，对主要水源地水环境质量的历史演变、现状、变化趋势、水质保护的可能性等作客观、全面、系统的分析对比，对上海水源地的战略选择方向、必要的保证条件、保护工作重点和可行性等提出明确的意见和建议，为领导决策提供更有说服力的科学依据。

　　华东师范大学河口海岸学国家重点实验室、上海市环境科学研究院和上海市环境监测中心，多年来对长江河口的水环境、水资源利用和保护、水源地选择等做过大量现场观测和科研工作，3个单位优势互补，联合竞标成功。通过两年多的共同努力，圆满地完成了研究任务，撰写了"上海水源地环境分析与战略选择研究"报告，内容分两大部分：一是根据实测资料和运用先进的计算方法，对上海水源地的环境现状、盐水入侵、河势演变、水质污染、重大工程和海平面上升对水源地的影响作了全面、系统的论述；二是阐明了建立新水源地的必要性、上海水源急待解决的问题、国内外先进城市水源地建设经验，提出了上海水源地战略选择的六个原则，对3个可比选的水源地的主要优缺点作了全面、深入的对比，最后提出，上海水源地的重点应从黄浦江向长江口转移，青草沙水源地是在本市管辖范围内最佳的水源地。

　　2004年12月，上海市环境保护局受上海市科学技术委员会委托，主持召开"上海水源地环境分析与战略选择研究"课题评审会，以时任上海市公用事业管理局副局长芮友仁为组长的专家评审组认为：该项目成果数据翔实，资料丰富，分析和计算手段先进，根据上海地区水资源的特点、国外先进城市水源地建设经验和上海城市总体规划的基本框架和指导思想提出的上海水源地的战略选择原则是正确的，提出的水源地选择推荐方案是科学合理的。总体上达到国际先进水平。2006年本项目获上海市科技进步二等奖。

　　与此同时，2003年陈吉余院士等提出在南汇东滩修建没冒沙水库。2004年4月，上海市水利学会召开了"上海市饮用水水源地战略研讨会"，会上专家们献计献策提出4个方案：一是楼惠甫提出建设没冒沙生态水库方案，不仅能有效地保证二港地区和浦东地区的用水，同时也可能成为上海第三大水源地；二是金迪惠、顾玉亮、诸大建提出，以上海市第二水源地——陈行水库为基础，改建罗泾水库、新宝山水库、联合宝钢水库、太仓水库，形成长江口南岸水库链；三是莫敖全、陈海英提出新形势下建青草沙水库的初步设想；四是金忠贤、顾云刚、武俊夏提出，崇明新桥水道水库也是上海新水源地的理想选址之一。

2005年12月，根据上海市人民政府要求，上海市水务局主持召开了"上海市长江口水源地评估审查会"，组织国内9个相关学科的26位资深专家，就青草沙或没冒沙的建设问题进行评估审查，一致认为，青草沙水源地具有淡水资源丰富、水质优良、可供水量巨大、水源易于保护，抗风险能力强等优势，推荐青草沙水库方案。专家们的观点与我们2003年完成的报告中的观点高度一致。

2006年1月，青草沙水源地工程被列入市"十一五"规划，同年12月进入实质性启动阶段，2007年正式开工建设，2010年底逐步投入运行，2011年6月全面投入运行，给上海市人民带来了清澈优质的自来水。

本论著是在2003年完成的"上海水源地环境分析与战略选择研究"成果的基础上修改和补充写成。全书共分9章：第1章为长江口水资源和水源地状况，论述长江口水资源的数量、利用现状、水质状况、已建水库和可被利用的水源地；第2章为盐水入侵对水源地的影响，论述影响长江口水源地盐水入侵的主要因素、盐水入侵来源和途径、盐度的时间和空间的变化规律；第3章为河势演变对长江口水源地的影响，论述河口河槽和边滩的演变及其对水源地的影响；第4章为水质污染对长江口水源地的影响，论述流域排污及长江口沿岸排污对长江口水源地水质的影响；第5章为重大工程和海平面上升对长江口水源地盐水入侵影响预测，利用改进的三维ECOM-si水动力数值模式，建立长江河口三维流场和盐度场的数值模式，预测三峡工程、南水北调、长江口深水航道工程以及海平面上升对长江口水源地盐水入侵的影响；第6章为长江口水质变化趋势及水质数值模型，根据1987—2003年监测资料分析15年来水质变化趋势，利用Delft水动力和水质模型对长江口水源地的水质进行了数值模拟；第7章为长江口水源地的战略选择，论述上海建立新水源地的必要性、新水源地选址过程、国外先进城市水源地建设经验、上海水源地战略选择原则、水源地方案比选和推荐方案；第8章为青草沙水源地盐水入侵变化规律，运用现场观测资料首次全面论述了青草沙附近水域盐水入侵的来源和盐度的时空变化规律；第9章为青草沙水源地不同保证率下连续不宜取水天数计算，在拟建青草沙水库缺少长系列氯度观测资料情况下，运用平面二维数值模型、ARMAX模型+MarKov模型、谱分析+MarKov模型3种方法计算了青草沙水库取水口不同保证率下超过250 mg/L连续不宜取水的天数。青草沙建库时由三维数值模型计算得到的连续不宜取水天数与报告中计算得到的天数一致。全书中，第1~6章为水源地的环境分析，是水源地战略选择的基础，第7章上海水源地的战略选择是全书重点，第8、第

9章为第7章的延伸，是推荐青草沙水源地作为新水源地后需要进一步探讨的两个关键问题。第1～7章是2003年完成的研究成果，第8、第9章是1996年、1997年完成的研究成果，希望读者在参阅或引用时注意这几个时间节点。书中第1、第7、第8、第9章由沈焕庭执笔，第2章由茅志昌执笔，第3章由李九发执笔，第4、第6章由林卫青、矫吉珍执笔，第5章由朱建荣执笔，全书由沈焕庭、林卫青构架、修改、补充和定稿。本书是由笔者负责的项目组全体成员共同努力的结晶，项目组成员有：华东师范大学河口海岸学国家重点实验室朱建荣教授、茅志昌教授、李九发教授；上海市环境科学研究院曹芦林教授级高级工程师、矫吉珍工程师；上海市环境监测中心陈国海高级工程师；同济大学吴加学博士。

在本项目研究过程中，自始至终得到上海市环境保护局高永善主任、柏国强高级工程师，上海市公用事业管理局芮友仁副局长、程济生副局长、俞季兴处长，上海市自来水公司徐彭令高级工程师，华东师范大学河口海岸学国家重点实验室丁平兴主任、王平书记，地理系余国培教授、石纯博士，以及上海市环境科学研究院领导的关心支持。王佩琴同志为本书精心绘制图件和打字排版。出版时得到上海环境科学研究院和河口海岸学国家重点实验室的资助，原宝钢工程指挥部副总工程师凌逸飞教授级高级工程师还为本书作序。在此一并表示谢忱。由于水平有限，不当之处盼请指正。

沈焕庭

2014年春于苏州河畔清水湾花园

● 后语——对上海水源地开发与保护的建议

青草沙水源地原水工程是一项超大规模的城市供水水源工程，水库面积66.26 km²，有效库容 4.38×10^8 m³，供水规模达 719×10^4 m³/d，受益人口超过1 000万。青草沙水库的建成，形成了以长江水源地为主导水源的"两江并举，多源互补"的原水供应基本格局，大幅度提高了城市供水水源的可靠性和安全性，对全面扭转上海水质型缺水城市的局面作出了突出贡献。但也必须清醒地认识到，青草沙水库建成后仍存在诸多新问题、新挑战。尤其值得高度关注的是：如何防止长江口和黄浦江水质恶化；如何减少盐水入侵的危害；如何改善和防止库内的富营养化。对这些问题我们应及早考虑对策，采取措施，积极应对，尽可能防患于未然，使这个关系到上海经济、社会可持续发展的供水水源工程发挥更大的作用。为此特提出如下建议。

1）全流域重视长江水资源保护

上海长江口水源地已先后建成宝钢水库、陈行水库和青草沙水库，正在开发建设崇明东风西沙水库。长江口水源在上海原水供应中已超过70%，故长江口水源地的保护对上海显得尤为重要。

长江口水源地的污染物，除来自上海本地外，更多来自长江流域，随着流域社会经济的不断发展，流域的水污染愈益严重，这是长江口水质恶化的潜在隐患和水源地的最大风险，应引起我们高度关注。大量资料表明，富营养化在我国河口地区极为严重，其中以长江口水域尤为突出：20世纪80年代初期，长江口硝酸盐含量已高达65 μmol/L，比1963年高约4倍；长江冲淡水有机磷的含量比外海水高20倍；1997年无机溶解氮的入海通量比1968年增大7倍，2002年长江排入海的无机氮为177.6×10^4 t，磷酸盐为3.15×10^4 t，居全国入海河流之首。赤潮发生频率也在快速增长，据不完全统计，在长江口及邻近水域发生赤潮的次数，1990年至1993年为15次，1994年至1997年为132次，2007年仅一年为60余次。这些情况表明，长江流域及其河口日益加剧的人类活动和资源开发，使长江及其邻近海域污染日益严重，并有进一步恶化趋势，这将严重威胁长江口水资源的持续利用。

联合国曾作过统计，破坏一个湖泊或一条河流，只要5～10年，但治理至少需要15～80年。英国治理泰晤士河历经一百多年，花费了几百亿美元的资金。长江这条我国第一大河一旦被污染就不堪设想，不仅影响长江口水源地的利用，更影响全流域人民的生活和社会经济的发展，再要治理要比泰晤士河等治理付出更沉重的代价。

长江及其河口的水资源保护涉及水利、环保、农业、交通、海事、港务、海洋、渔政、军事等多个部门，出于多种原因，长期处于多地方、多部门各自为政的局面，结果事倍功半。现已借鉴国际上公认的水资源统一管理模式，由流域机构——长江水利委员会统一制定保护规划、标准和管理法规，统一管理。我们殷切期望流域机构要完善流域与区域结合、管理与保护统一的水资源保护工作体系，形成中央与地方、流域与区域、上游与下游分工明确、统一协调、管理有序的水资源保护机制，加快法制建设，加快污染治理步伐，遏制住长江水污染愈益严重的势头，确保长江口水资源的可持续利用。

2) 加快北支综合治理，削减北支盐水倒灌

盐水入侵是影响水源地水质的重要因素。影响长江口盐水入侵的因素主要是长江入海径流量和进入河口的潮流量，若入海径流量减少，进潮量将增大，盐水入侵将增强。中、东线南水北调建成后，长江入海径流量将减少，导致长江河口盐水入侵增强，此种效应已初露端倪，值得关注。

长江口水源地盐水入侵主要有两个来源，一个是外海盐水通过南北港直接入侵，另一个是北支盐水倒灌，后者不仅是宝钢水库、陈行水库、崇明东风西沙水库，也是新建的青草沙水库水源地盐水入侵的主要来源，削减北支盐水倒灌是减少南支水源地盐水入侵强度的关键措施，可大幅减少连续不宜取水的天数，极大地提高这几个水库的供水能力。

对如何削减北支盐水倒灌有多种方案，归纳起来有两大类：一类为封堵方案，另一类为束窄方案。这两类方案各有利弊，从总体来看，封堵方案可堵截盐水倒灌。但对灌溉排水、航道和环境等都将带来较大的不利影响。结合围垦将喇叭形河段进行束窄，改造成比较顺直的河道，可减小潮差，消除涌潮，大幅削减北支对南支盐水和泥沙的倒灌，可大幅减少水库连续不宜取水天数，还可改善航运条件，获得大量土地，对环境影响等副作用也较小，对上海、江苏均有利，是可取之举。近10多年来，与束窄有关的工程已搞了一些，但还远远不够，建议长江水利委员会促进上海与江苏联手，综合考虑多部门的利益和矛盾，制订一个合理的北支综合治理规划，尽最大努力加快北支综合治理的步伐，越快越能取得事半功倍的效果。

3）加强对黄浦江水源的治理与保护

为保证大城市供水的安全性和可靠性，国际上大城市都采用多个水源，即多个江、河水源及地下水源同时向城市供水，为保证供水质量的稳定性，对不具备优质稳定水质的河流湖泊，许多城市不是采取从自然水源直接取水，而是建设大规模水库作为城市可靠的水源地，这是国外先进城市水源地建设的经验。

青草沙水库的建成实现了上海供水水源地重点由黄浦江向长江口的转移，但黄浦江水源地对上海供水依然是极为重要的，必须毫不动摇地坚持"两江并举，多源互补"的发展战略。近20年来上海市各级领导对治理苏州河、黄浦江污染做了很多有成效的工作，上海水环境发生了显著变化，水质得到了改善，但对于开放的黄浦江上游水源地，由于受到上游来水、本地污染排放和通航等因素影响，原水水质不太稳定，尤其是突发性的水污染事故，会对供水安全造成严重威胁。面向未来，上海水环境尤其是水源地的保护更加重要。要清醒地认识到，黄浦江上游水源地必须保护，决不能出于开发的目的而放松。政府职能部门要严格落实各项保护措施，全社会要加强对于水源地保护的舆论监督，共同努力保护好上海的水源地、水环境。为进一步提高黄浦江上游水源地供水安全保障能力，加快构建与新型城市化和新农村建设相适应的供水基础设施体系，落实《上海市饮用水水源地保护条例》，市政府制订了黄浦江上游水源地规划，拟将在太浦河新辟一个水源湖，集中归并黄浦江上游现有的6个取水口，以进一步提高黄浦江上游水源地应对突发性污染事故的能力，进一步稳定和提高原水水质。这是个可赞的措施，应尽早实施。

4）充分合理利用地下水资源

在本市地下蕴藏着丰富的地下水资源，它主要赋存于第四纪松散岩类、灰岩裂隙溶洞和构造带裂隙之中。其中潜水开采量为$7.18×10^8 m^3/a$，承压含水层地下水开采量为$1.42×10^8 m^3/a$。前者因位于浅层，透水性弱和遭受污染，不宜开采利用，后者埋藏在地下170 m以下第四、五承压含水层内，形成于2万～4万年以前，清澈而无污染，是优质的饮用水水源，尤其是其中有一种矿泉水，它经历漫长的地质年代溶解，富集了大量有益健康的矿物质和一般饮用水所缺乏的锂、溴、碘、硒等微量元素，更是天然健康的好水源。

上海地下水开采在20世纪60年代前主要集中在中心城区，以第三、第四承压含水层为主要开采层次，引发了严重的地面沉降。1964年开始限制开采量，1966年中心城区开展大面的地下水人工回灌，1968年逐步调整地下水开采层次，由浅部含水层向深部第四、第五承压含水层调整，使地下水位大幅回升。1968年全市地下水开采量仅$0.54 \times 10^8\,m^3$，至1976年开采量一直控制在$1.0 \times 10^8\,m^3$以下，之后又有增长，1997年达$1.40 \times 10^8\,m^3$，1998年后加强了管理力度，开采量逐年压缩，2004年为$0.92 \times 10^8\,m^3$，其中第四、第五层承压含水层的开采量分别为$0.59 \times 10^8\,m^3$、$0.16 \times 10^8\,m^3$。

以往上海开采地下水主要用于工业用水，这是极不合理的，现在这种情况已有改观，但仍存在一些问题，未得到充分合理利用。美国纽约长岛把丰富优质的地下水作为饮用水的水源，取得了很好的效果。上海作为一个水质型缺水城市，应加倍珍惜大自然赋予我们的宝贵的地下水资源，在确保地面沉降趋势得到控制、合理调控地下水开采量的同时，可以充分、合理地开发地下水尤其是其中的矿泉水，作为上海人民的饮用水源之一，这样可大大提高上海市民的饮用水质量。

5）"节流"与"开源"同样重要

世界上淡水资源极其有限，我们休养生息的地球虽然有70.8%的面积为水所覆盖，但其中97.5%的水是人类不能直接饮用的咸水，在余下的2.5%的淡水中有87%是人类难以利用的两极冰盖、高山冰川和永冻积雪，人类能真正利用的淡水资源仅占地球总淡水量的0.26%，淡水资源匮乏的现象在世界多个国家和地区频繁显现，已成为威胁人类的一个危机。我国的人口占世界总人口的22%，而淡水占有量仅为8%，被列为世界上13个贫水国家之一。上海不缺水，但缺好水，作为一个水质型缺水城市的状况一时难以改变，不断寻找、开发新水源，从某种意义上说，也是人类在被自己改变了的环境面前的无能为力。因此无论何时，节水意识是不可缺的。消耗$1\,m^3$自来水约排出$0.9\,m^3$污水，浪费水就会增加对环境的污染，而水环境的变化又将导致优质水资源的短缺，因此加强节约用水，不仅是缓解上海城市供水供需矛盾的客观要求，也是改善上海水环境的一项重要措施，"节流"与"开源"永远同样重要。请君拧紧水龙头，莫让清水白白流。

沈焕庭　林卫青

2014年9月

1.5　学术思想

2007年，为纪念我院——我国第一个河口海岸专门研究机构（华东师范大学河口研究室）建立50周年，院领导举办了"我与河口海岸研究院"征文活动，我写了一篇"50周年院庆寄语"，此文基本上表达了我步入河口研究领域后的学术思想，现略作补充节录如下。

河口海岸学国家重点实验室肩负发展河口海岸学科的重任，不仅要在国内起到领头羊作用，还要在国际上进入先进行列，在某些方面要居领先地位，建设成前导性实验室，引领我国未来的河口海岸研究。值此院庆50周年之际，为进一步发展河口与海岸学科，发表如下浅见。

● 关于研究地区

河口海岸学国家重点实验室毫无疑问应以研究河口区与海岸带为主，这是我们这个学科的区域特色，研究流域和陆架不仅可以而且必要，但研究这两者的着眼点主要不在于其本身，而是为了更好地搞清河口区与海岸带的问题，发展河口学与海岸学。从事河口学与海岸学的每一个研究成员都必须清楚地知道河口学与海岸学研究的对象、范围、研究意义和研究内容。

● 关于发展原有特色和增添新特色

我院原有的学科特色：一是在研究内容上主要研究河口与海岸地区的动力、地貌和沉积；二是在研究的指导思想上一开始陈吉余先生就倡导三者研究的结合，从20世纪80年代开始，笔者又倡导和践行物理、化学、生物过程研究的结合，后一个结合不是对前一个结合的否定，而是在前一个结合基础上的发展；三是研究为工程建设服务，为社会需要服务。

可不断增添新的特色，但原有特色不能丢，且要进一步发展。要避免新特色没形成、没增加，而老特色被削弱或丢失。

要发展原有特色，一是要加强动力、地貌、沉积队伍的建设，提高自身研究水平；二是搞化学、生物过程研究的要与动力、地貌、沉积研究相结合作为方向之一，也要为发展动力、地貌、沉积过程研究作贡献。

要花大力气增添新特色，近些年新增化学、生物研究队伍是可赞之举，但一定要坚持主要搞河口区与海岸带的化学、生物过程，并要与物理过程研究紧密相结合。

- **关于应用研究与基础研究**

科学发展的动力是生产实际的需要，我们院是从应用研究起家的。早期的研究都是围绕一些重要任务进行的，先解决生产问题，后发表论文。这样做既满足了生产实际的需要，又推动了学科的发展。国家重点实验室成立后，重视和加强了基础研究，定位在应用基础研究，这是正确的。为此一定要将应用研究和基础研究相结合，在继续进行应用研究的同时，大力加强基础研究，将应用研究深深地扎根在基础研究的沃土之中。唯有科学理论的提升，才能真正解答工程建设中的科学技术难题，不进行基础理论研究，所从事的应用研究是肤浅的。每个研究人员既要搞基础研究，又要搞应用研究。两者略有侧重是可以的，但不要截然分开，总体上应以应用基础研究为主。

- **关于宏观研究与微观研究**

过去我们院宏观研究搞得较多，微观研究搞得较少。现在微观研究有所加强，这是好事。但宏观研究与微观研究各有长处和短处，一定要结合。要在宏观研究指导下进行微观研究，在微观研究的基础上进行宏观研究。许多复杂问题是不可分割的整体，需要从微观到宏观的系统综合。

- **关于定性研究与定量研究**

过去我们院定性研究搞得比较多，定量研究不够。现在对定量研究愈来愈重视，条件也愈来愈好，我们应将两者结合，定性研究可指导定量研究，定量研究也可促进定性研究。要大力发展数学模型，努力做到既定性又定量。

- **关于现代过程研究与历史过程研究**

我们院既要研究现代过程，又要研究历史过程，并将两者结合起来。但应以研究河口区与海岸带的现代过程为主，研究历史过程主要为研究现代过程服务，更好地阐明现代过程。搞清现代过程也有助于阐明历史过程。

- **关于树立良好学风**

国家重点实验室发展一定要有好的学风。要克服急功近利、浮躁等思想，弘扬团队精神，前一阶段院领导重视文化建设很好，希望要结合当今社会尤其是我们院的实际持续深入地抓下去，才能获得更好的效果。

- **关于老中青相结合**

老中青各有所长，各有所短，各有各的作用。过分强调老的或青的作用都不会

有好的结果，最好还是老、中、青相结合，相互取长补短，相互促进。要鼓励后辈青出于蓝胜于蓝，一代胜一代事业才能发展。

● 关于队伍建设

队伍建设是学科建设的关键。要花大力气自己培养和从国外、国内引进高素质、高水平的人才，尤其是学科带头人，既要有高的业务水平，更要有良好素质。可因神设庙，也可筑巢引凤。科研人员应朝一专多能的方向努力，一专是立足之本，一专要有多能支持，多能要为一专服务。出成果既要注意数量，更要关注质量，在多学科结合点上更有可能出高水平和标志性的成果。

● 关于组织建设

室、院下设若干研究组（室）有利于领导和学科建设。如何设置？是按条条、块块，或条块结合，以及设置多少个，可总结以往4个室的经验与教训，再根据新情况确定，可边做边摸索。我认为以考虑有利于学科发展为主更佳。

● 关于研究方法

河口是一个开放的复杂巨系统，要大力发展系统科学的思想和方法，可继续坚持现场观测、数学模型、物理模型相结合的从定性到定量的综合集成研究方法。现场观测是基础，是原创研究之本。要充分发挥先进仪器的作用，要在定位站和典型岸段进行长时间序列的综合观测。要加强沉积物分析手段，要大力发展数学模型，要在三者的结合上狠下工夫。

● 关于国内外学术交流

国内外学术交流是促进学科发展的重要手段。每个科研人员都要关注和参与国际河口、海岸的热点和前沿课题的研究，要在国内外重要的河口和海岸学术研讨会上都有我们的强音，要在国内外重要的河口、海岸研究组织中持续占有一席之地。

● 关于拓展研究领域

河口因注入的受水体不同，可分为入海河口、入湖河口、入库河口、支流河口等多种。以往我们研究的大多数是入海河口，对其他几种类型的河口研究甚少。近几年我通过实地考察，深感对这几类河口进行研究也具有重要的理论和实践意义。海岸同样有多种类型，以往我们对淤泥质海岸研究较多，对其他类型的海岸研究较少，为了更好地发展河口与海岸学科，在继续深入研究入海河口和淤泥质海岸的同时，要积极开展入湖、入库、支流河口的研究以及其他类型海岸的研究，在研究中重视比较研究和综合研究，建立并发展比较河口学和比较海岸学。

　　河口学是一门年青、综合性很强、充满活力的边缘科学，河口区是一个自然综合体，河口过程是物理、化学、生物过程三者结合和相互作用的综合过程。河口科技工作者要根据研究对象的属性和面临强大人类活动的挑战，架构与之相应的河口学综合学科体系，这是河口学发展的需要和发展阶段的体现。此体系的建立不仅可提高河口学的科学水平和解决实际问题的能力，还可大幅提升河口学的学科地位。

1.6　成果评价

（1）长江河口过程动力机理研究（1986年）

● 黄胜（交通部南京水利科学研究院河港室主任、教授级高工）

　　这组系列论文是根据大量实测资料对长江口各个动力因素进行了分析研究，阐明它的特征和变化规律。

　　《长江口潮波特征及其对河槽演变的影响》一文阐明了：①长江口潮波的性质，在涨落潮槽中不同的原因；②科氏力导致涨落潮动力轴的分离，指出这是河口分汊的主要动力机理；③用具体资料论证了长江口潮汐长周期（18年、61年）的变化规律。

　　《长江口潮流特性及其对河槽演变的影响》一文，论证了涨落潮流是长江口水动力中一对矛盾，一般说来，在拦门沙以上河段，落潮流是矛盾的主要方面，在拦门沙以下，涨潮流是矛盾的主要方面，这些观点有助于拦门沙形成原因的分析。

　　《长江口环流及其对悬沙输移的影响》一文，对长江口盐淡水混合作了详细的分析，认为长江口各条水道都存在着上层水流净向海输送，滞流点以下则净向陆输送，径流与潮流在长江口环流形成中起重要作用，悬沙输移也如此。最大浑浊带对拦门沙的形成与部位有作用。这些观点对阐明长江口拦门沙的形成与变化规律有重要意义。

　　以上这些成果有助于探讨长江口发育演变的动力机理，在学术上有价值，对长江口综合开发治理也有实际意义，在国内各大河口进行这样系统的研究还是第一个。

1986年9月

● 黄维敬（交通部上海航道局原总工程师）

　　长江河口动力过程机理研究一系列论文，对长江河口的各种动力因素，诸如潮流、径流、余流、混合、环流、口外海滨流系，根据大量实测资料，进行了系统的

深入的分析，是迄今为止国内这方面文献中最全面的。

在分析各种动力因素时，不仅掌握其在时间上变化和空间分布的规律，还着重探讨揭示其对泥沙运动、河槽演变的作用和机理。其中环流对悬沙输移的影响，潮流对河槽演变的影响等都有新意。

这些成果不仅对河口学有新的丰富和发展有广泛的指导意义，而且对长江口的开发、规划及治理提供了较全面而系统的动力依据，并已有了实际的经济效益。

1986年9月

● 呼延如琳（河海大学教授）

研究世界大河长江河口的动力机理在学术上具有巨大的价值。这组系列论文对长江河口的潮汐、潮流、盐淡水混合等动力因素作了系统全面的分析，揭示了动力因素对长江河口及口外海滨的影响，在全国河口动力因素研究方面起先导作用，为综合利用长江口的水利资源奠定了基础，也丰富了河口学中的中国内容，充实了河口学理论。

长江河口的动力因素以往未进行过系统探索，这组系列论文提出的成果揭示了长江口的潮流、余流、环流和盐淡水混合等的规律，应是国内先导，属于首创。阐明长江河口动力因素及其变化规律，不仅对阐明长江河口的演变起着决定性作用，而且对河口航道整治、岸滩防护、生态环境、渔业水产、军事等学科都能起促进和推动作用。

1986年9月

● 杨啸莽（上海经济区高级工程师）

"长江河口过程动力机理研究"系列论文，在利用大量实测的水文、泥沙、盐度等资料对长江口的径流、潮流、盐淡水异重流等动力因子进行了系统、深入分析的基础上，对长江河口的泥沙运动和河槽演变的动力机理进行了开创性的探讨和研究，为探索长江河口的演变规律和开发整治提供了动力学方面的依据。

《长江河口潮波特性及其对河槽演变的影响》、《长江河口潮流特性及其对河槽演变的影响》和《长江河口环流及其对悬沙输移的影响》等论文已在长江口综合开发整治（首先是南支河段整治可行性研究和北支封堵可行性研究等）、上海港新港区选址以及长江口入海航道选择等的规划、设计和科学研究的实际工作中作为重要依据得到了应用。

长江河口是我国最大河流的河口，动力条件非常复杂，长江河口过程动力机理研究居河口学研究领域的前沿阵地，对河口动力学的发展有重要推动作用，丰富了河口学的研究内容，在国内同类研究中处于先进行列，与国际同类研究相比，虽然现有水文、泥沙、盐度等资料的系列性尚不够，但在研究深度上已达相应水平。

1986年9月

● **王谷谦**（交通部上海航道局总工程师）

　　整治和开发长江口关系到上海市、长江三角洲以至整个国家的经济发展。在开发整治长江口过程中，掌握长江口的水动力至关重要。华东师范大学河口海岸研究所多年来对长江口的潮波、潮流、余流、环流、盐淡水混合以及增减水等动力因子，根据大量实测资料进行了系统的深入的研究。本成果从各个侧面分析了长江口水动力的基本特征，动力因素的时间变化和空间分布规律，并揭示了其对泥沙运动、河槽演变的作用和机理，在理论上有创新，在指导生产方面起了重要作用，具有很高的应用价值。

　　本系列研究成果能将动力与沉积、河槽演变等相结合，阐明了河槽演变规律，在长江口研究中具有创新性。研究成果解决了长江口生产中存在的重要问题，为长江口7m入海航道选槽、挖槽定线、泥土处理，上海新港区选址，长江口治理规划以及其他沿岸重要工程建设提供了科学依据，有明显的经济效益。这些成果还可以为今后上海市海岸带和长江口开发利用发挥积极的作用。

　　本系列成果在理论上推动了河口学科的发展。在同类研究中居国内领先行列，在系统性，完整性，动力与沉积、地貌等结合方面达到了国际先进水平。

1986年9月

● **宁祥葆**（上海市水利局副局长）

　　长江口是我国最大的河口，也是世界上著名的河口。华东师范大学河口海岸研究所20多年来对长江河口进行了系统的科学研究。《长江河口过程动力机理研究》共10篇文章，从分析潮波、潮流、余流、盐淡水混合、环流等各种动力因子的基本特征着手，研究它们在河口过程中的作用，这一系统研究在国内外河口研究中属先进行列。在河口理论研究上也有很高价值，在生产实践上有指导意义。如在促淤围垦、护岸保滩、排污口位置选择、沿岸工程建设、河口综合治理和开发利用等方面发挥了很好的作用。

1986年9月

（2）河口最大浑浊带研究（1998 年）

● **交通部上海航道局**（1998 年 4 月）

　　长江口在拦门沙地区的最小自然水深在6.0m左右，万吨级船要候潮进港，严重

制约了港口事业的发展。为了将上海建成国际航运中心，国家正规划长江口航道的水深增至12.5 m，使第四代集装箱船能全天候进港。

增深长江口通海航道主要是加深拦门沙的水深，而最大浑浊带是拦门沙形成和变化的重要因素之一。由华东师大河口所沈焕庭教授负责的河口最大浑浊带课题组，经多年的努力，对长江河口最大浑浊带的特性、形成机制和变化规律进行了深入研究，其研究成果为长江口深水航道的选槽和规划设计提供了科学依据。

● 上海港务局（1998 年 4 月）

上海港是我国大陆沿海最大的综合性港口。为实现"一个龙头，三个中心"的战略目标，党中央已决定把上海建设成国际航运中心，上海的港口建设将有更大的发展。上海港地处长江入海口，长江径流和潮流的交融形成所携带的细颗粒泥沙的输移及沉淀，是辟建港口入海深水航道和进行港口规划必须研究的问题。由华东师范大学沈焕庭教授负责的河口最大浑浊带课题组对长江河口最大浑浊带进行了系统研究，所取得的一系列研究成果，对长江口深水航道建设和长江沿岸港区规划有较好的应用价值。

● 上海市水利局（1998 年 4 月）

上海地少人多，土地资源非常宝贵，如何利用长江丰富的泥沙资源，促淤围垦造地，为上海提供更多的土地，这是我们水利局的一项重要任务。要促淤围垦就必须掌握长江河口泥沙的来源、数量和运动规律。由华东师范大学沈焕庭教授负责的河口最大浑浊带课题组，近几年来对长江河口的最大浑浊带进行了全面系统的研究，其系列研究成果为上海促淤围垦规划的制订和实施提供了重要科学依据，并在青草沙水源地选择、九段沙促淤和团结沙围垦等工程中得到应用。

● 上海市环境保护局（1998 年 4 月）

华东师范大学河口海岸研究所"河口最大浑浊带研究"课题的许多重要研究成果，如长江口最大浑浊带成因及其时空动态、长江口细颗粒泥沙运动规律、长江口黏性细颗粒泥沙在污染物迁移转化中的作用以及长江口水动力学、沉积学特征等，对于指导水环境保护、水污染防治、水资源的合理开发利用等有重要的参考意义，尤其是长江口最大浑浊带环境效应方面的研究，对于指导长江口环境保护有重要的科学价值，并在我们的实际管理工作中得以应用。

另外，该课题的许多重要研究成果还在上海市环境保护局与浙江省环境保护局共同开展、由世界银行资助的国家重要咨询课题"杭州湾环境研究"中，得到直接应用，发挥了重要作用，特别是该课题有关长江口生物地球化学过程方面的研究成果，对于指导长江口水资源的合理开发利用起到了重要的指导作用。

（3）长江河口盐水入侵规律及淡水资源开发研究（1999年）

● 鉴定意见

1999年11月25日由上海市科委主持，在华东师范大学召开了"长江口盐水入侵规律及淡水资源开发研究系列成果鉴定会"，与会专家听取了课题组汇报，并进行了认真的讨论，鉴定意见如下。

1）上海可供取水的水源有地下水、黄浦江和长江，地下水水量有限，黄浦江的水质和水量均已不能满足日益增长的需要，从长江口取水已势在必行。但长江口在枯季受盐水入侵影响，氯化物超标，不能满足生活与生产用水要求，因此，开发利用长江口的淡水资源，必须掌握长江河口的盐水入侵规律及重大工程对盐水入侵的影响。

2）该课题组自1978年以来，对长江河口的盐水入侵进行了大量的现场观测，积累了丰富的资料，并在此基础上进行了深入的理论分析和计算，取得的系列研究成果主要包括四个方面：一是长江河口盐水入侵的来源和时空变化规律；二是南水北调对河口盐水入侵的影响；三是三峡工程对河口盐水入侵的影响；四是上海第二水源地特别是青草沙水源地的盐水入侵规律及最长连续不能取水的天数计算。上述研究成果较系统全面地阐明了长江河口盐水入侵的基本规律，提出了"控制流量"、"升盐流量"、"降盐流量"等新概念，并对重大工程对盐水入侵可能产生的影响进行了预测，研究成果不仅丰富了河口学的内容，而且为南水北调、三峡工程、宝钢水库、陈行水库和青草沙水库等工程的规划设计提供了重要的科学依据和参数，取得了明显的社会、经济和环境效益。

3）从总体上看，该系列研究成果内容丰富、资料翔实、方法先进、结论可信，具有重要的理论和实用价值，对一个河口的盐水入侵进行如此全面系统的研究在国内外实属少见，已达到国际先进水平。

4）建议该课题组对长江口深水航道开发、大规模围垦、北支整治等工程对盐水入侵的影响及相互作用等问题作进一步研究。希望市有关部门给予大力支持。

鉴定委员会主任：程济生　副主任：马相奇

1999年11月25日

● 上海市自来水公司

本项目全面系统地研究了长江口盐水入侵的时空变化规律，研究成果为上海自来水水源的取水地点，避咸蓄淡水库库容大小，水库方案设计，中、远期供水发展

规划以及整个长江口区淡水资源的开发利用提供了重要的科学依据，并为解决沿海城市供水水源提供了有效途径。此成果已在珠江口得到推广应用。

上海市东北区域自来水水厂地处黄浦江下游，水源不但受工业废水和生活污水的污染，枯水期还受海水倒灌、水中氯化物增高的影响，居民和工厂企业反映强烈。为改变这一现状，决定在宝钢水库下游的长江边滩建造陈行水库，本项目研究成果为月浦水厂陈行水库设计部门所采用。月浦陈行水库根据岸线现状确定最大设计有效库容为$830 \times 10^4 \, \mathrm{m}^3$，本研究成果认为该水库的冬季最大供水可能达到$80 \times 10^4 \sim 90 \times 10^4 \, \mathrm{m}^3/\mathrm{d}$，使该水库的供水能力比原来按吴淞水厂资料推算的设计能力增加了1倍，节省工程投资1000多万元，还使水库布局和岸线开发利用更趋合理。1991年陈行水库建成供水，首先使20万～30万居民及工厂企业受益，随着上海城市发展，长江供水区将不断扩大，预计至2030年，将有全市1/2的人口受益。

● 上海市水利局

农业灌溉用水对氯化物有一定要求，如水稻育秧用水要求不能超过$600 \, \mathrm{mg/L}$，一般灌溉用水要$1\,100 \, \mathrm{mg/L}$。而上海地处长江河口，长年11月至翌年4月，长江口有盐水入侵现象，若遇枯水年份，入侵尤为严重，这不仅对上海市的生活和工业用水带来严重危害，且对上海的农业用水也带来威胁。由沈焕庭教授等完成的"长江河口盐水入侵规律及淡水资源开发研究"，较全面、系统地阐明了长江河口盐水入侵的来源、盐度的时空变化规律，并对南水北调和三峡工程等大型工程对长江河口盐水入侵的影响进行了预测。其研究成果为上海市排灌系统规划制订与实施提供了重要的科学依据。

● 上海市环境保护局

上海已成为一个典型的水质型缺水城市，其水质差的主要原因，一是大量未经处理的污水排入江河，二是在枯水期盐水入侵使氯化物超标，不符合工业用水和农业用水的要求。由华东师范大学沈焕庭教授负责完成的"长江口盐水入侵规律研究"课题组，经过多年努力，对长江口盐度的时空变化规律、盐水入侵和盐淡水混合类型以及人类活动对盐水入侵的影响等进行了全面深入的研究，其研究成果对指导上海市水环境保护、水污染防治、水资源的合理开发利用等有重要的科学和实用价值，并在我们的实际管理工作中（如水源地管理）得到应用。

● 上海航道局

长江河口拦门沙的最小水深只有$6 \, \mathrm{m}$，万吨级的船舶也要候潮进港，严重地制约了上海港的发展，1975年采用疏浚手段使拦门沙航道水深由$6 \, \mathrm{m}$增深到$7 \, \mathrm{m}$，使2.5万吨级的船舶也能候潮进港，但还是远远不能满足上海港发展的需要。为了把上海建成国际航运中心，中央已决定要将长江口通海航道增深到12.5 m。拦门沙地区水深浅与很多因素有关，其中由盐水入侵、盐淡水混合产生的环流和细泥沙的絮凝作用是两个重要因素。华东师范大学沈焕庭教授等从20世纪70年代末开始就致力于长江河口盐水入侵研究，在长江口盐水入侵来源、盐淡水混合类型及其对悬沙絮凝和输移的影响等方面进行了一系列深入的研究，其取得的系列研究成果为7米通海航道的维护和12.5 m深水航道的开发提供了重要的科学依据，并在有关工程的决策和设计中得到了应用。

- **凌逸飞（原宝钢工程指挥部副总工程师兼引水工程办公室主任、教授级高级工程师）**

宝山钢铁总厂建厂初期曾确定以远距宝钢72 km的淀山湖作为水源地。原因是：宝钢地处长江边，但因枯水期上游径流量减少，咸潮入侵长江口，造成水质变咸超标，当时所定标准为氯离子浓度不大于200 mg/L，而历年实际经常超过1 000 mg/L，最高曾出现3 950 mg/L。对此，当时担任冶金工业部副部长兼宝钢常务副总指挥的马成德同志曾多次建议我进行调查研究，并会同若干工程技术人员共同探索可能就近从长江取水的方案。正值此时，我们读到了沈焕庭同志等所写的两篇论文：《长江口盐水入侵的初步研究——兼论南水北调》和《咸水入侵对黄浦江水质的影响》。两文在分析了大量数据后，对咸潮在长江口水体中的时间上和空间上的变化规律作了详尽的研究，这对于我们形成一个完整的"避咸潮取水，蓄淡水保质"的工程方案，提供了理论基础，对长江取水方案的形成起到了促进作用。工程方案经过反复论证，于1982年9月获国务院批准，1983年2月动工，1985年8月投入运行，至今已13年，情况良好，1992年5月，国家科委组织鉴定，确定新方案为国家节约基础投资4 730万元，每年节约运行费441万元，并为河口淡水资源的利用开创了一个范例，已应用于珠海市、杭州市和上海市。1997年，国家计委批准成立"沿海水资源开发工程中心"，拟进一步推广这一"避咸蓄淡"的开发河口水资源的经验。20多年的实验证明，这是一项自然科学研究成果应用于国家经济建设的成功范例。沈焕庭同志等是有重要贡献的。

- **包承忠（上海市原水股份有限公司高级工程师）**

上海作为一个国际大都市，饮用水水质的好坏不仅关系到上海居民的身体健康，还会对上海的经济发展和国际声誉产生很大的影响。上海原有8家水厂取水于黄浦江的中下游江段，原水水质污染严重。虽然黄浦江水源已经实施了上游段取水，但受江、浙一带的排污影响，水质有时还是不够理想。因此，寻找新的优质的自来水成为原水股份公司的重要任务。华东师范大学沈焕庭教授、茅志昌教授等对

本项目历经20年潜心研究，从理论上对长江口咸潮入侵规律及河口淡水资源开发作了详尽阐述，提出了一些很有价值的新概念和新观点。长江引水避咸蓄淡陈行水库的选址、设计也运用了该项目的研究成果。8年来水库运行良好，产生了一定的经济和社会效益，该项目的研究成果为青草沙水源地盐水入侵问题的研究打下了一定的基础。

由16篇论文组成的系列成果表明，该项目研究指导思想和技术路线正确，所用数据可靠，在计算方法上进行了新的探索，在盐、淡水混合和盐水入侵的时空变化规律研究上有所创新，在研究方法上属国内首创，研究成果达国际先进水平。

● 王谷谦（上海航道局总工程师教授级高工）

由华东师范大学沈焕庭教授等完成的"长江河口盐水入侵规律及淡水资源开发研究"项目，对长江河口的盐水入侵来源、盐淡水混合类型及其对悬沙和底沙输移的影响，盐度的时空变化规律，盐水入侵锋和入侵类型，南水北调和三峡工程对河口盐水入侵的影响，氯度值预报和连续不宜取水天数预测等进行了全面系统的研究。纵观这些研究成果，有如下特点：①室内研究和现场测验密切结合，基础牢靠；②起步早，方法有独创，有开拓性和创新性；③基础理论研究和为工程服务的应用研究紧密结合；④提出了"升盐流量"、"降盐流量"，"控制流量"等新概念。从总体上看，此项研究居国际先进水平。

● 陈美发（上海市水利局总工程师）

盐水入侵和盐淡水混合是河口区的重要现象，长期以来一直是河口学研究的重要内容。长江河口口门宽达90 km，且三级分汊四口入海，故盐水入侵和盐淡水混合问题特别复杂，阐明长江河口的盐水入侵规律在理论和实践上均有重要意义。

由沈焕庭教授负责的课题组，非常重视盐度的现场观测，并在此基础上研制和运用多种有效的数学方法进行数值模拟，将两者紧密结合起来，探讨了长江口盐水入侵的机理、盐淡水混合类型、盐度时空变化规律以及南水北调和三峡工程对长江口盐水入侵的影响等一系列理论和实践问题。

资料翔实，研究成果具有创新性，观点鲜明，结论可信，既有广度，又有深度。对一个如此复杂的大河口的盐水入侵作全面系统的研究，在国内外实属少见。研究成果在总体上已达到国际先进水平。

● 黄孟沦（上海环境科学研究院高级工程师）

本项目研究自1978年至1997年历时整整20年。获得的研究成果，既有广度，又有深度，在国内独树一帜，概括该项研究有如下几个特点。

1）重视现场监测，花费了大量财力、人力。20年来坚持设点观测长江口水文、盐度，积累了大量第一手资料，为科学分析奠定了基础。

2）坚持理论研究，并把成果运用到国民经济建设中去。在理论上总结了长江口盐淡水混合类型、机理，盐水入侵的时空变化规律，分汊潮汐河口盐水入侵的4种类型，长江口冲淡水的分界线，三峡大坝、南水北调东线调水时的大通控制流量等，其研究成果在宝钢水库、陈行水库的设计、运行中得到运用。长江河口两座边滩避咸蓄淡水库的成功经验，为国内外开发利用潮汐河口淡水资源开创了先河。这在淡水资源日益短缺的今天，极具重要意义。

3）采用多种数学方法，推算连续不宜取水天数，取得了较为满意的结果。

据此，该项目研究成果达到国际先进水平。

● 宝钢集团有限公司

为解决我国国民经济发展过程中对钢材的迫切需要，20世纪80年代初引进日本炼钢技术筹建上海宝山钢铁总厂。当时面临的一个重要问题是宝钢的高标准用水难题，建厂初期曾确定以远距宝钢72 km的淀山湖作为水源地，原因是宝钢地处长江下游入海口，因枯水期受海水倒灌影响，造成水质变咸超标。而从淀山湖取水，则输水距离远，投资大，且与上海市的生活用水需求相冲突。对此，当时担任冶金工业部副部长兼宝钢常务副总指挥的马成德同志多次建议宝钢工程指挥部调查研究。于是在原宝钢工程指挥部副总工程师兼引水工程办公室主任凌逸飞同志的带领下，会同若干工程技术人员共同探索可能就近从长江取水的方案。正值此时，他们读到了华东师范大学沈焕庭等同志所写的两篇论文：《长江口盐水入侵的初步研究——兼论南水北调》和《盐水入侵对黄浦江水质的影响》。两文在分析了大量数据后，对咸潮在长江口水体中的时间上和空间上的变化规律作了详尽的研究，这对于宝钢工程指挥部形成一个完整的"避咸潮取水，蓄淡水保质"的突破性方案提供了理论依据，对长江口取水方案的形成起了指导作用。该工程方案后经过反复论证，于1982年9月获国务院批准，1983年2月动工，1985年8月投入运行，至今情况良好。1992年5月，国家科委组织鉴定，确定该方案为国家节约基础投资4 730万元，每年节约运行费441万元，并为河口淡水资源的利用开创了一个范例。1997年，国家计委批准成立"沿海水资源开发工程中心"，拟进一步推广这一"避咸蓄淡"的开发河口淡水资源的经验。

20多年的实验证明，这是一项自然科学研究成果应用于国家经济建设的成功范例，不仅解决了宝钢高标准用水的难题，为宝钢的按期投产作出了极为重要的贡献，而且开创了建设河口避咸蓄淡水库充分利用淡水资源的先河，为我国沿海地区发展工业和城市建设进行淡水资源的开发利用提供了强有力的科学依据和现实样板。

特此证明

2009年2月12日

（4）闽江口通海航道整治研究（1993年）

● 鉴定意见

由沈焕庭、潘定安负责的华东师范大学河口海岸研究所闽江口课题组，自20世纪80年代以来，长期与我局合作，积极参加闽江口通海航道一期和二期工程的可行性研究工作。由他们完成的"闽江口川石水道的水文泥沙特性及内拦门沙成因分析"、"闽江口外通海航道及外拦门沙形成机理研究"、"闽江口盐淡水混合类型和变化规律研究"等研究报告，为闽江口通海航道治理方案的制订与实施提供了重要的科学依据，整治工程效果显著，航道水深大幅度增加。现在闽江口的通航能力已从80年代乘潮通航5 000吨级提高到乘潮通航20 000吨级，有力地促进了福建省特别是福州市经济的发展，取得了明显的经济效益和社会效益。

福建省港航管理局

1993年8月20日

（5）国际著名河口海洋学家，美国工程院院士 D W Pritchard 对沈焕庭的评价

Donald W. Pritchard
Professor Emeritus, SUNY at Stony Brook
401 Laurel Drive
Severna Park, MD 21146
410-987-4213 voice
410-987-9433 FAX

02 April 1997

TO WHOM IT MAY CONCERN:

Subject: Letter of recommendation for Professor Shen Huan-ting

I am honored to have this opportunity to again provide my assessment of the scientific achievements and international reputation of Professor Shen Huan-ting. I first met Professor Shen during a visit to China in March and April of 1980. I was one of a group of three estuarine oceanographers from the Marine Sciences Research Center, State University of New York, who had been invited to present a series of lectures at the Institute of Estuarine & Coastal Research of East China Normal University. We also jointly presented the opening paper for the meeting of the Chinese Estuary and Coastal Society held in Shanghai during our stay there. My own areas of expertise is the distribution of physical properties of the waters in estuaries and the dynamics of motion and mixing in estuaries, and my assessment of Professor Shen is related primarily to these subjects.

During my stay in Shanghai my primary scientific interaction was with Professor Shen, from whom I learned a great deal about the distribution of physical properties in, and the circulation patterns of, the waters of the Changjiang Estuary. Following my return to the United States, I maintained contact with Professor Shen, and this contact led to a closer relationship during 1983 and 1984 when Professor Shen took up residence as a visiting scientist at the Marine Sciences Research Center, State University of New York at Stony Brook. During this period Professor Shen both studied and worked with me as a co-investigator. I continued to learn about the physics and geology of the various estuaries in China from Professor Shen.

Professor Shen has demonstrated, through his published books and papers, and his presentations at international scientific meetings, that he is the leading estuarine scientist in China. His studies of the dynamics and geomorphology of the Changjiang Estuary, and also those on the impacts of the Three Gorges Projects on the ecosystems and environments of the Changjiang River, are internationally recognized as scientific research of the highest level.

Throughout my association with Professor Shen I have been impressed by his cooperative personality and his strong scientific integrity.

I strongly support the candidacy of Professor Shen for membership in the National Academy of Science of China.

Sincerely yours,

Donald W. Pritchard, NAE
Professor Emeritus

2 教书育人

大学的首要任务是教学和科研。

笔者1957年在华东师范大学地理系毕业留校任教，先在自然地理教研室承担本科生和函授生的普通水文学辅导，1960—1962年先后赴山东海洋学院（现中国海洋大学）和中国科学院海洋研究所进修物理海洋学，1963—1965年为海洋水文气象学专业65、66届学生讲授《海洋潮汐学》与《海岸动力地貌学》。1966年"文化大革命"开始，海洋水文气象专业停办，1969年转入河口海岸研究室工作，将地理学与海洋学结合从事河口学研究。1983年起除搞科研外，开始培养硕士生，1985年被学校任命为博士副导师，开始协助培养博士生。1990年被国务院学位委员会批准为博士生和博士后流动站导师，开始独立培养博士生，1993年开始招收博士后。至2008年正式退休，共培养硕士生18名，博士生11名，博士后3名。现主要回顾培养研究生的情况。

2.1 招生

（1）招收专业

当时国内大学没有河口海岸专业，招收的研究生都来自相关专业。由于我校河口海岸研究室的母体是地理系，当时的学科带头人和学术骨干也都是地理系出身，加上我国的河口海岸研究在起步时以研究河口海岸地区的地貌为主，故早期招收的研究生都来自地理专业。笔者自步入河口研究领域后，在研究工作中逐渐感悟到，河口水沙输运是河口河床演变的基础，水动力是泥沙等物质的驱动力，泥沙是水动力与河床演变的纽带，河床演变是泥沙运动的结果，故研究泥沙运动对研究河口河床演变是极为重要的，由此萌发了招收泥沙专业研究生的念头。随着研究的深入又逐渐认识到，国内泥沙专业研究的泥沙主要是颗粒较粗的河流泥沙，而河口泥沙中还有不少细颗粒的黏性泥沙，研究这些泥沙仅考虑物理过程有不少问题是无法搞清楚的，还必须考虑化学过程和生物过程的影响，加上河口地区污染日益加重，其中很多问题与化学、生物相关，由此又萌发了招收化学和生物专业研究生的念头。以往地理学定性研究较多，定量研究不足，为加强定量研究，除与我校数学系和上海计算技术研究所等单位合作外，又产生了招收数学专业研究生的想法。当代的知识越来越相互融合，学科的界线频频被打破，故任何一个学科都不能封闭，要鼓励跨学科的学习、教学和科研。河口是一个自然综合体，河口过程是一个物理、化学、生物三者结合和相互作用的过程，要揭示河口的规律，除研究物理过程外，还必须研究化学、生物过程。而我在大学读地理时没有机会进一步学习数、理、化、生等基础知识，而这些基础知识对研究和认识河口是极为重要的，除自己努力补修外，若能招收专修这几门基础学科的学生，在自己引导下搞自己想搞而又力不从心的研究课题，能弥补自己的不足。我相信只要学生与我共同努力，不仅能保证他们顺利获得学位，而且能使他们利用各自的专业优势在较短的时间内在某方面超越我，使河口学能得到更快、更全面、更深入的发展。故我招收的研究生除来自地理专业外，更多的是来自海洋、水利、环境、数学、物理、化学、生物等多个相关专业。具体来说，18名硕士研究生来自9个大学的7个专业：地理专业8名，来自本校、杭州大学（现已并入浙江大学）、南京大学、山东师范大学和聊城大学；化学专业4名，来自本校化学系；泥沙专业两名，来自武汉水利电力大学（现已并入武汉大学）；物理海洋专业1名，来自青岛海洋大学；环境专业1名，来自苏州环境学院；物理专业1名，来自山东师范大学；水文地质与工程地质专业1名，来自河南理工学院。11名博士生来自8

个大学或研究所的7个专业：河口海岸专业4名，来自本校和中山大学；地质专业两名，来自中国海洋大学和兰州大学；泥沙专业1名，来自武汉水利电力大学；数学专业1名，来自本校数学系；生物专业1名，来自河北大学；地理信息系统专业1名，来自解放军信息工程大学；湖泊学专业1名，来自中国科学院南京地理与湖泊研究所。3名博士后分别来自中国海洋大学物理海洋与海洋气象专业、上海交通大学流体力学专业和南京大学地理与海洋学院。由此营造了一种多元化、多学科交叉融合的研究氛围。

（2）招收渠道

要招收地理专业的学生一般问题不大，但要招收数、理、化、生等专业的学生，如按照常规的招生渠道是无法实现的，为此我只能想方设法与学校有关部门协商，采用多种招收渠道。一是通过项目合作研究联合招收。如一名化学硕士生由与我搞合作研究的化学系老师按他们专业的要求招收，招收时与学生讲明，录取后学位论文研究我负责的国家自然科学重大基金项目中的有关内容，由我与化学系老师联合培养。二是通过导师合作招收。如一名来自数学系的博士生由数学系系主任按数学专业的要求招收，招收时与学生讲明，录取后主要由我培养，方向是将数学应用于河口研究。三是通过原导师推荐报考招收。如三位泥沙专业的研究生都是由他们原来学校的导师推荐报考的，还有一位来自地理专业的女研究生，是由她的系主任向我推荐来报考的，在一次科研协作会议上，这位与我们很熟悉的系主任对我说，他有一位很优秀的学生，但是女的，问我愿意招收吗？因我们这个专业常要去现场观测，故一般都是招收男生，女生还没有招过。我随声应答，男女平等，欢迎她来报考。他半开玩笑地说你说话要算数，我说，落棋无悔真君子。后来果真她成为我所首位女硕士生，且学位论文做得很出色。四是通过相关专业转让招收。我校有几个热门专业如环境、生态、GIS等报考合格的人多，而招生名额有限，在此情况下由学校推荐转让，在征得学生和我同意后再面试，双向选择决定，一个来自环境专业的硕士生、两个来自生态和GIS的博士生都是通过此种方式到我门下。五是直升和硕博连读。如三名化学硕士生都是从本校化学系直升到我这里。

2.2 授课

我为小学生、中学生、大学生和研究生都授过课，但授得最多的是研究生。1953年在江苏洛社师范学校毕业前夕，曾去邻近的洛社中心小学实习2个月，语文、算术、常识、美术、体育等课都授过。1957年大学毕业前夕曾去曹杨第二中学教学实习1个半月，教过地理。1957年大学毕业留在地理系任教后，在1959—1960年曾承担地理系本科普通水文学辅导和给函授生做讲座。1963—1965年给海洋水文气象专业65、66届学生讲授海洋潮汐学和海岸动力地貌学。1985年河口海岸研究所招收研究生后，为研究生多次讲授河口学，并每学期为资源环境学院的研究生作"三峡工程及其对生态与环境的影响"、"南水北调及其对生态与环境的影响"等系列专题讲座。在讲课或作讲座时，不是单纯地传授书本知识，而是尽可能把自己的研究成果和想法反映到教学中去，将教学与科研紧密结合，教研合一使其相得益彰。把复杂的理论尽可能讲得浅显易懂，使学生听后不仅能搞清楚河口学中一些基本概念，还能帮助他们提高自学和独立进行科研的能力。

1985年为研究生陈宏达、包四林、孙建国、张重乐、金元欢、黄熹等讲授河口学中的河口动力与地貌后，他们曾联名向河口海岸研究所作如下书面汇报：

"沈焕庭老师给我们研究生讲授河口动力与地貌课程，他善于根据研究生的学习特点进行授课。既阐明了河口动力与地貌学的基本理论、基本概念，使学生牢固掌握本学科的基本知识，又迅速地把学生领到本学科的前沿，使我们对当代河口学的研究现状和发展方向有较全面深刻的认识。沈老师经常介绍当代河口学对某个问题研究的各种观点，引导学生积极思考，对这类问题进行探索，最后他从理论上进行分析概括，指出各种观点的长短之处。这锻炼了学生的思维能力，同时也使学生对河口学的基本理论有较深刻的本质认识。

沈老师讲课生动，经常举出世界上各类典型河口，结合生产实践，从理论上进行剖析，使学生学到了国内外各类河口的研究方法及开发、整治、利用的对策。

沈老师对学生很负责，尽管他工作相当繁忙，但还是保证一学期每周四个学时的教学计划按时完成。沈老师备课详尽，讲课条理清楚，内容丰富，最后进行概括。课后不仅乐意解答学生提出的各类问题，还根据学生不同的知识结构进行具体指导，使我们明确了适合自己特点的研究方向。沈老师的开放式教学方式以及把自己长期工作和研究的经验融会在讲课之中的教学方法，使学生们都感到，通过本课程的学习，能够相当清晰地抓住本学科基本的实际工作方法及理论研究方法。"

2.3　指导做学位论文

研究生尤其是博士生在学习期间做学位论文是重要的一个环节。通过做学位论文主要是培养学生独立进行科学研究的能力，特别是创新能力。此能力的培养应贯穿在做学位论文的全过程，包括选题、写开题报告、现场观测、室内试验分析、撰写论文等多个方面。

（1）选题

选题是做学位论文的首要任务，能否帮助学生选到一个好的题目是做好学位论文的关键。科学发展到今天，早已由自然现象的表面观察进入到自然现象变化规律性的研究，直接来源于现象表面观察的课题已越来越少，而通常是间接来源于自然界。基础研究课题一般有三种来源：一是自己工作的延伸，一项研究工作很少有全部完成的时候，经常是在完成了已提出问题的同时，又发现了新问题；二是对当前科学发展重大问题提出自己的看法及具体问题的解决方案，或发现前人理论或具体结果上的不足之处，或尚未解决的重要问题甚至错误，需要予以澄清；三是别人指出自己工作的不足之处，需要进一步研究解决；四是在应用研究中发现一些重要的基础性的新问题值得研究。

选题忌大忌广，宜精宜深。选择一个好的研究课题必须遵循两个原则：一是重要性，要考虑课题完成后对学科发展和解决实际问题可能产生的影响，这种影响有些会较快显现，有些往往需要较长时间后才能显现；二是可行性，提出一个有重要性的课题后，必须有一个既是可望成功又是现实可行的具体研究方案，没有一个现实可行的方案，任何设想都只是空想。所谓现实可行的实施方案是指研究需要的观测、实验和计算方法等都是通过努力能做到的，且按此方案进行一般可望取得成功的。

一般认为，硕士论文是导师出题目，学生做题目，此题目没有确定答案。博士生则需自己出题目，答案不确定，我认同这个基本看法。但有一般必有特殊，如有的硕士生，若他有比较好的想法，导师应给予鼓励，帮他分析、完善，不必另出题目。而有些博士生因某些原因自己还无法选题时，导师就可帮助他选题。如我有几个博士生来自数学、化学、生物等相关专业，他们对河口还不甚了解，要他们自己出题几乎不可能，对于这类学生，我在招收时就已考虑他们原有的专业知识和特长，以及我的研究课题和研究方向，为他们初步考虑好论文题目，早期是结合我承担的生产任务，从应用研究中提炼出的科学问题，后期是结合我承担的国际前沿研究的课题。我从1988年开始，连续申请到国家自然科学重大、重点和面上基金项目，这些项目大都是河口科学研究的前沿，我相信他们都能从中找到适合于自己的题目。例如，一位化学硕士生在重大项目——"中国河口主要沉积动力过程研究及其应用"中做最大浑浊带悬移质和底质中的微量金属形态分布；来自泥沙、环境、化学专业的3位博士生和两位硕士生在重点项目——"长江河口物质通量研究"中分别做水沙通量、生源要素通量、泥沙和生源要素的过滤器效应、泥沙和营养盐的收支平衡模式；一位来自数学专业的博士生用二维数值模型做面上基金项目——"长江河口盐水入侵规律研究"等。这些课题的重要性和可行性在我的研究项目申请书中均已阐明，并得到学界确认。在他们做学位论文过程中，我经常进行检查、指点，并通过个别辅导、讨论、学术沙龙、专题讲座等多种方式，使他们边做论文边学习河口学的基础知识和加深对自己所做课题重要性的认识，最后都取得满意的结果，完成的学位论文得到好评，能在国内外影响较大的刊物上发表，有的还被评为上海市优秀博士学位论文。

（2）创新

创新是学位论文的灵魂。创新最重要的是科学思想的创新和研究方法的创新，两者密不可分，没有科学思想的创新，就谈不上研究方法上的创新，而没有研究方法的创新，科学上的创新思想又往往难以实现。新的技术和方法可以使科学家看到别人没有看到的或者看不到的东西。有人研究诺贝尔奖得主后发现，他们的创新的三分之二与技术创新和方法创新有关。创新是做人家没有做过的工作，除科学思想创新和研究方法创新外，提出新问题、新论点、新结论，提供新资料，研究新地区等也应属于创新范畴。

创新思想来自何处？虽然灵机一动产生了重要的创新思想在科学发展史上确实有所记载，但这毕竟是罕见的。更常见的是天才出于勤奋，创新出于积累。尤其是基础研究重在积累，没有多年连续性的工作是很难取得突破性成果的，在当前世界范围内，科学研究竞争激烈的条件下，搞搞停停，断断续续工作是不可能超越别人取得重大成果的，在科学上要有成就，特别是要有重大成就，需要一个人贡献自己全部生命。

在科学研究上的大胆创新和充分尊重前人研究成果是辩证的统一。科学是连续性的，所有的创新都必须建立在前人成果的基础上，要从前人成功的结果中吸收经验，从前人失败的结果中吸取教训，才能超越前人取得成功。现在科学发展很快，在创新研究时只有充分掌握已有的科学文献，全面了解前人已取得的成果，才谈得上创新。

在追踪当前发展的重要方向时切记，你看到的问题别人同样会看到，越是重要的问题竞争越是激烈，如果没有创新的研究思想和独创的研究方案是不可能超越他人得到成功的。

有些领域研究已过多，大大地压缩了个体学术创新的空间，要关注那些不该被冷落但实际被冷落的领域。对已有结论提出不同看法要经过认真地、仔细地考虑，要付出大量艰苦的努力，找出前人的错误及其原因，然后提出自己的看法。大的创新必须要学科交叉研究。

（3）论文撰写

标题　要引人注目且切题。过去常用对某某问题的研究，现在更为常见的是用论文中的主要结论。

摘要　简明扼要地表达论文讨论的主题、研究方法和得到的主要结果。现在在网上可以看到很多刊物先刊登论文的摘要，故写好摘要就显得更为重要，只有摘要引起读者兴趣，读者才会去找全文。

引言　简要回顾有关问题前人研究的概况、本文研究的问题及其意义、采用的研究方法。它是一个"引子"，是引起下文的一段重要文字。

结语　是写在论文最后的总结性文字，要求简洁明了，可简明扼要地表达研究得到的主要结果。在使用"首次"、"领先"等词时要十分慎重，如结果并非首次，对前人成果视而不见，轻则是无知，是作者未能全面掌握文献，如有意不提，或虽则提到，但故意贬低别人、抬高自己，则是严重违反科学道德的行为。若能在结语最后提出不足之处、需要进一步研究的问题或提出新的研究方向和建议更佳。

参考文献　对前人的工作（包括已发表的论文、未公开发表的报告、学位论文等）要充分掌握和尊重，尤其是对重要文献不能遗漏，更不能故意不提，这样做首先是充分尊重前人的成果，同时也可让读者全面了解有关问题的历史情况和发展现状，应对论文中的创新之处得出恰如其分的评价。在引用著作时要特别细心，现在论著合著的多，但署名时不可能全部列上，有一次有人研究长江河口的浮游动物时，将笔者等著的《长江河口最大浑浊带》列为参考文献，这不是不可以，但如能将书中注明这一节的原作者写的论文作为参考文献更好。

鸣谢　对写论文有帮助的人作简短的致谢。

2.4　综合素质培养

研究生培养除提高他们从事科学研究的能力外，良好的综合素质培养更显得特别重要。我喜欢向学生讲述和交流自己对做人、做事、做学问的看法。

做人　人生成就的大小，除了先天因素和环境因素外，主要取决于人的主观能动性，主观能动性又依赖于个人的世界观、人生观和价值观，这"三观"最后决定了一个人做人、做事、做学问的态度，其中最重要的还是做人。

人要有远大的人生目标和不凡的人生境界，不能只为自己活着，谋求自己过得好，必须也让人过得好。自利是指不损害别人利益的前提下去实现自己的利益，自私是在损害别人利益的基础上去达到自己的目的。损人利己或假公济私就是自私，损人损己两败俱伤是自私的一种极端表现。自利是至少利己不损人，最好是利己又利人，这是一种战略性的理念和智慧。人生最不能丢的是原则和底线，人以原则为高崇，行以正道为高尚，不能越过法律和社会道德良知所能承受的底线。要感恩，记住每个对自己帮助过的人。心宽则乐，无欲乃坚，许多古代和近代的著名画家都是重德修心的修炼人，他们推崇人品至上，注意涵养，人做得正才能画出真正动容的佳作。搞教学和科研的人，何尝不是如此，我冀望学生做利己利人对社会有贡献的好人，让别人的生活有你更美好，让社会有你更光彩。

做事 一个人的精力是有限的，只能把有限精力集中于有限目标，才能取得成功，如果不能专注于一种事业是很难成功的。有些聪明的人之所以没有成功，问题的关键是他们没有把一件事情坚持到底，太灵活善变了。一生只做一件事、做好一件事其实很好。据报道，法国画家雷杜德，他一生就是画花，尤其是玫瑰，他不管风云多变，整整画20年画出了170种玫瑰的姿容，成就了《玫瑰图谱》，达到顶峰，至今无人逾越。我国著名画家汤兆基，他身兼"三绝"——书法、篆刻、绘画，即便这样，他仍决意在诸多艺术领域中独拾绘画，在绘画之苑中独倾牡丹，他积50年功，催牡丹一花独放，成为"汤牡丹"。日本有个家族是做筛子的，他们三代人立志做一件事——网眼最小的筛子，我们复印机上面那个网就是他们家做的。以上事例表明，只要你向着某个志向，坚韧不拔，都会成功。科学研究的空间极其广阔，一个人就其精力来说，只能在一个特定领域做一点工作，只要我们踏踏实实、锲而不舍地去做，就能在自己的领域上有所突破，一个个突破综合起来必然会提高学科水平。

做学问 做学问要具备三种精神，即奉献精神、敬业精神和合作精神；两大作风，即踏踏实实、不骄不躁。

受商品经济潮流和不良社会风气的冲击，很容易出现浮躁和急功近利的思想，反映在科研上就会忽视基础理论研究。实际上，从长远来看，只有基础理论的研究搞上去了，科学技术水平才能真正提高，应用研究也只有深深地植根在基础研究的沃土之中才能搞好。搞基础研究往往投入许多，也不一定有立竿见影的效果，但一定要有人去做，这就需要有奉献精神。入海河口地处地球上四大圈层——岩石圈、水圈、大气圈和生物圈相互作用地区，自然条件复杂，人类活动频繁，对它研究难度很大，如果没有点敬业精神，不能专心致志，要搞好研究是难以想象的。再者，今天是大科学和交叉科学时代，要完成一个项目，仅靠一个人、一门学科的力量是远远不够的，爱因斯坦一人拿诺贝尔奖的时代已经过去。科学进步来自集体智慧，这就要有合作精神、团队意识。有一个带头人，可有一门学科；有一个具有正确价值观的梯队，学科才能发展。

做研究 一定要有踏踏实实的作风。如做论文不能投机取巧，要扎扎实实地做好每一步工作。查阅参考文献一定要很仔细，看你要研究的问题，已进行了哪些工作，用的何种方法，已得出哪些结论，还存在什么问题值得去研究。这不仅是对别人的尊重，也使自己的研究工作一开始就处在一个较高的起点。在研究中要真正做出高水平的研究成果，到现场调查观测取得第一手资料显得尤为重要。还要切记，虚心使人进步，骄傲使人落后，骄傲是成功的敌人，骄兵必败。不管做出多少成绩，仍然要保持不骄不躁的作风，这不仅是待人的一种基本品质，还因为"学无止境"。

2.5　提高培养研究生质量

做了20多年的研究生导师，得到了一些如何做好导师和提高培养研究生质量的感受。

研究生的质量很大程度上与导师的质量有关。导师的品德、学识水平、科研能力、对学科前沿的洞察力等直接影响到研究生培养质量，国内外许多有名的研究生导师，往往都是在自己的研究领域做出过辉煌成就的学者，这给我们无疑是一个极大的鞭策。导师必须不断学习，提升水平，为人师表。如果导师不重视自己的学习和研究，就不可能提高研究生的质量。

"一树成材，十树成柴"。一个教师同时教授10个学生与一个教师同时教授30个学生其效果和质量显然不同，一平方米内种1棵树与种10棵树无疑是成材和成柴的结果。导师招收学生的数量要适当，切忌过多。

导师授课的重点不仅在于将知识传授给学生，更在于启发学生以及引导学生进行更有效的学习，"授之以鱼，不如授之以渔"。要重点介绍科学原理和发现是如何得来的，要详细介绍自己是如何提出问题、分析问题和解决问题的，怎样选择题目和设计观测、试验，遇到困难如何化解等，使学生不仅了解该学科的基础和前沿知识，还能学到该学科的研究思路、研究手段和研究方法。

身教重于言教。指导教师要以自己勤奋的工作态度、严谨朴实的学风、对事业的追求和奉献、耐得住寂寞等优良品质潜移默化地影响学生。要给学生保留独立思考的时间和空间，要想方设法增强学生的学习动力和能力，要鼓励学生超越自己，教师的成功在于培养出能胜于自己的学生。

学问就是好学善问。要教会学生学会提问，鼓励学生多提问。一般是不懂就问，而一个好的学生必须是"先懂后问"，懂的是基础知识，问的是更深的见地。掌握基础知识很重要，因为科学技术千变万化，发展很快，但都是建立在基础知识之上的。还要花些时间广泛阅读、善于从其他学科吸取营养。

学科交叉是孕育创新研究成果、培育复合型人才的重要途径。跨学科招收培养研究生，可把具有不同专业背景和各有专长的学生聚集在一起，组成跨学科团队，围绕学科发展目标，互相激励、取长补短，促进他们在更广阔的学术空间开拓进取，这样往往能创造出本学科研究生难以取得的研究成果。

培养学生德才兼备，以德为先。寓育人于研究之中，寓研究于育人之中。把学生视作亲人，对做人、做学问要严格要求，在生活上要给予关怀。遇困难时要从思想上为学生开导解惑，如经济上困难则能给予力所能及的帮助。逢年过节将远离家乡的学生请到家中，像家人一样团聚，共度佳节。找工作和工作后也要给予适当关怀。

2.6 学生学位论文题目与感言

● **博士研究生**

金元欢 1986—1989 年　分汊河口分类模式、定量表述和形成机制

肖成猷 1992—1995 年　长江河口盐水入侵规律及数学模型研究

作者首先向导师沈焕庭教授致以最诚挚的谢意。作者能从一个不同的学科到河口海岸研究所攻读博士学位，并最后完成此文，导师倾注了大量心血。3年来，导师无论在学业上还是在思想上和生活上都给予了极大的关心和帮助，作者将终生难忘。

杨清书 1996—1999 年　珠江三角洲网河型水道河床演变研究

论文的完成与导师沈焕庭教授全方位的支持、帮助和悉心指导是分不开的。由于沪穗两地之隔，沈先生总是在百忙中来信或来电话指导论文的构思、讨论解决问题的方法等，使我获益匪浅。论文的最后两章是在华东师范大学完成的。在华东师范大学撰写论文的日日夜夜里，沈先生不仅在生活上细致入微地关怀，并及时购买计算机，论文才得以按时完成。初稿刚成，沈先生又要忙于论文的修改、定稿。沈先生严谨的治学风范令人敬佩，他的敬业精神是我一生的典范。常想，古之为师，是传道、授业和解惑，而今之为师是全方位的投入，论文的字字句句均凝聚了导师的心血，作者在此对导师沈焕庭教授表示衷心的感谢！导师的教诲，常念之在心，言何能喻！

张　琛 1996—1999 年　浅水湖泊的悬浮物和磷迁移

本文是在导师沈焕庭教授极为耐心而细致的指导下完成的。在整个研究和论文

撰写工作中，沈教授给予学生无微不至的关怀和指导，他对科学严谨的治学态度和孜孜不倦的精神，令学生难以忘怀，在此谨表示诚挚的感谢！

吴加学　1997—2000 年　河口泥沙通量研究

本文是在沈焕庭教授的精心指导下完成的。沈教授治学严谨，待人诚恳，爱生如子，为学为人堪称我辈典范。每与他探讨学术问题，常被其睿智和独到的见解而折服不已，并能在交流过程中产生共鸣，这令我受益终身。为了倡导浓厚的学风，他亲自组织并主持每两周一次的学术讨论会，鼓励我们充分展示个人的研究成果、交流学习的心得体会；此时新的观点和想法常常会涌现出来，对我的研究工作产生积极的促进作用。只要有机会，沈教授就创造一切条件让我与同行学者交流，开阔视野、树立信心。在论文的设计和研究过程中，他实事求是为我提出了很多建设性的意见、建议，还无私地提供相关的资料供我研究使用，加强了这项研究工作的可行性，使研究主题始终瞄准国际前沿。他还鼓励我勇敢地向国际专业期刊投稿，在论文的撰写和发表上尽一切可能提供最大的帮助。在此谨向恩师沈焕庭教授表示诚挚的谢意，感谢他及其家人在过去3年对我无微不至的关怀和始终如一的厚爱。

刘新成　1998—2001 年　长江河口生源要素通量研究

从环境科学跨入河口海岸学，是沈先生引导我完成了学术轨迹的转变；能跟随先生追踪学科前沿，直接参与当前国际地球科学界核心计划的研究项目更是我毕生的荣幸。沈先生丰厚的学术积淀，严谨的治学态度，将是我一生追求的目标。从论文的选题、设计到野外观测、分析，从数据分析、模式设计到论文的写作、定稿，字里行间无不凝聚着导师循循善诱之心，谆谆教诲之情。先生一贯对我严格要求，不仅授我治学之道，而且教我做人之本。在此，谨向先生致以最衷心的感谢。

吴华林　1998—2001 年　器测时期以来长江河口泥沙冲淤及其入海通量研究

本文自始至终在沈焕庭教授的悉心指导下完成，论文中的字字句句无不凝聚了他的睿智和心血。能够投身于先生门下，深感有幸。先生科学严谨的治学态度、深邃敏锐的学术思想让我受益匪浅，先生脚踏实地、谦虚谨慎的朴实作风更是我辈学习的楷模。先生对学生爱护有加，多次在百忙中与学生分析探讨未来之道路，令我深为感动。更重要的是在和先生一次又一次畅谈中，我深深体会到如何在一生中写就堂堂正正的"人"字，这就是我获得的一生中最宝贵的精神财富之一，它将激励我勇敢地走向未来的学习和工作之路。

郭沛涌 1999—2002 年 长江河口浮游生物生态学研究

感谢沈先生的悉心教诲和指导。3年来，从论文的选题、立题、资料收集、野外采样、实验研究、论文修改等，沈先生都倾注了无数心血。沈先生高尚的师德、深厚的学术功底、严谨的学风、平易近人的态度都是我们学习的榜样。特别感谢先生给我的宽松学习环境，并将我带入一个引人入胜的天地。跟随沈先生的三年学习生活经历，也是我一生的宝贵财富。先生提倡的多学科交叉研究，是自己目前及以后努力的方向。在此，再次真诚感谢沈先生的关心与教诲！

王永红 2000—2003 年 长江河口涨潮槽的形成机理与沉积动力特征

我与导师沈焕庭先生接触的这几年里，深感导师人格高尚，学识渊博，治学严谨，洞察力敏锐，同时为人谦和。在论文的前期野外工作和室内样品处理分析阶段，导师都给予全力的支持并创造优越的条件，在论文的完成过程中，导师给予精心的指导。我对导师的感激之情，无以言表。

谢小平 2001—2004 年 长江河口九段沙形成发展及演化规律研究

本文自始至终都是在沈焕庭教授的悉心指导下完成，论文中的字字句句均凝聚着沈老师的睿智和心血。在论文的完成过程中，先生都给予全力的支持，创造优越的条件，并给予精心的指导。投身于沈先生门下，是我学生生涯中的一件幸事。先生科学严谨的治学态度、深邃的学术思想和敏锐的洞察能力让我受益匪浅，先生脚踏实地、谦虚谨慎的作风更是我学习的榜样，也是我做人的楷模。先生对我们爱护有加，在生活上给予照顾，在未来人生的道路选择上更是进行分析指导，令我非常感动。在与先生一次次的畅谈中，明白了许多做人的道理，获得了许多书本上根本不可能获得的知识，这些都将激励我克服在学习和工作中遇到的各种困难、走好自己的人生之路，我对先生的感激之情，无以言表。

蔡中祥 2002—2005 年 基于 GIS 的长江河口空间决策支持研究

最为感谢吾师沈焕庭先生，能投到先生门下，与先生结下师生缘分，实乃学生之大幸。先生不仅给我创造了这次宝贵的求学机会，而且求学期间先生对学生律己榜样于为人，严肃苛求于学问，备至关怀于生活。本论文正是基于先生悉心的指导才得以完成，其间蕴含了先生的宝贵思想，饱含着先生的心血和睿智，学生一生感动在心，难以为报。先生心境豁达，淡泊名利之品质为学生树立了一生为人之楷模；求真务实、兢兢业业做学问实为学生一生努力之境界，祝先生安康幸福！

- **硕士研究生**

金元欢　1983—1986 年　中国河口的类型

张重乐　1983—1986 年　长江口咸淡水混合及其对悬沙的影响

黄　熹　1984—1987 年　长江河口段江心滩的成因类型及演变规律探讨

在本文写作过程中，承蒙陈吉余教授、沈焕庭教授的悉心指导，尤其是沈焕庭教授花费大量的心血对作者进行了具体细致的指导。

王晓春　1988—1991 年　长江口径流、盐度及其关系的谱分析

黄世昌　1988—1991 年　长江河口南槽流场模拟与最大浑浊带分析

本论文是在恩师沈焕庭教授、潘定安副教授的悉心指导下完成的，沈先生始终如一的亲切关怀以及严谨的治学态度令我难忘。

沈永兵　1989—1992 年　中国主要河流入海流量与输沙率周期性和趋势性变化分析

本文是在导师沈焕庭教授和潘定安副教授指导下完成的，没有他们的支持和鼓励，论文的如期写出是难以想象的。

徐　斌　1993—1996 年　长江河口碳及主要生源要素通量的初步研究

作者首先向导师沈焕庭教授致以最诚挚的谢意，在读研究生的三年时间里，导师不仅在学业上严格要求、悉心传授，还在生活中给予了多方的关怀与爱护，使我终生难忘。导师严谨的治学态度及对科研事业的执著精神，也是我一生学习的榜样。在本文撰写的过程中，导师沈焕庭教授提供了大量的资料及许多建设性思路，并在论文最后定稿时给予细心的审校。

张　超　1993—1996 年　长江入海泥沙通量初步分析

在此衷心感谢导师沈焕庭先生、潘定安先生3年来对本人的精心培养。

傅瑞标　1998—2001 年　长江河口潮区界和淡水端溶解无机氮磷通量

在导师沈焕庭教授的精心指导下，本文才得以顺利完成，在此先表示最诚挚的谢意！两年多来，沈老师不断勉励学生刻苦学习、参加科研实践和撰写学术论文，并在学术上给予很多启迪；在导师如此细心的培养下，学生的科研工作能力有了很

大提高，并能够较全面地、客观地分析问题；另外，沈老师那渊博的学识、严谨的治学态度、敏锐的学术思想以及高尚的人格，时常鞭策着学生，鼓励着学生不断求索。借此机会，再次对沈老师表示感谢，并祝沈老师：身体健康！

黄清辉　1999—2002 年　长江河口营养盐收支模式及其影响因素

首先要感谢我的导师沈焕庭先生。感谢沈老师将我从化学领域带入了河口海岸学领域，也领入了全球环境热点问题的研究前沿，让我找到了感兴趣的、真正想做的事情。在他对本论文的指导过程中，融入了其高尚的卓越的智慧、敏锐的洞察力和宽广的见识。沈老师一直教诲我们要做好学问，首先要做好人。他倡导的敬业精神、奉献精神和创新精神等好人精神一直是鞭策我前进的动力。在我做论文的过程中，沈老师针对出现的问题常常细细问，追求科学解译，不容含糊。这种严谨求实、一丝不苟的科学作风让我受益匪浅。

刘高峰　2000—2003 年　长江河口涨落潮槽对比研究及数值模拟

本论文自始至终是在沈焕庭先生悉心指导下完成的，在我这几年的学习和科研过程中先生给予了精心指导和全力帮助，论文中字字句句无不饱含先生的睿智和心血，对于此，感动在心，不知何以为报！先生严谨的治学态度，深邃的学术思想，谦虚谨慎的朴实作风永远是我学习的楷模；忘不了先生不分昼夜忘我工作在实验室的身影，忘不了先生和我一次次畅谈中给予的关心和指导，忘不了先生一次次细心地为我批改论文，忘不了先生从学习到生活给予的关怀。先生的品质给我的熏陶将是我一生宝贵的财富。

李　佳　2001—2004 年　长江河口潮区界和潮流界及其对重大工程的响应

首先要感谢的是我的导师沈焕庭先生，能投到先生门下，深感荣幸。先生对科研兢兢业业，对他人宽容随和，对学生关怀备至，但更是严格要求。这篇论文是在先生的悉心指导下完成的，其中无处不饱含着先生的睿智和心血，对于此，感动在心，不知何以为报。先生的品质给我的熏陶将是我一生的宝贵财富，先生的敬业精神将一直是鞭策我前进的动力，祝先生健康。

胡　刚　2002—2005 年　长江河口段岸滩侵蚀的演变模式及其防治对策

首先要感谢的是我的导师沈焕庭教授。本文从选题到撰写完成，自始至终都是在沈焕庭先生指导下完成的，先生从我入学起，就教育我：要做好学问，必先做好人，3年来谨记先生教诲，好好做人，好好做学问。在论文的完成过程中，沈先生既要求我要有独立的思考精神，又经常关心我，询问遇到的困难，给予及时的指导，论文才得以顺利完成。深深地折服于沈老师高尚的人格、卓越的智慧、敏锐的洞察力和宽广的知识，先生严谨求实、一丝不苟的科学作风使我受益匪浅，鞭策我继续前进。

刘文斌　2003—2006 年　长江洪水对河口典型河段河床演变的影响

首先感谢我的导师沈焕庭教授，本文自始至终都是在沈老师的悉心指导下完成，论文中的字字句句均凝聚着沈老师的心血和睿智。能投身沈先生门下，深感有幸。沈先生科学严谨的治学态度、深邃的学术思想和敏锐的洞察能力使我受益匪浅，先生对我们的工作和生活关怀备至，在与先生一次次畅谈中明白了许多做人的道理，这些都是我获得的最宝贵的财富，它将激励我勇敢地走向以后的学习和工作之路。

马翠丽　2003—2006 年　基于小波分析的长江入河口区水沙通量变异规律研究

后排左起：曹佳、刘文斌、马翠丽（2003年）

本文承蒙导师沈焕庭教授的悉心指导，沈先生严谨的治学作风和在河口海岸学及海洋学等方面渊博的学识令我十分敬佩，先生的谆谆教诲永远伴我耳边，将激励我前行，还有在生活上给予我极大的帮助使我顺利完成学业，令我感激不尽。

曹　佳　2005—2008 年　长江河口典型岸滩侵蚀过程及影响因素分析

3年的时间不短，这是人生一座重要的里程碑，在河口所的3年让我成熟了很多。首先要感谢我的导师沈焕庭教授。本文从选题到撰写完成，自始至终都有沈焕庭教授的指导。沈老师不仅教我们如何做学问，也教育我们如何做人，还教导我们如何提高各方面的能力，尤其是发现问题、解决问题的能力，老师一直这样教育我：要做好学问，必先做好人；要做好学问，必先学会如何做学问。在撰写论文过程中，沈老师不仅让我理清了思路，也解决了我遇到的许多实际困难，这样才有论文的最终的撰写完成。很敬佩沈老师的学者风范，对待科学严谨、一丝不苟的作风，对待事物卓越的智慧、敏锐的洞察力和渊博的学识，等等，所有的一切都会勉励我继续努力前行。

3 学科建设

分河口海岸学、自然地理学与地理信息系统、地理学3个不同学科层次叙述了笔者对这3个学科发展所做的相关工作。

3.1　河口海岸学

（1）带领室所同仁向河口海岸学的深度和广度进军

1970—1978年任河口海岸研究室副主任。1978年河口海岸研究室扩建为华东师范大学河口海岸研究所，下设河口、海岸、沉积、遥感4个研究室，任河口研究室主任，直到1998年。1984—1987年任河口海岸研究所副所长和上海海岸带开发研究中心副主任。1995—1998年任河口海岸研究所所长。1994—2006年连续三届任河口海岸动力沉积与动力地貌综合国家重点实验室学术委员会副主任。在任职期间能尽心竭力带领室所同仁向河口海岸学的深度和广度进军，为发展具有中国特色的河口海岸学作了应有的努力，1997年在庆祝我所40周年时，作为所长作了"同心同德，再创辉煌"的讲话，从中可窥见一斑。现摘录如下。

1957年，由当时的华东师范大学和中国科学院地理研究所共同筹建，在陈吉余先生主持下，在我国高校系统建立了第一个河口海岸研究机构，这是我国河口海岸事业发展的一个重要标志。

与过去相比，我所已发生了巨大的变化。我们已拥有河口、海岸、沉积、海岸带资源开发、遥感应用、环境变化与灾害对策六个研究室，并有情报资料室、中心实验室和水工模型室。现在我所是国家教委的重点学科点，国务院学位委员会批准的博士生点和博士后流动站。1995年，以我所为基础，又建成了更高一层次的河口海岸动力沉积和动力地貌综合国家重点实验室，一批以年轻博士、硕士为主体的科研新秀也脱颖而出。我们拥有5 050 m²的一幢实验大楼和一批国际上先进的分析仪器和野外观测设备，可以为河口海岸的基础研究和应用研究提供服务。

40年来，特别是改革开放以来，我所在科研工作和人才培养等方面取得了巨大的成绩。自1979年至今，我所承担科研项目200余项，在国内外学术刊物上发表论文600余篇、专著20部，获各类科学技术进步奖30余项，以及1978年全国科学大会奖，这些研究成果已在经济建设中得到广泛应用。已培养硕士研究生55名、博士研究生18名，吸纳博士后研究人员8名，在读的硕士研究生11名、博士研究生10名、博士后2名。我所也是国际学术交流活动十分活跃的研究所之一，世界上一些著名的研究所、大学及国际机构与我所进行了卓有成效的合作研究，我们先后派出100多人次出国学习进修、访问考察和合作研究，接待了30多个国家和地区的学者来所进行学术交流，还多次承办了国际学术会议。

40年来，我所能取得长足的发展，为国家作出了较大的贡献，并使河口海岸学科形成有鲜明特色和优势的学科，其关键在于抓住了以下几个方面。

首先，抓住科研工作面向经济建设主战场，重视应用和开发研究，努力解决具有重大经济效益、社会效益和环境效益，与河口海岸学科密切相关的关键性科技问题。我所先后承担并出色完成了国家、上海市与沿海地区经济建设有关的重要项目，如长江口入海航道治理，上海新港区选址，上海深水港建设，上海市污水外排和第二水源规划，九段沙种青引鸟研究，海岛调查，闽江口通海航道整治，连云港、丹东港、黄骅港、张家港、南通港、海南岛诸港口的扩建或兴建可行性研究，杭州湾北岸金山石化总厂、星火工业区、漕泾化工区等相关项目的可行性研究。

其次，我们紧紧抓住河口海岸学科的基础理论研究，为学科的发展注入了新的生命力和科技储备。"六五"以来我所承担和负责的国家重要的应用基础研究主要有：全国海岸带和海涂资源综合调查、上海市海岸带和海涂资源综合调查、中国河口主要沉积动力过程及其应用、三峡工程和南水北调对河口环境影响、淤泥质潮滩剖面塑造理论与应用、淤泥质海岸动力机理与演变模式、海岸工程与海岸演变对生态环境影响、长江口拦门沙研究、长江口盐水入侵和长江冲淡水扩展机制、海平面上升及其对河口海岸影响等。在研究中我们重视学科间的渗透，将动力、地貌、沉积研究相结合，物理过程、化学过程、生物过程研究相结合，对河口海岸的各类过程开展了研究，并在重视现场原型观测的基础上导入了数学模型、物理模型、遥感和地理信息系统等先进手段和方法，使本学科从静态描述向动态描述转化，从定性向定量方向发展，把河口海岸研究提高到一个新水平，为发展具有中国特色的河口海岸学科体系作出了应有的贡献。

第三，多年来我所还积极参与河口海岸地区可持续发展的战略研究，为国家、上海市和一些部门的宏观决策提供科学依据，如中国海岸带管理和发展战略、上海市21世纪议程、上海国际航运中心建设、浦东国际机场外延等。

须予指出的是，40年来，我所取得上述成绩是与老所长陈吉余先生紧紧联系在一起的，陈先生是我所创始人、我国河口海岸学科奠基人之一。他把全部精力扑在河口海岸事业上，以其渊博的学识、深入实际的作风、忘我工作的精神为河口海岸研究所的发展作出了巨大贡献。同时，上述成绩也是我所科研人员数十年如一日，奋力拼搏、无私奉献的结晶，我所在陈吉余教授等老一辈科技工作者带领下，树立了艰苦奋斗、重视实践、刻苦钻研、开拓进取的好作风，这种精神和作风将会继续发扬光大。

（原文刊载在1997年12月12日 华东师范大学校刊）

（2）参与全国河口海岸学科发展和开发利用规划制订

1978年受国家科委委托，国家科委海洋组河口海岸分组在上海成立，并挂靠我校，我校河口海岸研究所所长陈吉余任组长，笔者与林秉南、戴泽蘅、曾昭璇、黄维敬等22人为组员，参与制订了1975—1985年全国海岸河口科学技术发展规划。

1986年国家科委为配合国家计委"技术进步与经济社会发展研究规划"的论证准备工作，抓住对国民经济起关键作用的35个课题，组织国家有关部门共同进行立题报告的起草工作。笔者受国家教委科技司的委托，代表国家教委参加了课题14——"海岸带及邻近海域开发"的起草工作，任起草组副组长，并主持、执笔完成子课题——"河口综合开发"的起草和总课题的汇总，完成后由国家科委以（88）国科发办字496号文件发给沿海各省市、国务院有关部委参阅，其主要内容由国务院办公厅编发了（1989）12号《参阅文件》分送中央政治局、国务院副总理、党中央和国务院各部门、中央军委、人大常委会等，成为开发我国海岸带及邻近海域的重要参考文件。

2003年被中国海洋学会邀请，参与中国科协下达的关于中国海洋学会代表中国科协组织拟定的《2020年中国海洋科学和技术发展战略研究报告》修改。同年被国家海洋局聘为国家重点基础规划项目《中国近海环流形成变异机理、数值预测方法对环境影响的研究》专家组成员。

（3）担任多个河口海岸学的学术职务，为发展河口海岸学科献计献策

1972—1974年上海航道局成立"长江口航道整治科研组"，参加单位有南京水利科学研究所和我校河口海岸研究室，在海关大楼上海航道局上班，由南京水利科学研究所杨志龙和笔者负责，主要任务是做好长江口通海航道由6 m浚深到7 m的立项准备工作。1980年长江口航道治理工程领导小组和科学技术组成立，领导小组组长为上海市市委副书记、副市长韩哲一，副组长为交通部副部长陶琦，科技组组长为华东水利学院（现河海大学）院长严恺，副组长为南京水利科学研究所河港室主任黄胜，笔者为科技组成员。1983年国务院撤销长江口航道治理工程领导小组，成立长江口开发整治领导小组，后扩建为国务院长江口及太湖流域综合治理领导小组，全面负责领导长江口、黄浦江、太湖流域的综合治理工作，组长为水利部部长钱正英，科技组组长为华东水利学院院长严恺，笔者被聘为科技组成员。同年还被交通部聘为福建马尾港通海航道咨询组成员，组长为交通部水运规划设计院副总工程师石蘅。

　　1987—1999年被中国海洋学会聘为中国海洋年鉴委员会委员，负责编写1987—1990年、1991—1993年、1994—1996年和1997—1999年4个时段的中国河口海岸学研究的进展。

　　1992年被聘为南京大学海岸与海岛开发国家试点实验室第一届学术委员会委员。1994年被国家自然科学基金委员会聘为海洋学科评议组成员。

　　1994—2006年连续被聘为河口海岸动力沉积与动力地貌综合国家重点实验室第一、第二、第三届学术委员会副主任，第一届主任为窦国仁院士、第二、第三届主任为汪品先院士，副主任为苏纪兰院士和笔者。

河口海岸动力沉积和动力地貌综合国家重点实验室
第三届学术委员会第一次会议（2002年）

　　1996年被聘为JGOFS（全球海洋通量联合研究）中国委员会和LOICZ（海岸带陆海相互作用研究）中国工作组成员。

　　1998年被聘为JGOFS和LOICZ中国委员会执行委员，同年又被国家海洋局聘为"九五"国家科技攻关计划96-922"海岸带资源环境利用关键技术研究"技术组成员。

　　2001年被中国科学技术名词审定委员会和中国海洋学会聘为海洋科技名词审定委员会委员、河口海岸学名词编审负责人（编审委员为南京大学王颖教授、中山大学吴超羽教授），除负责河口海岸学名词的选择、部分名词编写、全部名词修改、审查外，还参加全部海洋科技名词的终审。首次把河口海岸学从原来属于海洋地质学提升为与物理海洋学、海洋地理学等并列的海洋学二级学科。

（4）参与国际合作研究

1980—1982年，参加国家级中美海洋沉积作用联合研究，中方有交通部、地质部、教育部、中国科学院和海洋局5个部委参加，美方由国家海洋大气局太平洋环境实验室和10多个著名大学和研究所参加，首席科学家为伍兹霍尔海洋研究所的 J D Milliman教授。调查分海洋与河口两个队，海洋队队长为国家海洋局第二海洋研究所副所长金庆明，笔者为河口队队长和水文组大组长。1982年3—5月，受国家海洋局委托，带领我国参加中美海洋沉积作用联合研究的11人，赴美国有关单位合作编写研究报告。此次合作对推动河口海岸地区的沉积动力学发展起了重要作用。

（5）合作出版9部专著

1988年，由陈吉余、沈焕庭、恽才兴合著的《长江河口动力过程和地貌演变》由上海科学技术出版社出版。1994年，由罗秉征、沈焕庭合著的《三峡工程与河口生态环境》由科学出版社出版。1996年，由朱建荣、沈焕庭合著的《长江冲淡水扩展机制》由华东师范大学出版社出版。2001年，由沈焕庭、潘定安合著的《长江河口最大浑浊带》和由沈焕庭等著的《长江河口物质通量》由海洋出版社出版。2003年，由沈焕庭、茅志昌、朱建荣著的《长江河口盐水入侵》由海洋出版社出版。2009年，由沈焕庭、朱建荣、吴华林等著的《长江河口陆海相互作用界面》由海洋出版社出版。2011年，由沈焕庭、李九发合著的《长江河口水沙输运》由海洋出版社出版。2015年，由沈焕庭、林卫青合著的《上海长江口水源地环境分析与战略选择》由上海科学技术出版社出版。以上专著丰富了河口学的内涵，推动了河口学的发展。

（6）倡导和践行物理、化学、生物过程研究相结合，多次对发展河口海岸学科发表管见

从1988年开始，笔者在动力过程研究与地貌、沉积过程研究相结合的基础上，倡导和践行物理过程、化学过程、生物过程研究相结合，先在河口最大浑浊带研究中尝试，得到同行们的肯定与鼓励，后在河口物质通量、陆海相互作用等研究中均体现出这个方向，将河口研究推上一个新台阶。

2008年在华东师范大学河口海岸研究所建所（院）50周年之际，撰写了《50周年院庆寄语》，为发展我国河口海岸学科，对研究地区、发展原有特色和增添新特色、应用研究与基础研究、现代过程与历史过程研究、树立良好学风、老中青相结合、队伍建设、组织建设、研究方法、国内外学术交流和拓展研究领域等12个方

面提出管见。之前曾做过"河口海岸研究去向何方？""怎样使河口研究更上一层楼？""河口研究新思维"等报告。2012年和2013年又为河口海岸学国家重点实验室和华东师范大学河口海岸科学研究院师生作了题为"对河口学发展思考之一、之二"的报告，借此来吸引更多有关河口的科技工作者、部门和领导关注河口学科的发展，呼唤有时代责任感和开创性的科学家、思想家提出更多睿智的建议，促进河口学更快发展，以适应时代的要求。

3.2　自然地理学与地理信息系统

华东师范大学自然地理学始建于1951年，在1952年全国高校院系调整中，浙江大学地理系并入华东师范大学，成为我国规模最大的自然地理学科。半个多世纪以来，在老一辈科学家的带领与指导下，自然地理学科不断发展壮大。1957年创建全国第一个河口海岸研究机构，1978年经教育部批准扩建为河口海岸研究所；1987年和1991年先后组建比较沉积研究所和城市气候研究室。1980年后，陆续被批准为我国第一批自然地理硕士点、博士点学科和地理学博士后流动站，2000年又被批准为地理学一级学科博士学位授权点；自1987年以来，华东师范大学自然地理学科一直为全国重点学科。1989年国家计委批准筹建河口海岸动力沉积和动力地貌综合国家重点实验室，该实验室在2000年和2005年全国地球科学部两次重点实验室评估中取得良好成绩。1993年批准筹建城市与环境考古遥感国家教育部开放实验室，2003年成为地理信息科学国家教育部重点实验室。1996年地理学成为国家理科基础学科人才培养与科学研究基地。

1996年我校被列入"211工程"国家重点建设大学行列。"211工程"重点建设项目包括重点学科、公共服务体系、师资队伍和基础设施四大项，其中核心和主线是重点学科建设。经校学术委员会评议遴选，决定全校重点建设9个重点学科群，自然地理学与地理信息系统是其中之一。重点学科建设项目的要求是：进一步凝练学科方向，使学科结构更优化，定位更正确，重点更突出，特色更鲜明，要取得具有显示度的标志性成果，接近或达到世界先进水平；要建立高水平的学科发展平台，组织高水平的队伍，为学科的持续发展奠定基础。

我被学校连续两期聘为"九五"与"十五""211工程"自然地理学及地理信息系统学科建设学术带头人和法人代表，学科建设工作小组成员有：丁平兴、刘敏、许世远、张经、李九发、束炯、陈中原、郑祥民、俞立中、曾刚。本学科建设以河口海岸的大都市环境过程研究为主要特色，以遥感、地理信息系统等新技术为支撑，结合国家目标和国民经济社会发展的需求，发挥多学科交叉渗透和综合分析优势，深入研究河口海岸地区和沿海城市化进程中的自然地理问题，并扶植新的学科增长点，不断发展和丰富该学科理论体系，同时在高层次上为沿海地区资源开发、重大工程建设、环境保护和社会经济的可持续发展服务。主要研究方向为：河口演变与河口沉积动力学；海岸动力地貌与动力沉积过程；河口海岸湿地生物地球化学过程；三角洲演变及其对全球变化的响应；沿海城市自然地理过程及其环境效应。建设总目标为：把本学科建成具有鲜明特色的国内一流、国际有较大影响的科学研究、人才培养基地和学术交流中心；河口海岸研究在总体上继续保持国内领先水平，在淤泥质海岸演变预测、河口动力地貌和动力沉积、河口海岸生物地球化学过程、大都市城市气候过程与环境大气污染的耦合关系等方面达到国际先进水平。

经过8年的建设，在学科全体人员的共同努力下，圆满地完成了原定的建设任务，达到了预定的建设目标，2001年（一期）和2006年（二期）均通过国家验收，获得高度好评。2001年，我校自然地理学科再次被批准为国家重点学科，由本人与副校长俞立中教授赴京汇报答辩。2002年本人获华东师范大学资源与环境学院授予的资源与环境学科建设特殊贡献奖。

3.3　地理学

（1）连续三届被聘为国务院学位委员会学科评议组成员

国务院学位委员会学科评议组是国务院学位委员会领导下的学术性工作组织，按学科或几个相近学科设立若干个评议组进行工作。主要任务是：①评议和审核有权授予博士、硕士学位的高等学校和科研机构及其学科、专业，对新增授予博士、硕士学位单位的整体条件进行审核；②对有关学位和研究生培养规格和调整、学位授予标准及质量等进行研究并提出建议；③指导和检查督促各学位授予单位的学位授予工作，对已批准授权的学位授予单位及其学科专业，检查和评估其学位授予的质量和授权学科、专业的水平以及授予单位的整体条件，对不能确保学位水平的单位及学科可以提出停止或撤销其授予学位资格的建议，对各博士学位授予单位的博士生导师的遴选情况进行检查和评估；④对调整和修订授予学位的学科、专业目录进行研究并提出建议；⑤承担国际交流中学位的相互认可及评价等专项咨询工作。学科评议组成员由学位委员会聘任，报国务院备案，每届任期4年。每个评议组成员数一般为7～15人，每个组设召集人2～3名。

笔者于1992年至1997年被国务院学位委员会聘为第三届学科评议组（地理学、大气科学、海洋科学评议组）成员，1998年至2007年被聘为第四、第五届学科评议组（地理学评议组）成员兼召集人。三届共评审了40多个高校与科研机构的地理学二级学科和一级学科的硕士、博士点。在长达12年的任职期间能按学位委员会的要求做到：坚持标准，公正合理，不带个人和部门、行业的偏见；珍惜自己的权利，积极承担评议组的各项任务，认真履行有关职责。在任期间能帮助申报单位客观分析该学科的优势和弱势，并提出有针对性的改进意见。在1998年负责修订"地理学授予博士、硕士学位和培养研究生学科、专业目录"时，能多方设法利用全国高校地理系主任在北京大学开会等机会，广泛听取意见，集思广益，将地理学原有的6个二级学科（自然地理学、地貌学与第四纪地质学、区域地理学、人文地理学、经济地理学、地图学与遥感）修订为相对更合理的3个二级学科（自然地理学、人文地理学、地图与地理信息系统），沿用至今；能廉洁自律，抵制社会上的不正之风。

国务院学位委员会学科评议组（地质、地理、大气、海洋、地球物理）
成员合影（1996年）

（2）连续三届被聘为全国博士后管理委员会地球科学专家组成员

国家人事部下设的全国博士后管理委员会专家组是该委员会的学术性咨询、评议组织，主要职责是博士后政策咨询、研究和科学基金评审。笔者从1992年起至2008年连续被聘为第二、第三、第四届地学组（地理学、大气科学、海洋科学、地球物理学、地质学）成员，同组成员有中国科学院地质与地球物理研究所叶大年院士、北京大学赵柏林院士和杨吾扬教授、国家地震局地球物理研究所陈运泰院士、中国海洋大学冯士筰院士和中国地质大学刘本培教授，国家自然科学基金委员会副主任孙枢院士和笔者为召集人。

（3）连续 9 年参加全国百篇优秀博士学位论文评选

为提高我国研究生教育特别是博士生教育的质量，培养和激励在学博士生的创新精神，促进高层次创造性人才脱颖而出，落实"面向21世纪中国教育振兴行动计划"，国务院学位委员会和教育部决定，从1999年起，开展全国优秀博士学位论文评选工作，每年100篇，宁缺勿滥。评选标准为：选题为本学科前沿，具有开创性，有较大的理论意义或现实意义；在理论或方法上有创新，对该学科的研究起到重要作用；取得突破性成果，达到国际同类学科的国际先进水平；创造了较大的社会效益或经济效益；材料翔实，推理严密，文字表达正确，学风严谨；具有很强的独立从事科学研究工作的能力。

评选工作由全国优秀博士学位论文评选办公室组织进行。评选分4步：第一步由学位授予单位推荐；第二步为省级初选；第三步组织同行专家对省级初选的博士学位论文进行通讯评议，一般同一篇论文由7位专家同时评议；第四步是召集会议复审。笔者从1999年首次评选开始每次被邀请为地学评议组成员，既参加通讯评议，又参加会议复审。复审时地学与生物学组成一组，先分别筛选，后两组合并评议。2007年地学组组长为中国地质大学校长殷鸿福院士，成员有中国科学院大气物理研究所曾庆存院士、中国科技大学王水院士、南京大学伍荣生院士、同济大学汪品先院士、中国海洋大学冯士筰院士和本人。地学与生物学联合评议组组长为北京大学校长许志宏院士。凡属地理学范畴的论文均分工由我负责主复审和介绍，遵循科学公正原则，自己能尽力为地理学争取更多优秀博士学位论文名额。

（4）参加香山科学会议

1999年应邀参加由叶笃正院士主持的"香山科学会议"第130次学术讨论会，主题是对全球变化影响的适应与可持续发展，重点是西北地区和沿海地区，共邀33人参加，会议安排叶笃正院士、施雅风院士和我三位主发言，叶先生围绕会议主题作全面发言，施先生讲西北地区，我讲沿海地区。

（5）与多所高校地理系师生交流地理科学如何更好发展

笔者1996年被江苏省教育委员会聘为南京师范大学"211工程"可行性研究报告论证立项审核专家。2002年被浙江大学聘为该校"211工程"建设项目——城市规划与海洋工程学科评审专家。2003年被教育部聘为首都师范大学"十五""211工程"建设项目可行性研究报告评审专家。2004年被福建省教育厅聘为该省高校创新平台建设项目——福建师范大学亚热带生态地理重点实验室可行性研究报告评审专家。参加这些与学科发展密切相关的评审会时，除在评审会上发表针对会议主题的意见外，还以报告或座谈形式，与这些高校的地理系师生共同探讨加快地理学发展的途径，着重强调3点：一是理论与实际相结合；二是重视学科交叉融合；三是要有各自的特色和优势。除上述高校外，还曾与安徽师范大学、河北师范大学、新疆大学、曲阜师范大学等校的地理学科师生作过类似的学术交流，为发展具有中国特色的地理学和提高地理学科学水平做了一些促进工作。

4 经历纪要

简述了笔者从出生至大学毕业的经历以及工作后每年做的主要工作和要事。

1935 年

1935年9月11日（农历八月十四日）出生于江苏省无锡县西漳区张村乡城塘村。

1941 年

1941年9月至1947年7月在城塘小学读书。

小学（1947年）

1947 年

1947年9月至1950年7月在无锡县胡家渡胶南初级中学读书。

1950 年

1950年9月至1953年7月在江苏洛社乡村师范学校读书。

- 1952年7月加入中国共产主义青年团。
- 1953年7月毕业，已做好准备去做一名乡村小学教师时接到通知，保送入华东师范大学学习。

初中（1950年）

1953 年

1953年9月至1957年7月在华东师范大学地理系学习。

- 一年级第一学期任天文学课代表，第二学期任班学习委员，二年级任班长，三年级开始参加校学生科学技术协会，先任系学生科学技术协会主席，后任校学生科学技术协会副主席。利用暑假到江苏吴江庞山湖、苏州洞庭东山和西山、无锡鼋头渚和马迹山（现马山）等地现场调研和查阅资料，与同学吴有正合作完成《太湖的演变》习作。

中师（1953年）

- 1954年被学校选送苏联留学，参加留苏预备班学习，3个月后上级选送计划变化，仍回地理系继续学习。
- 1956年5月，加入中国共产党。
- 1957年1月，因在学习上有优秀事迹表现，受共青团华东师范大学委员会表扬。
- 1957年7月，由学校统一分配，留校任教。

大学（1957年）

1957 年

1957年9—11月在地理系自然地理教研室任助教，承担本科普通水文学辅导工作，兼任系教工团支部书记。10月参加由河口研究室组织的舟山群岛海岸地貌调查。

1957年12月至1959年4月响应国家干部下放劳动号召，到上海西郊虹桥七一人民公社井亭大队窑浜弄生产队与贫下中农同吃、同住、同劳动。

1959 年

- 5月回地理系工作。
- 负责本科生和函授生普通水文学辅导，并为《地理函授教学》杂志撰写5篇辅导性文章。
- 兼任系科研秘书，协助系领导处理与科研有关的日常工作。
- 参加上海地质地理研究所筹建工作。该所在原河口研究室基础上成立，由华东师范大学和中国科学院上海分院双重领导，1962年根据中央关于"调整、巩固、充实、提高"八字方针被撤销，改为华东师范大学河口海岸研究室，并被列为高教部直属18个重点研究所（室）之一。
- 7—8月，参加由上海河道工程局组织的"长江口杭州湾海岸动力地貌调查"，带领几个学生负责长江河口沙岛动力地貌调查，结束后编写了调查报告，并与陈吉余先生合作发表了《层理褶皱的形成及其在沉积学与实际应用中的意义》一文。

1960 年

- 3—4月，去长春东北师范大学参加由苏联沼泽研究所所长和华东水利学院施成熙教授主讲的"沼泽讲习班"学习，除听课外，还途经哈尔滨、佳木斯去考察了典型沼泽地——三江平原（也称北大荒）。
- 7月参加江苏省水利厅委托的苏北沿海水文测验与动力地貌调查。
- 1960年9月至1961年8月，我校设置上海首个海洋水文气象专业，选派笔者等6人赴青岛山东海洋学院(现中国海洋大学)进修海洋学，笔者主修海洋潮汐学。此时正值困难时期，山东尤为严重，到青岛后先与师生一起下乡生产救灾，一个半月后返校才开始学习，在极端困难条件下完成进修任务。

1961 年

9月回地理系工作。

1962 年

- 3—8月赴青岛中国科学院海洋研究所进修海洋潮汐学。在山东海洋学院进修时因课程安排限制，未能听到海洋潮汐学课程的全部，而此时海洋所有一个物理海洋班，毛汉礼研究员、刘凤树、甘子钧先生等正在讲授海洋潮汐学，利用这个机会又去学半年。
- 9月回地理系工作，在海洋水文气象教研室（又称第二教研室）承担教学任务，并兼任第二教研室与系教辅组党支部书记。
- 1962年9月至1963年2月，为海洋水文气象专业65届学生讲授"海岸动力地貌学"。此课程原计划由河口研究室承担，后因故突变，要我们教研室自行解决，一时无法找到合适人选，只能临危受命，勇挑重担。
- 学校计划选送我去苏联莫斯科大学进修"海洋潮汐学"，同时被学校选送的还有生物系董元烨，我们两人同去仁济医院体检合格后待命，到1963年因中苏关系严重恶化，原协议书取消没去成。

1963 年

1963年2月至1964年11月，为海洋气象专业65届、66届学生讲授"海洋潮汐学"，此门课程为本专业的主课之一，要讲授90多个学时，胡方西与笔者合作讲授。讲授期间撰写了《潮汐学的若干问题》、《非周期性水位变化的分析与预报》，翻译了（俄译中）《太平洋水位的季节变化》、《应用边值方法计算南中国海潮汐调和常数》等文章，供学生参考。还与上海河道局航测大队瞿春熙工程师等探索改进上海港潮汐预报方法。

1964 年

- 升任讲师。
- 1964年12月至1965年4月，带领地理系地质地貌专业和海洋水文气象专业五年级学生和部分教职员工90余人赴上海松江枫泾枫围人民公社新春大队，与上海市委政策研究室的同志一起，参加为期四个半月的农村社会主义教育运动（俗称"四清运动"），担任华东师范大学领队和新春大队工作组副组长。

1965 年

5—7月，与胡方西带领海洋水文气象专业65届五年级学生赴某舰队海测大队毕业实习。

1966 年

"文化大革命"开始。11月初跟随地理系同事去大串联，先到温州，后经金华、南昌、新余，去井冈山，上黄洋界，住茨萍，到湘潭后步行至韶山，11月底由长沙回上海。

1967 年

河口海岸研究室受委托对连云港泥沙回淤进行研究，笔者参加现场水文测验和资料分析。

1968 年

去上海市自来水公司上班，探讨黄浦江水质预报。

1969 年

- 与胡方西、潘定安等由原地理系海洋水文气象教研室转入河口海岸研究室工作。
- 参加黄浦江苏州河污水治理。治理小组提出的石洞口和白龙港污水外排方案被采纳实施，至今经改建、扩建仍在发挥重要作用。
- 11月底上级有令，学校的教职工都要下乡去劳动和学毛选。这是压倒一切的任务，治理小组要笔者留下继续工作，学校没有同意。1969年12月1日至1970年2月12日全系教职工集体去嘉定马陆公社劳动。

1970 年

- 1970—1978年，任河口海岸研究室副主任。
- 1970年2月至1971年1月，去苏北大丰"五七"干校劳动，接受再教育。先后做过制煤渣砖、建茅草房、开沟挖渠、大田劳动、养牛、采购等工作，1971年元月返校。后学校又将"五七"干校搬迁至上海奉贤海滩，笔者与化学系、外语系的部分教师和干部一起又去接受再教育3个月。

1971 年

上海宝山县（包括长兴岛、横沙岛）有不少岸段涨坍不定，变化无常，给安全和生产带来严重危害。从干校回来后与刘苍字、曹沛奎、董永发等组成小分队去宝山县农水局参加宝山地区护岸工程自然条件分析与规划研究，经大量调查研究和综合分析，编写了研究报告，为宝山地区护岸保滩工程规划与建设提供了重要科学依据。

1972—1974 年

- 应上海科教电影制片厂邀请，担任该厂摄制的科教片《钱江潮》的科学顾问，参加影片构思、分镜头剧本起草、修改、定稿和现场拍摄地点选择等全过程。

- 应商务印书馆约稿，与胡方西、吴国元等合作编写地理知识读物《潮汐》，由该馆出版发行，具名为华东师范大学河口研究室。

- 参加长江口7m通海航道选槽与建设研究。

20世纪70年代初，国家发出"三年改变港口面貌"号召，作为上海港口咽喉的长江河口通海航道急需增加通航水深以适应上海港发展需要，首期目标是从6m增深到7m，1972—1974年笔者有幸参加了这一工程的可行性研究，去外滩海关大楼上海航道工程局上班。在这三年中，根据工程需要，对长江河口的潮汐潮流、径流、盐淡水混合、余流、余环流、泥沙输运与河槽演变规律等首次进行了较为全面的开拓性综合研究，并在此基础上提出疏浚南槽方案，后被采纳，该工程1975年竣工后使万吨级海轮可全天候进出，2万吨级海轮能乘潮进出上海港，大幅度提高了上海港的吞吐能力。研究成果也为深水航道建设和长江口综合治理规划的制订提供了相关依据。

- 负责策划和指挥长江口口外海滨首次大规模同步水文测验及资料分析。

1975 年

- 提出"九五工程"（我国第一代航天测量船"远望"号的码头工程）改址方案，被采纳。仅在设计中一项建议节省投资两百万元。

- 参加浏河新港区上下游河段水文测验。我校地理系师生于5月和8月两次对南支主槽和扁担沙、中央沙浅水通道进行了水文测验，取得了35个站位的水文、泥沙资料。笔者除参加现场观测外，还负责撰写了"浏河新港区上下游河段水文泥沙特性报告"。

1976 年

参加上海新港区选址调查研究。为实现周总理提出的"改变我国港口面貌"的遗志，上海港拟建新港区扩大港口的吞吐能力，以适应我国建设事业发展的需要，我系参加了新港区选址的调查研究，编写了两份浏河新港区研究报告，一份是浏河新港区上下游河段水文泥沙特性，由笔者负责编写，另一份是浏河新港区上下游河段河槽演变分析。经比选，推荐在长江口罗泾岸段建立新港区。

1977年

参加"728"（苏南核电厂）选址研究，赴现场查勘和综合分析后提出在江阴不宜建核电厂。

1978年

- 经高教部批准，河口海岸研究室扩建为华东师范大学河口海岸研究所，并成立河口、海岸、沉积、遥感4个研究室，笔者任河口研究室主任。

- 河口海岸研究室因在金山石化总厂陈山原油码头选址、长江口7m通海航道选槽和连云港回淤研究项目科研工作中成果卓著，荣获1978年"全国科学大会奖"。同年被交通部评为全国交通战线科技先进单位。

- 受国家科委委托，国家科委海洋组河口海岸分组在上海成立，挂靠我校，组长陈吉余，笔者与林秉南、戴泽蘅、曾昭璇、黄维敬等22人为组员，参与制订"1975—1985年全国海岸河口科学技术发展规划"。

- 负责南水北调对长江口盐水入侵影响研究。1978年7月中国科学院在石家庄召开南水北调及其对自然环境影响科研规划落实会议，明确南水北调对长江河口影响主要由华东师范大学、南京水利科学研究所等单位负责，我所成立课题组，研究重点之一为南水北调对长江口盐水入侵的影响，此课题由笔者负责，茅志昌、谷国传参加，从此开始了我们对长江河口盐水入侵长达30多年的研究。

- 1978—1980年参加长江口三沙（中央沙、扁担沙、浏河沙）治理和深水航道选槽研究。

- 10月查勘长江口佘山岛和鸡骨礁。

- 受部队委托，11月22日至12月2日，带队查勘福建沙埕港，研究百尺门围垦对沙埕港的影响。

1979年

- 3月28日至4月10日，中国水利学会在天津召开南水北调规划学术讨论会，由理事长张含英主持，水利部部长钱正英前来参加，参加研讨会的著名专家有清华大学黄万里教授、中科院南京土壤研究所所长熊毅等。黄教授提出，华北供水可调节本流域径流，不宜北调江水。熊所长提出，南水北调将对土壤盐渍化有较严重的影响。笔者在会上做了"东线南水北调对长江口盐水入侵的影响"报告，首次提出，南水北调会明显加重长江口的盐水入侵，并提出"控制流量"新概念及对策，得到钱部长等人肯定，人民日报对此作过报道。

- 应浙江水利厅邀请，考察浙江飞云江河口。

- 合作发表以笔者为第一作者的首篇论文。

1980 年

- 升任副教授。
- 5月长江口航道治理工程领导小组和科学技术组成立,领导小组组长为上海市委副书记、副市长韩哲一,副组长为交通部副部长陶琦,科技组组长为华东水利学院(现河海大学)院长严恺,副组长为南京水利科学研究所副所长黄胜,笔者被聘为科技组成员。
- 1980—1982年,参加国家级中美海洋沉积作用联合研究,中方有交通部、地质部、教育部、中国科学院和国家海洋局5个部委参加。美方有10多个著名大学和研究所的10多名著名科学家参加,首席科学家为伍兹霍尔海洋研究所海洋地质学专家米里曼(J D Milliman)教授,负责河口物理学研究的是美国国家海洋大气局太平洋环境实验室的坎农(G A Connon)博士,调查分海洋与河口两个队,海洋队队长为国家海洋局第二海洋研究所副所长金庆明,笔者为河口队队长和水文组组长。
- 3月协助接待来我所访问的美国纽约州立大学石溪分校海洋科学研究中心的普里查德(D W Pritchard)教授、舒贝尔(J R Schubel)教授和卡特(H Carter)教授。
- 全年合作发表论文1篇。

1981 年

- 2月于广东中山县翠亨村参加国家科委海洋组河口海岸分组第三次代表大会,会后应珠江水利委员会总工程师廖远琪邀请考察珠江口。
- 全年合作发表论文3篇。

国家科委海洋组河口海洋分组于广东中山县翠亨村开会时合影(1981年)

1982 年

- 3—5月，受国家海洋局委托，带领我国参加中美海洋沉积作用过程联合研究的11人，赴美国有关单位合作编写研究报告，本人到西雅图美国国家海洋大气局太平洋环境实验室（NOAA-PMEL）与坎农博士和柏辛斯基（D J Pashinski）等合作研究，这是我首次赴美，也是第一次走出国门。

- 1980年以来，上海港货物压港严重，为减轻上海港的燃眉之急，上海港务局拟在张家港建万吨级码头，还想开发利用北仑港等作为上海经济区的组合港，在此背景下，5月15—18日应邀与上海港港务局局长李级三、我所陈吉余先生等一起陪同上海市委副书记和副市长韩哲一、副市长陈锦华考察上海港、长江口、杭州湾和北仑港。

陪同上海市副市长韩哲一（前排右5）、陈锦华（前排右6）踏勘长江口、上海港、
杭州湾、北仑港（1982年）

- 8月21—28日参加上海市、水电部、交通部在上海联合召开的上海水利座谈会，会议议题：一是长江口整治，重点是保证宝钢码头前沿水深；二是黄浦江综合治理，重点保证上海市区防洪安全。会议领导人为：钱正英、陶琦、韩哲一、李化一、子刚、陈宗烈、黄友若。会议开始由汪道涵市长作重要讲话，中共上海市委主要领导人陈国栋、胡立教等也到会听取意见。参加会议的有上海市和水利部、交通部、国家计委等47个单位的领导和专家共100余人，我校应邀参加的陈吉余先生和我分别在大会和专题会上对南支河段整治发表意见，意见内容均刊载在会议简报上。

- 受辽宁有关部门邀请，去鸭绿江口考察，开展鸭绿江口调查和建港条件研究。

- 南水北调是一项跨流域、远距离的巨大调水工程，方案提出后各界都很关心，并提出多种看法。11月8日《世界经济导报》刊载我应邀撰写的《南水北调宜稳不宜急》文章。

- 全年合作发表论文2篇。

1983 年

- 被聘为福建省马尾港和通海航道整治工程技术咨询组成员，组长为交通部水运规划设计院副总工程师石蘅，3月18—23日在福州召开首次咨询会议。

- 4月，在杭州参加由中国国家海洋局与美国国家海洋大气局联合举办的东中国海及其他陆架沉积作用国际学术讨论会，担任会议指导委员会成员和一个分会的主席。在会上做"长江口门附近的水流与混合"、"长江河口悬沙研究"两个报告。

- 7月，国务院撤销"长江口航道治理工程领导小组"，成立"长江口开发整治领导小组"，后扩建为"国务院长江口及太湖流域综合治理领导小组"，全面负责领导长江口、黄浦江、太湖流域的综合治理工作，组长为水利部部长钱正英，科技组组长为华东水利学院院长严恺，笔者被聘为科技组成员。

- 1983年10月至1984年10月，由杨振宁基金资助，赴美国纽约州立大学石溪分校海洋科学研究中心访问，与国际著名河口海洋学家D W Pritchard和J R Schubel教授合作研究。杨振宁基金以往资助的都是有关理论物理的专业人才，如复旦大学原校长谷超豪、杨福家等，非理论物理的我是第一人。杨先生认为，中国不仅需要搞基础理论研究的人才，也需要有搞应用基础研究方面的人才。

- 10月在美国弗吉尼亚参加第七届国际河口学术讨论会（The Seventh Biennial International Estuarine Research Conference, October 22–26, 1983, Virginia）。

- 全年合作发表论文8篇。

1984 年

- 10月前在纽约州立大学石溪分校海洋科学研究中心访问研究，期间由J R Schubel教授陪同参观哥伦比亚大学。应Dr. Ben Oostdom邀请，访问宾州Millersville大学，受到该校校长接见，并考察Delaware河口。

- 任华东师范大学河口海岸研究所副所长(1984—1987年)。

- 承担国家科委下达的"六五"、"七五"重大科技攻关项目"长江三峡工程对生态与环境的影响及对策研究",为总课题组成员和一个二级课题及一个三级课题的负责人(1984—1990年)。
- 全年合作发表论文1篇。

1985 年

- 上海市委书记芮杏文、市长江泽民同志视察我校和我所,笔者作为副所长配合陈吉余所长接待汇报。
- 为适应沿海改革开放和经济发展的需要,1月成立上海市海岸带开发研究中心,由上海市科学技术委员会与华东师范大学双重领导。国家海洋局严宏谟局长、上海市刘振元副市长、诺贝尔奖获得者杨振宁教授、美国纽约州立大学石溪分校海洋科学研究中心主任J R Schubel教授等应邀参加成立大会暨挂牌仪式,并分别致辞。笔者任中心副主任。
- 获华东师范大学颁发的荣誉证书:本学期您工作优秀,值此首届教师节之际,特予表彰。
- 应邀参加由江苏省副省长陈克天带领的江苏省苏北通榆运河综合开发实地查勘。
- 受江苏省张家港港务局委托,负责洪季(6月27日至7月6日)福姜沙河段大、中、小潮全潮水文测验,8船同步,布设5个测流断面、37条垂线,共有47名教师和学生参加。
- 参加上海市科委"三峡工程对长江口及上海地区生态环境影响和对策"项目研究。
- 1983年经国家批准,我校设立自然地理博士点,1985年首次招收自然地理专业河口研究方向博士生,被学校任命为博士生副导师。
- 全年合作发表论文4篇。

1986 年

- 升任教授。
- 入选《国际海洋科学家名录》(Internationl Directory of Marine Scientists)。
- 参加国家科委2000年"技术进步与经济社会发展研究规划"制订,代表国家教委负责课题14——"海岸带及邻近海域开发"的全部调研、分解、分析和起草工作,任总课题起草组副组长,完成子课题——"河口综合开发"的起草和总课题汇总。
- 被聘为《中国大百科区域海洋学》、《中国海洋年鉴》和《海洋科学》编委。

- 被聘为中国港口协会第二届理事会理事。

- 为吸取国内河口治理经验，作为长江河口开发整治的借鉴，国务院长江口及太湖流域综合治理领导小组科技组组织部分成员（华东勘测设计研究院原总工杨德功、南京水利科学研究所河港室主任黄胜、上海市水利局局长朱家玺、上海航道局总工王谷谦和笔者）于11月考察浙江省的瓯江口、椒江口、甬江口和福建省的闽江口。

考察葛洲坝（1986年）

- 12月，在南京参加"三峡工程对生态与环境影响及对策研究"课题论证会，会后随同课题组成员考察葛洲坝和三峡。

- 应邀担任黑龙江电化教育馆拍摄的科教片"长江三角洲"的科学顾问，参加从构思一直到分镜头剧本起草、修改和定稿。

- 全年合作发表论文3篇。

1987 年

- 1987—1988年，参加上海市重大项目"长江——上海城市供水第二水源规划方案研究"，重点研究长江河口盐水入侵规律及其对取水的影响。笔者为课题负责人。

考察位于九寨沟的中科院泥石流观测实验站（1987年）
左起：陈国阶、沈焕庭、藏族司机、许厚泽、徐琪、罗秉征

- 受中国港口协会委托，与朱慧芳共同负责南通港发展战略研究——南通港发展的自然条件分析。
- "长江口通海航道选择和三沙河段治理研究"获交通部科技进步二等奖，笔者为获奖者之一。
- 10月随中科院三峡工程对生态与环境影响项目组考察位于九寨沟的中科院泥石流观测实验站，并沿途考察松番和诺尔盖草原。
- 全年合作发表论文4篇。

考察诺尔盖草原（1987年）
左起：佘之祥、藏民、沈焕庭

1988 年

- 被聘为华东师范大学学报(自然科学版)常务编委。
- 被聘为"长江——上海第二水源规划方案研究"顾问。
- 《长江河口过程动力机理研究》获国家教委科技进步二等奖，笔者为第一完成人。
- 汇总河口海岸研究所建所以来的学术成果，完成《长江河口动力过程和地貌演变》（陈吉余、沈焕庭、恽才兴等著），由上海科学技术出版社出版。
- 《长江三峡工程对生态与环境影响及对策研究》由科学出版社出版，笔者执笔第五章，并参加全书定稿。
- 国家自然科学重大基金项目"中国河口主要沉积动力过程研究及其应用"（1988—1993年）获批准，此项目联合青岛海洋大学、中山大学共同申请，由陈吉余先生总负责。有河口最大浑浊带、河口锋、底坡不稳定性和陆架水入侵4个子课题，笔者任项目学术委员会秘书长和河口最大浑浊带课题负责人。

- 1988—1991年，受福建省港航管理局委托，承担闽江口通海航道第一、第二期整治工程研究，包括大屿、新丰、中沙、马祖印、内沙和外沙6个碍航浅滩治理。由潘定安和笔者负责，汪思明参加。

- "长江口陈行水库、月浦水厂环境评价"(1988—1989年)，笔者为负责人，该两项工程于1990年开工建设，竣工后可解决宝山区和浦东开发区用水。

- 参加中法联合长江河口生物地球化学调查研究的计划制订。

- 3月接待日本友人丰岛兼人，研讨他自费设计的长江口、黄河口治理方案。

- 8月赴澳大利亚悉尼参加第26届国际地理学代表大会（26th Congress of the International Geographical Union, Sydney, Australia, 22–26 August, 1988），会后顺访悉尼大学和堪培拉大学。

- 首次独立招收来自青岛海洋大学和杭州大学的两名硕士研究生。

- 全年合作发表论文5篇。

1989 年

- 2月，JGOFS（全球海洋通量联合研究）中国委员会成立，被聘为委员。

- 续聘为《中国海洋年鉴》和《东海海洋》编委。

- 《长江河口最大浑浊带研究与展望》被中国海洋工程学会、中国土木工程学会港口工程学会、中国水利学会港口专业委员会、中国海洋湖沼学会海岸河口分会等7个学会联合举办的第五届全国海岸工程学术讨论会评为优秀论文。

- 7月应美国Miami大学海洋大气学院海岸管理和计划网络负责人J R Clark邀请，参加在美国南卡罗莱纳州查尔斯登举行的第六届海岸和海洋管理计划评估预备会和学术讨论会（The Sixth Symposium on Coastal and Ocean Management，11–14 July，1989，Charleston），被邀的24人来自13个国家，中国仅笔者1人，预备会是对全球性的特别是对发展中国家的海岸管理计划进行评估，并起草文件列入第六届国际海岸和海洋管理学术讨论会上交流。笔者被邀请担任预备会指导委员会成员，除参加大会外，还参与起草、评估论文等工作，旅费等全由会议提供。会后应佛罗里达州立大学海洋系主任薛亚教授邀请访问海洋系。

- 由上海市科委和教委共同出资兴建的河口海岸大楼建成，河口海岸动力沉积与动力地貌综合国家重点实验室开始筹建。

1990 年

- 经国务院学位委员会审批，任博士生和博士后流动站导师。

- 国家"六五"、"七五"重大科技攻关项目"长江三峡工程对生态与环境影响及对策研究"荣获中国科学院1989年科技进步一等奖。由中科院三峡工程生态与环境研究项目领导小组办公室颁发的获奖证书中说明：沈焕庭同志在研究中承担了二级课题"河口区生态环境"，负责人之一，任项目研究报告、论证报告、论文集、图集编委，有关章节主要执笔人之一，作出了重要贡献，是个人获奖者之一。

- 1990—1991年，受福建省湄洲湾10万吨级通海航道工程指挥部委托，承担湄洲湾10万吨级通海航道选择研究。由潘定安和笔者负责，汪思明参加。

- 浦东开发正在抓紧做好各项准备工作，8月24日《解放日报》刊载笔者应邀撰写的《浦东开发的水源问题怎样解决？》文章。

- 1990—1992年，被国家海洋局东海分局聘为上海市海岛调查海洋水文专业技术顾问。

- 获上海市高等教育局奖励，晋升一级工资。

- 配合家乡无锡有关部门开展青少年教育活动，收到白燕小朋友来信后写了"愿小白燕翱翔在祖国乃至世界高空"的回信，后刊载在1998年江苏教育出版社出版的《路——无锡名人与青少年谈成才》一书中。

- 全年合作发表论文5篇。

1991 年

- 获国务院颁发的政府特殊津贴证书：为了表彰您为发展我国高等教育事业作出的突出贡献，特决定从1991年7月起发给政府特殊津贴并颁发证书。

- 被华东师范大学授予"先进科研工作者"称号。

- 中科院根据宋健要求，成立为报送全国人大的"长江三峡水利枢纽环境影响报告书"编写组，聘请18位专家为编写组成员，笔者为其中之一，负责编写三峡水利枢纽对长江河口环境影响。

- 被国家南极考察委员会聘为第三届中国南极研究学术委员会委员（1991—1995年）。

- 入选英国剑桥国际传记中心编的《世界名人录》（IBC CAMBRIDGE, International Leaders in Achievement, Second Edition）。

- 入选美国传记协会(American Biographical Institute)出版的《国际名人录》(The International Directory of Distinguished Leadership, Third Edition)。

- 被中国港口协会聘为规划与发展委员会委员。

- 参加广西沿海港口发展战略和防城港总体布局规划编制工作评审，考察北部湾港口，参观南宁伊岭岩、阳朔和灵渠。

- 应联合国教科文IHP（国际水文计划）德国和荷兰委员会邀请，赴德国汉堡参加风暴潮、径流及其联合影响国际研讨会（International Workshop. Storm Surges, River Flow and Combined Effects. A Contribution to the UNESCO-THP project H-2-2, 8–12 April, 1991），在会上做"Analysis of a Major Impact on the Estuarine Saltwater Intrusion due to Construction of the Three Gorge Dam on the Changjiang River"报告。会后顺访不莱梅极地研究所。全部费用由会议提供。

- 全年合作发表论文6篇。

1992 年

- 被国务院学位委员会聘为第三届学科评议组（地理学、大气科学、海洋科学评议组）成员（1992—1997年）。

- 被国家人事部和全国博士后管理委员会聘为第二届地球科学(含地质学、地理学、地球物理学、大气科学、海洋科学)专家组成员，孙枢院士和笔者为召集人（1992—1998年）。

- 被国家自然科学基金会聘为地球科学部评审组成员（1992—1998年）。

- 被国家教委科技司聘为发展海洋高科技有关问题起草组成员，负责起草"海岸带及邻近海域开发"报告。同时被邀的有北京大学赵柏林院士和承继成教授、大连理工大学邱大洪院士、青岛海洋大学冯士筰院士和张正斌教授、厦门大学许天增教授。

- 被聘为南京大学海岸与海岛开发国家试点实验室第一届学术委员会委员。

- 被聘为中国地理学会水文专业委员会委员。

- 被聘为华东师范大学第四届学术委员会委员。

- "长江——上海城市供水第二水源规划方案研究"获上海市科技进步一等奖，笔者为第六完成人。

- "长江——上海城市供水第二水源：选址区盐水入侵规律研究"获上海市科技进步三等奖，笔者为第一完成人。

- 6月赴意大利热那亚，应邀参加哥伦布发现美洲500周年纪念活动和全球变化中的海岸管理学术讨论会（Colombo'92, International Conference on Ocean Management in Global Change），担任会议指导委员会成员，中国同去参加的有南京大学任美锷院士、王颖教授、三亚市副市长江上舟。全部费用由会议提供。

- 8月赴美国华盛顿参加第27届国际地理学代表大会（27th International Workshop Geographical Congress），在会上做了"Saltwater Intrusion and

Freshwater Utilization in Changjiang Estuary"报告。

● 入选《当代中国科技名人成就大典》、《当代中国自然科学学者大辞典》。

● 首次独立培养来自数学系的博士生。

● 全年合作发表论文9篇。

1993 年

● 获上海市科学技术协会颁发的"上海市科技精英提名奖",先进事迹在市中心人民公园画廊展示3个月。

● "长江——上海城市供水第二水源规划方案研究"获国家科学技术进步三等奖,笔者为获奖单位——华东师范大学该项目的负责人。

● "海岸带及邻近海域开发"获国家教委科技进步二等奖,笔者为第一完成人。

● 国家自然科学重大基金项目"中国河口主要沉积动力过程及其应用研究"圆满完成。国家自然科学基金委员会组织以窦国仁院士、曾庆存院士为正、副组长的专家组对该项目验收和评审,项目综合评价为优秀。由笔者负责的"河口最大浑浊带"课题被评为6A(全优)。

● 获中华人民共和国新闻出版署颁发的《中国大百科全书》编辑出版荣誉证书。

● 因在"三育人"工作中表现优秀,被华东师范大学表彰。

● 国家教委博士点基金"长江河口径流与盐度及其关系的谱分析"获批准(1993—1996年),笔者为项目负责人。

《中国海洋年鉴》编委会成员合影(1993年)
前排左5为编委会主任、国家海洋局副局长杨文鹤,左4为笔者

- "福建泉州湾数学模型试验"由交通部第三航务工程勘察设计院厦门分院立项委托（1993—1994年），笔者为课题负责人。
- 9月作为论证委员会委员，参加中国科学院遥感应用研究所（名誉所长陈述彭学部委员，所长徐冠华学部委员）遥感开放研究实验室学术方向论证会，对该实验室的学术方向发表了意见。
- 被聘为《中国海洋年鉴》第三届编委。
- 11月在珠海参加第七届全国海岸工程学术研讨会，会后受珠海市市委书记梁光达邀请考察了珠海，并参加珠海港规划和建设座谈会。
- 受广西壮族自治区防城县有关部门邀请，实地考察中越边境河口——北仑河口，并参观越南芒街。
- 应联合国教科文IHP（国际水文计划）德国和荷兰委员会邀请，赴荷兰参加"海平面变化及其对水文和水管理影响国际研讨会"（Sea Change'93 UNESCO WMO UNEP IAHS LAHP Noordwij Kerhout, Netherland, 19–23 April, 1993），在会上做"Applications of the Study on the Mean Sea Level and its Calculation methods"报告，担任一个分组主席，全部费用由会议提供，会后顺访荷兰海洋研究所。
- 入选美国国际传记中心的《500个名人录》（American Biographical Institute Five Hundred Leaders of Influence）。
- 全年合作发表论文9篇。

1994 年

- 被国家教委聘为国家教委第三届科学技术委员会委员。
- 被国家自然科学基金委员会聘为海洋科学评议组成员。
- 被国家海洋信息中心聘为《海洋通报》编委（1994—2007年）。
- 被聘为河口海岸动力沉积与动力地貌综合国家重点实验室第一届学术委员会常务副主任，主任为窦国仁院士。
- 被江苏省教育委员会聘为江苏省重点学科建设专业点遴选专家组成员。
- 被上海科学技术协会聘为"长江口越江通道工程重大技术经济问题综合研究"顾问咨询专家。
- 与罗秉征合著的《三峡工程与河口生态环境》由科学出版社出版。
- 《闽江口的盐淡水混合》（潘定安、沈焕庭，海洋与湖沼）被中国海洋湖沼学会评为1991—1993年优秀论文。
- 国家自然科学基金项目"长江河口盐水入侵规律研究"获批准，1994—1996年，笔者为项目负责人。

- 上海市建委重点项目"青草沙水库预可行性研究"立项，我所负责盐水入侵与河床演变研究，笔者为盐水入侵课题负责人。
- "三亚港国际深水客运码头综合规划水文测验及资料分析"项目，受三亚港务局、海南邢氏置业有限公司委托，笔者为项目负责人。
- 6月和10月受山东省东营市委书记李殿魁邀请，考察黄河河口孤岛油田、海堤、广南水库，乘气垫船考察河口潮滩，参加黄河口综合治理总结暨学术研讨会，对黄河河口治理发表意见。
- 写信给国家科委，建议"重视我国国际界河河口的开发利用研究"，宋健主任指示，列入"八五"补充科技攻关项目。
- 入选《中国当代地球科学大辞典》。
- 全年合作发表论文8篇。

1995 年

- 被中华人民共和国国家教育委员会和人事部评为1995年全国教育系统劳动模范，并授予人民教师奖章。
- 被任命为华东师范大学河口海岸研究所所长。
- 被聘为上海市投资咨询公司专家人才库专家。
- 被南京师范大学聘为兼职教授。
- 由笔者培养的第一位博士生肖成猷被评为华东师范大学1995年优秀毕业生。
- 国家海洋局根据宋健同志指示，中越边境的北仑河口开发研究立项，由我所和国家海洋局第二海洋研究所共同承担，笔者为项目负责人之一，12月率队与胡辉、潘定安、李九发、胡嘉敏赴北仑河口现场查勘和水文测验。
- 赴美国波士顿出席由新英格兰水族馆馆长J R Schubel教授倡议新成立的、宗旨为保护海岸环境、促进海岸地区经济持续发展的国际性组织——Coastal Rhythms科学顾问委员会会议，D W Pritchard教授和笔者等被聘为顾问委员会委员，全部费用由会议提供。
- 10月14日，父亲逝世，享寿86岁。
- 全年合作发表论文12篇。

1996 年

- "三峡工程与生态环境"系列专著获中国科学院自然科学二等奖，笔者是系列专著编委会编委、《三峡工程与河口生态环境》主笔人之一。
- 被江苏省教育委员会聘为南京师范大学"211工程"可行性研究报告论证立项审核专家组成员，组长为南京大学冯端院士。

- 被上海市建设委员会聘为第四届上海市建设委员会科学技术委员会委员。
- 被聘为JGOFS（全球海洋通量联合研究）中国委员会和LOICZ（海岸带陆海相互作用研究）中国工作组成员。
- "浪港水域盐水入侵强度研究"受江苏省太仓市自来水公司委托，1996—1997年，笔者为项目负责人。
- 3月受日本环境厅环境研究所、地质调查局和大阪大学土木工程系邀请赴日本筑波作学术讲演，顺访东京大学，全部费用由会议提供。

在东京大学顺访（1996年）
左起：王辉、沈焕庭、山形俊男、胡敦欣、林海、杨作升、斋藤

在大阪大学演讲（1996年）

- 6月赴香港科技大学，参加亚洲－太平洋海岸环境学术讨论会（Asia-pacific Conference on Coastal Environment），担任会议顾问委员会委员，

在会上做"The Impact of Wind Field on the Expansion of the Changjiang River Diluted Water in Summer"报告。

- 11月应邀参加福建湄洲湾现代化港口城市建设研讨会，做特邀报告。
- 全年合作发表论文3篇。

1997 年

- 被国家海洋局科技司聘为"九五"国家科技攻关计划96-922"海岸带资源环境利用关键技术研究"技术组成员。
- 被国家自然科学基金委员会聘为"黄海海底辐射沙洲形成演变研究"重点项目结题验收专家组成员。
- 被安徽师范大学聘为兼职教授。
- 获国家教育委员会颁发的荣誉证书：沈焕庭教授在任国家教委科学技术委员会第三届委员期间，对高等学校的教育、科技事业作出积极的贡献，特此致谢。

访问韩国海洋研究与发展研究所（1997年）

- 《长江冲淡水扩展机制》（朱建荣、沈焕庭著）由华东师范大学出版社出版。
- "太仓河段盐水入侵强度及滩槽稳定性分析"由上海原水股份有限公司立项委托，1997—1998年，笔者为课题负责人。
- 河口海岸研究所举行40周年庆典暨河口海岸学会学术讨论会，中科院院士邱大洪、上海交通办主任钱云龙和有关部门领导及兄弟院校的同行两百余人到会祝贺，校党委书记陆炳炎、副校长叶建农出席庆典活动，笔者作为所长在大会上做"同心同德，再创辉煌"报告。
- 7月赴南京参加水环境研究新对策国际学术会议（International Symposium on a New Strategy for Water Environmental Research），担任会议科学委员会委员，在会上做"Numerical Simulation of the Expansion of the Changjiang Diluted Water in Winter"报告。
- 8月赴香港科技大学参加97'海岸海洋资源与环境学术讨论会（Symposium on Coastal Ocean Resources and Environment 97）担任一个分组会的主席，

在会上做"我国河口海洋学研究的回顾与展望"报告。

- 9月赴韩国汉城参加黄海健康(The Health of the Yellow Sea)学术研讨会,在会上做"Change of the Discharge and Sediment Flux to Estuary in Changjiang River"报告,会后顺访韩国海洋研究与发展研究所、汉城大学地质系。

- 10月赴美国罗德岛,参加第14届国际河口研究联合会学术讨论会(14th Biennial Estuarine Research Federation International Conference),在会上做"The Discharge and Salinity and their Spectral Analysis in Changjiang Estuary"报告。

- 入编《中华人物大典》。

- 全年合作发表论文10篇。

1998 年

- 被聘为国务院学位委员会第四届学科评议组(地理学科评议组)成员兼召集人,1998—2002年。

- 被国家人事部和全国博士后管委会聘为全国博士后管委会第四届专家组成员,孙枢院士与笔者任地学组(含地质学、地理学、地球物理学、大气科学、海洋科学)召集人,1998—2002年。

- 被聘为JGOFS(全球海洋通量联合研究)/LOICZ(海岸带陆海相互作用研究)中国委员会执行委员,1998—2005年。

访问台湾海洋大学(1998年)
右起:程一骏、张瑞津、沈焕庭、林雪美

- 被《中国海洋年鉴》编委会聘为第五届编委。

- 被续聘为《东海海洋》编委。

- 被江苏省学位委员会聘为南京师范大学地理学科专业博士生指导教师评审组成员。

- 被华东师范大学聘为河口海岸动力沉积与动力地貌综合国家重点实验室第

二届学术委员会副主任委员，主任委员为汪品先院士，另一副主任委员为苏纪兰院士。

- 被华东师范大学聘为校"九五""211工程"自然地理学及地理信息系统学科建设学术带头人和法人代表。
- 任华东师范大学资源与环境学院学术委员会主任。
- "河口最大浑浊带研究"获上海市科技进步三等奖，笔者为第一完成人。
- 国家自然科学重点基金项目"长江河口通量研究"获批准，1998—2001年，笔者为项目负责人。
- 4月受台湾中山大学海洋地质和化学研究所刘祖乾教授主请，赴台湾中山大学、台湾大学、台湾师范大学作学术讲演，与台湾中山大学刘祖乾教授、陈镇东教授，台湾海洋大学程一骏教授，台湾师范大学石再添、张瑞津、林雪美教授交流，考察淡水河口、浊水溪河口、基隆港，赴台南参观垦丁公园。

在台湾师范大学地理系作学术讲演（1998年）

- 8月赴美国弗吉尼亚参加第16届国际海岸协会学术研讨会（16th International Meeting of the Coastal Society），在会上做"The Utilization of Freshwater Research in the Changjiang Estuary"报告，会后应弗吉尼亚海洋研究所所长赖特（S N Wight）和郭仪雄教授邀请顺访该所，考察切萨皮克湾Jems河口。
- 11月赴韩国汉城大学参加第一届东北亚地球环境变化与生物多样性国际研讨会（The First International Symposium on the Geoenvironmental Changes and Biodiversity in the Northeast Asia），在会上做"Land–Ocean Interaction in the Changjiang Estuary"报告，担任一个分组主席。
- 全年合作发表论文8篇。

1999 年

- "中国河口主要沉积动力过程研究及应用"获教育部科技进步二等奖，笔者为第二完成人。
- "长江河口盐水入侵规律及淡水资源开发利用"获教育部科技进步三等奖，笔者为第一完成人。
- "三峡工程对长江口及其邻近海域环境和生态系统影响研究"由国家计委立项，国家98高科技项目，与国家海洋局东海分局合作，笔者为项目负责人之一。
- "长江上下游排水对宝钢取水的影响及对策研究"由宝山钢铁集团立项，1999—2001年，笔者为项目负责人之一。
- "上海市海洋能发展规划与政策研究"由市科委立项，受上海市能源研究所和申能(集团)有限公司委托，1999—2000年，笔者为项目负责人。
- 被国务院学位委员会聘为1999年全国百篇优秀博士学位论文评审和复审专家，参加终审。
- 参加由叶笃正院士主持的"香山科学会议第130次学术讨论会"，主题是对全球变化影响的适应与可持续发展，重点是西北和沿海地区，共邀33人参加，安排叶笃正院士、施雅风院士和笔者主发言，叶先生围绕主题作全面发言，施先生讲西北地区，笔者讲沿海地区。
- 3月去日本筑波，参加近海和大洋系统泥沙输移和储存国际研讨会暨纪念K D Emery教授举行的亚洲陆海链专题研讨会(International Workshop on Sediment Transport & Storage in Coastal Sea–Ocean System, Proft. K D Emery Commemorative workshop on Land–Sea Link in Asia)，在会上做"Material Flux and Land–Ocean Interaction in the Changjiang Estuary"特邀报告。
- 6月赴美国纽约长岛参加第四届国际海洋工程和海岸沉积过程学术研讨会，在会上做"Evolution and Regulation of Flood Channels in Chinese Estuaries"报告，会后顺访纽约州立大学石溪分校海洋科学研究中心。
- 10月赴青岛参加东亚陆海相互作用学术研讨会，在会上做"我国陆海相互作用研究的回顾与展望"报告。
- 笔者作为合作导师的第一位博士后朱建荣被评为上海市优秀博士后。
- 全年合作发表论文9篇。

2000 年

- 国家环保局下达"东线南水北调对长江口及邻近海域的环境和生态系统的影响"项目，2000—2001年，笔者为项目负责人。

- 被国务院学位委员会聘为2000年全国百篇优秀博士学位论文评审和复审专家，参加终审。
- 被聘为《东海海洋》编委会副主任委员。
- 被聘为由南京大学城市与资源学系、环境科学研究所、生物系完成的"长江口北支湿地保护与自然保护区建设规划研究"项目评审专家。
- 10月赴美国弗吉尼亚诺福克，参加第10届河口与海岸物理学术研讨会 (The 10th International Biennial Conference on Physics of Estuaries and Coastal Seas)，在会上做 "Estuarine Interfaces Showing the Land-Ocean Interactions in the Changjiang Estuary, China" 特邀报告，会后顺访弗吉尼亚海洋研究所和纽约州立大学石溪分校海洋科学研究中心。
- 11月赴台湾高雄参加SCORE 2000海岸海洋资源与环境学术研讨会，在会上做"长江河口河海相互作用探讨"报告，会后顺访台湾中山大学。
- 自然地理学成功申请到上海市10个"重中之重"学科建设项目。
- 全年合作发表论文12篇。

2001 年

- 《长江河口最大浑浊带》(沈焕庭、潘定安著)，由海洋出版社出版发行。
- 《长江河口物质通量》(沈焕庭等著)，由海洋出版社出版发行。
- 由笔者作为学术带头人和法人代表的校"九五""211工程"自然地理学及地理信息系统学科建设(一期)通过国家级验收，获得高度评价；继续被聘为"十五""211工程"自然地理学及地理信息系统学科建设(二期)学术带头人和法人代表。

华东师范大学"211工程"重点学科项目建设验收专家合影（2001年）

- 我校自然地理学再次被批准为国家重点学科，由笔者与副校长俞立中教授赴京汇报和答辩。

- 被国务院学位委员会聘为2001年全国百篇优秀博士学位论文评审和复审专家，参加终审。

- 被中国科学技术名词审定委员会、中国海洋学会聘为海洋科技名词审定委员会委员与河口海岸学编审负责人，委员为南京大学王颖教授、中山大学吴超羽教授。除负责河口海岸学名词选择、部分名词编写和全部名词的修改、审查外，还参加全部海洋科技名词的终审。

- 被聘为中国海洋湖沼学会、中国海洋学会第三届潮汐与海平面专业委员会副主任委员。

- 被聘为上海市水务局第一届科学技术委员会委员。

- 被聘为"杭州市钱江四桥水域条件分析及模型试验研究"评审专家组组长。

- 国家自然科学基金项目"长江河口涨潮槽形成机理与演化过程的定量研究"获批准，2001—2003年，笔者为项目负责人。

- 国家教委博士点基金项目"长江口拦门沙冲淤动态及发展趋势预测"获批准，2001—2003年，笔者为项目负责人。

- 2001年度上海市重大决策咨询研究重点课题"三峡工程与南水北调对长江口水环境影响问题研究"由上海市人民政府发展研究中心立项，通过竞标获批准，笔者为课题负责人。

- "上海奉贤4号塘外侧水域挖土对当地围堤影响分析"，受上海银海旅游开发实业有限公司委托，与茅志昌共同负责。

- 11月赴美国佛罗里达，参加第16届国际河口研究联合会学术研讨会(16th Biennial Conference of the Estuarine Research Federation)，在会上做"Sediment flux into the Ocean from Changjiang Estuary"报告，会后顺访佛罗里达州立大学海洋系。

- 全年发表论文22篇。

2002 年

- 被华东师范大学聘为首批终身教授。

- 被华东师范大学聘为第七届校学位评定委员会委员。

- 被聘为河口海岸学国家重点实验室第三届学术委员会副主任，另一位副主任为国家海洋局第二海洋研究所苏纪兰院士，主任为汪品先院士。

- 被国务院学位委员会聘为2002年全国百篇优秀博士学位论文评审与复审专

家，参加终审。

- 被交通部科学研究院上海河口海岸研究中心聘为客座研究员。
- 被聘为浙江大学"211工程"建设项目"城乡规划与海洋工程学科"评审专家。
- 由笔者负责的国家自然科学重点基金项目"长江河口通量研究"通过结题验收。综合评价为A（全面完成计划，研究工作取得突出进展和结果）。
- "三峡工程对长江口及其邻近海域环境和生态系统影响研究"项目，获国家海洋局海洋创新成果二等奖，笔者为第二完成人。
- "三峡工程与南水北调工程对长江口水环境影响问题研究"项目，经上海市决策咨询研究评审委员会评审，评定为A级。
- 获华东师范大学资源与环境学院授予的2002年度资源与环境学院学科建设特殊贡献奖。
- 上海市环保科学技术发展基金项目"上海水源地环境分析与战略选择研究"，通过竞标获批准，2002—2003年，笔者为项目负责人。
- 被聘为"钱塘江河口涌潮数值模拟方法研究"、"舟山—大陆连岛工程可行性研究之七——海床演变研究报告"、"浙江宁海电厂工程区域气象、潮位及风浪分析、滩槽及进港航道稳定性分析"、"浙江玉环县漩门一、二期围垦工程回顾性评价、三期围垦工程可行性研究报告、漩门二期水库蓄淡技术及水体淡化预测研究"、"漩门堵坝工程淤积影响研究"、"杭州市钱江二桥拓宽工程水域条件分析及桥墩局部冲刷研究"等项目评审专家。
- 全年发表论文21篇。

2003 年

- 华师学科（2003）1号文《关于确定华东师范大学"十五"211建设各子项目负责人及建设工作小组名单通知》，确定笔者为重点学科——自然地理学与地理信息系统的项目负责人，学科建设工作小组成员有：丁平兴、刘敏、许世远、张经、李九发、束炯、陈中原、郑祥民、俞立中、曾刚。
- 被国务院学位委员会聘为第五届学科评议组（地理学）成员兼召集人，2003—2007年。
- 被国家人事部和全国博士后管委会聘为全国博士后管委会第四届地球科学专家组成员兼召集人，2003—2007年。
- 被国务院学位委员会聘为2003年全国百篇优秀博士学位论文评审和复审专家，参加终审。
- 国家自然科学重点基金项目"长江河口陆海相互作用的关键界面及其对重

大工程的响应"获批准，2003—2006年，笔者为项目负责人。

- 《长江河口盐水入侵》（沈焕庭、茅志昌、朱建荣著），由海洋出版社出版发行。

- "河海划界研究"项目，国家海洋局委托，2003—2004年，笔者为项目负责人。

- 被国家自然科学基金委员会聘为重大项目"大型水利工程对重要生物资源长期生态效应研究"评审专家。

- 被国家自然科学基金委员会聘为重大项目"渤海生态系统动力学与生物资源持续利用"成果鉴定委员。

- 被国家海洋局聘为国家重点基础规划项目"中国近海环流形成变异机理、数值预测方法及其对环境影响的研究"专家组成员。

- 被中国海洋学会邀请，参与中国科协下达的关于中国海洋学会代表中国科协组织拟订的《2020年中国海洋科学和技术发展战略研究报告》修改。

- 被国家教育部邀请，参加首都师范大学"十五""211工程"建设项目可行性研究报告评审。

- 由我指导的博士生吴加学的学位论文《河口泥沙通量研究》被上海市教育委员会和上海市学位委员会评为上海市研究生优秀论文。

- 5月赴华盛顿参加第三届全球海洋通量联合研究开放科学讨论会（3rd. JGOFS Open Conference），在会上做"Nutrient Budget Model of the Changjiang Estuary"报告。

- 被聘为"长江口南支河段整治工程拟订方案对崇明越江通道工程北港段河势影响动床模型试验研究大纲"、"崇明越江通道北港桥梁通航孔布设数学模型研究报告工作大纲"、"浙江浙能乐清电厂工程可行性研究——工程海域潮汐、潮流、波浪及卸煤码头泊稳条件、岸滩稳定性分析及悬沙和海床演变数值模拟、泥沙物理模型试验、围堤及灰堤断面模型试验、循环冷却水水温扩散数值模拟"、"嘉兴至绍兴公路工程（国家重点公路——黑龙江嘉荫至福建南平）可行性专题研究河床演变分析报告"、"杭州湾第三（肖山）通道高速公路工程可行性研究报告水文条件及河床演变分析"、"浙江椒江口整治方案流场及泥沙冲淤数值模型研究"等项目评审专家。

- 8月参加校工会组织的劳模参观旅游团去北疆参观旅游。

- 全年合作发表论文14篇。

2004 年

- 被国务院学位委员会聘为全国百篇优秀博士学位论文评审、复审专家，参加终审。

- 被浙江省人民政府经济建设咨询委员会聘为"钱塘江河口水资源配置规划"专家论证组成员（成员还有水利部原副部长张春园、原总工高安泽、原副总工徐乾清院士等），省长吕祖传、常务副省长章猛进等亲临听取意见。
- 应福建省教育厅邀请，参加福建省高校创新平台建设项目"福建师范大学亚热带地理过程重点实验室建设"项目可行性研究报告评审。
- 被聘为浙江大学兼职教授。
- 赴昆明参加国家重点基础规划项目"中国近海环流形成变异机理、数值预测方法及其对环境影响的研究"专家组会议，会后参观香格里拉、玉龙雪山。

在玉龙雪山（2004年）

- "上海水源地环境分析与战略选择研究"市环保局科技基金项目圆满完成，根据本地区水资源特点、国外先进城市水源地建设经验，对几个方案的优劣进行深入对比，提出青草沙是上海市管辖范围内的最佳水源地，得到市科委组织的评审专家组的好评。
- 6月在上海参加IAG长江河流科学研讨会（IAG Yangtze Fluvial Conference），在会上做"Study of Key Interface of Land–Ocean Interaction in Yangtze Estuary"报告。
- 被聘为"杭州市东江大桥（钱塘江规划建设十座大桥之一）工程可行性研究——水文条件分析及数学模型研究、大桥对涌潮影响研究"、"杭州地铁一号线越江隧道河段最大冲刷深度研究"、"钱江十桥及接线工程可行性专题研究——潮流数学模型及底床模型试验研究、建桥对涌潮景观影响分析报告"、"钱塘江河口水资源配置方案及调度制度、水资源利用承载力研究"、"水资源高度开发对河口环境影响研究及在河口综合规划中的应用"等项目的专家评审组组长。

- 8月参加由校工会组织的劳模参观旅游团赴青海、甘肃参观旅游。
- 全年合作发表论文9篇。
- 1月14日母亲逝世，享年97岁。

2005 年

- 参加国务院学位委员会学科评议组第10次会议，审核、新增博士学位授权一级学科点，新增博士学位授权点、已有博士点定期评估的复审工作。
- 被国务院学位委员会聘为2005年全国百篇优秀博士学位论文评审、复审专家，参加终审。
- 被聘为上海市科委科技攻关项目"上海市滩涂资源可持续利用"专家组成员（2005—2007年）。
- 被聘为浙江水利河口研究院客座教授。
- 被聘为华中师范大学兼职教授。
- 《潮汐河口断面悬沙通量组分模式及其在长江口的应用》（吴加学、沈焕庭、吴华林，海洋学报，2002，24卷6期），被评为海洋学报2000—2004年优秀论文。
- 应辽宁师范大学邀请访问该校，并做"对发展地理学思考"报告，考察大连、旅顺海岸。
- 8月众弟子在上海举办"河口研究的过去、现在与未来暨沈焕庭教授河口海岸研究40周年学术研讨会"。

全家合影（2005年）

- 10月11日，大众科技报人物栏刊载《潜心河口研究40载——记河口学专家沈焕庭》。
- 由秦大河院士主编的《中国气候与环境演变》由科学出版社出版，特邀笔者编写第五章"中国近海及海岸带气候、生态与环境"中的"海岸带陆海相互作用"一节。
- 为家乡沈氏《复初堂》宗谱续修作序。
- 被聘为"杭州市江东大桥工程数模计算及定床模型研究"、"金塘岛北部促淤围涂工程对周边海域影响专题研究"评审专家。
- 全年合作发表论文14篇。

2006 年

- 由笔者负责的"211工程"学科建设（二期）自然地理学与地理信息系统正式通过国家验收，得到了专家们高度评价。
- 被国家教育部聘为"长江水环境教育部重点实验室"验收专家组成员。
- 被聘为同济大学"长江水环境教育部重点实验室"第一届学术委员会委员。
- 被国务院学位委员会聘为2006年全国百篇优秀博士学位论文评审、复审专家，参加终审。
- 被聘为"上海长江大桥通航孔布置关键技术研究"、"航道回淤技术及其在长江口深水航道三期回淤预报中的应用"、"长江口深水航道治理工程二期平面优化专题研究"专家评审组组长。
- "上海水源地战略选择和关键技术问题研究"获上海市科技进步二等奖，笔者为第一完成人。
- 国家自然科学基金项目"长江河口段岸滩侵蚀机理及趋势预测"获批准，2006—2008年，笔者为项目负责人。
- 参加"钱江通道及接线工程过江隧道河床最大冲刷深度沉积物分析"项目，浙江水利河口研究院委托，笔者为项目负责人。
- 1月赴美国夏威夷参加由美国地球物理协会（AGU）组织的2006年美国海洋科学研讨会，在会上做"长江河口泥沙收支"报告。
- 全年合作发表论文11篇。

2007 年

- 参加国家自然科学基金委员会地球科学部举办的"全球变化与地球系统"优先资助领域2006年度重点项目负责人学术交流会，在会上做"长江河口陆海相互作用关键界面及其对重大工程的响应（2003—2006年）"报告。

- 被国务院学位委员会聘为2007年全国百篇优秀博士学位论文评审、复审专家，参加终审。

- 被聘为新疆大学、新疆师范大学名誉教授。

- 被上海市投资咨询公司聘为"南汇东滩及浦东国际机场外沿滩涂资源开发利用规划"评审专家。

- 应中山大学李春初教授邀请，考察韩江口。

- 接受《环球时报》记者林琳专访，对长江三角洲水源地特别是上海水源地存在问题和建设发表看法，主要观点刊载在2007年7月31日《环球时报》。

- 2月参加校工会组织的劳模参观团，赴海南三亚参观旅游。

- 退休与延聘。根据华东师范大学教授及高级技术人员退休与延聘规定，1993年底以前确定的博士生导师，退休年龄为68岁，按此规定我应在2003年退休。但又有规定，到退休年龄时如达到学校规定条件可予以延聘。当时笔者是国家自然科学基金重点项目负责人、国务院学位委员会地理学科评议组召集人与全国博士后管委会

在海南三亚（2007年）

地球科学专家组召集人，校"'211工程'自然地理学与地理信息系统建设"项目的学术带头人与法人代表。按学校规定，在上述职务中只要有其中之一就可延聘，故被延聘两年，后又续聘两年，一直工作到2007年接到人事处通知：按上海市规定最高退休年龄不能超过70岁，你虽实际工作到2007年，但是退休时间算2005年。

- 全年合作发表论文1篇。

2008 年

- "长江河口盐水入侵规律及其应用"获教育部科技进步二等奖，笔者为第一完成人。

- 由笔者负责的最后一个国家自然科学基金项目"长江河口段岸滩侵蚀机理及趋势预测"圆满完成。

- 应邀为科学出版社出版，由孙九林、林海主编的《地球系统研究与科学数据》一书编写第五章"地球系统及其界面过程"中的第七节"海岸带陆海相互作用"。
- 被国家自然科学基金委员会聘为生命科学部重大项目"大型水利工程对重要生物资源长期生态效应研究"中期评估专家。
- 被聘为"舟山市定海区金塘沥港渔港扩建工程对周边水域和海床冲淤影响研究——海域水文及海床冲淤计算分析、波浪条件计算分析、泥沙物理模型试验研究及总报告"评审专家。
- 全年合作发表论文5篇。

2009 年

- 《长江河口陆海相互作用界面》（沈焕庭、朱建荣、吴华林等著），由海洋出版社出版。
- 全年合作发表论文3篇。

2010 年

- 撰写《长江河口水沙输运》专著。
- 为"长江河口科技馆"建设做技术顾问。此馆是世博会后上海建成的首个专题类科技馆，坐落在黄浦江入长江口处——吴淞口炮台湿地公园内，由宝山区人民政府出资，华东师范大学河口海岸学国家重点实验室和河口海岸科学研究院负责内容策划，华东师范大学设计学院负责从建筑外观到所有馆内展项设计，2009年年底开工建设，2011年建成。

2011 年

- 《长江河口水沙输运》（沈焕庭、李九发著），由海洋出版社出版。
- 应刘昌明院士邀请，为他主编的《中国水文地理》撰写第八章"河口与大岛水文"中的"河口水文"。
- 全年合作发表论文1篇。

2012 年

- 撰写《上海长江口水源地环境分析与战略选择》专著。
- 为河口海岸学国家重点实验室和河口海岸科学研究院师生做"对发展河口海岸学的思考之一"学术报告。

2013 年

- 《长江河口水沙输运》（沈焕庭、李九发著）获由国家海洋局、中国海洋学会、中国太平洋学会、中国海洋湖沼学会联合颁发的优秀海洋科技图书奖。
- 为河口海岸学国家重点实验室和河口海岸科学研究院师生做"对发展河口海岸学的思考之二"学术报告。
- 被浙江大学聘为该校牵头完成的水利部专项"潮汐影响城市饮用水安全课题示范工程及子课题"验收专家。
- 应曲阜师范大学地理与旅游学院邀请，赴山东日照给该院师生做"对发展地理学思考"报告，并考察日照沙质海岸和潟湖。
- 2月与家人赴美国佛罗里达，乘海上"自由女神"号游轮，参加加勒比海6日游，参观Miami大学大气和海洋学院。
- 8月与家人赴宜昌，乘"世纪钻石"号游轮参加三峡5日游。

2014 年

- 刘昌明院士主编的《中国水文地理》由科学出版社出版，笔者撰写其中的"河口水文"。
- 《上海长江口水源地环境分析与战略选择》（沈焕庭、林卫青等著），由上海科学技术出版社出版。

2015 年

- 7月与家人乘"歌诗达赛琳娜"(CostaSerena)游轮，参加日本5日游。
- 8月来自我校和中山大学、浙江大学、同济大学、中国海洋大学、华侨大学、解放军信息工程大学、浙江水利河口研究院、交通部上海河口海岸科学研究中心、上海水利工程设计研究院、国家海洋局第二海洋研究所、地质部海洋地质研究所、中国科学院物质结构研究所等单位的30余位学者和弟子在上海举办"河口研究的过去、现在和未来暨沈焕庭教授潜心河口研究五十载"学术研讨会。

2016 年

- 撰写《我的河口研究与教育生涯》。
- 参观访问"九五"码头工程。该工程建成40多年来，一直保持良好状态，但近几年自江阴大桥建成后，码头前沿出现冲刷现象，并有逐渐增强趋势，如任其自然发展，极有可能危及码头安全，为防患于未然建议对附近河段进行水文泥沙测验及水下地形测量，结合历史资料对此河段的河床演变进行科学分析，预测变化趋势，提出应对措施。此建议已被采纳。

2017 年

- 获中国地理学会颁发的第八届"中国地理科学成就奖"，这是中国地理学会的最高荣誉奖。
- 撰写和出版《我的河口研究与教育生涯》。

5 人生旅途

论述了笔者从小学、初中、中等师范学校至大学和工作后不同阶段在人生旅途上经历的一些酸甜苦辣、难以忘怀、值得回味的人和事。

（1）可爱家乡　可敬父母

1935年9月11日（农历八月十四日）我出生在江苏省无锡县西漳区张村乡城塘村（现属长安乡）。

无锡地处江苏省南部，南临太湖，北近长江，京杭大运河与京沪铁路贯穿全境。境内气候温和，四季分明，土地肥沃，雨量充沛，河道纵横交叉，湖荡星罗棋布，灌溉便利，交通发达，湖光山色，风景秀丽，得天时地利之宜，素有"江南鱼米之乡"美称，与长沙、芜湖、九江并称全国"四大米市"。由于现代工商业繁荣，又有"小上海"之誉，也是吴文化主要发祥地之一。

城塘村位于无锡县中北部，附近地势低平，河荡密布，村西有西浜，村北有后浜，村东南有庙浜和北白荡，村南有锡北运河，是典型的水乡泽国。按地貌区划属圩荡水网化平原区。

锡北运河西起锡澄运河的白荡圩，东至常熟市王庄塘入望虞河，是1958年对沿线原11条老河道裁弯取直、开新联老拓浚而成，最宽处达60 m，一般宽20～40 m。它南通太湖，北通长江，是无锡中北部一大干河，对引排灌溉和交通运输起重大作用。我的外婆和姨母等亲戚家还有两亩地都在运河以南，当时没有桥梁，过河是借一条木制方形摆渡船，用粗稻草绳来回牵引，因河面宽、水流急，摆渡时常有险情发生。北白荡位于东北塘与长安两乡交界处，东西长1.5 km，南北宽0.2 km，湖底平浅，水草茂盛。每年夏秋之交，来自苏北的农民用小船罱湖泥，把水草和淤泥一起夹起，既可获得很好的有机肥料，又能使湖荡不淤浅，保持生态平衡。夏天多东南风，因荡面宽广，风浪较大，冲刷湖底露出第四纪黄土硬黏土层，水清底平，成为优良的游泳场所，童年我常去这里游泳。硬黏土层中有泥炭（俗称黑泥），分布于第四纪全新统中，一般处地表1 m左右，属三角洲相沉积，呈透镜状，似层状，色黑或黄褐，有植物根茎，疏松，含炭量不高，我们在游泳后有时取回做砚台，或将其晒干当煤烧，但烟多，火不旺，做的砚台也易裂，质量不好。

离村不远处有两座三角洲平原上的残丘，一座在村东南方，位于八士与东北塘两乡交界处古芙蓉湖上的芙蓉山，南北长1 km，主峰高44 m；另一座在村西北方，位于堰桥乡境内的西胶山，南北长1.2 km，主峰高43 m。这两座小山都是泥盆系出露的基岩露头，在距今约4亿至3.5亿年期间形成，岩性为肉色细石英砂岩，属陆相碎屑沉积。这两个孤丘是我家乡的春游胜地和举办庙会的好地方。按当地习俗，每年农历三月初三游西胶山，三月十八日游芙蓉山。此时正值春暖花开时节，但农忙还没到，游乐当天，四乡群众纷至沓来，蜂拥而至，附近村庄的村民抬出庙里的菩萨，前后左右有持大刀、钗、高跷、轮车、肉身灯、锣等人组成的队伍，浩浩荡荡，一路前进，一路表演，一队接一队竞相争艳。山路两旁挤满了观看的人群，商贩在山麓搭棚设摊，卖农具、玩具、土产、日用百货、糕饼点心以及吹糖人、玩杂技、算命等，山上山下，人山人海，热闹非凡，令人叹为观止。我们没有时间也没有条件到远地旅游，但一年中这两个节日几乎年年全家出动，去看热闹感受节日气氛。

城塘村有墙门巷、曹家巷、竹园巷等10多条巷，约有200多户，1000余人口。村上姓氏有沈、黄、曹、方等，以沈姓居多。据记载，明洪武初年，沈姓由江阴迁到城塘村，并建祠宇复初堂，清咸丰丙辰年（1856年）首创沈氏宗谱，后于同治癸酉（1873年）、宣统元年（1908年）、民国乙亥年（1947年）重修3次，2005年又续修，我是31世裔孙，经族人抬举，由我作序。全村每条巷均是砖木结构的连体房，户间合建一道砖墙相隔，每户1～3开间和2～3进，大都坐北朝南，前门前有砖面晒谷场，后门外有菜园。我家位于村中心的墙门巷，有近30户，其中5户有墙门天井，我家墙门雕刻精细，上方有"聿修厥德"4个砖刻大字，显示修行积德的祖传家训。

家父名炳吉，字浩清，1909年生。少年时读过几年书，15岁时就去亲戚家开办的谢协茂孵坊当学徒，由于刻苦努力，练就了一手好字和一把好算盘，不久当上了账房先生（相当于现在的会计）。江南水乡几乎家家户户养鸡、养鸭，故孵坊生意兴隆，我家过着平平安安、食穿不愁的安乐生活。

但好景不长。1937年我大姐7岁、二姐5岁、我2岁时，日寇侵我华夏大地，11月12日上海沦陷后，苏州、常熟和我家乡无锡相继陷于敌手。日寇实行"三光"政策，狂轰滥炸，奸淫烧杀，遍地狼烟。据无锡县志记载，1937年11月，侵华日军在我们长安乡烧、杀、抢，仅东旺一村百姓就被杀害108名，烧毁民房419间。日寇的侵略也给我家带来了沉重灾难。据我母亲讲，每当听到飞机轰轰响声，我父母就带着我们几个孩子逃到村外荒无人烟的坟堆处躲避。我父亲工作的孵坊位于无锡与江阴交界处锡澄公路旁的青阳，离长江三角洲的战略要地——江阴要塞很近，侵略日军企图水陆并进威逼南京，公路两旁的重镇成为他们轰炸的重点目标，青阳列在其中，很多厂房和民居包括我父亲工作的孵坊均很快被炸毁。从此，我父亲失业，被迫返回老家种田，日寇入侵给我家带来了深重灾难。

在我长大稍懂事后，亲眼目睹日本鬼子犯下的滔天罪行。鬼子个子矮，留八字胡子，老百姓称他们矮东洋。普通士兵手持长枪，枪端有一把长长的、看上去非常可怕的锋利刺刀，有时刺刀上挂着刚被刺死的血淋淋的老母鸡，当官的腰带上插着手枪。他们进村扫荡时，鸡飞狗跳，人人心惊肉跳，不敢出门。尤其是大姑娘（鬼子称花姑娘）和小伙子更害怕，大姑娘怕被抓去遭轮奸，小伙子怕被抓去做壮丁或苦力，故都千方百计设法躲藏，有的钻进柴堆，有的躲在狭窄的夹墙中，动也不敢动，像吃刑罚，活受罪，鬼子几乎每隔半月要进村来清乡扫荡一次。鬼子无恶不作，犯下的罪行罄竹难书，国仇家恨给我幼小的心灵刻上了难以磨灭的烙印。

无锡人多地少，人均耕地面积不足1亩。尤其是在半封建、半殖民地社会中，大量土地为地主所占有，广大贫苦农民只占有少量土地。据1950年春本县14个区的调查，占总户数2.18%的地主占有25.55%的土地，而占75.5%的中农和贫雇农只占有55.18%的土地，每人平均占有土地为地主10.22亩，贫农0.58亩，雇农0.24亩。地主以出租土地获取地租，地租率一般为30%，高的达50%以上。我家祖孙三代九口，耕种土地包括水稻田、桑田、菜地等总共不到7亩，其中近一半为租田。全家老少一年忙到头，辛勤劳动得到的粮食近四分之一要被地主逼去，过着吃不饱、穿不暖的生活。尤其是因地势低洼和年际降水量不均，水旱灾害频繁发生，遇特大洪水则颗粒无收。碰到这样自然灾害严重的年份，更是雪上加霜，无法度日。

在饥寒交迫的困境下，我父亲除种田外，只能到处求人再去找一份工作。1940年，由亲戚帮助进入位于无锡市江尖嘴对岸的达源堆栈（相当于现在的仓库）做搬运工。此堆栈主要堆放稻谷、小麦、花生等粮油作物，少量是袋装，大量是散装。工作条件和环境极差，没有除尘设备，搬运时灰尘满天飞，帽上、脸上、身上都是灰尘，我们去看他他面前也无法辨认是他。架在地面与仓库上部的跳板窄而陡，没有护栏，挑着沉重的担子或扛着数十斤重的麻袋包，走上走下，看上去让人提心吊胆，非常可怕。遇雨天或没有货船来无活干要赔饭钱。农忙时白天他在堆栈做苦力，晚上回家还要披星戴月去田间耕作，隔天清晨又要走1个多小时去堆栈干活。这样日复一日，年复一年拼命地干，还是无法维持家庭生计。直到1949年4月无锡解放，他翻身做主人，工作积极，当上了堆栈的工会主席，尽力为职工服务，赢得好评。到1965年退休。

我母亲生于清末，小时候一双好端端的脚被缠成小脚，幼嫩的骨骼严重变形，成了三寸金莲的小脚女人。她是一位普普通通的农村妇女，没有上过学，目不识丁，但是在我们儿女心目中，她是一位勤劳节俭、心灵手巧、富有智慧的伟大母亲。

自家乡被日寇侵略沦陷后，仅靠我父亲拼命苦干已支撑不住我们这个家，我母亲千方百计设法与父亲一起挑起抚养我们的重担。她在家除烧饭煮菜、缝补浆洗照料我们子女外，还带领我们搞只需花劳力，不需花很多成本的多种副业，如养鸡、养兔、养羊、养猪、种菜、育蚕、做竹编淘米箩等，以补贴家用度难关。

养鸡主要养母鸡，生下的蛋除给我们孩子吃一些，父母舍不得吃，大多用来换油盐酱醋。养长毛兔，剪毛去卖。养山羊，既可积肥，长大又可出卖。种菜是利用屋后的菜园，种植青菜、雪里蕻、莴苣、菠菜、苋菜、茄子、毛豆、长豇豆、扁豆、丝瓜、韭菜、大蒜等，品种多样，但土地面积小，种出来的远不够全家吃。栽桑育蚕是家乡的传统副业，以养春蚕为主，养得好是一笔不菲的收入。但育蚕非常辛苦，且风险大。蚕不停地边吃桑叶边拉屎，要日夜一刻不停地侍候，一般为20天左右上簇吐丝结茧，在临近做茧时，易染白僵病、胶病、蝇蛆病等，一旦染上这些病，一夜间可全部死亡，前功尽弃。我母亲是育蚕能手，每年靠育蚕赚的钱，是家庭开支的主要来源之一。我母亲童年时跟其父母学过竹编手艺，用竹篾编织淘米箩，在生活困难时期，她又想起重操旧业，但这是一个颇复杂的工艺活，有很多道工序，以前学艺时由多人合作完成，而现在只能靠她一个人，困难重重，后经她坚忍不拔地努力，一个个困难被克服，成为一个竹编能手。她白天主要干户外活，晚上在似暗似明的油盏灯下编织淘米箩或做些纳鞋底、缝补衣服等针线活。她每天要干多种活，总是起早摸黑，忙个不停，经她苦干巧干，合理安排，精打细算，使我家在困境中还能度日。

在农村，一些贫寒家庭的家长会让孩子早点工作，尽早挣钱，为家分忧。而我父母不一样，尽管家贫，却明白知识的分量，家境再困难，认定孩子一定要读书，认为唯有好好读书才能改变命运。故在经济很拮据的情况下，将我和两个姐姐都送进小学读书。当时学校管教严格，规定的体罚条例甚多，如：上课时与同学讲话，轻的就地站立，重则立壁角；若骂人讲不文明的话，要用红墨水在嘴上画红圈；考试成绩不及格，要用戒尺打手心；课堂作业未完成，要关"饭学"，完成后才能回家吃饭，等等。我们姐弟3人深知父母含辛茹苦把我们送进学校已很不易，在学校都能自觉遵守校规，认真学习，从未受过体罚，成绩能保持在中上水平。

每天放学回家我们能自觉地帮父母干活，主要是去田野割草，给羊和兔子提供饲料，或去拣挖草头、荠菜、马兰头、枸杞头等野菜，有时还去耥螺蛳、掘田螺、采茅草蕈等，以弥补自种菜和食品的不足。暑假主要事情也是去田野割草，一种是割了晒干后作为冬季羊和兔子吃的草，一种是割了晒干后作为冬季烧饭的柴草。柴草一般生长在坟堆上和河岸边，割草时在草丛中有时会遇到火赤链、竹叶青等毒蛇，如不留神被咬就很危险，严重的会致命。河岸陡峭，在那里割草易滑入河中，几乎每年都有因在河边割草滑入河中溺亡的不幸事故发生。草割好后塞进两个大扛篮，塞得满满的，有数十斤重，用一条竹扁担挑回家。因天气炎热，路途遥远，担子沉重，挑得汗流浃背，把肩与腰压得难以承受，如只用一个肩挑，更易累，我学会了双肩轮流挑，能边挑边换肩，既节省了体力，又提高了效率。只要天不下雨，每天上下午各去割一次，因柴草和羊草的需求量大，暑假大部分时间花在割草上。

农业的季节性很强，尤其是水稻。有农谚云："季节不等人，一刻值千金。""人误田一时，田误人一季。"故农忙时学校放农忙假，为不误农时，争取丰收，我与父母、姐姐一起，起早摸黑地学做多种农活，如割麦、翻地、育秧、拔秧、插秧、施肥、耥稻、耘稻、拔草、割稻等，深切地体会到，"锄禾日当午，汗滴禾下土。谁知盘中餐，粒粒皆辛苦"。

即便是全家老小拼命地干，在日寇的蹂躏和国民党反动派腐败统治下，我家依然过着吃了上顿愁下顿的生活，父母力不从心，只能让两个姐姐中断学业，一个去棉纺厂做纺织工，一个进袜厂织袜，仅保住我读到小学毕业，并在极端困难的境况下，还把我送进初中，继续读书，从而改变了我的命运。

老爸86岁时，老妈97岁时平静、安详地离开人世，他们没有显赫的名声，更没有华丽的包装，却给我们子女留下了宝贵的精神财富，他们淳朴、勤劳、富有智慧，言传身教，使我领悟到应怎样做人、做事的真谛，让我受益一生，感恩一生。父母给我太多太多，留给我美好的回忆和永远的思念，"谁言寸草心，报得三春晖"。

与家人合影（1953年）

与家人合影（1962年）

（2）起跑线上引路人

1944年，无锡沦陷在日寇铁蹄下，胡家渡有识之士胡爱仁、华荫芳、陈叔和等鉴于农民子弟不可无学上、地方不可无校、民族不能无教，热情关怀贫困失学青年，在极端困难的条件下，慨然募集资金，在胡家渡胶南小学的基础上创办了一所面向劳苦大众的学校——胶南初级中学，并聘请无锡教育界著名人士孙荆楚为校长。

孙校长曾就读于北京大学外国文学系，他常穿长袍、布鞋，面目清秀，戴一副玳瑁框架眼镜，目光炯炯有神，是一位有学问、有骨气、有作为、热心于公益事业的教育家。当时处在日伪统治下，但他能以民族大义为重，坚持中华民族自强、自立、自卫、英勇不屈的精神，抵制奴化教育，不用日伪课本，自编教材，用民主的、爱国的思想教育学生，并亲自编写校歌来激励学生奋发学习。孙校长极重视对学生的思想引导，每周开周会，在会上必亲自作演讲，言及至理，勉励学子为国、为民、为民族争光、争气。一口流利标准的普通话，博古通今，深入浅出，语言生动，口若悬河，逻辑严密，令人百听不厌，教育我们"天下兴亡，匹夫有责"，使我们受到了深刻的爱国主义教育，对他崇敬无比。

孙校长曾先后聘请一批思想进步、知识渊博、多才多艺、富有教育经验的老师来校任教。如范学农（教几何、英语）、陈渊成（教代数、物理）、冯其庸（著名红学家，教语文）、朱锋（著名剪纸画家，教美术）等，他们都很爱岗敬业，个个都有真才实学，讲课深入浅出，形象生动，使我们学有榜样，在初中时打下了坚实的知识和思想基础，萌发了艰苦奋斗、读书救国的思想。

胶南初级中学创办后，很快以"政治进步、治学严谨、学风勤勉淳朴"而声名远播，吸引了周边江阴、武进、常熟、宜兴、泰兴、扬中、靖江等县的农民子弟慕名前来就读，半数以上是远道而来的住读生，少部分是周边附近的走读生。我家所在的城塘村离学校有10多里路，步行至少要1个多小时，且都是狭小的泥路，雨天泥泞不堪，寸步难行，无法早出晚归走读，只能住读。

学校周边是桑园和农舍，西侧有一条小河，校舍简陋，只有一排10多开间的两层简易楼房，白墙黑瓦，底层是教室，楼上是学生宿舍和教师办公室。近百名住读生住在两间大寝室，床是上下两层的木板床，床边没有护栏。我睡的是上铺，有一晚不小心，翻身跌到地板上，幸好是连被子一起翻下，没伤到筋骨。床板由多块狭小木板拼成，板间缝隙成了臭虫的藏身之地，这种虫黄豆般大小，饱吸人血后就变成鼓鼓的褐色小虫，饥饿时腹背相贴，呈灰白色，它生命力很强，即使十天半月未吸食血也不会死亡，人一上床它就蠢蠢欲动，偷偷地从木缝中钻出吸人的血，使人奇痒难忍烦恼不已，难于安眠。学校曾想方设法用开水烫、撒药剂来杀灭它，但效果不佳，只能任其肆虐。木床床架榫头久后易松动，翻身时会发出叽叽嘎嘎的响声，房间大，室友多，讲梦话的人也不少，故在晚间，室外静悄悄，室内很热闹。宿舍内没有正规厕所，只有一个木制粪桶供小便用，若大便需走到楼下，有一天晚上，我起床大便，走到楼梯口，突然看到窗外远处田野上有一团团淡绿色的火焰在飘来舞去，吓了一大跳，这不是传说中的鬼火吗？便后急忙钻进被窝，后来才知道这就是磷火。

学校饭厅设在小学部，离初中部有两百多米的泥路，路西侧是河，东侧是水田，雨天路面泥泞不堪，下雪冰冻天更是一步一滑，走起路来要特别小心。小学部校舍原是祠堂，饭厅是礼堂，一室多用，开大会、搞活动、吃饭都在这里。吃饭时8人一张方桌，没有凳子，站着用餐，几乎天天四菜（蔬菜）一汤，一周有一次小荤就已很满足，只求吃饱，不求吃好。但有一个汤——咸菜银鱼汤却鲜美无比，令我难以忘怀，至今想起来还会流口水。太湖银鱼久负盛名，是餐桌上的佳肴。学校附近有一条河，南通太湖，北达长江，锡澄公路5号桥横贯其上，桥墩将河床缩窄，使河水比上下河段更为湍急，为银鱼生长营造了良好的水环境，健壮的银鱼喜爱在此集聚，成为捕捞优质银鱼的好场所，学校附近的几个村民就在此以捕捞银鱼为业。近水楼台先得月，我校食堂常常可在那里买到廉价的银鱼，使我们这些穷学生能品尝到现在高级宾馆饭店也吃不到的高档银鱼。但每次用餐前有学生膳食委员会的主管人员来检查用餐人数与有否缴足饭费，若缴的饭费已用完要停膳。因来求学的学生家贫的多，停膳时有发生。有一次，我家凑不足钱，一周的膳费没有缴足，到临近周末，在吃饭前宣布的停膳名单中有我，只能乖乖地离开饭桌。周末回家后父母多方设法仍无法凑足膳费，他们只能勒紧裤腰带，将家中仅有的一小袋米给我带去学校，一路上我泪在眼眶滚。

学校对学生的学习抓得很紧，除安排好上下午的正课外，还规定清晨早读，晚间有夜自修。孙校长的夫人是胶南小学的校长，他们住在小学部，但孙校长几乎天天早晚要来看我们，他既是散步锻炼身体，又是关心和督导我们课余学习。我与大多数同学一样，深知父母能供自己上初中，吃辛吃苦很不容易，故非常珍惜这个学习机会，在学校时能自觉地努力学习，在周末和暑假、寒假回到家里，能自觉地帮父母干活，同甘共苦，学会了干各种农活。

1949年4月中旬，解放大军兵临长江北岸，一路势如破竹，国民党军队从江阴向南溃逃，兵败如山倒，学校位于锡澄公路旁，亲眼目睹残兵败将日夜狼狈逃窜，4月底无锡解放。不久，无锡市人民政府成立，孙荆楚校长被任命为无锡市教育局首任局长。

初中是人生最绚丽最富生命力的成长发育阶段，处在生活起点的青少年，教师引路正确与否会在很大程度上影响受教育者的成长与命运。航行不能没有灯塔，在人生的航程中，师表正是指路明灯。我生逢乱世，日本军国主义发动的侵华战争给

初中一年级甲班同学合影（前排左3为笔者，1947年）

全中国人民带来深重灾难，我家也遭殃，使我青少年时期过着吃不饱、穿不暖的生活。庆幸的是，在那烽火连天的战乱日子里，遇到像孙荆楚校长那样一批爱国、有学问、有骨气、热心于教育事业的好老师，他们言传身教，使我受到了良好的教育，不仅学到了科学知识，还对我人生观和世界观的形成注入了珍贵的正能量，他们是我起跑线上的引路人，是我人生坐标上最早的楷模和榜样。他们虽早已作古，母校也早不复存在（已并入堰桥中学），然而，师长们的行为举止、音容笑貌、高大形象至今仍在我的记忆中，他们的教诲令我受益匪浅，终生难忘，感激不尽。

（3）乡村小学教师的摇篮

1950年7月我初中毕业时，家乡无锡解放仅一年多，我家生活条件有所改善，但经济仍比较拮据。若要上普通高中，不仅要膳费，还需缴纳学费，按我家经济条件是无法承受的。要继续读书唯一的办法是去报考膳费、学费全免的中等师范学校，加上农村小学老师在乡亲们的心目中还是挺受尊敬和推崇的，故全家一致意见是去报考师范，毕业后回乡当一名乡村小学老师。

当时离我家较近的师范学校有两所：一所是位于无锡市城区的江苏无锡师范学校；另一所是坐落在洛社乡下的江苏洛社乡村师范学校。自己出身农家，考乡村师范更合适，决定报考洛社师范。

洛社离我家的路程比我读的初级中学要远得多，只听说过此地名，父母亲和我都没有去过。要去参加入学考试有两条路可选择：一条是步行到无锡城区，再乘火车到洛社；另一条是走小道，全程徒步。前一条路省力，但要花钱，且没乘过火车，也不知怎么乘。后一条路费力，但可省钱，最后决定徒步去。时年16岁的我，还没有出过远门，当时也没有现在这样陪考的风气和经济条件，父母亲只能去打听走的路线，先到哪里，再到哪里，一个个村、镇详细地告诉我并记录在纸上。报考前一天晚上，母亲为我准备好几个麸皮面饼，翌日清早就送我启程。时值盛夏，天气炎热，我头戴草帽，肩挂小布包，孤身一人长途跋涉，走一程问一程，饥饿时吃个面饼充饥，累时稍息片刻，在乡亲们的热情指点下，一路比较顺利，没有走冤枉路，到夕阳西下时终于抵达学校。

连续走这么远的陌生路是有生以来第一次，到校后既累又兴奋，办完简单的手续后被安排到学生宿舍，睡的床与住读初中时是一个模样的木板床，上下两铺，一个大寝室有10多张床。因过于疲倦，躺到床上很快就进入梦乡，被可恶的臭虫叮咬也不知，一觉醒来天已蒙蒙亮，感觉身上有些痒，听到有人在嘀咕，才知是臭虫搞的鬼，幸好没有影响睡眠。

考试考了一整天，感觉发挥得还可以。晚上仍在学校住一夜，翌日早晨就踏上回家路，回途路已比较熟悉，试考完已无思想负担，一路走得轻松，比去学校时缩短了1个多小时就回到了家。父母亲早已在家门口等候我，并已准备好饭菜，见我面带笑容，不言而喻，他们高兴地放下了心，嘱咐我好好休息。数日后我与以往过暑假一样，或去田野割草，为家里准备过冬的柴草和羊吃的干草，或帮父母亲干其他农活。不到1个月，接到了学校寄来的录取通知书，全家开心，全村沸腾，因全村200多户人家，读完初中的仅两人，此次考上的我是第一人，后来才知道还有一人被浙江湖州蚕桑学校录取。

江苏洛社乡村师范学校坐落在江南名镇——洛社东北的农村，偎依大运河畔和沪宁铁路线旁。校舍是一排排平行简易的平房，校园中间有一条横贯东西的小河，学校周围均是农田，稍远处有一些散落的农舍，一派江南田园风光。

人民教育家陶行知先生（1891—1945年）倡导教育与劳动相结合，教育要下乡去，培养乡村教师，为广大农民服务。他先后创办了南京晓庄师范学校、上海山海工学团、上海社会大学等教育机构，为社会培养了大批有用人才。江苏洛社乡村师范学校就是秉承陶行知先生的教育思想于1923年创建的一所闻名遐迩的乡村师范，被誉为"乡村小学教师的摇篮"。

去学校不久，美帝国主义发动侵朝战争，国家发出"抗美援朝、保家卫国"号召，热血青年积极响应，踊跃报名参加军事干校，经审批，我们年级约有四分之一的同学被批准，我因只有姐妹没有兄弟按政策未获批准，留下继续学习。洛社乡村师范有三个鲜明的特色。一是学习与劳动相结合，在学习中劳动，在劳动中学习。在入学通知书中明确规定，学生入学时必须携带一件农具，我入学时带去一把锄头。课程中有一门园艺课，专门讲述水稻、小麦、蔬菜、花卉、树木种植培育的基本知识。每天安排一定时间从事体力劳动，主要是种植蔬菜与花卉、养猪、养鱼等，分组分片负责管理，从种植、浇水、施肥、除草、除虫，直到收割的全过程，农忙时节还要安排去周边农村参加大田劳动。二是培养目标非常明确，面向农村，培养乡村小学教师，为广大农民服务。教学内容与农村实际紧密结合，学生绝大多数来自无锡、江阴、靖江、宜兴、常熟、武进、丹阳等附近几个县的农村，毕业后回农村当乡村小学教师。三是要求学生德智体全面发展，每门功课都要学好，毕业后各门小学课程都要能教。因那时农村条件还不怎么好，尤其是较偏僻的农村，学校规模小，设备差，教师少，一名教师要教多门课，在毕业前夕学校安排近两个月时间到邻近的洛社中心小学教学实习，语文、算术、常识、美术、体育、音乐等门门课我都教，还实习当班主任。

1953年7月毕业时已做好一切准备当一名乡村小学教师，我的大姐特地为我买了一块当时算上档次的英纳格手表，但做梦也没有想到，突然接到保送我到华东师范大学继续深造的通知，改变了我的人生轨迹，我成了村里首位大学生，轰动了全村、全乡。

在江苏洛社师范毕业时合影（后排右4为笔者，1953年）

（4）保送进大学深造

从做乡村小学老师，到保送入著名的高等学府——华东师范大学深造，最终成为一名博士生导师和终身教授，这是机遇的眷顾。

接到保送入大学学习的通知，内心激动无比。我们村有200多户人家，1 000多人，当时还没有一个大学生，消息传到村里乡亲们都为我感到荣耀，父母姊妹当然更加开心。

1953年9月初的一天，我按入学通知书规定的日期离别家乡赴上海，那时的上海我们听说最多的是"十里洋场"和"冒险家的乐园"，我父母对我去上海既高兴又不放心，启程时我母亲走到村头，与乡亲们目送我很远才回家。我父亲用一条自制的毛竹小扁担挑着铺盖和一个箱子，从家里一直挑到无锡火车站，10多里路走了1小时，我要与他换挑他不要，一直送到我上火车，将行李安放好，直到要开车时才依依不舍地离开。到达上海后，在师大迎新工作站同学的帮助下，来到位于公兴路的69路公交车站，乘车来到师大后，因第二、第三、第四学生宿舍正在建造，尚未完工，被临时安排到师大一邨靠近工会俱乐部的新建的二层楼教工宿舍住宿。

踏进美丽的师大校园，对一切都感到新鲜，先见到宽阔的林荫大道和位于右侧古式端庄的群贤堂（后改称文史楼）、思群堂（俗称大礼堂），走过一座小桥，又迎来了一座横跨丽娃河的三孔大桥，河西有已完工的数学馆、化学馆和正在施工建筑的三馆（物理、地理、生物）。眼前一切都这么美好，同学和老师的接待也很热情，领导又来问候，吃饭不需要自己花钱且吃得比家里好。党和国家给我提供这么好的条件和无微不至的关怀，使我下决心，一定要好好学习，以优异的成绩来报答党、国家和父母对我的培养，就这样一个纯朴的信念给予我巨大的学习动力。

来到师大后，学校先要求我们选择专业。我对物理比较喜爱，填写了物理系。结果选物理的人太多，学校要求我们填写第二志愿。在中等师范学习时，我们学的地理内容比普通高中多，老师传授了很多有关天文、气象、地质等自然地理知识，使我对地理产生了兴趣，加上在填写志愿时，学校安排老师对各系科介绍，在介绍地理系时给我印象最深的是，此系的老师大都来自著名的浙江大学，拥有多名著名的教授，如胡焕庸、李春芬、严钦尚等，就这样填写了地理系获批准。

当时三馆正在建造，尚未竣工，我们在共青场临时建的茅草房（约现在体健楼位置）上课。头几节课是李春芬教授讲授普通自然地理学的绪论，主要讲自然地理学的研究对象、内容和意义，他讲课条理分明，系统性、逻辑性强，深入浅出，过几天在欢迎新生大会系主任讲话时才知道他又是系主任，使我一入学就领略了大师的风采。接着是周淑贞老师讲授地球概况及气象气候，她讲课时身穿具有传统特色的旗袍，戴一副金丝边框架的眼镜，手持一张张写着讲课提纲的小卡片，一口流利清晰、略带南京乡音的普通话，板书字体清秀，简明扼要，重点突出，使我对地理这门学科增添了兴趣。是李老师和周老师首先将我引进了地理学的殿堂。

20世纪50年代初，我国缺乏办社会主义高等教育的经验，提出全面学习苏联教学经验。学习苏联教育学，制订教学计划，成立教研组，翻译苏联教材。教学方法除课堂讲授外，还安排辅导答疑、课堂讨论、上实习课，试行苏联考试方法，推行口试，加强野外实习和教育实习等。

四年中学习的课程有20多门，公共必修课有中国革命史（王静华老师讲授）、马列主义基础（姜琦老师讲授）、政治经济学（陈彪如老师讲授）、心理学、教育学、体育、俄语（李泽珍老师讲授）等，还有辩证唯物论与历史唯物论选修课。专业课程有普通自然地理（气象气候由周淑贞老师讲授，水文由陈吉余老师讲授，地貌由潘明友老师讲授）、天文学（石淑仪老师讲授）、地质学（竹淑贞老师讲授）、地图学和地形测绘（褚绍唐、吴泗璋老师讲授）、土壤地理（郑家祥老师讲授）、植物学基础及植物地理学（王荷生老师讲授）、各洲自然地理（胡焕庸老师、李春芬老师等讲授）、中国自然地理（叶粟如、刘象天老师讲授）、外国政治经济地理（钱今昔、严重敏、金兆华老师讲授）、中国经济地理（程潞、杨万钟、田松庆等老师讲授）、地理教学法（王文瀚老师讲授）等，还安排教育见习和教育实习。主讲老师都很年轻，1953年时最年长的胡焕庸老师仅52岁，李春芬和褚绍唐老师41岁，周淑贞老师38岁，严钦尚老师36岁，陈吉余老师仅32岁。他们讲课都非常认真，且各有特色，水平都很高，给我留下了深刻难忘的印象。

每门课设有课代表，主要负责收集同学对老师讲课的意见和建议，及时向老师反映，在老师与同学间起桥梁作用，在一年级第一学期我任天文学课代表。每门课有一名助教，协助主讲老师上习题课和辅导答疑，在听课时未听懂或参考书有看不懂的都可去问，对有些问题有自己的看法也可与他讨论交流。这两项措施促进了师生间的互动和沟通，对提高教学与学习质量均有裨益。考核有阶段测验和期终考试，阶段测验约3～4周进行一次，在地质学第一次阶段测验时，我得到了全班最好的成绩，这对我是个鼓励和鞭策，激励我更奋发地学习，也引起了同学对我的关注。考试方式在一、二年级阶段测验和期终考试均采用传统的笔试和百分制，到三、四年级期终考试试行口试和5分制。口试时老师出数组试题，其中有些试题的答案在讲课内容中可找到，有的是找不到的，要自己独立思考回答。口试题目采取抽签方式，抽到后有数分钟时间准备，口试时老师可随时提问，此种考试方式除能更好地了解学生对所学知识掌握的程度和思维能力外，还可锻炼和提高学生的口头表达能力。

在校园水准测量实习（1953年）　　　　在南京雨花台地质地貌实习（1954年）

地质、地貌、地形测绘课程除讲课外，还安排到有典型地质地貌现象的地区去野外实习。地形测绘有两次，一次在校园内，一次结合地质地貌野外实习进行。地质、地貌实习也有两次，一次是到杭州，由陈吉余老师带队，他对杭州的地质地貌了如指掌，在他指导下，在两周时间内几乎跑遍了西湖周边的山地，观测到单斜、背斜、万松岭平移断层、褶皱、层理、船山灰岩、黄龙灰岩、石灰岩地形（溶洞、飞来峰）和艇科化石等多种地质地貌现象；另一次到南京、镇江，观察到雨花台砾石层、下蜀黄土、方山古火山口、栖霞灰岩、汤山温泉等。每到一观察点，老师作简要指点后学生各自观察，然后交流，最后由老师总结。野外实习使课堂上学到的理论知识得到了切实生动的印证，加深了对课堂上获得知识的理解，初步学会了野外观察的方法，还学到了课堂上学不到的知识。

1956年党中央和国务院发出向科学进军的号召，奋斗目标是12年赶超英国。为响应国家的号召，学校采取多种措施，其中为培养和提高学生的科学研究能力，在全校成立学生科学技术协会，各系成立分会。我积极参与，先担任地理系学生科学技术协会主席，在指导老师陈吉余的指导下，组织全系同学开展科学研究，后又任校学生科技协会副主席，动员和组织全校各系同学积极开展科技活动，编印华东师范大学学生科技习作。我对湖泊演变颇有兴趣，利用暑假与同班同学吴有正去江苏吴江的庞山湖、苏州的洞庭东山和西山、无锡的鼋头渚和马迹山等地现场查勘和搜集资料。当时的马迹山（现称马山）是太湖中的一个岛屿，我们乘舸船去两个多小时才到达，派出所的同志问我们来干啥？我们说考察地貌，研究太湖的演变。他们讲，这里曾是太湖强盗的老巢，不很安全，晚上只能住在我们这里，明天你们去考察后尽快离开为好。经过几个月的实地考察和查阅资料，经分析研究，我与吴有正两人合作完成《太湖的演变》习作。

在大学4年学习期间，为报答党、国家、人民和父母的恩情，我勤奋学习，既提高了政治思想觉悟，又学到了科学知识和培养了科学研究能力，在1956年加入了中国共产党，在1957年因学习上有优秀表现，受共青团华东师范大学委员会表彰，并得到领导和老师的好评。毕业后留校任教，原先领导要我去河口研究室从事河口研究，后改为去自然地理教研室从事教学工作，受到该室主任严钦尚教授的欢迎。

（5）与贫下中农"三同"

1957年12月至1959年4月，下放农村与贫下中农同吃、同住、同劳动，接受贫下中农再教育。

1957年党中央发出干部下放劳动号召，我校积极响应，首批下放的有两百多人，大部分是刚毕业和工作不久的年轻教职工，由校团委书记带队，下放至上海最早成立、位于西郊虹桥的七一人民公社。我与比我高一届毕业留校任教的丁祥焕、阮德懿、赵汝福、柴丽芬、唐柔明等分配在井亭大队窑浜弄生产队，此队地处西郊公园（现上海动物园）南面，距公园步行不到一刻钟，生产队以种植蔬菜为业，蔬菜的品种齐全，有鸡毛菜、小青菜、卷心菜等绿叶菜，有白萝卜、胡萝卜等根茎类，还有毛豆、刀豆、长豇豆等豆类，生产的蔬菜全部供应上海市区。

我与插队落户的知识青年宋德海，被安排在朱仁弟家同吃、同住、同劳动，朱家为地道的贫农，从外地迁来，其父早逝，由母抚养长大。他有一个哥哥，在西郊公园当饲养员。因家境贫困，他结婚很晚，妻子是托人介绍从浙江南浔乡下娶来。朱工作干劲足，干事雷厉风行，能为大家办事，是个好人。但心直口快，讲起话来声音很粗，有意见就要提，是个"大炮"，容易得罪人，故大队干部做了没多久就被撤下，只能在生产队当小干部。他母亲和兄嫂都是勤劳朴实的老实人，翻身感很强，对党有深厚感情。

"三同"就是与贫下中农同吃、同住、同劳动。

同住　因安排去的人家都比较贫困，房屋小，没有地方可睡，只能由队里统一安排，在房屋较宽敞的一家找一间房，5个男的睡在一起，床是两张长凳上搁一块门板，虽然简陋，但下乡去是准备吃苦的，故能忍受。

同劳动　是与社员们同时出工、下工，每天干什么都是在早上集合时由队长沈尚桃安排。工种很多，有翻地、种菜、浇水、施肥、除草、割菜、收集肥料、养猪等，不同工种做同样时间得到的工分不一样，年老体弱的大都从事除草、除虫、种菜、割菜等轻体力劳动，工分低，年富力强的多从事浇水、施肥、挑担子等重体力劳动，工分高。我有时与老年人一起干，有时与青壮年一起干，因年幼时在农村长大，做过很多农活，挑担时不需要停下来就能双肩换挑，故身体虽不很强壮，但能干挑担等重活和技术要求高的活，受到贫下中农的赞许。我们下放干部都有一本工分簿，做什么工、出工时间、工分数等天天都有记录，这本满载记忆的工分簿至今我还保留着。

同吃　是"三同"中最难过的一道关。主要是吃菜，菜的好坏问题不大，难接受的是吃的菜不卫生。我"三同"一家的家门口有个小池塘，面积约两亩地大，周围居民既在池中清洗马桶，又在池中淘米洗菜，两处相距很近，早饭吃的一般是稀饭加咸菜，咸菜放到池塘中漂洗一下就拿来吃，也不放到锅中炒，几乎天天如此，在吃时提心吊胆，怕因不卫生而生病，但为了做到"三同"，只能硬着头皮吃。池塘中的水是很脏的，常出现浮萍，尤其是气温高时出现频率更高。现在知道，这是污染物过多引起的富营养化，是水质差的标志。

1958年正值大跃进时代，各行各业都要挖空心思、千方百计搞大跃进，放"卫星"。这里也搞得轰轰烈烈，热火朝天，有几件事深深地铭刻在我的脑海中。

一是挑灯夜战，搞土地深翻。

当时条条战线要放"卫星"，在农村是要提高亩产。原来亩产500～600斤，现在提出要超千斤，甚至超万斤。当时有两句口号，"人有多大胆，地有多高产"、"不怕做不到，只怕想不到"。为了提高亩产，大搞土地深翻，以往翻地深度一般是20～30公分，现在要求深翻50～80公分。像挖深坑一样，挖深后先填一层玉米秆等做肥料，再填上一层土，土上再填一层玉米秆等，如此连填几层，直至与地面齐平。这样做工作量极大，仅白天干不行，只能开夜工，挑灯夜战，起早摸黑地干。我是学地理的，学过土壤学，知道真正的土壤其厚度有限，在上海郊区一般不超过30公分，再下面已不是土壤，而是成土母质（俗称生土），庄稼是生长在土壤层内，现在深翻将生土翻到上面，腐殖质土翻到下面，破坏了耕作层，这不仅不能增产，反而会减产。这明显是劳民伤财、违背科学的愚蠢做法，将这道理讲给群众和基层干部听，他们都认同。明知不科学，不会有好结果，但都不敢不做，若不做就有可能被扣上反对大跃进的帽子，戴上这顶帽子就会带来灾难。

二是大炼钢铁。

当时为了提高钢铁产量，建了很多小高炉，在城区把弄堂口的铁门拆下，在农村就把一家家烧饭用的生铁锅砸碎，送去炼钢，小锅砸掉后，以生产队为单位办食堂，吃大锅饭，这对当地农民来说很不习惯，但对我们下放干部却是个福音，我们中有不少人去参与办食堂，有的负责采购，有的负责烧菜、烧饭，与我们下放在一起的还有上海市电业局的干部，他们对办食堂更积极，从此时开始我们吃到了比较卫生的饭菜。

三是晚上经常开会。

大跃进是新鲜事，也是很难做到的事。我们白天参加劳动，晚上不是开夜工就是开会。开会内容主要是听形势报告，传达上级指示和如何贯彻执行等。有时公社开会，有时大队开会，大队办公室离我们比较近，步行10多分钟即能到达，公社领导机构在虹桥镇，步行半小时还不行，队干部去开会都骑自行车，我不会骑，只能坐在他们自行车的后座上，那时农村水泥路、柏油路很少，大都是狭窄的泥路，自行车行驶在坑坑洼洼的泥路上颠簸厉害，骑车人很辛苦，坐在后座上的人像受刑罚。为此，我选不开夜工、不开会的晚上，向农民借辆自行车（有劳动力的人家都有）请知青宋德海帮忙，去西郊公园大门前的广场学骑车，花了两个晚上基本学会，从此不再依赖别人，借辆自行车能自己骑去开会了。

四是兴修水利开河挖渠。

　　水利是农业的命脉。农村要大跃进，必须大兴水利。冬天农事较少，是兴修水利的好季节，除将原有河浜河床新淤积的淤泥挖掉作肥料外，为了改善防洪、灌溉、航运条件，有时还需要开挖新河。1958年冬，根据上海市郊水利规划要开一条横贯本公社东西的新河，施工前要根据设计要求进行水准测量，每隔一定距离测一个河床断面的标高，设标志桩供施工和验收时应用。公社决定由我们大队负责，大队决定由我负责执行，并派给我两个助手，一个是插队落户的知青，一个是初中毕业的农村青年。水准测量在4年前大学一年级学普通测量学时学过，并在校园内实习过，但真刀真枪没有搞过，能否胜任没有把握。先到学校借了水准仪、标尺等测量工具，再把过去的书找出来，仔细看了几遍，回到公社先实地测试，觉得还可以，就把水准测量的原理、目的、要求、具体操作方法等逐一深入浅出地讲给两位助手听，他们听了颇有兴趣，觉得协助我搞测量比在队里从事一般劳动有意义，可学到新知识，掌握新技能。接着我们就真刀真枪地干。我告诫他们，平原地区高差小，对测量精度的要求更高，在测量过程中不能有丝毫马虎，只要有一点差错，就会前功尽弃，全程重测。结果在两个多月的现场施测过程中都能认真负责，各司其职，配合默契，测量的闭合误差符合规范要求，圆满地完成了第一阶段的任务，受到了公社领导的表扬。

　　干部下放劳动时间一般是1年，1958年临近岁末时，大家都在搞总结准备回校工作。我们地理系在1958年9月至11月受长江流域规划办公室委托，全系师生约400人进行长江三角洲普查，我失去了参加这次普查的机会。受上海航道局委托在1959年又要进行长江口及杭州湾第一次大规模水文调查，从徐六泾至长江口外共有30余条船进行同步测量，这又是一次千载难逢、提高业务能力的好机会，我理所当然地很想参加，但公社与学校联系要我延长一段时间，等到新河开挖结束完成验收测量后再回校，学校同意我也只能同意，故我到1959年4月把验收测量任务完成后才回到学校，又失去了一次提高业务水平的好机会。

（6）向海洋进军

　　1960年我校响应国家"向海洋进军"号召，上海临海却没有一所学校有海洋专业，经教育部批准，在地理系设置上海首个海洋水文气象专业（本科，五年制，保密专业），主要为海军和海洋部门培养海洋水文气象方面的专业人才。组织决定要我参加筹建工作，当时办此专业是国家需要，白手起家。学生先招，没有教师怎么办？一、二年级的数学、物理、流体力学等基础课请本校数学系、物理系的老师来上，普通海洋学借调山东海洋学院（现中国海洋大学）雷宗友老师来上。高年级的波浪、海流、潮汐、海洋气象等专业课，抽调本系6个青年教师和高年级学生由我

在山东海洋学院进修（1961年）

与同去进修的胡方西、李身铎、胡辉、
刘志发、曹慧芬等合影（1961年）

带队去山东海洋学院进修，要求通过1～2年进修后回校承担。此时山东海洋学院党委的高书记曾与我校党委书记常溪萍一起工作过，对我们去进修特别关照，在我们乘火车到达青岛时还安排吉普车到车站来接，这在当时是很高的礼遇。

● **下乡生产救灾**

1960年正值我国困难时期，山东灾情尤为严重。我们到青岛后不是立即去听课，而是跟随全院师生一起到乡下去生产救灾。我随同海洋水文气象系的师生被安排去即墨县的北柱村，先乘火车到蓝村，再转乘蓝烟铁路到一个小站，下车后背着行李徒步数里才到达目的地。这是一个很贫穷的村庄，有劳动能力的青壮年都已外出打工，留下的尽是老弱病残和儿童，田地荒芜，一片凄凉景象。

我与三年级的几个同学被安排到一个久已不用约不足10 m²的羊圈，地面铺着干草，晚上就睡在干草上。紧邻我睡的是一位来自上海的同学浦仲生，后来他成为我在海院时期常交往的好友。羊圈门外有个堆放人畜粪便的土坑。第二天安排干活时我被分配到拾野菜组，以后大部分时间是去采摘野菜。童年时代我在家乡无锡也常去田野采摘野菜，知道什么野菜能吃、好吃，什么野菜有毒不能吃。但这里的野菜无论是品种和数量均比我家乡少，有时只能把残留的地瓜藤叶和树叶也采来，与野菜混在一起，先放在烧开的水中煮数分钟，使其苦味能逸出一些，再取出剁碎，与少量玉米或高粱面掺在一起，捏成一个个窝窝头，蒸熟后作主食，吃时会尝到一种说不清的怪味。

除采摘野菜外，有部分时间我也参加田间劳作。这里的泥土有两种：一种是颗粒较粗的沙土，较疏松，常种植花生，以往翻此种土常用牛拉犁，现在没有牛，我们就几个人一起拉犁翻土；另一种是颗粒较细的黏土，下雨后似泥浆，天晴干涸后很硬，翻此种土用犁拉不动，要用一种长齿钗，用脚使劲地踏才能入土翻松，比拉犁还要费力。

时值秋末冬初，天气比较干燥，睡在铺垫干草的羊圈内还可以，但过了约两周来了一场不小的雨，使门外泥泞不堪，室内垫的干草变湿，时间一长，为蚤类小虫子的滋生创造了良好环境。不久，大家都感觉皮肤发痒，在抓痒时抓到了体小无翅、善跳跃的跳蚤。在初中和中等师范读书时我曾吃过臭虫的苦，这次又尝到了被跳蚤咬的滋味。

此次下乡1个多月，从上海来到北柱村，生活环境发生了天壤之别的变化，由于营养差，劳动强度变大，发现脚上一摁一个坑，不能立即消失，已出现一些浮肿现象，思想压力增大，心想生产救灾固然重要，但给我们进修的时间短，任务重，这样下去完成不了进修任务怎么办？忧心忡忡，不知所措。

● **倒过来学**

下乡生产救灾一个半月后回校，学校恢复正常上课，选听哪些课，怎么学才能达到预期目标，这是摆在我面前急需解决的难题。来青岛前，教研室对我们6人的主修课程已有明确分工：胡方西和我主修潮汐学，李身铎主修海流学，刘志发主修海洋气象学，胡辉和曹慧芬主修波浪学。进修这4门课均需有一定的高等数学和流体力学基础知识才能顺利学习，而我在大学学的是地理专业，这两门基础课均没有学过。若按部就班与一、二年级同学一起，先学这二门基础课后再学潮汐学，这是最理想的，但这样安排时间不允许，反复思量，只能倒过来学，即先听专业课，以后再补修高等数学和流体力学等基础课，这样做会遇到很多困难，但一时想不出更好的办法，只能试着再看。

根据当时海院的课程安排，我决定先听普通海洋学和潮汐学，前者是一门海洋学的基础课，内容包括海洋的物理、化学、生物等多个方面，面广，深度要求不高，由施正铿老师讲绪论，杨殿荣老师主讲。潮汐学按学科体系分静力学和动力学两大部分，讲授程序是先讲静力学，后讲动力学，静力学部分已在上学期讲完，这学期是讲动力学，由沈育疆老师主讲。学动力学对高等数学和流体力学的要求更高，且又要有静力学的基础，这又是倒过来学，难上加难。动力学一开始就是讲潮波的运动方程、连续方程、初始条件和边界条件等，听这些我根本摸不着头脑，只能硬着头皮，竖着耳朵专心地听，不管听懂与否，都尽力将它记下来，先囫囵吞枣，像牛吃草那样先大口大口地吃，课后再下工夫，找参考资料或向同龄的老师和比我小的同学请教，去消化吸收，先重点搞清方程的物理概念，至于方程的推导过程、来龙去脉等只能先放着，待来日补好基础后再去搞懂它。

● 生活上的挑战

当时不仅学习上困难重重，在生活上也遇到难以想象的挑战。虽然同处于困难时期，但青岛的生活条件比上海差许多，在上海时吃的主食是大米饭和小麦面馒头，而青岛是地瓜干和玉米、高粱窝窝头。1958年我下放农村劳动锻炼期间粮食定量为每月34斤，能吃饱，回校后减为每月27斤，要用副食品补充才能吃饱。到青岛后，主食比上海差得多，但粮票一样收，27斤定量无法吃饱，又无副食品补充，进修任务如此繁重，若身体搞垮进修任务难以完成。凌瑞霞获悉此情况后将节约下来的上海粮票和油票去换全国粮票寄给我，起初凭全国粮票和外地工作证在海院门口的龙口路饭店能买到一般的小麦面粉馒头，在中山路百货公司旁的一家饭店还能买到精白面粉馒头，隔1～2周去买一次改善一下生活。但后来又规定，要有外地来青岛的出差证明才能用全国粮票到饭店买到小麦面粉馒头，此后要吃到馒头就更难了。我在上海早餐时吃馒头要配豆浆才能吃下去，而此时能吃到白馒头感到是一种享受。学校为改善师生员工的生活，利用供学生海上实习用的船只去捕捞一些鱼虾和海藻，炊事员将打捞来的大小杂鱼混在一起，用一种特殊方法加工成一种鱼骨也能被软化能吃的酥鱼，味道不怎么样，但营养比较丰富，能吃到这种鱼已是很高兴了。

学习困难重重，生活条件极差，身体浮肿，面对这严峻的挑战，思想斗争激烈，既怕完成不了任务，又怕把身体搞坏，但想到自己肩负重任，又是共产党员，激励我迎难而上，顽强拼搏，加倍努力，这是我有生以来学习最艰辛的阶段。

● 结识众多良师益友

山东海洋学院是我国当时唯一专门培养海洋专业人才的高等学府，云集了一批著名的海洋科学专家，如：赫崇本（海洋学）、王彬华（海洋气象学）、文圣常（波浪学）、景振华（海流学）、陈宗镛（潮汐学）等。自国家发出"向海洋进军"的号召后，除我校外，华东水利学院（现河海大学）、南京大学、中山大学、杭州大学（现并入浙江大学）、南京气象学院等也积极响应，相继开办了涉海专业，他们也选派青年老师和高年级学生来海院进修，仅在海洋系（后称海洋水文气象系）进修的有20多人。我们这些人既是老师，又是学生，听课随学生，政治学习和党团活动与老师一起，这种特殊身份和环境使我在海院结识了众多良师益友。

● 再次去青岛进修

海院的课程是按他们的教学计划安排的，没有专门为进修老师开的课，我们只能在他们计划开的课程中去选课。一学期来我较完整地学习了普通海洋学，这是一大收获。而关键的潮汐学只学了一部分，按海院的教学计划，下学期没有潮汐学课，在此情况下，我只能回师大自学。

不久获悉，中国科学院海洋研究所正在开办一个物理海洋学的培训班，教学计划中有潮汐学课程。经联系，我与胡方西再次去青岛进修潮汐学。此时青岛的生活条件依然很差，但海洋所的学习条件比海院要好。正好一门潮汐学讲授刚开始，绪论由著名物理海洋学家毛汉礼研究员主讲，遗憾的是我们去时他已讲完，没有能领略大师的风采。其余部分由刘凤树和甘子钧老师主讲，他们两位的年岁略比我大一点，均是海洋科班出身，理论基础扎实，又从事科研工作数年，完成了多项科研任务，发表了多篇高质量的论文，讲课思路清晰，深入浅出，重点突出，听后收获颇丰，使我对潮汐学的全貌有了基本了解。与在海院进修时一样，听课随学生，政治学习和党团活动与研究人员在一起，这样又使我结识了该所物理海洋学的多位业务骨干，如尤芳湖、卞家溪、杨天鸿、沈鸿书、沈凌云等。

● 接连开两门新课

由于是培训班，潮汐学的讲授时间有限，有些内容讲得比较简单，加上自己数理基础差，即使讲过的也有不少问题一时无法搞得很清楚，故计划边补基础知识，边把这些问题搞清楚。可是，回校后又遇到新情况，本专业有一门海岸动力地貌学课程，原计划由河口研究室承担，后因故突变，要我们教研室自行解决，一时无法找到合适人选，我身兼教研室党支部书记，只能把困难留给自己，勇挑重担。这是门新课，我以往没有专修，只学过与其相关的部分内容，要在短时间内去教好这门课难度之大可想而知。加上按计划海洋潮汐学很快要开课，其中还有不少问题没有搞懂，这又是难上加难。经夜以继日边学边认真备课，详细编写讲稿，圆满地完成讲课任务，并取得了良好的教学效果。

紧接着要为海洋水文气象专业65届学生讲授海洋潮汐学，这是本专业的主课之一，要讲90多个课时，难度更大。在备课过程中遇到不少问题，有数学方面的，还有天文方面的，这些问题都至关重要，搞不清无法讲授，时间又这么紧，为了对学生负责，不辱使命，把教学搞好，我与凌瑞霞硬着心将出生不满周岁的女儿设法放进了全托班，全身心夜以继日地认真备课。功夫不负有心人，在与胡方西同志的共同努力下，完满地完成了海洋潮汐学的首次教学任务。

● 培养了两届优秀学生

为了进一步提高自己的业务水平，把下一届学生的《海洋潮汐学》讲授得更好，我专程去天津国家海洋局海洋情报研究所拜访和请教郑文振先生，他是负责编制我国沿海各港口潮汐预报表的潮汐预报专家，又是《实用潮汐学》（中国人民解放军海军司令部海道测量部1959年出版）的编著者，他对潮汐学造诣很深，对我国潮汐预报作出了杰出贡献。我还多次去青岛山东海洋学院拜访和请教陈宗镛教授，他对海洋潮汐研究十分深入，是我国海洋潮汐研究的奠基人之一。我从这两位潮汐学大师那里学到了不少书本上学不到的潮汐学知识，还被他们的人格魅力折服，使我终身受益。

在海洋水文气象教研室全体同仁不懈努力下，我们培养了两届优秀的海洋水文气象专业学生，他们毕业分配到南海、东海、北海3个舰队和国家海洋局第一、第二、第三海洋研究所等单位工作后，很多人成为海洋水文气象学科领域的业务骨干和单位领导，如：杨德广、潘玉球、汤毓祥、李宝泰、邹娥梅、王康墡、吴培木、方庆明等。

(7)"文化大革命"拾零

1966年来了一场史无前例的"文化大革命"，来势汹涌，学校停课闹革命，大字报满天飞，批判声不绝于耳，批斗会不断，戴高帽子游街目不忍睹。瞬间有的成为革命造反派，有的成为保皇派，大部分领导和业务骨干被视为走资派和资产阶级知识分子，作为批判和打击对象。我虽年轻，但已肩挑业务重担，还兼任过教研室党支部书记，是个边缘人物，推一推就是革命对象，好在我平时行事低调、以诚待人、谦和守正，没有被人推倒。但要游离运动之外不可能，说违心话做违心事不愿意，只能消极应对，能避开就避开，不能避开的低调处理。开批斗会能不参加最好，一定要参加就坐在后面，能不发言绝不发言，非发言不可就应付一下，过得去就行。面对这场所谓的大革命，看不懂，想不通，忧心忡忡。在提出抓革命促生产口号后，我利用机会尽可能去做促生产的事，先后参加了黄浦江水质预报、苏州河黄浦江污水治理、宝山地区护岸保滩、长江口通海航道改善、上海新港区选址、九五工程改址、苏南核电厂选址等工作。在很多同龄人的经历中，那段岁月似乎都因虚度而被荒废了，我却因为参加校内政治运动的时间不多，大部分时间是在校外，尤其是在长江河口内外度过了很多个日日夜夜，学到了不少书本上学不到的知识和解决了一些生产实际问题。除此还意外地得到了一些收获，使我难以忘怀。

● 跟随大串联

1966年11月初，大串联的高潮已过去，但"文化大革命"在如火如荼地进行，若在学校，不是要参加批斗会，就是要写大字报，日子不好过，听到同事要去大串联，自己也想跟随去，换个环境，比在学校好，他们得知我的想法很快就同意了。当时大串联已接近尾声，要先跑出上海才能成行，他们设法搞到了先去温州的免费船票，但数量有限，我自己买票跟随而去，3日出发4日上午就到达了温州，除参观江心寺革命烈士纪念碑等具有革命教育意义的几个景点外，还见到了当时在温州市工作的胡辉夫妇，受到他俩的热情接待。在温州停留两天后乘汽车到金华，再搭火车去南昌参观八一广场和江西烈士纪念堂，然后乘火车至江西新余，再转乘汽车到井冈山，一路上人头济济。到井冈山后先上黄洋界，走的是小路，山坡陡峻，爬坡时只能向前看，向后看就知道自己置身于悬崖峭壁处，脚会不由自主地发抖。爬上黄洋界后，见到朵朵白云在脚下山谷飘荡，好似进入仙境。晚上住宿茨坪招待所，吃黄米饭，喝南瓜汤，睡通铺，吃住都不需付钱。睡了两个晚上，参观几个景点，在大井毛主席早年坐过考虑国家大事的石头上照了相就下山，乘汽车回新余。

新余站原来并不出名，而在大串联期间去革命圣地——井冈山都要在此转乘，故经此站的趟趟列车都挤得满满的，车厢内走道、厕所、座位下、两节车厢连接处都挤满人，无法走动，上下车都是从就近窗口爬上爬下，我臂力不足，是同事帮助踏在他们肩上上下的。在从新余到湘潭的列车上，巧遇一个小男孩，他睡在座位下，长得逗人喜爱，问他："家住哪里？""济南。""在学校读书吗？""初中一年级。""有人同你一起来吗？""有3个同学，后来不知怎么走散了，现在只是一个人。""你独自一个人怕吗？""不怕。""为啥？""很多人都喜欢我，照顾我，车开到哪里就到哪里，反正到哪里都有吃有睡。""你爸妈知道你出来吗？""知道，要我在外面时间不要太长，早些回去，现在已经出来20多天了，去了很多地方想回去了。"在大串联的川流不息的人群中，男男女女、老老少少、各行各业、各民族的人都有，其中绝大多数是作为红卫兵主体的大学生，中学生也不少。

从湘潭到韶山没有乘车，而是背着行李列队徒步前行，因为出来大串联如果全程乘车，回校不好交代，搞不好会遭批判。从湘潭到韶山约有数十公里路，为了当天能到达，天蒙蒙亮时就出发，中间没有作长时间休息，饥饿时在路边接待站吃些农家食品充饥，继续赶路，约走一半路程后，脚底起了水泡，越走越艰难，恨不得将脚搁上肩膀。一路见到串联的人群，来来往往，川流不息，时而能听到红卫兵带领呼喊的革命口号："红军不怕远征难！""坚持到底就是胜利！"好不容易走到目的地，已是满天星斗。韶山招待所服务很周到，不仅准备好吃住，还有热水泡脚，但天啊，脚底下有这么多水泡，哪还敢泡啊。第二天瞻仰了毛主席故居，此时大串联已临近尾声，停止大串联已三令五申，再不回校会带来很多麻烦，26日到达长沙后，匆匆到橘子洲头观看了湘江，去参观了毛主席青少年时代常去看书和休息的爱晚亭以及长沙革命烈士纪念馆等，就设法乘车回到上海。

● 学隶书抄写大字报

"文化大革命"期间，人人都要写大字报，且有指标。有一人独写，也可几个人组成一个"战斗小组"合写。我选择合写，待有人起草后在数人后面加个名，再协助抄写。但不能每次都这样，有一次轮到我起草，没有办法只能硬着头皮写，成稿后有些激进的人说，这种调子的大字报怎能贴出去，而对我而言，这调子已经很高，再拔高会超越我内心的底线，怎么办？只能请他们来拔高。此后我更不愿意起草，想做个只抄写不起草的专业户。为达到此目的，我开始学写隶书。因当时报纸上不少标题用隶书书写，看起来端庄醒目，我对这种字体也很喜欢，如我能写隶书，抄写的大字报就会更好看，更有理由和可能达到只抄写不起草的目的。另外，书法也是我的一种爱好，以前忙于工作和做学问，没有时间习练，现在是个好机会。学隶书要有字帖或有人教，而当时什么也没有。只能把旧报纸上用隶书写的标题剪下来贴成册作字帖用，没人教只能依样画瓢地写，边写边琢磨，慢慢地摸到了一些门道。此时看专业书、做学问都不行，会遭批判，但借口抄大字报而练字无可非议，就这样边练边抄，边抄边练，结果写出来的字虽不成体统，但人家一看就知道这是隶书。一般人写隶书都用毛笔，我有时还用油画笔和钢笔，写出来的字有别具一格的感觉。想不到的是，学写隶书，除抄写大字报外，还在日后的工作中发挥了作用。如由我负责的课题评审会、研究生学位论文答辩会等的大字横幅都是由我用隶书书写，我所申请国家重点实验室在北京答辩时的大字报也是由我用隶书抄写的。

用隶书书写的论证会横幅（1994年）

习练隶书有益身心健康，已成为我的爱好之一，退休后曾想拜师习练，回头再从学基本笔法开始，把书写水平提高一个层次，以自我欣赏，颐养天年。然忙于总结多年来河口研究心得，无暇顾及，只能暂时割爱。

● 学踏缝纫机做衣

"文化大革命"开始不久，工宣队安排我们去位于中山北路曹杨路口的上海球墨铸铁厂劳动，每周半天，做的是把4块联成一体的铸铁用大铁锤敲成小块。劳动强度大，一人只能连续敲打数次就要换人，五六人一组轮流干，中间休息时间较长，工地邻近大门口，休息时偶尔去门房间看看，见到有一台破旧的缝纫机，门卫讲这是供工人们补衣服用的，去过几次大家熟悉了，他许可我好奇地去踏踏，踏了数分钟，滚轮就能顺转而不突然倒转，感觉学起来不是很难，使我对学踏缝纫机产生了兴趣。

那时工资有限，第二个孩子出生后负担又加重，还要孝敬父母，经济上必须精打细算。加上当时物资匮乏，买什么都要票，定量供应，买布买衣服要布票，由此产生了学踏缝纫机自做衣服的念头。但缝纫机在那个年代是高档消费品，属于三大件之一，不仅价高，且要缝纫机票，此票不是每家每户都能有，而是要有特殊身份和关系的人才有，后巧遇一个机会，好不容易拿到一张票，去买了一台蝴蝶牌缝纫机。平时不使用时将机头放在面板下可作为书桌，一机两用。买来后先练习补衣服，继而改旧翻新，如：把面上破的衣领拆下反过来再缝上去，又像新衣领；长裤的膝盖处破了改成短裤；女儿长大不能再穿的衣服改做儿子的衣服；用零布做假领等。怎么做没人教，只能在拆旧衣的过程中观察琢磨，搞清楚缝的种类（来去缝、外包缝、内包缝），应先缝哪一条，后缝哪一条等。裁衣更难些，先是用拆下的旧衣片用废报纸剪成纸片，依样画瓢，放大或缩小，先做简单的短内裤，再做较复杂的衬衣、外裤，最难做的是中山装。边做边琢磨，边琢磨边做，逐渐积累经验，用缝纫机踏的"缝"由我负责，用手工做的"缝"由老伴负责，两人配合做得还可以，没有明显的缺陷，能穿出去不出洋相。这样做不仅节省了钱和布票，更大的收获是在那个既不能看专业书，又不能做学问的年代增添了人生的乐趣，从中学到了不少知识和技能。至今还舍不得将这台缝纫机处理掉。

● 学理发为贫下中农服务

"文化大革命"期间常被安排到农村劳动，向贫下中农学习，为贫下中农服务。一般是参加与种植小麦、水稻、蔬菜有关的体力劳动，如翻地、浇水、施肥、除草、收割等。除此以外，有人在下乡期间还利用阴雨天和晚上时间为贫下中农扫盲、补文化和理发，这些做法受到群众欢迎和领导肯定，由此我产生了学理发的念头。

怎么学？一是自己在理发时细心观察理发师傅是怎么操作的；二是我们室有一位同事，他学理发已经先行一步，已有相当高的水平，有机会就跟他学，边学边理，边理边学，开始时先由我理，再请他修理，理了几次基本上掌握了要领，以后数次下乡我都带上简单的理发工具，为贫下中农理发，受到他们的欢迎，也提高了我理发的技艺水平。后来我儿子也喜欢由我为他理发，一直理到他大学毕业赴美国深造。我退休后赴美国探亲度假，儿子仍喜欢我帮他理发。

（8）在"五七"干校

知识分子是"文革"的革命对象之一，因而在批判的同时，还创造了多种"改造"和"再教育"的方式，其中之一为"五七"干校。1970年2月，我校决定在苏北大丰设置"五七"干校，有50多名干部和老师组成先遣队，先去位于黄海边的隆丰海滩垦荒建校。

1969年因黄浦江和苏州河黑臭严重，我被抽调去参加黄浦江苏州河污水治理，这是一项重要和复杂的研究任务，抽调去的大都是各有关专业的骨干，经大量调查研究后提出了初步的治理方案，但还有很多后续工作要做。11月底上级有令，学校的教职工都要下乡去劳动和学毛选，这是压倒一切的任务，治理小组要我留下继续工作，学校没有同意，抓革命促生产，抓革命是第一位的。12月1日全系教职工集体去嘉定马陆公社劳动和学毛选，时值隆冬，农活不多，大部分时间安排学毛选，到1970年2月中旬回校。不久第一批老师、干部200余人进"五七"干校，我名列其中，先是在学校为干校建房做煤渣砖，完成后去干校先后做过建茅草房、开沟挖渠、养牛和采购等工作，至1971年元旦返校。

● 做煤渣砖

做煤渣砖是在校军宣队一位军代表的组织和指挥下进行，采用两种原材料：一种是煤渣，是煤在锅炉中燃烧后的废渣；另一种是电石污，是化工厂的下脚料，两种均是废物利用。这些原料由军代表与附近工厂联系后由我们去取，量多、路远的用卡车去取，量少、路近的踏黄鱼车去运。制砖场地设在校大门口文史楼前草坪周边的马路上，砖的规格有大小两种，制砖模具由校办厂用钢板制成，制砖过程比较简单，先按一定的比例将煤渣和电石污混在一起，搅拌均匀后放到一个个砖模中，用一块有长柄、面积比砖面略大的钢板将混合物压实，再用泥刀将砖表面刮平，然后让其自然凝固，约1周后将模板拆离即告完成。此种砖因没有进窑高温烘制，牢固度没有一般砖好，但若不长时间浸泡在水中，作临时房的墙砖还是可以的。制成的砖先集中在一起，一般是我们20多人排成长蛇阵，你传我，我传他，一个接一个地接力搬运。集中起来的砖分期分批用船运至干校，船运码头就在中山路桥桥堍旁的苏州河防汛墙边，将砖搬到船上没有吊车，也是用人海战术接力搬运，一船船装满后由小拖轮拖往大丰，每次可拖4～5船。约3个多月制砖任务完成后我就去了大丰。

● 装水管

到干校时茅草房已基本建好，但水塔尚未完工，领导安排我去协助水电工到水塔顶上安装出水管道系统。水塔要比茅草房高不少，又孤零零地竖在河旁，从简易的搭手架上爬到塔顶难度不小。据说在我来干校前，有几个人曾试图爬上去，结果爬了几下就心发慌，腿发软，再不敢爬上去。我以前没有做过高空作业，有无恐高症不知，既然安排我做这一工作，我就得努力搏一下。上塔前老师傅鼓励和指点我：一不能怕，不要乱想；二要细心，脚要踏稳，少向下看。我按照他的指点跟随他一步一步地慢慢往上爬，果真很灵，一次就成功地爬上了塔顶。登上后深深地吸了一口气，成功的喜悦难以言表。登高可望远，协助师傅把工作做好后，我极目瞭望，啊！茫茫大海，蔚蓝天空，辽阔海滩，一望无际，景色醉人，草原情歌"美丽的草原，我的家……"瞬间情不自禁地在我脑际荡漾。人生在世，风风雨雨，不管遇到什么样的环境，都要学会自得其乐。

● 开沟挖渠、插秧

干校为了使大家得到"全面锻炼"，工作往往是轮流干的。当水电安装基本告一段落后，我就去参加开沟挖渠、种植水稻等大田劳动。要使荒滩变良田，必须在长满芦苇的海滩上开沟挖渠，这是一项工程量很大的工程，一铲一铲地开挖，劳动强度也很大，一天干下来，到晚上全身酸痛，疲惫不堪，连续干了10多天后才慢慢适应。接着是插秧，时值早春，清早天气还很冷，上身需穿棉衣，而脚要踩在冰冷的泥水中，先用钉耙将泥块搞碎拉平，然后插秧。这两种都是技术要求高的农活，尤其插秧，插浅了要漂浮起来，插深了成活慢，长不好。大部分人都不会干，队部到邻近农场请了几位老农来帮教，我因在江南水乡长大，年青时就学会了这种活，我插的秧受到了老农的赞许。

● 养牛

过一段时间又安排我去养牛。听到此消息我特别高兴，因我童年时家贫，养不起牛，见到有人骑在牛背上在田野放牛很羡慕，想不到此时能拾回童年的梦想，在养牛期间有两件事在我脑海中难以忘却。

一件事是抓到了一只野鸡。一天在草滩上放牛时，见到一个比周边略高的土堆，上面长满茂密挺拔的茅草，这是海滩上的一种微地貌，不知何故形成，我想去探个究竟，走到旁边用小竹竿拨一下茅草，惊喜地发现，一只野鸡伏在草丛中间，它头朝前，尾朝我，定神一看是只母野鸡，我轻轻地放下竹竿，拨开茅草，快速地用两手将它按住，把它抓起后，见到一窝虎皮色的蛋，这只野鸡正在卧巢孵化。我抱住野鸡快步走到食堂，工作人员见到也很高兴，帮我找了一根草绳系在它脚上，另一头系在一根柱子上，还拿来一个装菜的大箩筐，将它罩住，然后我快速回到草滩，继续放牛。中午回来用餐时将12枚野鸡蛋带回，大家见到我抓到一只野鸡，并捡到这么多野鸡蛋，都很好奇和兴奋，如何处置，七嘴八舌有多种看法，暂放着再说。下午食堂无人，我继续去放牛，而傍晚归来时野鸡不见踪影，只看到一段系住它的绳子，可能是它被罩进箩筐后拼命挣扎，将系在脚上的绳子绷断，翻倒箩筐飞逃而去。留下12个蛋如何处置呢？此时食堂买了两只老母鸡，一只还没有杀掉，我们就把这12个蛋放在老母鸡旁的草窝中，隔一天看到这只老母鸡静静地蹲在蛋上，鸡冠红红的，我们在它旁边撒些米粒，它也很少吃。不到1周时间，雏野鸡破壳而出，湿漉漉的小野鸡呈现在我们面前，过几天就叽叽喳喳地叫，摇摇晃晃地走，鸡妈妈咯咯地领着它们在草房内和周围觅食，非常可爱。小野鸡生长很快，不久身上长出了羽毛，尾巴上的羽毛长得特别长，又奔又欲飞，怕它们飞走，把其翅膀毛每隔数天剪短一些，越长大越可爱，有些人特别喜欢，休假将它们带到上海家中养，这些小生命的命运如何不得而知，估计都不会有好运。后来在草滩放牛时，偶尔能

见到有一只脚上挂着一段绳子的野鸡在草滩上空飞来飞去，也许这是那些小生命的妈妈在寻找它失去的宝贝。现在想到此情此景，感到十分内疚，那时没有丝毫环保意识，贪猎野味，不知不觉地成了扼杀野生动物的罪人。

还有一件事使我真实地体会到牵牛要牵牛鼻子的真谛。刚接手养牛时，牛在草地上吃草，吃得又快又多，胃口很好。过了半个多月，吃草的速度明显减慢，量也减少，胃口变差，我怕它患病，去请教隔壁农场养牛有经验的人。他来后先看牛的舌头，见到舌面上有一层厚厚的白色舌苔，他说牛没有病，是舌苔太厚引发。他叫我去拿了一些盐，然后熟练地将牛舌拉出，将盐撒在舌面上，用手使劲地摩擦，将舌苔去除。他说舌苔去除后食欲很快会恢复，果真过了数天牛的胃口明显改善。一事解决，另一麻烦事接踵而来。一天，夕阳快西下，我准备将牛牵回牛棚时，突然发现，牛鼻子上的缰绳已掉在地上，再仔细一看，连拴在牛鼻子上的环也与绳子一起掉下了，我立即拾起缰绳向牛靠近，想把环重新套上它的鼻子。平时我走近它动也不动，亲和无比，而此时我离它还有数米远，它就不让我靠近，低着头，两眼睁得大大的，用两只角对着我，一副要与我搏斗的架势。我朝它走它也走，我快走它就奔，原来是老老实实的，现在却完全变了样，凸现出其兽性的本来面目。此时夕阳将西下，天色快黑，怎么办？急得我走投无路，满身大汗。茫茫草滩，四处无人，离牛棚还有不少距离，又无通讯工具与队部联系，若牛逃离，后果不堪设想。正在万分焦急之际，看到远处，放牧的羊群在归途之中，燃起了一丝希望。此时我无法接近牛，但也不能离开牛，只能耐心等待。当羊群快接近我时，我举起小竹竿，拼命摇晃召唤，牧羊的同事急速赶来，我将情况讲后，他加快回队报告，后派人来指点帮助，设法将牛慢慢赶引入河，因天热时牛很喜欢沐浴，一旦浸泡到水中，它就会得意忘形，失去警惕性。等它沉浸于水中后，我们就慢慢地、轻手轻脚地走到它身旁，乘其不备，将手伸入水中，快速地用手指抓住它的鼻子，并将系绳的鼻环扣上，这样一来，立刻化险为夷，它又变得老实、温顺，听人使唤了。此时夕阳已西下，将牛牵进了牛棚，庆幸避免了一场不堪设想的严重事故。通过此事，使我真正明白了牵牛为什么要牵牛鼻子的真谛。牛的老实、温顺并非生而有之，是人用系绳、鼻环扣住它最敏感的部位才将它驯服的。由此联想，人与动物也许有相似之处，人之初未必性本善，要人性善必须用法律这个笼子来束缚，这与驯服牛必须用绳牵住它的鼻子这个关键部位是同样的道理。当然，人与牛毕竟不完全相同，仅靠法治这笼子还不够，还需要德治，将法治与德治结合，"标""本"兼治可能会取得更佳效果。

- **当采购员**

养牛3个月后又安排我当采购员，主要任务是为食堂采购大米、面粉、蔬菜、肉类、鱼虾等食品。此工作以前从未做过，一点经验没有，加上这里人生地不熟，困难甚多。幸好有个好搭档张文俊师傅，他原是我校河西食堂的采购员，在购买食品方面颇有经验。据说做采购员既难又不难，说不难是因为当时粮食、食油、肉类等大部分食品是计划供应的，凭票证去买即行。说难是因为市场供应食品紧张、干校伙食标准低和劳动强度大，如何使大家能吃得好一些难度很大。为此我们想了不少办法。

一是联合协作采购。上海高校在隆丰海滩建"五七"干校的除我校外还有上海师范学院、上海半工半读师范学院、华东纺织工学院和上海体育学院，为节约开支、提高采购效率，我们联合上海师院和上海体院两校的采购员协作采购。上海师院负责采购的是一位体育老师，曾获全国高校运动会三铁冠军，他身材魁梧，力大无比，购买面粉时，我一次只能搬一袋，而他能左肩上放一袋，左胳膊下挟一袋，右手还可抓一袋，同时可搬三袋。上海体院负责采购的也是一位体育老师，曾获全国高校运动会100米赛跑亚军，且篮球也打得很好，两位都是运动健将。我们合作得非常好，除一起采购计划供应的食品外，还能想方设法购买到一些计划供应外又价廉物美的食品。买肉类和蛋品我们常去盐城肉类加工厂，去了几次与负责卖肉的人就比较熟悉，其中有一位年轻人喜欢打篮球，在厂里组织了一支篮球队，他知道我们来自上海高校，其中还有上海体院后，提出是否可组织一次篮球友谊赛，我们欣然同意，以上海体院的老师为主去参加了一次篮球友谊赛，赛后他们很高兴，并邀请有关老师去指导。相互熟悉后他们告诉我们，他们厂除大部分肉计划供应外，还有一部分肉类因多种原因在计划外不定期供应，要买这些肉的单位和个人很多，他们可将出卖日期预先告知并适当照顾，还向我们介绍，有一些略有破损的皮蛋和咸鸭蛋，仍新鲜可食，而价格为原价的一半还不到，从此我们采购到不少市场上一般买不到又价廉物美的食品。

二是有些食品尽可能到生产地采购。如大闸蟹是大家很喜爱吃的佳肴，但去市场上买价高，按干校伙食标准吃不起。幸好，在附近一条干河的入海口，已建一个水闸，工作人员在大闸蟹成熟季节，除管理水闸外，还搞些副业，设置蟹斗捕捞大闸蟹，如直接到水闸去买，要比市场价便宜近半，不到5角一斤。但水闸离干校10多里地，是坑坑洼洼狭窄的泥路。我们干校的运输工具是一辆解放牌大卡车和两辆用自来水管做骨架的载重自行车，平时路远量多的开大卡车，路近量少的骑自行车，去水闸的路不能开大卡车，只能骑自行车去。要在这样的路况下骑后座上载有数十斤重大闸蟹的车既费力又危险，由于1958年我在下放劳动时已练就了这套本领，故每次往返都有惊无险，使大家在干校能吃到鲜美无比、价廉的大闸蟹。有时当回上海休假时，我们还有意多采购一些，供大家带到家中与家人共享。为了尽可能改善大家的生活，我们每隔一段时间还去生产地购买些苹果、生梨等水果，根据

购买总量和干校人数，将完好的水果定量供应给大家，有些老教师特别喜爱水果，我们再将剩下稍有瑕疵的水果优先照顾供应他们。

在当采购员期间因工作需要我学会了抽烟。当时大众抽的烟主要有：8分一包的经济烟；1角4分一包的劳动牌；2角8分一包的飞马牌；3角5分一包的大前门。采购与人打交道时一般用飞马牌，个别的用大前门。平时自己抽得最多的是经济牌，因此种烟的烟丝是多种级别的烟在制作过程中掉下的烟丝的混合物，它的质量起码优于劳动牌，可谓价廉物美。与人一起抽时常用飞马牌，大前门是难得抽抽。干校结束返校后曾数次戒烟，没有成功，直到1983年去美国纽约州立大学石溪分校海洋科学研究中心访问研究后才与香烟彻底告别。

（9）在美国太平洋环境实验室

这是我第一次走出国门。

1982年3—5月，受国家海洋局委托，本人带领我国参加中美海洋沉积作用过程联合调查研究的11人，赴美国相关单位合作研究，根据调查资料撰写研究报告和论文。先到北京集中，参加出国学习班，由国家海洋局外事部门的负责人详细讲述外事纪律和注意事项。当时改革开放时间不久，去美国的人还不多，我们11人大多是首次赴美。国家海洋局天津海洋仪器研究所的林恢勇，第二海洋研究所的苗育田、董如洲和我同去西雅图，林、苗二位去州立华盛顿大学海洋学院，董与我去国家海洋大气局太平洋环境实验室。到达西雅图时得到正在那里访问研究的中国科学院海洋研究所的胡敦欣研究员的热情接待，他帮助我们4人租了一幢设备齐全、价廉物美的独立房（house）。

西雅图气候温和湿润，环境优美，生活节奏快，街上行人行走速度快，常有人在我身旁超前时听到一声excuse me。私家车不能进市中心（downtown），只能停放在市郊。市中心有四通八达、舒适、免费乘坐的公交车辆，人多不觉拥挤，乘车能自觉排队，遇红灯无人穿马路，秩序井然。

太平洋环境实验室坐落在一座大院内，首次进门时，在门卫室提供证件后先拍照，并立即制作有头像的出入证，以后凭此证就可方便出入，办证仅花数分钟时间。我的办公室在一幢2层的楼房内，楼内有多个办公室，研究人员都是一人一室，走廊宽敞，每个办公室门旁有一大块墙板，上面贴满自己撰写、图文并茂的新的研究成果，进入大楼就能感受到浓厚的学术气氛。

太平洋环境实验室的主要任务是研究大洋和深海，重点是太平洋。实验室拥有一批调查研究船，参加这次中美联合调查研究的"海洋学家"号是其中最大的一艘。调查船停靠在码头的时间很短，一年在海上调查的时间一般达320天以上，利用率很高。除研究大洋外，该室也研究近海和河口，有一个海岸物理组，负责人即是我的合作伙伴坎农博士。我们到达后，坎农和柏辛斯基（D J Pashinski）与我俩讨论在美3个月期间的合作研究计划，商定后各自进行工作，每周定期见面一次交流进展、存在问题和下一步打算等，上班时各做各的工作，相互交往甚少，平时在楼内遇见时只点头微笑，不随便交谈，整幢大楼在工作时间显得非常安静。

与柏辛斯基交流资料整理（1982年）

大楼内有个阅览室，内有图书、杂志、研究报告和调查资料，并免费供应咖啡和糕点，管理该室的是一位年近花甲的韩裔女士，她了解一些中国历史，对中国很友好，对我们很热情，熟悉后她还请我们到她家做客吃正宗的韩国菜。她不会讲汉语，但能写一些汉字，我们回国时她专门写了字幅，表达了她对中国和我们的友好情感。

与太平洋环境实验室的办公室、阅览室成员合影（1982年）

在合作研究期间，坎农和柏辛斯基为我俩安排了一次上"MCARTHUR S330"测量船了解他们如何进行现场观测的机会。此船长175呎，宽38呎，吨位995英吨，吃水深度18呎，最大航速13.5节。船上设备先进，自动化程度高，可施放和回收观测水文、泥沙、水化学、生物、沉积物取样等多种要素的沉积动力球，在不同观测点共施放5个进行同步观测，施放时有专用设备，操作简便、安全。回想中美科学家在长江口施放沉积动力球时，因船上没有专用设备，绞尽脑汁用了九牛二虎之力才施放成功，两种情景成鲜明对照。坎农介绍，每次现场观测一般派两人上船：一名是研究人员，负责指导和检查观测是否符合预定要求；另一名是技术人员，负责观测仪器的使用和维修，具体观测工作由测船上的工作人员操作。他们分工明确，各司其职。沉积动力球施放3个月后回收，回收时测船驶到施放地点附近发出一电子信号，仪器上的浮子就会浮至海面，将浮子捞上利用专用设备即能将仪器顺利回收。此测船历史悠久，这海区第一张测图就是由此船测量编制的。船体已更新换代5次，但船名不变，船舱墙上挂着5船的照片及沿革和业绩说明。观测结束时，船长将此船第一次测的海图的复印件作为礼品赠给我留念。

每周周末，坎农为我们安排丰富多彩的参观活动。如：去参观了停泊在西雅图普吉松海湾的"密苏里"号超级战舰，1945年9月2日日本投降仪式就在此战舰的甲板上举行；去游览了风景秀丽的华盛顿湖和位于郊外的一个大公园；去参观了世界上最大的车间——波音公司整机装配车间；去考察了独特的太平洋峡湾海岸；去考察了美国第二大河，也是华盛顿州和俄勒冈州两州界河——哥伦比亚河的河口，为了充分合理利用该河口的资源，成立了一个独立的专门管理河口的委员会，来协调地区之间和部门之间的矛盾和利益，此种做法很值得我们借鉴。每次活动均有该室的相应工作人员驾车陪同。

受坎农博士和斯登伯格教授的邀请，我们曾到他们家去做客。坎农家坐落在一座小山的半山腰，周围是茂密的树木与芳草地，一座座独立屋星星点点散布其间，正前方是宽阔的海湾，可谓标准的海景房。此房包括半地下室在内有3层，空间很大，除有宽敞的客厅、餐厅、厨房、书房、健身房和车库外，朝海还有个大露台，可观赏天空、大海、岛屿、森林等大自然美景，日落后能见到五彩缤纷闪亮的灯光，夜景显得更美。露台上还安装一架望远镜可细看远处的海浪、海鸟等景物，坎农常利用它观测变化多端的海况。

斯登伯格是州立华盛顿大学海洋学教授，国际著名的沉积动力学专家，也是这次中美海洋沉积作用联合研究的主要成员。他家也是一座宽敞的独立屋，坐落在平地上，庭院很大，绿油油的草坪上耸立着几棵挺拔的大树，门口和墙边栽有多种色彩各异的花卉，姹紫嫣红，室内装饰也很精致。他有个女儿正在读高中，但到他家后没有见到，当问及时他说，她去帮人家照顾baby（小孩）打工挣钱去了。我们听后都很惊诧，一个大教授正在读高中的女儿，周末不是去玩或补习功课，而是去打工，在我们国家是无法理解的，而在美国比比皆是。斯登伯格教授本人个子高，不胖不瘦，身体挺好，问他养生有何诀窍，他说他喜爱跑步，不论春夏秋冬，刮风下雨，几乎天天坚持慢跑，每天至少1个小时，在美国喜欢运动的人很多。

参观"密苏里"号战舰（1982年）

海洋学院有位M Rattray教授，在来美国前我曾拜读过他多篇论文，尤其是他指导的研究生 Hansan 撰写的讨论垂向环流对质量输移贡献和用新的量纲进行河口分类等数篇论文给我很多启发，在斯登伯格的帮助下，我去拜访了他，受到他的热情接待。

通过此次合作研究，与美国科学家近距离接触，增进了对他们的了解，学到了不少先进的理念和研究方法，尤其加深了对沉积动力学的认识，它具有丰富的内涵，应成为河口学研究的重要内容。另外，他们的现场观测有5个鲜明特点值得我们学习：一是长时间序列观测，少则半月，多则几个月；二是多要素综合观测，可同时观测水深、流速、流向、温度、盐度、含沙量、水化学元素等多个要素；三是自动化程度高，一个沉积动力球可长时间同时自动观测多种要素，施放和回收都很方便；四是科研人员与技术人员配合默契，科研人员提出要求，技术人员就会设法改进原有仪器或设计新的仪器来满足其要求；五是特别重视近底层观测。

（10）在美国纽约州立大学石溪分校

1983年10月至1984年10月，笔者得到杨振宁基金资助，来到美国纽约州立大学石溪校区海洋科学研究中心，跟随国际著名河口海洋学家、美国工程院院士普里查德（D W Pritchard）教授和该中心主任舒贝尔（J R Schubel）教授访问研究。

纽约州立大学石溪校区位于纽约长岛中北部，创建于1957年，起初是为了培养中学数理师资而成立的一所学院，后来发展成为拥有诺贝尔奖金获得者、著名美籍华人、理论物理研究所所长杨振宁等多名一流学者的研究型大学。

● 海洋科学研究中心

该校海洋科学研究中心是美国研究河口及近海的重要单位之一，在国际上享有盛誉。该中心1965年开始筹建，1968年正式成立。1970年开始招收研究生，最初的重点是海岸带管理、环境预测和资源开发，后扩展到包括生物海洋学、化学海洋学、物理海洋学和地质海洋学等更广泛的领域。1982年时有100个来自世界各地的研究生，其中主修生物海洋学的有85人，主修物理海洋学的有7人，主修地质海洋学的有5人，主修化学海洋学的有3人。攻读硕士学位的有70多人，攻读博士学位的有20多人。

与美国其他大学的海洋系或研究机构相比，海洋科学研究中心具有3个鲜明特色。一是研究区域主要在海岸带及近海，包括河口湾、潟湖、障壁岛和大陆架等。对长岛周围水体和纽约港的物理、化学、生物、地质等的研究尤为深入，为有关部门解决了坚蛤增产、电厂废渣处理、疏浚泥土处理、岸线侵蚀防护等一系列生产实际问题。二是有D W Pritchard，J R Schubel，P K Weyl，H H Carter，R H Meade，A Okubo，M R Bowman，R E Wilson，H J Bokuniewicz等一支老中青组成的多学科的海岸海洋学研究队伍，其中不乏一些著名学者。如D W Pritchard提出的河口湾定义、河口环流和分类等被广泛引用；J R Schubel对河口湾悬浮泥沙输移、最大浑浊带等的研究有较高造诣；任美国河口学会副主席的P K Weyl教授是最早从事海岸环境管理研究的学者之一。三是重视基础知识训练和学科间的相互渗透。规定4门基本课程（生物海洋学、物理海洋学、化学海洋学、地质海洋学）是每个学生必修的课程，因而该中心培养出来的学生有较广泛而坚实的海洋学基础知识，适应范围较广，毕业后被雇用在海洋研究所、大学、联邦政府、州和地方政府环境保护机构等多种部门工作，普遍受到好评。

● 访问缘由

我来海洋科学研究中心访问研究说来话长。纽约州立大学石溪分校与我国复旦大学较早地建立了交流合作关系，两校间常组织互访。时任海洋科学研究中心主任的舒贝尔曾随团来复旦访问，但复旦没有搞海洋方面的专业，后来他了解到华东师范大学有个河口海岸研究所，经联系到我们所来访问交流，当时所长是陈吉余先生，我是副所长和河口研究室主任，协助陈先生一起接待。在相互介绍情况后发现，两个单位研究的区域和学科领域极为相似，产生了进一步交流的想法。1980年3月舒贝尔、普里查德和卡特应邀组团来华访问，先访问我所和作学术报告，并向正在上海召开的中国河口海岸学会举办的学术讨论会提交了论文。这次学术访问进一步加深了相互的了解，双方都萌发了合作研究的想法，第一步是先进行学术交流。当时舒贝尔在校部也有职务，且与杨振宁的关系密切，杨先生当时有个以他命名的基金，专门资助华人来石溪分校访问研究，已搞了几年，来的都是与杨先生搞的理论物理有关的学者，第一位是复旦大学原校长、著名数学家谷超豪，后来复旦又去了很多人，杨福家校长也去过。舒贝尔将想与我所交流、合作研究的想法与杨先生交流后得到杨先生的支持。杨先生认为，中国既要重视理论物理等重要的基础理论研究，也应重视应用研究，河口海岸学是一门应用性很强的学科，他欣然同意给予资助名额。经双方领导协商，决定由我先去，此时我正在西雅图美国国家海洋大气局太平洋环境实验室搞合作研究，原设想待我此项研究结束后直接去石溪分校，后了解这样做法不符合我国有关规定，要我按时回国后才能择时再去。1983年10月初我来到石溪分校海洋科学研究中心，成为杨振宁基金资助的首位非理论物理学科的访问学者。

● 受到热情接待

　　来到海洋科学研究中心受到舒贝尔和普里查德等的热情接待。给我安排一个独用、宽敞的办公室，介绍我与中心办公室的3位工作人员（助理、秘书）认识，我有什么事要办理，她们都能协助。她们先帮我与杨振宁教授办公室联系，预约了与杨先生首次见面的时间。杨先生的办公室在貌不惊人的物理大楼四楼，与舒贝尔教授的办公室相似，没有我想象中的那样豪华和宽敞。拜见时他热情亲切，快言快语，没有大科学家的架势，平易近人。在简要了解我的一些

在办公室（1983年）

情况和想法后他说，在我访问期间的计划，可与舒贝尔教授商量后自主决定，除基金规定的要求外，他无特殊要求，一般两个月见面一次，若有特殊情况可随时与他的办公室联系。

与中心办公室成员合影（1983年）

在阅览室（1983年）

来后不久，舒贝尔为欢迎我的到来在卡特家举办了一个party，他和普里查德都携夫人参加。我因英语听讲能力差，建议邀请从台湾来、英语华语都讲得流利、正在中心攻读硕士学位的刘祖乾参加，舒贝尔欣然同意。到卡特家受到卡特和他夫人的热情招待，他们准备了丰盛的自助餐，在富丽堂皇的餐厅里，大家边吃边谈，有说有笑，时站时坐，轻松愉快，酷似好朋友聚会，普里查德、卡特和舒贝尔3对夫妇还分别与我合影，使我倍感亲切。卡特家的独立屋坐落在紧靠长岛海峡的一个小山的山顶，周围景色迷人，在宽敞的露台上能见到大海、森林、港口等美景，日落时见到变幻莫测、色彩斑斓的晚霞，晚上碧空如洗，月亮和数不清的繁星显得分外明亮，地面在林海中有星星点点、五彩缤纷、闪烁耀眼的灯光，天空与地面相映生辉，夜色显得更美。热情的接待和幽雅宜人的环境使我度过了一个愉快难忘的夜晚，在情感上一下拉近了彼此的距离。

与普里查德教授、舒贝尔夫妇等聚餐（1984年）

来美近1个月，与舒贝尔、普里查德教授等已接触多次，对中心的基本情况已有所了解，据此我对在访问研究期间的计划作了大体安排：听些课，参加些学术活动，搞些合作研究，多看些论文和著作等，总之要想方设法利用多种方式和机会取得更多收获，给杨先生、普里查德、舒贝尔教授等留下好印象，为今后两单位交流合作研究打下良好基础。

● 参加国际河口学术研讨会

来中心后获悉，第七届国际河口学术研讨会（The Seventh Biennial International Estuarine Research Conference）于10月22—26日在弗吉尼亚召开，这是每两年举行一次的国际河口学界的盛会，每次研讨会都有一个主题，1973年、1975年、1977年、1979年、1981年会议的主题分别是："河口研究近期进展"、"河口过程"、"河口相互作用"、"河口的前景"、"各类河口比较"，此次会议的内容主要是"作为过滤器的河口"。舒贝尔、普里查德等很多师生将前往参加，舒贝尔问我是否想去参加，我想这是一个了解国际河口研究最新动态和展示研究成果的好机会，随即欣然同意。经舒贝尔与大会秘书处联系，让我在会前没有申请的情况下同意我前往参加，我立即加紧准备了一篇论文，题目为"The Interaction between Tidal Waves and Channels in the Changjiang Estuary"，大会秘书处安排我在一个分组会上做了报告。在会议期间，我听取了大会报告和相关分组的报告，报告内容大部分是涉及河口的物理、化学、生物和管理方面的，涉及地质、地貌的甚少，听后给我诸多启发。

● 选听3门课

我仔细地看了中心的课程安排，除4门必修课外，有近20门选修课，我挑选听4门课，两门是普里查德教授讲授的"Physics of Estuary"和"Estuarine Oceanography"，一门是M J Bowman副教授讲授的"Ocean Front"，还有一门是G H Zarillo助教讲授的"Coastal Sedimentary Environments"。按规定每门课程至少有5人报名听课才能开课，遗憾的是"Ocean Front"这门课报名的包括我在内仅4名，未开成，我选听了3门。听课的目的一是为了增长专业知识，二是为了了解和学习他们的教学方法。

普里查德的两门课主要讲授河口的定义、分类、盐淡水混合，一些基本方程的推导、物理意义及应用实例。他讲课条理清楚，深入浅出，重点突出，在讲授过程中学生有问题可随时提出，他会耐心回答。Zarillo上的课是每节课由他选定一篇论文，课前要求学生认真阅读，上课时先由同学们对文中提出的问题、研究的方法、得出的结论和存在的问题等提出各自的看法，在讨论中教师进行点拨和引导，最后进行总结，并布置下一节课学习和评论的文章。

● 做3次讲座

来中心两个多月后，舒贝尔提出一个建议，成立一个河口沉积作用的研讨组（An Estuarine Sedimentation Discussion Group）对一些共同感兴趣的问题进行深入研讨，由他、卡特和我3人负责，我欣然同意后，他发通知，欢迎有兴趣的师生积极参与。

第一讲由舒贝尔和卡特主讲，报告题目是"作为细颗粒悬沙过滤器的河口湾"，重点探讨物理过程和几何形态对细颗粒悬沙过滤器的影响，我听后很受启发，河口的过滤器效应是提出不久的新概念，它具有丰富的内涵，对其研究尚处初始阶段，值得河口科技工作者深入探讨。

第二、第三讲由我主讲，报告题目是"中国大河口的现代沉积作用"，先讲中国河口现代沉积作用的特点，后分别讲述黄河口、长江口、钱塘江口3个大河口的现代沉积作用。我认为各个河口都有各自的个性，也有它们的共性，共性是从个性中概括出来的，它寓于个性之中，因此要研究河口的共性即普遍规律，必须要研究各种不同类型河口的个性，即特殊规律。从这一观点出发，我介绍了我国3个不同类型的大河口现代沉积作用的个性和共性。舒贝尔、卡特等听后认为，我讲的这些内容对深入探讨作为细颗粒悬沙过滤器的河口的一些基本理论问题很有裨益，加深了对河口过滤器效应共性和差异性的认识，并进一步提高了他们与我们合作研究的兴趣。

我还应邀为中心的研究生做"Flow and Mixing of the Changjiang Estuary"报告。

● 合作发表3篇论文

合作研究是舒贝尔与我的共同意愿，可是从何着手，先研究什么，一时想不出好主意。在一次交谈中，舒贝尔讲，在韩国要召开一次海洋方面的国际学术研讨会，邀请他参加，但带什么论文去还没有考虑好。获悉此情况我想能否乘此机会合作写篇论文。这篇论文写什么？我认为一是要与河口有关的，二是最好与韩国有关的，三是在较短时间内能完成的。据此3点我再三思量将题目确定为"黄海东西两岸河口过程比较"。理由：一是黄海两岸河口特性有显著差异，将其对比在学术上及实践上均有意义；二是西岸中国一侧的河口我熟悉，有资料。东岸韩国一侧河口的资料，可请韩国来攻读学位的研究生提供。将此想法与舒贝尔交流后他认为很好，立即召集我与韩国来的研究生Moom-jin Park商量，商定由我负责起草论文提纲和撰写初稿，由Park负责收集和分析韩国一侧河口的资料，经1个月的共同努力，由我完成初稿，后经舒贝尔修饰定稿。完成的"Comparative Analysis of Estuaries Bordering the Yellow Sea"一文先由舒贝尔在韩国举行的国际海洋学术研讨会上报告，后在美国科学出版社出版的《Estuarine Variability》一书中发表。

在访问期间我还合作写了两篇论文，一篇是与 J D Milliman 等合作撰写的"Transport and Deposition of River Sediment in the Changjiang Estuary and Adjacent Shelf"，另一篇是"Review and Prospect of Estuarine Hydrology in China"。

● 阅读和翻译大量文献

阅读文献是了解国际河口研究的重要手段。中心有个图书期刊室，藏有大量有关河口方面的论著和期刊，为我阅读文献创造了良好条件。我花了很多时间去阅读，先是浏览与河口海岸相关的有哪些书刊，做书目卡和论文目录卡。第二步是泛读，看论著的目录、前言和论文的摘录。第三步是挑选重要著作和论文细读，先看普里查德、舒贝尔、卡特的文章和特别感兴趣的论文，我边看边译成中文，如普里查德的从物理学的观点看什么是河口湾、河口湾的环流类型、根据物理过程对河口湾进行分类、河口湾潮汐斯托克斯输移、河口湾的海洋物理学等，舒贝尔的什么是河口湾、河口分类、河口湾的起源和发展、河口湾泥沙的来源、河口湾的环流与沉积作用、最大浑浊带述评、河口湾悬沙集聚作用述评、作为细颗粒悬沙过滤器的河口湾等，C B Officear著的《河口湾及毗连海岸水域的物理海洋学》的序言、目录及部分章节、部分混合河口最大浑浊带商讨，P Castaing和G P Allen的控制纪龙德河口（法国的一个强潮河口）悬沙向海流出的机理，A J Elliot的Potomac河口由气象引起的环流观测，M J Bowman和R L Iverson的河口锋与羽状锋，Michitaka Uda的海洋锋的研究等都译成了中文。除此之外，更多的论文和著作我尽最大可能复印，带回国内供师生共享。

在大量阅读文献和学术交流的基础上，我编写了一篇长达近2万字的"国外河口水文研究的动向"报告，内容分3部分：第一部分为河口定义，介绍了几个不同的定义，重点介绍了普里查德对河口的定义；第二部分为河口水文研究内容，重点介绍了河口环流、河口锋和河口最大浑浊带研究的进展；第三部分为河口水文的研究方法，重点介绍了现场观测、物理模型和数学模型研究的进展。此报告对我回国后协助陈吉余先生申请国家自然科学重大基金项目——中国河口主要沉积动力过程及其应用、参加JGOFS和LOICZ国际研究计划和指导研究生论文选题等起了重要作用。部分内容在《地理学报》发表。

● **相关活动**

访问Millersvile大学地球科学系。1984年4月26—29日应Oostdom教授的邀请，我访问了宾夕法尼亚州的Millersvile大学地球科学系，为该系师生做了题为"Hydrology of Changjiang Estuary"的学术报告，不仅受到Oostdom和数位华人教授（来自台湾）的接待，还受到该校校长的亲切接见。并在Oostdom教授亲自陪同下考察了Delaware河口湾，参观了Delaware自然资源和环境控制实验室。

与D B Oostdom、丁时范教授合影（1984年）

商讨合作计划。舒贝尔、普里查德、卡特等教授听了我作的"中国大河口的现代沉积作用"报告后，更增加了与我们合作研究中国河口的兴趣，经数次商讨，制订了两个合作研究计划：一个是与我们所和上海航道局合作研究长江河口的计划；另一个是与国家海洋局第二海洋研究所和我所合作研究杭州湾的计划。我重点与他们讨论了合作研究的科学问题。这两个建议是高水平的，如能实施将大大提高对长江口和杭州湾的认识，推动河口学的发展。遗憾的是这两个合作研究计划都没有如愿实施，主要原因是受制于美国的政策。

受Millersvile大学校长（中）接见（1984年）

● 中西文化差异

进入纽约州立大学石溪分校，带我走向从一种单一的文化向多元文化国际思维方式的改变。一年来所见所闻，使我感受到中西的文化和思维方式存在诸多差异。

中国人善于作定性的浪漫思维，好综合，好定性，西方人注重定量的实证思维。中国人注重珍惜过去，西方人着眼追求未来。中国人认为大河有水小河满，西方人认为小河有水大河满。在对待成人以后的子女问题上，中国人继续关怀备至，直至千方百计筹集款项、为子女结婚成家，并帮助教养第三代，子女也认为这样做是天经地义的；西方人强调自主，子女也认为，继续依靠父母是无能的表现，以致百万富翁或名教授的子女打工挣钱上大学的比比皆是，前述斯登伯格教授如何对待子女便是一例。在待人方面，他们能对事不对人，好朋友间和师生间可以有不同甚至完全背离的观点，这不会影响友情和师生关系，而没有友情的人会支持赞同他人的观点，普里查德提出的河口定义得到国际同行的广泛认同和引用，当我对他的河口定义提出一些看法与他交流时，他乐意倾听，并虚心接受。在大学选择专业上，他们允许学生在选择专业前可以在不同领域进行探索。在课堂教学上，教师注意学生的互动参与，课堂讨论异常活跃，允许且鼓励同时存在多种不同声音。在事业上鼓励竞争，追求高水平的研究，高水平的论文，希望在这一领域做到卓越，但这种竞争不是无序的，有相对公平合理的规则，大家都必须共同遵守，一旦违背，将受

到严厉的处罚，等等。

实事求是地讲，中西文化和思维方式，各有长处和短处，都应取其精华，弃其糟粕，真理往往在两个极端之间，两者应相互学习，取长补短。我在美国，更注意发现和学习他们的长处。

● **收获**

在海洋科学中心访问研究一年，得益匪浅，收获不少。一是学到了很多有关河口的科学知识，加深了对河口学内涵的认识，了解了河口学当前研究的热点和前沿课题，看到了我国河口研究的长处以及与国际存在的差距。二是结识了多位良师益友，从杨振宁、普里查德、舒贝尔等教授身上不仅学到了很多科学知识，更被他们良好的修养、渊博的知识、孜孜不倦的研究精神和独特的人格魅力所折服，从中得到的收获难以言表。还结识了多位自我国宝岛台湾来海洋科学研究中心攻读学位的研究生，如刘祖乾、程一骏夫妇、钱晓初等，基于同胞之情，他们在生活等方面给予我很多帮助，我们相互尊重，相处融洽，建立了深厚情谊，他们有的回台湾我回大陆后仍保持密切联系，我应邀两次去台湾学术交流，他们应邀也多次来大陆访问和学术交流，更加深了彼此间的情谊。三是增进了对中西文化差异的认识，扩大了视野。四是英语阅读翻译和演讲能力有所提高。我在小学四年级和初中阶段学了一些英语，但在中等师范学习时没有英语课程，到大学又是学俄语，在改革开放后也没有脱产学习英语，只是利用业余时间学一些，故我的英语基础差。1982年到美国太平洋环境实验室合作研究3个月，忙于写研究报告和论文，英语水平也无明显提高。此次访问时间较长，我想除提高专业水平外，还想提高些英语水平。为此，大量阅读英文文献，边阅读边翻译成中文，在做学术报告前作认真充分准备，把要讲的主要内容句句都事先写好，结果取得较好效果，听者基本都能听懂我要表达的意思。

此次访问研究，杨先生、舒贝尔、普里查德教授和我本人都感到很满意，为我们两校间的进一步交流合作打下了良好基础。临回国前，舒贝尔和杨先生在当地著名的中餐馆"满庭芳"宴请为我送行。我感到欣慰，也感谢他们对我的支持和帮助。

(11) 一位有良知的日本老人

1988年3月的一天，交通部水运规划设计院的一位懂日语、已退休的王先生，通过组织与我联系，有位日本老人，名丰岛兼人，他对长江口和黄河口的开发治理很感兴趣，自费做了不少研究，根据他的经验和研究对如何加深长江河口通海航道的水深提出了具体方案，还通过中国国际贸易促进委员会专利代理部在中国申请到数项专利，但他提出的方案是否切实可行没有把握，为此特地来听取专家意见。

由于我在少年时期亲身经历过日本军国主义的蹂躏，对日本人怀有戒心，未知此人是何许人，他研究加深长江河口通海航道有何目的，是否借此来窃取我国长江河口等的情报资料，故一开始我不想接待。后来王先生将他的有关情况作了介绍，据我国有关部门了解，丰岛兼人是一位退休老人，退休前从事港口、航道有关的设计工作，曾开办一个设计事务所，积蓄了一些钱，他只有老伴，没有子女，曾数次来过中国，对中国人民怀有友好感情，他认为日本在20世纪发动的侵华战争，给中国人民带来了深重灾难，对不起中国人民。他在退休后想结合自己过去的工作经验，给中国做些自己力所能及的好事。了解这些情况后我接待了他。

首次接待时，他介绍了自己的一些基本想法，大意是：长江每年有大量泥沙输到河口区，其中有一部分淤积在港湾和航道中，阻碍航运，因而严重地影响了经济的发展。今后随着经济的高速发展，上海港必然要加强港湾建设，官民并举来解决这一超大量的泥沙淤积问题。现在为加深长江河口的通海航道，主要采用数艘自

与丰岛兼人先生（中）合影（1989年）

航耙吸式挖泥船来排除在航道上淤积的泥沙，方法是边航行，边吸入溶水性沙土，将水从船的两舷溢出，将沙土堆于船舱，运往外海，在水深和水流较快的地方排而弃之。这一方法他亲自看到确有成效，但他认为，这仅仅能维持最小限度的水深，不能解决港湾整体淤积问题。还要设法寻找更佳的方法。

他提议研究开发水底沙土推进船及系列附属装置来解决河口航道的淤积问题。基本想法是：利用军舰制造技术建造沙土推进船，这并不那么困难，是可以期待和可能的。中国在数千年前，建造万里长城和开挖可以绕地球数圈的运河，期望中国能完成世界著名的长江治水，特别是解决河口附近港湾航道的淤积问题，这一大业不应是个人或团体所为，而应成为国家重大工程项目。

他拿出自己设计的沙土推进船的图纸，对推进船设计的原理、主要部件、建造费和运行费以及能取得的效益等逐个作了简要介绍。最后他感叹地说："在狭小的

日本濑户内海上首次建桥成为奇闻，但是宽度在濑户内海两倍以上的长江河口不称海，而称河口，差距这么大。作为狭小日本国的一个国民、一个老人，我提出的方案肯定有不完善处，甚至有自相矛盾错误之处，你们是研究长江河口的专家，竭诚请你们提出宝贵意见，让我作修改，我提的方案如同外科医生对病体做开刀一样，要出血，要发烧，且伴有很大痛苦，但忍耐一下，不久即可恢复健康，希望我的方案能作为你们的参考。"

听了他提出的方案后我有两点想法。一是加深长江河口通海航道水深的确是必须解决的难题，单靠现行用自航耙吸式挖泥船进行疏浚，可解决增深到7～7.5 m，但要长江口通海航道进一步增深仅靠这种方法是不行的，必须设法另辟蹊径，寻找更佳的方法。由此我认为丰岛先生能提出另类方案，这种精神和做法值得鼓励和重视。二是他提出的方案，涉及许多复杂的技术问题，我一时难以了解清楚，但我感到，这种方案也许在小的港湾有可能取得较好的效果，而对范围很大且有泥沙源源不断而来的长江河口很难取得好的效果。近代河口治理都是从研究河口特性和演变规律着手，要治理长江河口或黄河河口等首先要对治理河口的特性和演变规律有个正确的认识。丰岛先生认同这种看法，为此，我把长江河口与黄河河口的特性和演变规律向他作了简要介绍，供他参考。他说这些对他帮助很大。

据王先生讲，丰岛先生为了完善他提出的方案除数次到我们所来征求意见外，还到交通部、上海航道局、交通大学造船专业等多个有关单位去听取意见。因家里没有其他人，他每次来中国都携老伴一起来，但他们来不是游山玩水，而是来修改完善他提出的方案。他每次来都带来许多详细的图纸，说明新的图纸比上次作了哪些改进，还需要作什么改进。他的敬业精神和对待工作的认真态度令我十分感动，他是一位有良知的日本老人，是一位可敬的日本老人。

（12）给家乡小朋友的信

1990年，家乡无锡的老师为了更好地教育青少年学子，组织学生参加"与家乡名人通讯"活动，我收到了白燕小朋友的来信，后写了此封回信被收入江苏教育出版社出版的《路——无锡名人与青少年谈成才》一书中。现摘录如下。

亲爱的白燕小朋友：

你好！

收到你热情洋溢的信，很高兴。我曾收到国内外很多朋友的信，但像你这样的信还是第一次。由于前阶段我外出开会，回沪后又紧接着参加开发浦东以及接待日本海洋牧场开发访问团等活动，故未能及时回复。你可能已等得很急，甚歉，请原谅。

在来信中你把许多美丽的字句都放到我头上，其实，我也是一个普普通通的人。童年时我饱受日本鬼子侵略和国民党腐败之苦，当时家境清寒，在家乡读小学时白天读书，放学回家还要协助父母到田间劳动。小学毕业后进入离家最近（步行约一小时多）、位于锡澄公路旁的胶南初级中学。这所学校不大，但校长和老师都很好。校长是无锡著名的教育家——孙荆楚先生，他北大毕业后回乡办学，把全部精力灌注到教育事业上，自己以身作则，对学生严格要求，使我深受感动，萌发了艰苦奋斗、读书救国的思想。新中国成立后他担任无锡市第一任教育局局长。读初中时我家里极度困难，爸爸妈妈拼死拼活干还负担不起我的学费和膳费，但他们宁愿自己少吃，以保证我能继续读书。为了报答父母的恩情，我一进学校就刻苦学习，回家就更自觉地参加劳动，与父母共渡难关。新中国成立后，我于1951年考入江苏洛社乡村师范，由于翻身感强，学习动力足，加上老师的教育、鼓励，学习不断长进。毕业前夕，我正准备去当一名光荣的乡村教师，把自己的知识还给劳动人民时，突然接到了保送到华东师范大学继续深造的通知。当时的思想很单纯，党要我干什么就干什么，党要我到哪里就到哪里。进入大学后脑中想的主要是好好学习，掌握现代科学以报答祖国。我的脑子并不超人，但学习用功，故一直保持比较好的成绩，在大学三年级还入了党。1957年大学毕业后因学习成绩优异和工作需要留校任教。不久国务院发出了下放锻炼的号召，我与很多同志一起下放到上海郊区与贫下中农同吃同住同劳动，挑大粪、翻地种菜等各种活都干，在乡下干了一年半。回校后组织上要我去苏联深造，我做好了一切准备，后终因中苏关系破裂未去成。此时国家又发出向海洋进军的号召，我校筹建海洋水文气象新专业（当时为保密专业，主要为海军输送人才），组织上决定由我带领5个青年教师去青岛山东海洋学院（现中国海洋大学）学习第二专业——海洋学，四年课程要求在两年内完成，进修完毕回来马上要为高年级学生开专业课，任务之艰巨可想而知。这时又正值我国的困难时期，山东受灾更为严重，一到青岛不是去听课，而是立即被派往受灾最严重的农村去生产救灾。我们吃的是野菜、地瓜藤等牛马食，干的是拉犁等牛马活，但为了使国家度过困难时期，没有怨言，在乡下干了一个半月，回青岛时已得了浮肿和肝肿大。生活条件依旧那样差，但高度的责任感给予我力量，咬紧牙关用不到两年时间完成了学习任务。回到师大立即开设两门新课，难度之大是可以想象的，为了把教学搞好，把出生仅几个月的女儿放进全托班。就这样艰苦奋斗了两年，万万没有想到1966年来了一场翻天覆地的"文化大革命"，一个劳动人民出身、由党一手培养出来的知识分子一夜间变成了一个资产阶级知识分子，差一点进入了"牛鬼蛇神"的行列。曾两次去苏北大丰海滩和上海奉贤杭州湾海滩劳动，放牛、养猪、大田劳动、开沟、采购样样干。1969年上海的黄浦江、苏州河黑臭严重，需要设法治理，市里要我参加研究，从此我又转向一个新的领域——河口与海岸研究。先是搞黄浦江、苏州河污水治理，接着去长江口几个海岛搞护岸保滩。上海港大船进不来，又去搞通海航道治理。1975年受海军邀请去实地考察"远望"号码头，提出改址方案被接受，以后又参加上海新港区选址、宝山钢铁厂选址、南水北调对长江河口的影响等重大项目的研究。1980年中美开始进行国家级海洋沉积作用联合研究，分两个分队，我被任命为河口分队队长。1982年被派往美国与美方科学家合写联合研究报告。1983—1984年我得到"杨振宁基金"的资助，去美国纽约州立大学石溪分校进行合作研究。回国后承担国家攻关项目"三峡工程对生态与环境影响及对策研究"和参加国家科委2000年"技术进步与经济社会发展研究规划"的制定。1988年去澳大利亚参加国际地理学大会。1989年7—8月又去美国参加河口海洋管理的学术会议，以后又多次去德国、荷兰、意大利、日本、韩国等进行学术交流，现在我正在对河口这门新兴学科进行深入研究。由于河口地区资源丰富、人口稠密、经济发达，所以对它进行研究具有重大的现实意义，我对它产生了浓厚兴趣，在有生之年我将为建立和完善具有我国特色的河口学科体系而努力，贡献自己微薄的力量。

由于时间关系，我只能将自己的经历作简要介绍，目的是希望你们了解过去，促进自己健康成长，为人民、为国家多作贡献。下面提几点建议供你参考。

（1）要有理想，有所作为，做个有利于人民、有利于推动社会发展的人。

（2）要勤奋好学。学问即学学问问，要勤学好问。不要怕苦，有苦才有乐，学习时要认真思考，课余时间要做些家务和公益劳动。学习贵在持之以恒，切忌三天打鱼、两天晒网。

（3）要讲求学习方法。学习时要多问几个为什么，在理解的基础上记忆。

（4）要打好基础。小学、初中、高中以及大学都是打基础的阶段，不要过早单项发展。

（5）要有好的品德。在想到自己的同时一定要关心他人、关心集体。

（6）要有健康的身体。从小注意锻炼，饮食睡眠要有规律。要德智体美劳全面发展。

在来信中看出你是个聪明、活泼、可爱、要求上进的小朋友，故我乐于接受你的要求，交个朋友，并不惜时间写了这封信，如能对你的成长有所启发的话，那是给我最大的安慰。

愿你这只小白燕茁壮成长，翱翔在祖国乃至世界高空。代向你的老师、同学以及爸爸妈妈问候。

祝

学习进步！

一个白发朋友：沈焕庭

1990年5月6日

（13）献身科研，造福人类
——记全国教育系统劳动模范沈焕庭

华东师范大学河口海岸研究所所长沈焕庭教授长期从事河口学基础理论和应用研究，是河口研究领域的学术带头人。

他以我国最大的河口——长江河口为主要研究基地，长期以来对河口的潮汐、潮流、余流、盐淡水混合、环流、口外流系等进行了一系列开拓性研究，把河口动力与泥沙运动、河槽演变、沉积作用紧密结合，又将物理、化学、生物过程研究相结合，成功地探讨了河口入海物质通量、海陆相互作用、人类活动对河口过程的影响等重大国际性前沿课题，使我国的河口学在动力、地貌、沉积相结合的基础上跃上了一个新台阶，为赶超世界先进水平、发展具有中国特色的河口学新体系作出了重大贡献。

我国是个多河口的国家，并蜿蜒着漫长的海岸线。沈焕庭教授非常重视将河口学研究的新成果运用于经济建设的主战场。近三十年来，他先后主持或参加了黄浦江苏州河污水治理、长江口和闽江口通海航道选槽与整治、海南岛三亚港开发、长江口三沙治理、南水北调以及三峡工程对长江口生态与环境的影响预测等十多项重大项目的研究任务，其研究成果取得了突出的社会效益和巨大的经济效益。其中，为解决上海市日益紧张的用水矛盾，沈焕庭教授对河口盐水入侵规律进行了深入研究，提出了近期和远期的最佳取水方案，为解决浦东和整个上海市的用水提供了重要依据，仅一项计算成果应用于建设陈行水库，就节约工程投资1400万元，另外，在由他负责的湄洲湾10万吨级通海航道可行性研究中，通过流场的数值模拟及深槽和浅滩成因分析，把很多专家提出的炸礁方案改为浅滩疏浚方案。实施后情况良好，并缩短一年工期，节约了投资800万元。

沈焕庭教授还曾代表国家教委多次参加国际性的综合性学术研究，他在"中美海洋沉积作用联合研究"中担任河口队队长，出色地完成了任务。在担任JGOFS和LOICZ的中国委员会委员之后，积极参与国际重大科研合作计划，多次被邀请出席国际学术会议，并数次担任会议的指导委员会成员，为国家赢得了荣誉。

1994年他又向国家科委提出"重视我国国际界河河口开发利用研究"的重要建议，它涉及国家安全、海洋权益和子孙后代的利益，受到宋健同志和国家海洋局的高度重视，目前正在采取积极措施，组织对我国国际界河河口的专项研究。这是他对我国河口事业的发展作出的又一项战略性的建议。

鉴于沈教授多年来取得的突出成果，党和国家多次予以奖励。他曾荣获中科院科技进步一等奖、上海市科技进步一等奖。今年教师节国家教委又授予他"全国教育系统劳动模范"光荣称号，这无疑是对60岁的沈教授晚年学术生涯的又一次巨大的勉励。

宋路霞

（原刊载于1995年9月19日《上海教育报：教坛之星》）

（14）"师者，所以传道授业解惑也"
——记河口海岸学国家重点实验室沈焕庭教授

● 传道

走近沈教授，是一种幸运。他不仅学问做得非常好，待人也极其平和，没有一点架子。他常教育学生要学会"做好人"。什么样的人才算是"好人"？在他看来，这个人一定要具备三种精神，即奉献精神、敬业精神和合作精神；两大作风，即踏踏实实，不骄不躁。

沈教授指出，受商品经济潮流的冲击，很容易出现急功近利的思想，反映在科研上就会忽视基础理论的研究。实际上，从长远来看，只有基础理论的研究搞上去了，科学技术的水平才能真正提高。当然，为做好这项工作投入了许多，也不一定会有立竿见影的效果，但还是要有人去做，这就需要有奉献精神。在沈教授眼里，学生一定要热爱自己的专业，所谓"既来之，则爱之"。河口海岸方面的研究难度很高，如果没有一点敬业精神，不能专心致志，要完成这些研究是难以想象的。再者，科学发展到今天，分工越来越细，要完成一个项目，仅靠一个人、一门学科的力量是远远不够的，这就需要有合作精神、团体意识。

做研究，一定要有踏踏实实的作风。比如做论文，一定不能投机取巧，要扎扎实实地做好每一步工作，查资料一定要查已做到了什么程度，并能从中发现问题，这不仅是对别人的尊重，自己的起点也上了一个台阶。在研究中要真正做出高水平的研究成果，到现场调查，取得第一手资料，显得尤为重要。沈教授还教导学生，不管做出了多少成绩，仍然要保持"不骄不躁"的作风。这不仅是待人的一种品质，还因为"学无止境"。

● 授业、解惑

沈教授认为，硕士生的教育可看作老师出题目，学生做题目，但没有确定答案；博士生则要自己出题目，且答案不确定，能否提出一个好问题至关重要，因提出的问题不仅要有学科前沿性，还要有重大的应用价值和应用前景。鉴于研究生目前自己提出有价值的问题还有困难，沈教授一般都帮他们选好了课题研究方向。但沈教授并不束缚他们，强调抓的同时还要放手，让学生围绕课题自己去"摸"，去创新。

课题选好之后，用什么方法去做那也是非常重要的。沈教授有一句口头禅：好的课题＋好的方法＝好的成果。所以他总引导他的学生采用最新的方法和技术去做研究，河口海岸过程非常复杂，对它作深入研究要涉及很多学科的知识。也正因为此，沈教授招的研究生，既有学物理、数学的，又有学化学、生物的。当然，这对沈教授也是一个挑战，因为要指导他们，自己首先就要懂得这方面的知识。尽管如此，沈教授仍表示"宁愿自己辛苦一点、多学一点"。不过，他深信"青出于蓝而胜于蓝"，由他培养的学生一定会在某一方面超过他。教授特别注重学生自身能力的提高，认为这比成果本身的价值更重要，因为能力的提高就意味着"找到了一把钥匙"。让教授欣慰的是，他的学生都非常努力，而且毕业的许多学生已成为有关单位的业务骨干。

靳慧

（原载于2001年6月22日《华东师范大学校报：导师风采栏》）

（15）申报院士

中国科学院院士是我国设立的科学方面的最高学术称号。我校很早已是全国的重点高校尤其是在师范院校名列前茅。但长期以来没有一个自身培养的中科院院士，这与已有地位极不相称，也影响学校的发展，全校领导和师生员工对这一问题非常关心，都渴望能早日有个零的突破。

自1991年我国恢复院士（以往称学部委员）制度以来，我校领导对两年申报一次院士的工作极为重视。地学是我校传统优势学科之一，每次都有人被推荐申报，我也名列其中。书记和校长曾亲自嘱咐我，这不仅是个人的事，更是学校的大事。我一开始就向领导表示，申报时目标不要分散，先把有名望的老先生推上去。学校经慎重考虑在1991年第一次申报时在地学口仅推荐1人，1993年第二次申报时推荐4人，其中一个是我，学校派专人向我说明有关情况和意图，一再强调这是学校集体商量的决定，要我打消顾虑，积极配合，在此情况下我第一次填写了申请书。

按规定，当选院士从推荐到正式当选要过5关。第一关是推荐关。每位院士候选人需要有3名以上现有院士推荐，每位院士最多可以推荐两名候选人。国务院部委，中国科协，中国人民解放军四总部，各省、市、区等地也可推荐本系统的候选人。第二关是资格审查关。学部有关部门对申报的候选人进行资格审查，经学部主席团审议确定后成为有效候选人。第三是筛选关。各学部对有效候选人筛选，其中有40%～50%的候选人过关，成为初步候选人。第四是复审关。各学部成立推荐院士回避的审查小组，对本学科的每位初步候选人进行复审，审查小组的院士通过组织或其他渠道对候选人进行调查，并在互联网和候选人所在单位进行材料公示，如接到投诉，成立专门的调查小组进行调查，结果上报评审大会，根据复审情况选出正式候选人。第五关是终选关。各学部对正式候选人进行投票，得票超过半数的候选人按增选名额，根据赞同票多少排序，满额为止。

从1993年开始我被推荐为院士候选人。第一次申报通过第二关，进入有效候选人行列（地学约50人），1995年第二次申报通过第三关，成为初步候选人（地学约25名），1997年第三次申报通过第四关，成为正式候选人（地学约14～15人）。1999年学部有新规定，连续申请3次已进入初步候选人而未入围者要停报1次。2001年学部又有规定，凡超过65岁者学校已不能推荐，但若有6位院士同时推荐可继续申请。此年我恰到65岁，学校已不能推荐，但学校领导还是强烈希望我继续申请。我考虑到自己每次申请都能顺利地上一个台阶，上次已进入最后的第五关（地学14～15人中选10名），已近在咫尺，加上近4年来我又合作发表论文51篇和出版专著两部，还被国务院学位委员会聘为第四届学科评议组成员兼召集人，被人事部与全国博士后管委会聘为第三届地学（含地质学、地理学、地球物理学、大气科学、海洋科学）专家组成员兼召集人等多个全国性的学术职务，故决定继续申请。

可是，我从事的河口学是一门年青的交叉学科，介于地理学与海洋学之间，这门新兴学科至今还没有一位中科院院士，在此情况下，要同时有6位院士推荐绝非易事。幸好，通过前3次评审，不少院士对我做人、做学问的情况已有所了解，很快就有6位来自海洋、大气、地理、地质、地球物理等涵盖了地学全部分支学科的院士热情地给我写了推荐书，使我十分感动。其中一位是这样写的：

"沈焕庭教授是我国河口学的主要学术领导人，对我国的河口学有系统的、创造性的贡献。在长江河口悬沙输移模式、最大浑浊带、盐水入侵及长江冲淡水扩展机制等方面，均提出了一系列新的科学概念和论点。他十分重视学科间的渗透交叉，将河口的物理、化学和生物过程与沉积过程相结合，1995年以来已取得可喜成果，为我国河口学研究赶超国际水平作出重要贡献。1995年，美国工程院院士、世界著名河口海洋学家Pritchard评价沈焕庭的科学成就曾说：'沈焕庭是中国一流（leading）的河口学家。他对长江河口的动力学和地貌学以及三峡工程对长江口生态和环境的影响的研究，均是被国际公认为具有最高水平的研究'。在道德学风方面，他一贯努力科学研究，工作踏实，学风严谨，能坚持实事求是的科学态度，抵制在评审、鉴定及论文、成果署名等方面的不正之风。他谦虚诚恳，作风正派，善于与人合作，重视培养和扶植年青人才。据此，我郑重推荐沈焕庭教授为本届中科院院士候选人。"

在此次评审过程中我又顺利地通过第四关，进入正式候选人的前列，入围的可能性已很大。但天有不测风云，在终审选举的关键时刻，有位年岁已高的院士突然提出一个匪夷所思的问题，因时间制约，一时难以澄清。遇此情况一般都是待情况搞清后再作选择，这样就失去了一次良好的入围机会。

　　发生如此意想不到的复杂情况，使我无法理解，要否继续申请打了问号。但推荐我的院士鼓励我，不要泄气，要充满信心，他们都表示愿意继续推荐。加之，近两年来我又在国内外合作发表了35篇论文和出版一部专著，又被国务院学位委员会续聘为第五届地理学科评议组成员兼召集人，被人事部和全国博士后管委会续聘为第四届地球学科专家组成员兼召集人。在此情况下，我又提出了第五次申请。

　　上次终审时15人中有10人已入围，会上提出的问题会后很快被澄清，我又顺利地过第四关，进入正式候选人的前列，如不再发生意外，入围已几无悬念。也许正因如此，急坏了某些心怀叵测的人。我的申报材料已在网上和单位公示数次，事事属实，从未有人投诉。而这次却有人写了一封投诉信，投诉时间选在临近截止日期，投诉者自称为小人物不具真名，但投诉3点的证明人却是具真名实姓的年长者。从3点投诉内容看，小人物是不可能知道的，是由大人物虚构编造由其手下的小人物炮制发送的。对于这样一封精心策划、不具真名的投诉信按规定该不该受理我不清楚，但若受理应严肃彻查。据说审查小组对此作了一些调查，但未知是时间因素还是其他原因未能彻查清楚，结果可想而知的，又一次没有入围。

　　事后推荐我的5位院士联合致信我校张济顺书记和王建磐校长，信中云：我们都是贵校沈焕庭教授申报院士的推荐人。沈教授申报院士已数次，我们推荐他也已数次。据我们所知，他在2003年以前的几次申报中，从未被人投诉，但在2003年的申报中有人投诉，学部也组织相关院士进行了一些调查，但由于时间仓促等原因，对有些情况一时还没有了解清楚，无疑这对当年的投票是有严重影响的。作为沈教授的推荐人，为了对其本人和贵校负责，希望贵校能对投诉信（见附件）中的3点投诉给予明确的说明，以便我们今后继续推荐沈焕庭教授为院士候选人时能够有更充分的依据。

　　张书记和王校长对此非常重视，立即成立由人事处和科技处联合组成的调查组，对这3点进行彻查，由于人证物证俱在，这3例很快就调查清楚。调查后的回复是：感谢你们多年来对我校沈焕庭教授申报中科院院士的支持，这也是对我校学科建设的支持，在此我们表示衷心感谢！沈教授在2003年申报院士时，遇到未署实名的投诉，对此，我们表示非常遗憾。为了对沈焕庭教授负责，也是为事业负责，我们就投诉信中提出的3例进行了核查。现把核查结果汇报如下：1，2，3（详略）。综上所述，经核查，3例均不符事实。

　　上述经历我一时觉得不可思议，但看到《权谋——在诺贝尔奖背后》一文后得到启示。文中云："诺奖评审过程中，国家利益、民族精神、价值观念、经济得失、个人恩怨、平衡考虑等都在里边起作用。""只要以人为的规则和程序进行的选拔，就没有绝对的公正可言。程序和规则是人制订的，是人执行的，是人就有偏好，就有利益追求。""一百年来诺奖的得主，能久享盛誉的，就那么几个，能久享盛誉的主要不是因为得过诺奖。是金子未必一定能发光，但是能永久熠熠发光的，则一定是金子。"

联想院士评选何尝不是如此，单位与单位之间、学科与学科之间、院士与院士之间的利益与矛盾，评审人的价值观念、个人恩怨、平衡考虑等无一不在起重要作用。我的两次遭遇均可从中找到原因，所有这些让人防不胜防，不是凭自己主观努力可以改变的，不必再为此去耗费精力。再者，近些年来，社会上出现了愈演愈烈的"院士崇拜"现象，院士成了社会各界争相追捧的目标，一些人看重的不再是院士的荣誉，而是荣誉背后的待遇，以及更深层次的利益，院士评选已在变味。"谋事在人，成事在天"，面对这种现实状况及遭受的折磨，我回顾自己申报院士的初衷，不忘初心，毅然决定，从今不再继续申报院士。

衷心感谢一次又一次推荐我的院士们和所有关心我的人。在人生的旅途中，我将继续走自己该走的路，做一个对社会有益的人。

（16）7次住房搬迁

1961年10月1日，我与同系低两届毕业也是同乡的凌瑞霞结为连理，仪式在地理馆四楼会议室举行，证婚人为时任地理系主任、德高望重的李春芬教授。婚前我俩同在师大工作，都住在师大一村，她住在东楼，我住在中楼。向学校申请婚房因用房紧张等因素未获批准，但学校同意临时借用一间房，此房位于师大二村近大门口一幢3层楼房的底层，原是二村食堂用作堆放菜和杂物的储藏室，约10平方米，既潮湿又肮脏，清理后晚上仍有很多鼻涕虫（蛞蝓）爬出来，看到要恶心，但别无选择，只能接受。此时正值困难时期，购物均要凭票，凭结婚证购买了一张双人床、一个五斗柜、一只铝锅、一只痰盂。买衣服要布票，我买了一件卡其夹克衫，凌瑞霞的上装、外裤和我的外裤都是用她以前买的布料加工做的。婚后第四天我们与以往一样各自去上班，中饭和晚饭都在一村食堂用餐，下班吃完晚饭后才回卧室。意想不到的是入住仅1周，就被小偷白天入室行窃，回房间时发现房门被撬开，一个出差用的大旅行袋和结婚时穿的衣物等被偷走，向派出所报案后民警来现场查看，经估算，偷去衣物价值已超过立案标准，被列入偷窃案件侦查，查了十多天还无结果，一个卖布小贩在我校物理馆前的小村庄遭杀害，派出所侦查人员投入查破杀人案，此案就不了了之。

案件发生后，不敢再住在那里，回一村中、东楼分住，并再次向学校申请住房，1962年年初获批准，给我们一村西楼429室，原是学校临时招待所的一间客房，位于顶层4楼西北端，面积14.5 m²，窗朝西，夏天骄阳炙烤，冬天朔风凌厉，戏称西楼的西伯利亚，但有房总比没房好。1963年女儿沈净出生，母亲来帮忙照顾，一个房间要住3代4口人，要放大床、小床、五斗柜、写字桌等必不可少的家具，只能绞尽脑汁、想方设法精心安排。两张写字桌拼成一张方桌，吃饭当餐桌，备课当书桌，小床既作床又作坐椅，原有四尺半宽的大床女儿出生后已不够用，油盐酱醋等杂物愈来愈多也无处可放，怎么办？当时一村南面苏州河边有家上海木材一厂（现海鑫公寓位置），生产三夹、五夹等胶合板和缝纫机台板，加工后有些边角料和杂木对外供应，因木材紧缺要排长队购买，去买了几次后自己学做家具，先做了一个像床头柜样的柜子，放在门口走廊墙边煤球炉旁，内放油盐酱醋瓶瓶罐罐，面上可放煮饭炒菜用具。还做了一个鞋柜，放在走廊顶端角落里。有一次去排队购杂木时，见到一块由两根长木条中间用短木板拼成的长条形木板，宽约一尺半，长与床长度相仿，使我眼睛一亮，这不正是我梦寐以求将床加宽的木板吗？立即买下，回家后再三思量，将它一边用3只铰链固定在棕垫边框上，另一边近两头用短木条装两只与棕垫同样高的活络撑脚，晚上睡觉时将加宽板提起，撑脚自动竖立，使床加宽到6尺，3人横竖皆可睡，解决了大问题。早晨起床把撑脚收起，加宽板落下，床前恢复原样，又可把床下堆积物遮住，练就了我在狭小天地里挖掘空间、在螺蛳壳里做道场的本领。

4楼层面有大小40个房间，每室1户，约有大人和小孩一百多个人，来自数学、物理、化学、生物、地理、中文、历史、政教、外语等系和二附中、机关等多个部门，合用10个水龙头、3个水槽、5个蹲厕、3个沐浴室，烧水煮饭菜用的煤球炉都放在自家门口狭窄的走廊上，早上生煤炉时烟雾弥漫，晚上大人边煮饭炒菜边与邻居聊家常，小孩忙于串门玩耍，热闹非凡，酷似另一类的"72家房客"，我们在这里度过了5个春秋。

住房大小当时主要按人口多少分配，1967年我儿子沈炯出生，原有住房已无法容纳这么多人，经较长时间申请扩大获批准，分配到一村463号。此套房是1952年建校时建造，3层楼砖木结构，1梯6套，每套近90平方米，有两间卧室和书房、厨房、餐厅、卫生间各一，为正教授建造，在师大当时属最高档的住房，原先都是一个教授独用。1966年"文化大革命"开始，几乎所有教授被扣上资产阶级知识分子的帽子，作为批判对象，除批斗外住房也要被缩小，原来一家住的这套房现在住两家或3家。分配我们去的这套房，原是物理系一位教授家独用，现分给我们一间书房，约18 m²，两间卧室仍给他们使用，厨房、餐厅、卫生间两家合用。搬迁后我们的住房面积增加了3.5 m²，但仍只能3代人住在1室，且两家要合用一套生活设施，1个卫生间要供9个人用，这么多人天天相处在一起，势必给两家人带来诸多不便，搬进这种合用房实属无奈，不到1年时间他们搬迁到校外，新搬来的是政教系一位教授

一家4口合影（1969年）

的家，他们原住一套略小的独用房，因这位教授逝世剩下母女5人搬迁到这里，他们与我们是小同乡，生活习惯相近，人也和善，能相互体谅和帮助，在这套房里和睦相处蜗居了13个寒暑，1981年搬迁后作为亲朋好友仍保持联系。

随着学校住房条件的改善和我职称的提升，我们的住房面积也慢慢扩大。1981年校分房委员会按分房条例分给我一村185号一套独用房，位于3楼，南北向，约40 m²，有3个房间可作卧室，无餐厅，厨房和卫生间也较小，但祖孙三代可分房住，生活质量提高了一个层次。1987年又分给我一村220号一套房，面积增大至66 m²，3间卧室、厨房和卫生间面积均有所扩大。过数年学校建了团结楼、丽娃小区等高层住宅，按分房条例，我的住房可由四类提升为三类，但面积扩大不多，因搬迁一次需花费很多精力和物力，不想再搬。后来一位分房委员给我传讯，有一套二类房，若要可争取。这套房原是化学系一位教授居住，与我28年前住的463号房一个模样，仅是楼层差别。我们搬迁后，这位教授和夫人身患重病，相继去世，我去看这套房时门窗破旧不堪，满屋肮脏，不可入目。符合二类房的都看不中这套房，长期空关着。我看后感叹万分：这对教授夫妇曾养育多个子孙，而晚年怎么会这样悲惨；我1986年升任教授，1990年批准为博士生导师，1991年获国务院颁发的特殊津贴，30多年前的正教授能住这套新房，而至今按分房条例，我还没有条件住这套已用了几十年的破旧房，匪夷所思。但回顾当年，3代人蜗居在1室时，渴望有两间卧室就已非常满足，而现在能得到的是整套房。经理性思考后毅然决定，不选新建的住房，而要这套砖木结构、满载难忘记忆和文化积淀的老房子。经我的外甥、时任江南大学设计学院院长过伟敏的设计，装修后旧貌换新颜，既保留了原有风貌，又增添了现代气息。

刚搬进461号这套房时，左邻右舍多是老领导和老教授，相互比较熟悉，有时还能见到面，很有亲切感。住了几年后，他们中有的谢世，有的搬离，熟识的人越来越少，原有的氛围渐渐消去，加上房屋管理、维修不善，地下管道、电线等基础设施常出问题，没有电梯对年迈者有诸多不便，由此萌生了到校外购置新建电梯房的念头。此时上海的房地产市场已热火朝天，新楼盘蜂拥出现，价位不断攀升，与上海人民一般的生活水平相比已是天价，很多想买房的人认为这已是泡沫，期待泡沫破裂房价下降再购。而我认为，现在的上海已不再是上海的上海，而是全国和全世界的上海，上海的房价不能仅与上海人民的收入水平相比，更要与香港、纽约、伦敦等国际大都市的房价相比。如此看来，上海的房价不可能跌，相反还会升，且上升空间还很大，要置房还是早置为好。加上我数次赴美国后感悟到"以房养房"、"以房养老"值得借鉴，买房自住和出租两相宜，钱不够向银行申请房贷，置两套先自住一套，出租一套的租金来供房贷，故决定尽快买房。买哪里的房和买什么样的房，主要考虑：一是离师大要近，因学校关心，我退休后仍保留原有的办公室，我还想做点对社会有益的事，要常去学校；二是选房址我国古代孔子的说法是"仁者乐山，智者乐水"，傍山而居，傍湖而居，我大半生搞的研究几乎都与水有关，对水情有独钟，晚年期盼傍水而居；三是最好与子女同住一个小区，房屋档次以中上为佳。经对附近几个新建小区比选，选定坐落在苏州河畔的清水湾花园，此小区距师大本部大门口步行不到10分钟，规模中等，区内有数百米河岸线和绿化带，沿岸有亲水平台和林荫步行道，在湾中湾建有游艇码头，周边有绿草如茵的公园和大学，园内绿化面积大，花卉树木品种多而高雅，南北阳台和房间放眼可见苏州河。2002年迁入新址，这是我家住房第七次搬迁，也许是这辈子最终一次搬迁。

（17）潜心河口研究40载
——记河口学专家沈焕庭教授

沈焕庭，教授，博士生导师。1935年9月生于江苏无锡。于1957年7月华东师范大学地理系毕业留校任教。1960—1962年在山东海洋学院（现中国海洋大学）进修海洋学。1964年任华东师范大学讲师，1978年起任华东师范大学河口海岸研究所河口研究室主任。1980年任华东师范大学副教授，1980—1982年参加国家级中美海洋沉积作用联合研究，任河口队队长。1982年到美国国家海洋大气局太平洋环境实验室合作研究，1983—1984年由杨振宁基金资助赴美国纽约州立大学石溪分校与国际著名河口海洋学家D W Pritchard和J R Schubel教授合作进行科学研究。1984—1987年任华东师范大学河口海岸研究所副所长和上海海岸带开发研究中心副主任。1986年任华东师范大学教授，1990年任博士生导师，1991年获国务院特殊津贴，1995—1998年任华东师范大学河口海岸研究所所长，1998年起任河口海岸学国家重点实验室学术委员会副主任、资源与环境学院学术委员会主任和"211工程"校自然地理学与地理信息系统学术带头人。2002年任华东师范大学终身教授。此外，他现在还任浙江大学、南京师范大学、安徽师范大学、交通部科学研究院河口海岸科学研究中心等单位的兼职教授（或研究员）。曾兼任国家教委科学技术委员会委员、国务院学位委员会地理大气海洋评议组成员，国家自然科学基金会地球科学学科评议组成员、国务院长江口及太湖流域综合治理领导小组科技组成员、中国南极研究学术委员会委员、中国海洋年鉴和中国大百科全书区域海洋学编委。现兼任国务院学位委员会地理学科评议组召集人、全国博士后管委会地球学科专家组召集人、JGOFS/LOICZ中国委员会执行委员、中国海洋学会和海洋湖沼学会潮汐与海平面专业委员会副主任委员等。

沈焕庭教授学术思想活跃，治学严谨，学术造诣深厚，研究成果丰硕，大量成果已被引用或被有关决策部门采纳。他十分重视研究生专业技能和道德品质的培养，已培养了几十位河口学方面的优秀专业人才，他们在各自的工作岗位上起到了骨干和带头作用。沈焕庭教授从20世纪60年代起致力于河口学研究，足迹遍及我国大小河口。曾参加黄浦江苏州河污水治理、长江口和闽江口航道整治、张家港和南通港扩建、三峡工程和南水北调对长江河口环境影响预测、长江——上海市第二水源地选址等重大工程项目的可行性研究，研究成果为有关工程提供了重要的科学依据。他以长江河口为主要研究基地，不断追踪学科发展前沿，重视学科交叉和理论联系实际，连续承担"七五"、"八五"、"九五"、"十五"攻关和国家自然科学重大、重点基金等10多项项目研究，对河口的动力、地貌、沉积、盐水入侵、冲淡水扩展、最大浑浊带、物质通量和陆海相互作用等河口学中的重要问题进行了一系列开拓性基础和应用研究，发展了河口物理、化学、生物和地貌、地质过程研究相结合的河口学科体系。

沈焕庭教授已合作发表论文180余篇，出版《长江河口最大浑浊带》、《长江河口物质通量》、《长江河口盐水入侵》、《长江冲淡水扩散机制》、《三峡工程与河口生态环境》和《长江河口动力过程和地貌演变》等7部论著。他曾赴美国、德国、日本、澳大利亚、荷兰、意大利及我国香港、台湾地区进行学术交流20余次。获国家科技进步三等奖1项，省部级科技进步一等奖3项、二等奖6项、三等奖3项，上海市科技精英提名奖和全国教育系统劳动模范。已培养硕士生18名，博士生12名，博士后3名。

（原刊载于2005年11月17日《大众科技报》）

（18）钟情河口盐水入侵研究

河口是盐水与淡水的交汇地带，河口出现的多种物理、化学和生物过程都与盐水入侵密切相关。河口也是人口密集、经济发达地区，随着工农业生产的迅猛发展和人口的急剧增长，对淡水的需求无论在数量上还是质量上均提出了更高的要求。根据国际和国内的给水标准，饮用水的氯化物含量一般不能超过250 mg/L，工业用水和农业灌溉用水对氯化物也有一定要求。严重的盐水入侵将影响人民的身体健康和工农业生产。另外，盐水入侵河口对水产、渔业等也有明显影响。可见，研究河口盐水入侵具有重要的理论和实践意义。

要讲我们研究河口盐水入侵还得从南水北调谈起，我国南方水多，北方水少，为了解决北方干旱问题，1972年北方严重干旱之后，1973年水电部在天津召开了南水北调座谈会，会议认为，经过多年调查研究，沿京杭运河调引江水（即东线）比较现实。随后成立了水电部南水北调规划组，该规划组经过对引黄（河）、引汉（江）和沿京杭运河抽运江水等线路的现场勘查和研究之后，于1976年3月编制了《南水北调近期工程规划》，推荐近期先采用东线抽引江水的方案。方案公布后各界对南水北调工程的环境影响提出了不少问题，其中之一是，南水北调后会不会加重长江口的盐水入侵，从而影响河口地区特别是上海的生活和工农业用水，对此问题有两种不同的看法，但都缺乏足够的论据。在此背景下，1978年7月中国科学院在石家庄召开了"南水北调及其对自然环境影响"科研规划落实会议。会后制定了1978—1985年"南水北调及其对自然环境影响"科研实施规划，并明确了各课题的负责单位，关于南水北调对长江口影响的研究，主要由华东师范大学、南京水科所等单位负责。分工明确后，我校河口海岸研究所成立了课题组，研究重点之一是南水北调对长江河口盐水入侵的影响，参加此课题研究的主要是沈焕庭、茅志昌和谷国传。

我们接受任务后先做了两件事：一是查阅国内外有关文献，查到的不多，国内的更少；二是去有关单位调研，先与自来水公司联系，介绍我们去吴淞水厂，因为这家水厂位于黄浦江口，最靠近长江口，是受到咸水入侵最严重的一家水厂，有多年氯化物实测数据。我与茅志昌到吴淞水厂后，主接待的是当时负责化验室的徐彭令工程师，他陪我们参观了取水口等水厂的主要设施，并根据1973年建厂以来得到的氯化物实测资料对吴淞水厂的盐水入侵情况作了较详细的介绍，使我们得到了很多感性认识。他在1978年调到吴淞水厂水质科工作时，当年恰逢长江发生百年一遇的枯水年，咸水入侵黄浦江达到历史之最，严重影响了供水的水质。他十分关注这一重要的自然污染现象，收集和整理了1974年以来吴淞水厂的实测氯化物资料，按时间序列将这些资料绘制成曲线，从中初步认识到咸潮入侵的变化规律与发生原因，考虑到上海自来水公司有吴淞水厂等多个水厂的氯化物资料，徐彭令工程师对咸潮入侵研究也很感兴趣，为此提出希望他与我们一起合作研究，他欣然同意。从此我们开展了没有协议书的真诚合作研究，与河口盐水入侵结下了不解之缘。

当时我们主要做了三项工作：一是调查咸潮入侵对工业和居民用水造成的严重影响，在1979年由徐彭令牵头走访了37个有关公司，收集了多种工业用水的水质标准和咸潮对工业生产造成的危害，了解到这一次咸潮入侵对本市丝绸、印染、毛麻、化纤、食品、医药、化工、冶金等部门造成的直接经济损失达千万元以上，对

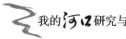

管道、锅炉等设备的腐蚀和居民健康的间接影响达亿元之上。这一调查结果引起了市有关领导部门和媒体的高度重视，新华社记者还特意为此撰写了内参报告。

二是在1979年2月下旬到3月上旬盐水入侵严重时期，我们组织了长江口9个测站（徐六泾、七丫口、浏河口、吴淞、青龙港、庙港、新建、南门、堡镇）大小潮每小时盐度的观测，取得了长江口大范围同步的盐度时空变化资料。

三是根据实测和已收集到的资料对长江口咸水入侵的时空变化规律及其原因进行系统和全面的分析，并在此基础上利用大通站的流量与吴淞水厂的氯化物资料作频率统计和相关分析，对南水北调后对长江河口咸水入侵的影响进行预估。经过一年多的共同努力，完成了研究任务，并撰写了一篇题为《长江口盐水入侵的初步研究——兼谈南水北调》论文，发表在1980年第三期《人民长江》上。此文内容主要有三：一是长江口盐水入侵概况，分别论述了北支、南支、黄浦江盐水入侵情况和1978年冬以及1979年春的严重盐水入侵及其对工农业生产造成的危害；二是长江口盐度变化规律，阐明了在径流、潮流、风浪、盐水楔异重流和海流等多种因子的作用下，长江口盐度的时空变化规律，时间变化规律包括半日变化、半月变化、季节变化和年际变化，空间变化规律包括纵向变化、横向变化和垂向变化；三是南水北调对长江口盐水入侵影响预估，主要预估调水后吴淞站不同氯化物浓度出现的天数和可能出现的最大氯化物值。

上述这篇文章是为了回答南水北调（东线）会不会加重对长江河口盐水入侵而写的。但由于盐水入侵是河口淡水资源利用的一个重要因素，故它也被正在筹建宝钢的领导和科技人员所关注。宝钢是国家重大的现代化建设工程项目，对水质有严格要求，其中氯离子浓度规定最大不得超过200 mg/L，年平均不得超过50 mg/L。由于长江口枯季有盐水入侵，故宝钢在建厂初期（1980年）曾选定离宝钢72.5 km的淀山湖作为水源地，但到1981年宝钢李祥申工程师等又提出从长江取水的建议方案，受到有关领导的重视，但缺少理论依据，要求上海市科协组织专家举行大型论证会作进一步论证，在此论证会前，时任指挥部副总兼办公室副主任的凌逸飞带领几位同志，踏勘了建议的几处水库地址，并参观了吴淞自来水厂，接待他们的也是徐彭令工程师，徐工除陪他们参观水厂多种设施和介绍吴淞水厂的盐水入侵情况外，还提到了我们合作完成的两篇文章《长江口盐水入侵的初步研究——兼谈南水北调》、《咸水入侵对黄浦江水质的影响》，据凌总讲他们取得这两篇文章后，因工作需要一遍又一遍地认真阅读，从这两篇文章中找到了可以从长江引水的理论依据，看到了未来长江引水方案的光明前景。因为长江口的盐水入侵不是年年都很严重的，在一年中只有枯水季节有，在枯水季节也不是天天有，在半个月中盐水入侵时有时没有，这些变化都是很有规律的，以上理论为投机取水建造避咸蓄淡水库、为从淀山湖引水改为从长江引水提供了科学依据，后经进一步论证，成功地在长江口边滩上建造了避咸潮取水、蓄淡水保质的宝钢水库，此方案比淀山湖方案节约投资4 730万元，每年节约水费441万元。宝钢水库的建成意义重大，它不仅解决了宝钢（包括近期和远期）的用水问题，对沿海江河入海口附近地区和城市水资源的开发利用也有重大推广价值，上海市已借鉴宝钢水库经验成功建造了陈行水库，开辟了上海城市用水的第二水源。杭州、珠海、厦门等城市的自来水公司也都已经或正在借鉴宝钢水库经验，充分利用河口的淡水资源，解决本地区的用水问题。

宝山湖——宝钢水库

宝山湖——宝钢水库取水口

在宝钢从淀山湖取水改为从长江引水的论证时期，我大部分时间在美国搞合作研究，但当我1984年回国后不久，原宝钢工程指挥部副总工程师兼引水办公室主任凌逸飞教授级高级工程师，因为我们的研究成果为他们建设宝钢水库提供了理论基础，特地来感谢我们。来后，他详细地介绍了宝钢从淀山湖引水改为从长江引水的曲折过程，特别强调我们对长江河口盐水入侵的研究成果对他们形成一个完整的

"避咸潮取水，蓄淡水保质"的工程方案提供了理论基础，对长江取水方案的形成起了指导和促进作用。我们听到后非常兴奋和激动，感到宝钢水源工程确实是一个科学化、民主化决策的范例，也是一项自然科学研究成果应用于国家经济建设的成功典型。想不到我们有关长江河口盐水入侵的研究成果在这个工程中起到了这么大的作用。另外，也被凌总等的实事求是、朴实谦虚、尊重科学、尊重他人成果和高度的责任心等高尚品质所感动。共同的事业把志同道合者凝聚到了一起，从此以后我们经常联系，讨论共同感兴趣的河口盐水入侵和淡水资源利用等问题，凌总成为了我们的良师益友。

我们的研究成果在生产实践中起到了这么大的作用，给予我们莫大的鼓舞和鞭策，使我们更深刻地体会到，科技是生产力，研究河口盐水入侵是很有意义的，自此以后，我们课题组根据我国国民经济建设的要求，对长江河口的盐水入侵进行了持续不断的研究，先后承担的与此相关的研究项目有："七五"、"八五"攻关项目"长江三峡工程对生态与环境的影响及对策研究"中的对长江河口盐水入侵的影响研究（1984—1990年）；上海市重大工程项目"长江——上海城市供水第二水源规划方案研究"中的长江河口盐水入侵的影响研究（1986—1991年）；高等学校博士学科点专项科研基金"长江河口径流与盐度及其相互关系的谱分析"（1993—1995年）；国家自然科学基金"长江河口盐水入侵规律研究"（1994—1996年）；上海市建委重大项目"青草沙水库预可行性研究"中的青草沙水源地盐水入侵规律研究（1999—2000年）；国家环保局下达的"南水北调对长江口及邻近海域的环境和生态系统的影响"（2000—2001年）；2001年度上海市决策咨询研究重大课题"三峡工程与南水北调工程对长江口水环境影响问题研究"（2001年）；上海市环境保护科学技术发展基金科研项目"上海新水源地环境分析与战略选择研究"（2002—2004年）等。

通过上述项目研究，对长江河口盐水入侵进行了大量的现场观测，积累了丰富资料，并在此基础上采用多种先进的数学方法进行计算和分析，较系统地阐明了长江河口不同汊道盐水入侵的来源、混合类型和时空变化规律，并对三峡工程、南水北调等重大工程对长江口盐水入侵可能产生的影响进行了预测，为有关工程的决策和规划设计提供了重要的科学依据。如前述的为宝钢水库的建设提供了理论依据外，还如：在20世纪70年代东线南水北调规划时，有关部门曾提出不会对河口的盐水入侵产生影响，通过本课题组研究，认为会加重河口的盐水入侵，并率先提出"控制流量"概念，此研究成果很快被水利部部长钱正英和有关部门接受和采纳；20世纪80年代三峡工程对长江河口环境影响研究，提出三峡工程对长江河口盐水入侵既有利又有弊，利在枯水期流量增加能削减盐度峰值，弊在10月蓄水流量减少会使河口盐水入侵时间提前，受咸天数增加，此结论被送交全国人大的《长江三峡水利枢纽环境影响报告书》采纳；20世纪90年代，本课题组参与"长江——上海城市供水第二水源规划方案研究"，根据长江口盐水入侵规律提出近、远期取水方案，为解决浦东开发和整个上海用水提供了重要依据；21世纪初在接受上海市和国家环保局有关任务时，为了既能支持南水北调，又能不加重甚至改善长江口的盐水入侵，在多年对长江口盐水入侵规律研究的基础上，提出了综合治理北支削弱北支盐水倒灌南支等对策，受到有关领导与部门的重视；在上海新水源地战略选择研究中，推荐青草沙为新水源地，被有关部门采纳，已动工兴建。

近30年来，我们结合国家经济建设对长江河口的盐水入侵进行了较系统和深入的研究，研究成果除被有关部门采用外，还发表了20多篇论文和出版《长江口盐水入侵》专著，荣获省部级科技进步一、二、三等奖各1项。

应予指出，河口盐水入侵是一个极为复杂的问题，尤其是长江河口，它是一个三级分汊、四口入海的大河口，其盐水入侵变化规律更为复杂，要合理持续利用河口的淡水资源，使人与自然和谐相处，还有许多问题需要探索，我们必须遵循科学发展观，将此项研究一代一代地持续深入研究下去，为充分合理利用河口淡水资源作出更大贡献。

（原为2005宝山湖纪念碑落成而作，现略作修改）

（19）接受环球时报记者专访

● 专访背景

2003年8月，嘉兴自来水恶臭扑鼻。

2004年，浙江千岛湖和钱塘江流域部分水域首次暴发蓝藻。

2007年6月，无锡、苏州的水域出现大面积蓝藻。

接连不断的城市饮用水污染事件，再次敲响了饮用水安全的警钟，人们不禁要问：长江三角洲有多少水源地面临污染、过度开发等威胁？我们的"生命之源"能不能得到长期可靠的保障？明天我们还有没有清洁而安全的饮用水？

2007年7月，环球时报记者多方调查了长江三角洲16个城市水源地的现状，与当地政府、百姓及社会各界人士共同探讨水源地的保护与可持续管理措施，旨在呼吁全社会都来关注我们的水源地，加强水源保护，促进水源涵养，推进城市水污染防治，加大节水力度，为保障城市饮用水安全奠定基础。

2007年7月25日，环球时报记者林琳对我专访，7月31日该报刊载了她撰写的"长三角"饮用水调查专题报告，下面是其中的一部分。

"怎么保证我们喝到好水？一是取的原水要好，二是水厂的处理工艺要高，源头引好水是提升自来水水质的基础。"华东师范大学河口海岸学国家重点实验室终

身教授沈焕庭说。

目前，"长三角"16个城市饮用水均以地面水——即江河湖泊为主要取水来源。按照我国的《地面水环境质量标准》，可作为生活饮用水水源的水质不得低于Ⅲ类，换句话说，Ⅲ类水已经是水源地水质的最低标准了。

"总的说来，苏州、无锡及浙江的嘉兴水源地水质较差，因为其源水主要来自太湖。浙江的杭州、湖州、宁波这一片要好得多，它们的水源地多来自钱塘江及东苕溪水系。黄浦江是过去和现在上海城市供水的主要水源，到2010年青草沙水库建成，上海就变成取长江水为主了。"沈教授铺开一张长江三角洲水系图对记者说。有关统计显示，上海位于黄浦江上游的水质处于Ⅲ类以下，长江口取水水质基本能保证Ⅱ－Ⅲ类。

"长三角"16个城市饮用水水源，主要取自太湖、钱塘江和长江下游段。而作为我国第三大淡水湖的太湖水质最不容乐观。

国家环保总局公布的《2006年中国环境公报》透露，太湖水质总体评价为劣Ⅴ类，在21个国家环境监测网点位中，没有Ⅰ－Ⅳ类水质，Ⅴ类和劣Ⅴ类水质点位分别占14%和86%。长江水系总评价良好，Ⅰ－Ⅲ类为76%，Ⅳ类为17%，Ⅴ类和劣Ⅴ类为7%。另据了解，钱塘江的总体水质基本能保持在Ⅱ－Ⅲ类左右。

● 上海

上海市水务局局长张嘉毅在作《上海市水源安全保障战略》报告时指出，黄浦江上游和长江陈行水库是上海市区两个主要水源地，前者提供了约80%的上海原水，后者占20%。

就取水质量而言，黄浦江水质总体为Ⅲ－Ⅳ类，与巴黎、伦敦、纽约等国际都市相比，上海水质较差。长江口取水可以满足Ⅱ－Ⅲ类要求。"长江口干流水质总体良好，但逐年波动较大，近几年有逐渐变坏的趋势。"沈教授说。他告诉记者，上海实行的是中心城区和郊区分别供水，部分内河河道和地下水仍然是当地村、乡及城镇的水厂水源，而内河污染较为严重，大部分为Ⅴ类和劣Ⅴ类。不过记者了解到，为实现中心城区和郊区饮用水同质化，从2004年起，上海全面推进郊区供水集约化，已取得突破性进展。同时，郊区农村的污水处理和河道整治也是上海新一轮环保行动计划中的重点工程。

据了解，黄浦江上游的水来自江浙一带，故而苏沪、浙沪边界水体对黄浦江有最直接的影响。太湖流域水资源保护局今年5月公布的最新通报显示，苏沪边界流向上海方向的水体除太浦河为Ⅳ类，其余均为Ⅴ类和劣Ⅴ类，浙沪边界水体只有流量较小的丁栅港和太浦河为Ⅲ类，其余均为劣Ⅴ类。

在这些边界支流中，连接太湖和黄浦江的太浦河对黄浦江上游起到了至关重要的作用。水利部太湖流域管理局副局长吴浩云此前接受媒体采访时称，黄浦江上游的70%水量来自于太浦河，更准确地说，黄浦江水最主要的水源地来自于水质较好的东太湖水区。但按照流域水功能区划要求，进入上海境内的省界水质要达到Ⅱ类标准，因此太浦河水质还需要改善。

在太湖流域，从20世纪80年代起，水质平均每10年下降一个等级。随之而来的事实是，城市饮用水的取水口越伸越远，远距离、跨流域调水的城市越来越多，用水成本越来越高，水价也相应一涨再涨。"国外调水工程主要是解决区域资源型缺水，但我国的调水工程却是为了缓解水质型缺水问题，如引江济太和钱塘江河口区调水工程。"水利部总工程师刘宁说。

● 取水口还能"跑"多远？

几十年下来，苏州的取水口从城内的胥江搬到太湖和阳澄湖，往前"跑"了几十公里；苏锡常诸城市投入巨资从长江调水；湖州搞"西水东输"，放弃了近在北岸的太湖水而从浙西的苕溪取水……"上海早期的自来水厂大都建在黄浦江中下游边上直接取水，随着污染的不断加重，20世纪80年代中期取水口不断上移到黄浦江上游。也就在那个时候，由于上游太湖流域水污染状况变得很严峻，寻找第二水源成为当务之急。"华东师范大学河口海岸学国家重点实验室终身教授沈焕庭说。

无锡水危机过后，有人对当地最大的取水厂南泉水厂的选址提出质疑：为何不把取水口放在距离岸边更远、湖水最清洁的地方？南泉水厂负责人袁松回答：20世纪90年代建水厂时还是水清见底，如今整个太湖水都污染了，即便将取水口前移，又能移到哪里呢？

的确，在水资源普遍被污染的现实困境下，取水口还能"跑"多远？沈教授也忧心忡忡地对记者说："现在确立了以长江为重点取水源，黄浦江水少用的原则。目前长江水还不错，上海在长江口附近建了几个大型污水处理厂，以保护水质，但这些措施远远不够。上海在长江入海口，整条长江的污染都可能影响上海的水质。目前长江水质有逐年恶化的趋势，一旦长江也不行了，那就很难有好办法。"

显然，把全部希望寄托在取水口上，既不现实，也不可行。那么，国外发达国家水源地建设有哪些值得"长三角"地区借鉴的经验？

● 水源地建设的国际经验

根据沈教授等专家的研究，东京、纽约等国际大都市水源地的建设，通常有以下三个特征。

其一，多个水源地互补，即多个江、河水源及地下水源同时向城市供水。例如，纽约在其北部地区建有两个水源地，为纽约市及其周边地区提供近$900 \times 10^4 \, m^3$

的日用水量。上海的水源地从单水源到双水源再到多水源正是遵循了这一原则。

"1992年建成的长江陈行水库结束了上海以黄浦江为唯一主要水源的历史,但陈行水库容量太小,蓄淡避咸能力不足,因而从1995年开始,上海市建委组成大型课题组对长兴岛的长江口青草沙作为第三水源地进行可行性研究。这一区域水质基本达到了Ⅱ类,是目前上海最优的地表水水源地之一。今年6月5日青草沙水源地工程正式开工,预计2010年供水。目前黄浦江和长江的原水比例是8:2,到2010年就变成以长江水为主了。"沈教授说。

其二,多建水库。水库具有"选择、稳定、自净"水体的功能。"水库型水源地是水质最好的水源地类型。宁波水质明显比杭州、嘉兴、绍兴一带好很多,一个重要的原因是宁波建了多座水库形成了水库群,而杭州仅有一座位于余杭区的四岭水库,嘉兴全部取自河流,没有水库。"浙江省水利厅水政水资源处祝永华处长说。目前,多建水库已经成为"长三角"地区杭州、湖州、绍兴、宁波等城市的共同选择。

"太湖水变坏主要是由于被污染了,上海每年都会受到外海海水咸潮入侵,所以必须同时考虑咸潮和污染两个因素,建水库能够起到避咸蓄淡的作用。"沈教授说,"宝钢水库和陈行水库是先从长江取原水,再蓄到水库,而作为主要水源的黄浦江没有水库,都是直接取水,一旦青草沙水库建成,上海就会形成以水库取水为主的方式。上海供水百年发展史,经历了从就近取水到建保护区取水再到水库取水这一过程。"

其三,水库容量应超过城市需水量。假如饮用水源遭受大面积污染无法取水,城市的备用水源能支持几天?今年7月26日,上海日供水量再创历史新高,达到1015m³,逼近极限。杭州的备用水源据说只能撑一天。同济大学经济与管理学院教授诸大建认为,当前上海水源地容量只能维持常规发展的用水需要,如果缺少远大于实际用水量的战略蓄水能力,就较难适应未来各种常规、非预期的变化。上海需要研究和确立与国际化大城市相匹配的新的水资源战略。

"纽约两个水源地的蓄水量是其日需供水量的数百倍,东京的水库容量是其日供水量的141倍。"沈教授说,"但也不是说水库越大越好,盲目建大水库,不仅成本太大,也容易产生藻类生长等富营养化问题。具体大几倍,要按照每个城市的实际情况来确定。"

(20) 老有所乐,老有所为

2008年正式退休后,我与老伴每年部分时间去美国纽约长岛与儿子一起生活,部分时间在上海与女儿一起生活。无论生活在何方,我每天的作息与活动模式基本是相似的。大体上是：上午如在上海就去办公室，如在长岛，先送孙女上校车，后在家看些有关专业书刊，梳理河口研究成果，思考河口学的发展；下午午睡后看报纸杂志，打太极拳，莳花种菜，协助做些清洁和准备晚餐等家务事；晚上看电视，到小区快走，听音乐。周末有时与家人一起到附近去逛商店和游玩。原则是做自己喜爱的事，对健康和社会有益的事。

● 写专著

搞了数十年的河口研究，对河口已有深厚感情，退休后这种感情似乎有增无减，河口学中的诸多问题仍经常萦绕于脑际，乐此不疲，不知老之已至。退休前，因工作繁忙，时间紧张，主要是写论文，专著写得少。退休后，有时间来全面、系统地回顾已做过的研究工作，已出版了3部专著。目的是把过去的一些研究成果进行系统总结和提升，使后人能方便地看到在某个问题上前人和我们已做过哪些工作，已获得哪些认识，还存在哪些问题有待去作深入探讨，让后人能站在我们肩上去观察问题，使研究工作有一个高的起点。

年轻时"学而不思则罔"，老了以后要注意"思而不学则殆"。不去学和思，易头脑退化失智。人们常说的"活到老学到老"确有道理，但老年人学的目的不在于结果，而在于过程。多学多思，经常动脑，适当写些书，看些专业书和报纸杂志，可使视野更开阔，精神更充实，心情更愉快，从而有助于延年益寿。

● 打太极拳

早在1990年，我因工作繁忙，健康水平明显下降，经常患感冒，有时还引发肺部炎症。正在怅惘之际，恰好一邻团结楼前广场正在举办杨式太极拳培训，有同事建议道，何不去打打太极拳，可能对增强体质有好处，一语惊醒梦中人。打太极拳对上了年纪的人是一种很好的锻炼方式，它无须任何器械，不受场地限制，也无须找他人合作，只要天公作美，不降大雨，一个人就可以每天为之，而且老少皆宜，男女均可。就这样我去报了名，开始了学太极拳的历程。

参加培训的人不少，占据了大半个广场。教练是一位比我年轻的拳师——谢师傅，他非常认真负责，一开始就给大家讲清楚，要来学就必须天天坚持来学，不能三天打鱼两天晒网。教练时很严格，见到动作不符合要求，就算你是长者，他也会当众指出纠正。太极拳博大精深，要求"一动无不动"、"一静无不静"、"上下相随，内外相合"、"用意不用力"，等等。学起来真不容易，双手双脚不停地变化动作，对新学者是莫大的挑战，我开始学时，很多动作不符合要求，常被谢师傅当众指出纠正，起先很不习惯，但他对每个习练者一视同仁，久而久之，不习惯就变成习惯。

参加校运动会太极拳表演（2008年）

太极拳有陈、杨、吴、武、孙等多个流派，杨式太极拳有二十四式、三十七式、四十二式等多种拳式，我们学的是杨式最传统的套路也是最长套路——八十五式。通过3个月严格的培训习练，我初步掌握了打太极拳的一些基本要领，但如无人带领，要独立、连续、顺利地完成八十五个拳式还有困难。幸好此时又迎来了一个拳术高超、热心带练的詹师傅，他每天从校外赶来，站在前面领我们打，他边打边用宁波话传授习练太极拳的要领、经验和体会，为我们创造了又一次习练和巩固打太极拳的机会，经他数个月的热情带练，才使我能独立打八十五式拳式太极拳。

自此以后，我视实际情况，时而与数个人一起打，时而一个人单独打，两种情况各有好处，有可能数人一起打更好，不管怎么打，一定要持之以恒，最好天天打。"曲不离口，拳不离手"，确有道理，有一阶段我因工作、身体等因素，停打了一段时间，后要再打时，独立打已不行，跟几个人一起打一段时间后才能独立打。不论在上海或在纽约，我基本上天天打，天气好在户外打，遇刮风下雨、过冷过热或空气质量不好就在室内打。

欲打好太极拳要领很多，我至今领悟还不够，但有两点体会较深。一是要随意。用意有刻意、有意、随意、无意等多种，打拳时既不要刻意、有意，也不能无意，要选择随意。二是要学会放松。站立时不要呈"V"字形，要呈"U"字形。打时不能断断续续，要连绵不断。动作转弯时不能呈锐角状，要呈圆弧状。不能打得太快，要慢慢打，整套约20分钟，不要少于18分钟。打完后要感到全身轻松，只有松才能达到通，全身通就能提高健康水平。

打太极拳不仅能养身，也能养心。每天打一次可保持原有健康水平，若打两次可提高健康水平。现在我一般是早晨太阳升起后打一次或两次，后再做些深呼吸、颈部"米"字操、头部按摩等活动。下午或晚上与老伴到小区快走（或散步）半个小时。我今天能有这种健康状况，与多年来坚持这两项运动不无关系。运动尤其是其中的太极拳和快走，已成为我生活中不可缺少的部分。

● **剪报**

我喜欢看报，早期最爱看《新民晚报》。因它刊载文章的面很广，且短小精悍，文笔流畅。不过，在阅读过程中首先吸引我眼球的是每期几乎都有的印章和书法。印章以篆刻居多，刻隶书的也不少，还有生肖章等。同样刻的是篆书或隶书，各人都有自己的特色，自成一家。刻写内容丰富多彩，如"百舸争流"、"百折不回"、"师道长存，师恩永念"、"百年树人"、"桃李芬芳"、"自知之明"、"心迷则此岸，心悟则彼岸"、"君子之交淡如水"、"轻舟已过万重山"等等。书法既有楷书、行书、魏碑，又有隶书、篆书、草书，既有软笔书法，又有硬笔书法，我特别喜欢隶书中的曹全碑、楷书中的柳公权体以及当代的启功体。

看到这些印章和书法很好看，有欣赏价值，我就把它们剪下，先放在纸袋中，日积月累，有一定数量后开始整理：先将印章与书法分开，再分别加以分类，找两个本子，将它们端端正正地贴在一页页纸上。凡见到好的印章和书法作品基本上都剪下，不久，聚沙成塔，印章和书法都贴满厚厚的一本，闲时翻开看看，别有风味，从此养成了剪报的习惯。

我的阅读面比较广，对知识的兴趣也比较广，凡在报纸杂志上见到认为有保存、参考价值的文章都剪下，按不同内容装入一个个纸袋，袋上写明剪报的主题。在美国时，朋友送我一份世界日报（中文），报上除有大量广告外，不乏一些颇有价值的文章，我也都将其剪下。美国的广告很多，如地产商的广告都是一本本厚厚的，纸质也很好，废物利用，为翻阅方便我将这些剪报分门别类贴在上面，同一主题剪报很多，就分成（一）、（二）、（三）册。现在我已有几十册剪报。

剪报内容丰富，主题很多，有："全球环境变化"、"水资源"、"科研创新"、"基础研究"、"做学问"、"国际形势"、"国内形势"、"健康养身"、"健康食品"、"国外旅游"、"国内旅游"、"石趣"、"木趣"、"书法"、"印章"、"画画"、"人生感悟"、"退休生活"、"花鸟虫鱼"、"养花种菜"、"老年理财"等等。还有一些连载作品，如"国学大师季羡林谈人生世事"、"南怀瑾讲述99个人生道理"、"百家姓"、中科院院士、生物化学家邹承鲁的"我的科学之路"等。

剪报是我重要的资料库和信息库。如在"全球环境变化"的剪报中有："喜马拉雅山冰川消瘦"、"长江源头格拉丹东冰川5年来急缩"、"气候变暖美国春天提前十天"、"美国气候改革不应难产"、"全球气候异常，冰火两重天"、"人类加速地质全球变化"、"生态浩劫，亚马孙雨林不吸碳反排碳"、"全球极端天气引发蝴蝶效应"、"三江源重现生机，天之功？人之力？"等。在"水资源"剪报中有："我国水资源形势严峻"、"中国怎样节水灌溉"、"美国大学的节水教育"、"尼罗河水分配再起争议"、"水下一桶金？下一场战争？"、"拯救江河湖海，已刻不容缓"、"关于南水北调的九点看法"、"再议黄河下游断流对策"、"黄河借高科技调水调沙"、"水利部拟建数字海河"等，为我提供了重要的信息与资料。

● **做别墅菜农**

我少年时半耕半读，学会种菜等多种农家活。初中毕业后进入边学习边劳动的中等乡村师范学校，劳动的内容也主要是种菜，大学毕业工作后不久，又下放到以种植蔬菜为业的生产队，与贫下中农同吃、同住、同劳动1年多。故在我的经历中，曾多次当过菜农。

来到美国儿子家，一幢独立屋周围有个布满绿草的宽敞庭院，草坪由小区物业负责管理，在绿草生长季节，每周有专人用刈草机来割草，无须自家操劳。左邻右舍都以种植花卉树木来美化屋前屋后的环境，我家门前有一花圃，种植1年生或多年生的花卉以及红枫、白边茅草等，但还有些边角地尚未利用，我想再当菜农，种些蔬菜瓜果，给庭院增添特色，此想法得到全家赞同支持。

首先是选择地块和改良土壤。屋边有两处还没种花木，一处在屋的右侧，另一处在后院地下室前，这两处一个朝东，一个朝南，均能受到阳光的直接照射，是种植蔬菜瓜果的佳地。但这两处均是中间夹有大小砾石的粗沙土，能丛生杂草，要种植蔬菜瓜果不行，需改良。我先将浅表层中的砾石拣出，再去市场购几袋用作种花的泥，将其掺入砂土中，以减少土中水分渗漏，加速土壤化进程。

接着是选种育苗。选种的原则是：对土壤条件要求不高，易种植生长；既有食用价值，又有观赏价值；占地少；抗病虫害能力强；当地市场少见等。经综合考虑，首选丝瓜。种子托人从中国带来，当气温逐渐升高春天即将来临时，把丝瓜子放在塑料盒底，盖上湿纸巾，持续保持湿润状态。待瓜子芽破壳而出后将其入土，一是直接埋入室外的改良土壤中，二是用废纸做个育苗罐，装满改良土后将瓜子埋入，放在室内培育。成活率两者差不多，约四分之三。室内因气温高，出苗比室外早。当瓜苗长至5 cm左右时，若天气不再暴冷就可移植到计划种植处。

移植后需浇水施肥和搭架。一般每天早晚各浇1次水，为了施肥，尝试积些尿液放在塑料桶中发酵，过4～5天使用，每周施肥2次，施肥时尿液和水各半掺混在一起，效果很好。丝瓜藤喜攀在空气流动的架上，不能匍匐在地面。4棵丝瓜种植在地下室门前，这里有个宽约1.5 m、长约4 m的半地下天井，我在天井上空用细绳纵横交叉构成一张网，先用小竹竿引导丝瓜藤爬上栅栏，继而爬上网，瓜藤迅速蔓延，布满全网，浓荫如盖，既遮阳，又添景。

丝瓜生长速度奇快，前几天见到的还是一个个小花蕾，过一夜绿叶中就出现点点金黄色的花朵，再过一夜，变成一片金黄色的花海，不仅给居住环境增添了生气和色彩，还引来了蜜蜂的来访。丝瓜花有雌雄之分，正是由蜜蜂辛勤传播花粉，才能雌雄结合成就丝瓜。花多瓜多，一条条长长的丝瓜挂满瓜架，采摘一批过几天又长出一批，获得意想不到的大丰收。自家吃不完，还送给左邻右舍和亲朋好友分享。除食用外，还收获不少老丝瓜，瓜子留种，丝瓜筋可用作洗餐具、洗澡等。

收获的留种丝瓜和南瓜（2013年）

除在地下室门前种植丝瓜外，还在屋的右侧种植番茄、黄瓜、南瓜和韭菜，也获得了大丰收。唯有种植的豌豆、荷兰豆未成熟时，以及草莓刚成熟时，被野兔偷偷地吃掉，颗粒无收。

我做别墅菜农后不仅使全家吃到最新鲜的有机蔬菜瓜果，菜园也给小区增添了一道独特的风景。

● 玩石

我国的赏石、玩石、藏石文化已有5 000多年的历史，早已有"室无石不雅，园无石不秀"之说。我也喜欢玩石、赏石，但不刻意藏石，仅是借此陶冶心情，转换思路，消遣娱乐而已。

我收集的玩石都是小型的，数量也不多，价格不贵，但品种却不少，造型石、纹理石、矿物晶体、生物化石、文房石等都有。这些玩石在国内主要来自3条渠道。一是出差、旅游时顺便到赏石市场去看看，看到喜爱、价格又不高的就买一些。二是由亲朋好友代买或赠送，如在南京师范大学地理系任教的同窗挚友陈周骅，他酷爱雨花石，闲时常去产地和赏石市场看看，见到价廉物美的就自己或代我买一些。他不幸早逝后，他爱人遵他遗嘱，把他收藏的心爱的部分雨花石赠送给了我，给我留下永恒的怀念。三是有机会就去海边、山上等玩石产地去寻找。有一次去山东长山列岛评审一个项目时，在海滩上捡到几枚有花纹的长岛石，数十年后去美国长岛海滩时也拣到几块与此相似的长岛石，其间不一定有内在联系，但很有趣。

退休后，我部分时间去美国长岛居住，爱石情趣不减。2万年前，在第四纪最后一次冰期（在北美称威斯康星冰期）时，北美冰川覆盖整个加拿大和美国北部，长岛位于该冰川的东南缘。约在1万年前，气候逐渐回暖，进入冰后期，冰川消融退缩后在长岛留下大量沉积物，主要是粗砂、卵石，也有一些巨石块。我们家位于长岛的北部，宅前有一大块空地还没有盖房，地面除长着一些稀疏的杂草和灌木外，有不少大小不同、形状和颜色各异的卵石暴露在外。我有选择地拣了10多块回来，我的孙子、孙女都很喜欢，抢着拿去玩。我告诉他们，这石头不仅好玩，还蕴藏着很多奥秘，它可揭示长岛是怎样形成的，沧海是如何变成桑田的，等等，这更引起他们对长岛石的兴趣。

拣来的石头表面光滑，形状、颜色又各异，我爱不释手，稍有空闲就去拣，小孙女也跟我一起去，暴露在外的拣完后，就用小铲挖地下的。有一段时间，在宅前有两套房开工建设不久，为建地下室挖了一个大深坑，挖出来的砂石在旁边堆成几个小山包，这给我们拣石又创造了一个好机会。

花了1个多月，我们拣来了数百块石头，暂堆放在露台边，接着对它们进行分类，按大小将它们分成大（20~50 cm）、中、小（小于5 cm）3类。按颜色来分，有白色、肉色、黄色、粉红色、灰色、黑色等，以白色居多。按形状来分，中、小石块大多呈椭圆形，极个别的有圆形、蛋形、三角形、正方形、长方形、平行四边形。大石块中有的像青蛙、海龟背、鳄鱼头。

杂乱无章的石块分类后作不同处置。在海水长期冲刷下自然形成的圆形、蛋形、三角形、正方形等石块是极为罕见的，将它们作为奇石收集在一起放在室内欣赏，把形似青蛙、海龟背的巨石放在花圃中，与树木、花卉相伴。把余下的数百块大、中石块错落有致地排放在花圃、树木周边与草坪交接处的浅槽中。庭院有长岛石点缀显得更加绚丽璀璨，形成一道独特、亮丽的风景线，过路人往往会止步观赏。

花圃外缘的长岛石石链（2013年）

庭院售物（Yard sale）是美国常见的私人售物方式。每到春秋气候宜人的周末，主人把家中多余不用的物品放在庭院中、车库里或门廊下廉价出售。这些出售的二手物品五花八门，小到手饰、摆件、玩具、衣服、炊具、工具和书刊，大到椅子、桌子、沙发和健身器材等，还有装修后多余的木材、石块、大理石台面、瓷砖、旧工具等。

为了吸引更多的买主，主人会在网络和当地报纸上打广告，并在出货当日沿大路贴出指示标牌，以方便有兴趣的买主寻迹而来，售卖的物品被分类摆放，清洁整齐，卖方希望这些家中的物品以此途径找到新主人，不仅得到"废物变现钞"的实惠，更能使这些充满回忆的器物得到"新生"，一举两得。

物品价格很便宜，有些价值不高的物品以买一送一的方式赠予买主，有的"免费任取"。逛Yard sale的人群大都是家庭主妇、小孩和老人，老人大都是来拣便宜的古董。

我也很喜欢逛Yard sale，主要想去买玩石。美国的赏石文化远没有我国发达，玩石的人不多，只要由原石加工成的工艺品我一般都买下。积少成多，收获还不少，造型有马、骆驼、驴、猪、熊、天鹅、猫头鹰、长尾鸟、乌龟等动物，桃子、石榴、梨、芒果、西瓜等水果，不同颜色的蛋，还有原石切磨、抛光成的画面石等，这些石制工艺品大都由玛瑙加工而成，来自巴西和巴基斯坦。玛瑙的硬度超过水晶，它纹带美丽，具有坚硬、致密细腻、形状各异、光洁度高、色彩丰富等特点，是雕琢美术工艺品的上等材料，自古以来受到人们的欢迎，我也特别喜爱。

玩石的赏玩价值是从其质、形、色、纹、势等方面展现出来的，并由人们去品其奇、巧、怪、美、韵的味，由此获得玩石的种种享受。我买来或拣来的玩石，散放在上海家和纽约家，在上海还散放在办公室，如此可到处都可以见到心爱的玩石，在思考、写作、阅读之余，看看玩石，可转换思路，不失为另一种享受。

● 听音乐

我爱听锡剧、民歌和民乐。退休前工作繁忙，生活紧张，无暇去顾及娱乐，退休后有时间有条件去欣赏，为此专门买了一个数码移动小音响和载有几千首歌曲、戏剧和乐曲的TF卡，想听什么随时随地可听。

锡剧是我的家乡戏，童年时代在过年过节或农闲时节常有一些小型剧团来农村演出，在村中心一个广场上临时搭建一个简易舞台，待村民们吃过晚饭就开始演出，剧目内容贴近民众生活，演员表演认真，唱腔优美动听，武功熟练，票价低廉，深受村民欢迎。每场演出挤满了观看的人群，有时我也凑凑热闹去看看听听，渐渐对它产生了兴趣。

我特别爱听由无锡锡剧团王彬彬、梅兰珍、汪韵芝联袂演出的《珍珠塔》，这是锡剧珠联璧合、风靡一时、家喻户晓的经典曲目，尤其是王彬彬独特的唱腔——彬彬腔，高亢明亮，抑扬顿挫，刚中有柔，委婉缠绵，韵味醇厚，吐字清晰，十分悦耳。

新中国成立初期，配合宣传婚姻法由江苏省锡剧团著名演员王兰英等演出的现代锡剧《双推磨》，年轻寡妇与长工何宜度在磨豆腐中相爱，"你帮我，我帮你""推啊拉啊转又转，磨儿转得圆又圆""多谢你来帮助我，叔叔真是热心人""越来越牵越有力，哪里来的浑身劲"……其内容和唱腔动人，倾倒了不少观众，我也爱听。

还有20世纪60年代歌颂纺织工人劳动竞赛的现代锡剧《红花曲》，剧中有一档既有家乡味又富哲理、脍炙人口的唱段："你看那锡山惠山紧相靠，一个低来一个高，登上锡山低头看，高楼大厦在脚跟梢。抬头再把惠山看，谁高谁低见分晓。一座惠山三个峰，一峰更比一峰高，抬头看，自己低，低头看，自己高。莫道惠山高又高，哪及泰山半截腰"。至今我记得很牢，常在脑海荡漾。

民歌，我爱听以中、低音演唱为主的歌曲。特别爱听降央卓玛演唱的草原情歌，如《美丽的草原我的家》、《呼伦贝尔大草原》、《蓝色的蒙古高原》、《父亲的草原母亲的河》、《草原上升起不落的太阳》、《我和草原有个约会》、《陪你一起看草原》等；韩红演唱的《青藏高原》、《天路》；彭丽媛演唱的《在希望的田野上》、《父老乡亲》；阎维文演唱的《小白杨》、《克拉玛依》、《母亲》、《父亲》、《想家的时候》、《说句心里话》；蒋大为演唱的《在那桃花盛开的地方》、《骏马奔驰保边疆》；关牧村演唱的《乌苏里船歌》、《请到天涯海角来》等。老歌是满载着难忘记忆的歌，歌声可把我们带回青春岁月，这些歌我常听不厌。

民乐，我喜爱听用二胡演奏的乐曲，如瞎子阿炳演奏的《二泉映月》，闵慧芬演奏的《江河水》、《奔驰在千里草原》等。我也爱听用笛子、古筝、巴乌、洞箫、琵琶等演奏的乐曲，尤其喜爱听数种乐器合奏的乐曲。

● 旅游

游山玩水也是我很喜爱的一种活动。退休前，我曾多次去过美国，也曾去过德国、意大利、荷兰、日本、韩国、澳大利亚等国。在国内曾去过香港、台湾以及除西藏、贵州和内蒙古以外的所有省份，但去这么多地方主要是去参加学术交流和相关活动，顺便去观看了一些名胜古迹，旅游仅是一种副产品。

与凌瑞霞在游轮上（2016年）

退休后的旅游是名副其实的，主要有5种途径。一是参加由学校工会组织的劳模参观旅游团，曾去海南、新疆、宁夏、甘肃参观旅游。二是参加由学院和重点实验室组织的到江苏、浙江及上海周边1～2日游。三是由自己和亲朋好友组织的全家乘游轮游，第一次是在纽约长岛先乘飞机到佛罗里达的迈阿密，后乘游轮经墨西哥湾、加勒比海到墨西哥6日游；第二次是在上海乘"歌达赛琳娜"游轮经韩国济州岛去日本福冈5日游；第三次是在上海先乘火车到宜昌，后乘"世纪钻石"号游轮经三峡至重庆5日游。四是全家自驾游，在美国长岛曾驱车渡过长岛海峡，经康涅狄格州，罗德岛州、马萨诸塞州去佛蒙特州观赏枫叶。在上海自驾游都是短途的，如经南隧北桥到崇明，再到江苏启东咀的圆陀角，观看东海日出；到上海远郊的枫泾、江苏的同里、浙江的乌镇等江南水乡游。五是参加由住宅小区组织的上海近郊游等等。

现在学校工会考虑到健康、安全等因素，对80岁以上的劳模不再组织旅游活动，院、室也不再组织退休高龄老人去远处旅游，这是合理的。我虽然仍喜欢游山玩水，身体状况也还可以，但考虑到毕竟年岁已高，到远处旅游已有诸多不便，为避免给家人和社会带来意想不到的麻烦，故一般不再去远处旅游，而是充分挖掘和利用小区、学校和周边公园的游乐资源取而代之，在家过作息有规律的安乐生活。

6 鼓励鞭策

本章是我年届八十时部分同仁与弟子对我的鼓励和鞭策。

（1）30年君子之交

刘祖乾　教授

（台湾高雄中山大学海洋科学系）

我和沈教授的交情始于30多年前，当时我在美国纽约州立大学石溪校区（State University of New York at Stony Brook，现在改称为Stony Brook University）的海洋科学研究中心（Marine Science Research Center，MSRC，现在改为School of Marine and Atmospheric Sciences）攻读硕士学位。大陆改革开放后，沈教授是第一批到MSRC来进修的大陆学者，当时我和另一位也是从台湾来的学长是唯二的华人学生，基于同胞之情，很自然地对沈教授的生活方面的需要提供一些协助，因此交上了朋友。我当时和一些美国同学在校外合租了一栋房子住，有时我会请沈教授和一些其他的中国学者、同学周末到住的地方来聚餐，彼此互相"统战"一番，逐渐建立了彼此的情谊。

左起：刘祖乾、钱晓初、沈焕庭（1983年）

MSRC的主任Schubel教授夫妇对沈教授和其他的大陆学者皆非常关心，偶尔会请他们吃饭；有时大陆学者礼尚往来回请时，常邀我作陪，我也就趁机捞了不少顿白食。

由于沈教授和我的母亲是江苏无锡的小同乡，他的乡音让我有一种特别的亲切感，虽然我们分别来自海峡的两岸，但是血浓于水的同胞之情克服了我们之间的年龄、生活经验和政治观点等的差异，彼此相互尊重，相处融洽，逐渐成为莫逆之交。

MSRC是当时美国研究河口科学的重镇，我在此接受严谨的训练因而受到美国观点的影响，而沈教授是中国研究河口科学的重要学者，由于语言和不同学科之间的歧义，我和沈教授常会有一些学术上的争辩。例如，长江的河口区是否符合我在MSRC的老师Pritchard教授给的Estuary定义。但从这些争辩和讨论中我逐渐了解到沈教授过去在大陆所做的许多工作和对中国河口科学的贡献，以及河口科学在大陆发展的历史。

身为一个中国人，我对于大陆学者在物质及其他客观条件受到限制的情况下，也能够获得如此丰硕的科研成果感到钦佩和骄傲。也了解到中国虽然是一个拥有独特河口海岸环境的大国，但是想在这个领域的科学研究上也成为大国，还有很长的路要走。

在和沈教授互动的过程当中我对他有了更深入的认识和了解，我知道他是一位孜孜不倦的科学工作者，一个学问广博的学者，也是一位谦虚厚道的儒者。沈教授在MSRC的进修很快就期满结束，他也带着我的祝福，离开了美国，但是我们一直保持着联系。

右起：沈焕庭、刘祖乾、舒贝尔夫妇（1984年）

我在1987年拿到了博士学位以后，先后在美国的Woods Hole Oceanographic Institution，Harbor Branch Oceanographic Institution，Florida Institute of Technology等单位工作了多年，直到1993年回到了台湾，任教于高雄中山大学的海洋地质及化学研究所。回台之后，我和沈教授加强了彼此间的联系，我在1998年应沈教授之邀请，第一次到华东师范大学河口海岸学国家重点实验室进行学术交流。那是我第一次踏上大陆的土地，当飞机缓缓盘旋下降的时候，我从窗外看到下方的长江口和上海市区，心中有说不出的激动，这是我父母出生成长的地方，也是我从小梦寐向往的神州大地。

我也邀请沈教授到高雄中山大学来交流，并去台湾其他地方参访。在互访的过程中，我们更深入了解了双方居住的社会环境和人文的氛围。由于我到上海的次数远要比沈教授来台湾的次数多，因此有机会能深入了解沈教授的治学态度和学术思路，更有机会能认识沈教授的弟子们。我观察到在沈教授的人格特质熏陶下，他的学生们都能脚踏实地认真地做学问，展现出受业于沈教授一贯的优良风格。

10年以前，我在华东师大的紫江学者讲座教授访问期间，很荣幸地参加了庆祝沈教授七十大寿的研讨会和餐会，看到沈教授门下许多的弟子都在河口海岸领域的产、官、学界中有杰出的表现。这些弟子，有的虽然已经毕业很久了，但是他们对于沈教授那份浓浓的尊敬和爱戴之情，使我深深地体会到我们中华文化中"一日为师，终身为父"的尊师重道精神。

今年欣逢沈教授八十华诞，回想我们之间超过30年的友谊，正如庄子所说的"君子之交淡如水"，我们在学术上彼此相知相惜，彼此景仰，我非常珍惜我们这份淡淡却历久弥新的情谊。俗话说"人生八十才开始"，在此衷心地祝福我的老朋友，沈焕庭教授，愿您在这未来的黄金岁月中身体健康，精神愉快，心中充满喜乐平安。

（2）我认识的沈焕庭老师

李九发

（华东师范大学河口海岸学国家重点实验室，上海）

李九发，教授，华东师范大学

1973年5月，我大学未毕业被派到地理系河口海岸研究室实习。当时河口海岸研究室的老师和上海航道局科研组的工程师，遵照周恩来总理"三年改变我国港口面貌"的指示精神，沈焕庭和朱国贤等老师组织了长江河口通海航道水沙观测和滩地地貌调查。这是我第一次跟随老师们出海开展水文观测和地貌调查，也是第一次认识知识渊博的沈焕庭老师，在出海渔船上聆听沈老师讲授河口潮汐潮流等动力知识、潮流现场观测、观测仪器使用和滩地地貌冲淤调查方法等。40年过去了，此情此景历历在目，正因为这次出海调查，促使我步入河口海岸研究的科学殿堂四十余载。

1973年8月我大学毕业留校并有幸被安排在地理系河口海岸研究室（所、院）工作，又分配到河口组（室）从事河口动力、沉积和地貌研究，当时沈焕庭老师为地理系河口海岸研究室副主任，1978年河口海岸研究室扩建为河口海岸研究所，沈老师任河口研究室主任，从此给予我40余年向沈老师学习的机会和深入认识他的历程。

20世纪70年代中期，在沈老师的带领下，我们每天一起挤公交车到上海航道局科研组（在外滩海关大楼）上班近3年，参加长江河口7 m通海航道选槽的研究工作，在沈老师的细心指导下，我学会了潮汐和潮流的调和分析，并完成了300多个水文点潮流的调和分析计算工作，沈老师十分认真地对所有计算数据进行仔细地核对。他根据潮汐潮流实测资料和调和分析结果，对河口潮波传播过程、潮振幅和潮历时变化、河口潮流特性与河槽变化规律进行综合的研究分析和总结，由此提出拦门沙下段305°的选槽走向，得到应用部门的认可。在此期间我不仅学到了潮汐潮流调和分析方法，沈老师对科学研究严谨认真、一丝不苟的学者风范，也是我学习的榜样。同时，也进一步认识到他当时的学术地位，以及学术成果的应用价值。

20世纪80年代以来，沈老师作为我国河口研究领域的学科带头人之一，站在河口研究领域的高处，瞄准国际上河口研究领域前沿热点科学问题展开卓有成效的研究工作。先在陈吉余先生负责的国家自然科学重大基金项目"中国河口主要沉积动力过程研究及其应用"中，他主持完成了"河口最大浑浊带"课题研究，并出版了具有影响力的《长江河口最大浑浊带》一书。从此他向河口研究领域的纵深勇往直前，在国家自然科学基金委的资助下，又先后主持了"长江河口物质通量"和"长江河口陆海相互作用界面"等重点基金项目和多个面上基金项目的研究。为获取现场准确的第一手数据，他多次亲临长江河口组织和指挥多船同步现场水文观测，并亲自当班摇水文绞车、观测记录流速、流向和水样采集工作，在现场还对实测数据进行分析和讲解，向青年教师和研究生们传授现场观测经验。众所周知，由于河口海岸学科的性质决定了研究者必须到现场获取第一手数据，作为一名成功学者必须经受恶劣海况考验，沈焕庭老师就是一个任凭风浪起，稳坐观测船的典范人物之一。在过去的几十年中，沈焕庭老师一直崇尚实践，重视现场观测，不愧是后来者学习的榜样。

沈老师为了追踪国际河口学研究的前沿，他带领合作者查阅大量的国外文献，从中寻找河口研究领域中的新问题、新概念、新思路、新方法和新技术，拓展了研究者的视野，我从中受益颇多。他根据长江河口自身的特点，结合IGBP（国际地圈–生物圈研究计划）中的两个核心计划，又开展了长江河口入海物质通量、陆海相互作用界面、河口过程对人类活动的响应等与国际同步的项目研究，在研究过程中，充分展现出他厚实的专业基础、广博的知识面和强劲的综合能力，他先后与合作者将研究成果汇总出版了《长江河口物质通量》、《长江河口陆海相互作用界面》、《长江河口水沙输运》、《上海长江口水源地环境分析与战略选择》等著作，成绩斐然，得到国内外学子和同行广泛称赞。许多研究成果已在水资源利用、港口航槽选择和治理、护岸保滩等重大工程中得到应用。

与此同时，沈焕庭老师在学科建设、研究生培养方面成就显赫。他曾担任国家教委科技委委员、全国博士后管委会地球学科专家组成员兼召集人、国务院学位委员会地理学科评议组成员兼召集人、华东师范大学"211工程"地理学科建设负责人等10余个兼职，为地理科学发展作出很大贡献。他培养了数十位优秀硕、博士生和博士后，其中朱建荣、吴华林、黄世昌、杨清书、吴加学、刘新成、戚定满、王永红等都已成为目前河口海岸研究领域新生代优秀群体中的一员。沈老师重视多学科交叉渗透，倡导和践行河口的物理、化学、生物过程研究相结合，对硕、博士生具有独创的培养方式，生源来自地理、海洋、水利、环境、数学、物理、化学和生物等不同的学科，沈老师充分发挥他们具有原学科专业知识的优势，又有针对性地安排他们开展河口领域交叉学科方面的研究，起到开拓研究领域、丰富河口学内容和培养优秀研究生之效，加上沈老师有很强的责任心，可谓优师者必然出高徒。

沈老师80岁了，认识他已40余年，我也已过退休年龄，但仍在继续学习他那种不断学习新知识和新技术、追寻科学奥秘、心胸开阔、遇难不退、处事和蔼、平易近人的学者风度。从认识沈焕庭老师过程中我更深刻地体会到老一辈教授们优秀的高尚人品，渊博的学者风范，值得晚辈们终身学习和发扬光大。

作者系教授、博士生导师。曾任华东师范大学河口海岸研究所副所长、资源与环境学院副院长、河口海岸研究所（院）代所长、河口海岸学国家重点实验室代主任。发表论文100余篇，获部委、市级科技进步奖10余项。曾聘为国家重点实验室（工程类）评估专家组成员、科技部"973计划"重大科学前沿领域专家咨询组成员。

（3）心中有梦寿百年
——恭贺沈焕庭教授八十华诞

茅志昌

（华东师范大学河口海岸科学研究院，上海）

茅志昌，教授，华东师范大学

五十春秋甜酸苦，科研征途无平路。

二百博文水沙流，九部专著论河口。

激情满怀勤耕耘，教书育人出精英。

丹心未泯志千里，心中有梦寿百年。

作者系华东师范大学河口海岸科学研究院教授、博士生导师。曾任河口海岸研究所副所长。参加或负责上海市研究课题、国家自然科学基金项目40多项，获市部级科技进步一、二、三等奖10余项，以第一作者/通讯作者发表论文30余篇，出版专著两部。

（4）河口海岸学的发展

朱建荣

（华东师范大学河口海岸学国家重点实验室，上海）

朱建荣，教授，华东师范大学

沈老师在河口水文、盐水入侵、最大浑浊带、泥沙输运、水沙入海通量、河口锋、生物地球化学过程等方面取得了丰硕成果，桃李满天下，为河口海岸学的大师。值沈老师八十华诞暨河口学现在与未来学术研讨会，谈谈对河口海岸学发展的看法，回顾在沈老师指导下本人科研工作的进展。因本人从事河口冲淡水（羽状锋）、盐水入侵、数值计算方法和数值模式、河口海岸动力过程等方面的研究，也仅能从这几方面谈谈看法。

我于1993年毕业于中国海洋大学，获得海洋与气象学博士学位，同年进入华东师范大学河口海岸研究所从事博士后研究工作，沈老师为我的合作导师。进入河口所，首先面临的问题是确定研究方向。毕竟，河口和海洋在时空尺度上是不同的，关注的重点也不同。经与沈老师认真商量后，决定先研究长江冲淡水扩展问题。长江冲淡水扩展的一个显著特征是夏季冲淡水主舌向东北扩展，而非传统地在科氏力作用下向南扩展。当时对长江冲淡水扩展的研究，绝大多数基于实测资料的分析，然得出的夏季冲淡水向东北扩展的主因不统一：有的认为是径流量，并提出了临界径流量的观点；有的认为是风应力，因为夏季盛行东南风，产生的艾克曼水体输运与冲淡水扩展方向一致；有的认为是北上的台湾暖流，迫使冲淡水向东北扩展；其他的还有风应力涡度、苏北沿岸流等。这些研究缺少冲淡水扩展动力过程的研究，在研究手段上没有应用数值模式。基于原始海洋动力方程组的海洋数值模式，可以同时考虑多种动力因子，模拟在改变某个动力因子情况下的冲淡水扩展过程，通过比较模拟结果，可以确定各个动力因子在其中的作用。在当时，没有现存可用的海洋数值模式。故自己设置模式，采用ADI数值计算方法，推导、编程，反复核对、校验，研制了一个三维数值模式。针对各个动力因子，设置数值试验，开展大量的数值计算，得到了满意的研究成果，与沈老师一起发表了多篇论文和一本专著《长江冲淡水扩展机制》，在重点实验室第一次评估中作为三项标志性成果之一作了报告。上述成果的取得，沈老师作为领路人带入河口海岸的研究领域，起着重要的作用。

沈老师在河口盐水入侵和淡水资源的利用上造诣深厚、成果丰硕。在20世纪80年代宝钢水库的建设上，起着极为关键和指导性的作用，创造了河口边滩避咸蓄淡水库成功的范例。上海地处长江河口，2010年青草沙水库建成供水以前，上海原水主要取自黄浦江。因黄浦江水质较差、水量不足，需要寻找新的水源地。长江河口水量充沛，水质较好，是理想的水源地，但面临枯季盐水入侵的问题，盐度超过0.45饮用水标准后就不能取水。沈老师从事长江河口盐水入侵研究几十年，熟悉水文和盐水入侵特征，揭示了盐水入侵在空间上纵向、横向和垂向的变化规律，在不同时间尺度上揭示了半日、半月、季节和年际的变化规律，发表论文数十篇和专著《长江河口盐水入侵》、《上海长江口水源地环境分析与战略选择》。本人参加了沈老师负责的有关长江河口盐水入侵的多个项目，在沈老师的指导下，在盐水入侵方面取得了长足的进展。我们在盐水入侵方面成果的取得，是在沈老师研究的基础上进行的，沈老师的论著、指导起着重要的作用。

研究河口盐水入侵，现场观测极为重要，它是认识、掌握盐水入侵时空变化的基础资料。在本人的设计和参与下，目前在长江河口建有盐度长期自动监测站6个，获得了大量长时间序列的宝贵资料。在2014年2月发生了几十年未曾遇到的严重盐水入侵，监测站完整地记录了整个时段盐度的变化过程，为揭示这次盐水入侵的成因和过程提供了关键的第一手资料。本人带领的研究组每年开展长江河口多船定点同步观测，以获得盐水入侵变化情况。在盐水入侵的动力过程中，径流、潮汐、风应力、地形、混合等是非线性相互作用的。要定量研究各个因素在盐水入侵中的作用，必须应用数值模式。长江径流季节性变化显著，目前还受三峡水库季节性蓄放水影响，南水北调东线和中线工程已启动，上游金沙江梯级水库陆续运行，另外气候变化引起的降水量变化，这些均会导致径流量变化。潮汐最显著的变化为半日和半月变化，但还有季节性变化，3月和9月为全年潮差最大的月份，这也说明了为何3月径流量已上升，而盐水入侵仍较强的原因。2006年夏季发生流域上游严重的干旱，径流量大幅下降，发生北支盐水倒灌，也与9月潮差大有关。我们近几年的研究表明，风应力的作用比原先想象的还要大，2014年2月严重的盐水入侵就是由持续的强北风造成的，并且小潮期间的作用远大于大潮期间的作用。地形的作用直接改变流场和分流比等，目前的横沙东滩围垦、南汇边滩围垦、北支新村沙圈围、北港北汊的演变等，均改变了局地地形，影响盐水入侵。混合涉及湍流，对盐水的垂向分布，进而对水平的输运，起着重要的作用。另外，海平面上升、口外陆

架环流对盐水入侵也起着作用。近几年我们对上述因子进行了深入的研究，取得了众多成果，发表了几十篇论文，其中包括十多篇SCI论文。

近5年，我们还开展了长江河口盐水入侵的短期数值预报，结合上海城投原水有限公司的盐度自动监测系统，研制三维变分法同化盐度初始场，预报报告按期提交给上海城投原水有限公司，为青草沙水库、陈行水库运行提供科技指导，保障了取水安全。另外，我们对珠江河口盐水入侵作了深入研究，揭示了磨刀门水道盐水入侵最强发生在小潮后中潮期的异常现象，定量分析了风应力、海平面上升、挖沙等对盐水入侵的影响，发表了几篇SCI论文。

对河口海岸动力过程和机制的定量研究，需要有高精度的数值模式。多年来，我们一直致力于研发数值计算格式，研制和发展数值模式。在模式的稳定性、潮滩动边界、地形突变下σ坐标系下斜压压强梯度力计算、物质输运方程中平流项数值格式的提升等方面，做了大量的工作，为定量和预报研究打下了扎实的基础，高质量地完成了承担的大量项目。自从我进入河口所，沈老师一直强调数值模式的重要性，我们正是在沈老师的教诲下一步步发展起来的。

河口海岸地貌演变的核心问题是泥沙问题，本人带领的研究组涉及较晚。近两年已将工作重心移至泥沙输运扩散的研究。笔者认为要定量研究好泥沙输运扩散，需要三个条件。一是必须首先模拟好流场和盐度场，这是水动力基础。盐度对泥沙絮凝起着重要作用，尤其是产生的斜压压强梯度力对最大浑浊带起着关键的作用。二是数值模式必须先进，尤其是平流项不能有太大的数值耗散。三是泥沙的物理过程，涉及沉降速度、底部临界启动应力和淤积应力，这是最难解决的问题。目前大多数涉及泥沙物理过程的公式，大都是半经验半理论的，应用到长江河口不太合适。采用物理概念清晰参数化公式，结合大量实测资料，反复率定和验证，确定其中参数是目前我们正在开展的工作。另外，涉及浮泥、破波等问题，尤为复杂，也是要攻克的难题。

以上浅谈了涉及本人工作的河口海岸学发展的心得，定有不当之处。本人唯有努力工作，讲好课程，培养好学生，做好课题，写好论文，不断进取，才能不辜负沈老师的培养和期望。

作者系博士，教授，博士生导师。获上海市青年科技启明星、上海市曙光学者、高等学校教育科研优秀青年教师称号，入选上海市"优秀学科带头人计划"。出版专著3部，发表论文130多篇，获省部级科技进步奖4项。

（5）桃李不言，下自成蹊
——贺沈焕庭老师八十大寿

金元欢

（浙江大学，杭州）

适逢导师沈老师八十大寿，回忆往事，恍如昨日，记下点滴，略表感恩之心。

金元欢，教授，浙江大学

沈老师是我学业上的恩师。我是在1983—1989年间攻读硕士和博士。当时论文是有关中国河口特性与分类等，资料整整堆满了上下铺，工作浩繁。在开题、论证以及细小到标点符号等各个方面，沈老师学识渊博，虚怀若谷，给我悉心指点，使我得以完成学业。

沈老师也是我人生的导师。沈老师及师母，温良恭俭让，平时对我关怀备至。师母一手好菜，常请我们学生在老师家吃饭，问寒问暖，使当时离家求学的我，倍感温馨。

沈老师事业辉煌，桃李天下，家庭和睦，子女孝顺，是我们的榜样。

如今沈焕庭老师八十大寿，摘录诗句并略改于下，并作书画各一，以表寸心。祝福老师健康长寿，万事顺意。

学生　金元欢
2015年于西子湖畔

河口海岸且徜徉，八十如君鬓有霜。

喜数鹤筹添海屋，快扶鸠杖出沧浪。

才名自昔推三凤，文采于今灿七襄。

此去期颐知不远，百年还醉六千觞。

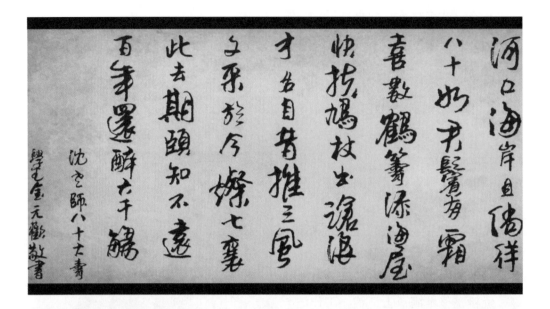

作者系博士，浙江大学教授。现任杭州思源环境与发展研究院院长、浙江大学海绵城市规划设计研究所所长、区域发展研究所常务副所长。Nars自然水景系统创立人和原生态规划设计的创导者。发表论文100多篇，出版专著10多部。

（6）值得永远感谢的人

黄世昌

（浙江水利河口研究院，杭州）

在每个人的一生中都至少有一位值得永远感谢的人，沈焕庭老师就是我人生中要永远感谢的人。我于1988年7月从青岛海洋大学物理海洋专业毕业后，同年进入华东师范大学自然地理专业学习，至1991年7月取得硕士学位，有幸师从沈焕庭老师，3年中沈老师谆谆教导使我集中精力学习，在我工作以后仍给我指导。沈老师学识渊博，他常常告诉我河口海岸是一个多学科交叉的学科，要用学到的理论指导工程实际，学会总结提高。沈老师关心学生，不仅在校学习生活时经常看顾我，在我毕业以后沈老师还经常关心我的工作生活情况，授道解惑，

黄世昌，教授级高级工程师，
浙江省水利河口研究院

他的牵挂常常让我不好意思，由于毕业后工作较忙，过年过节也没多问候。在我每一步的成长中都凝聚着沈老师的心血和关怀，在沈老师八十岁生日到来之际，请接受我的感激与祝福。

沈老师的关心让我不敢太偷懒，乘此际说说我近25年的工作情况。

获奖情况

多年来从事海岸动力学、水利、海洋防灾减灾、海岸保护与开发工作。2012年享受国务院政府特殊津贴，2013年入选水利部5151人才工程部级人选。

已获得有关部门嘉奖的项目有10余项，主要有：

- "浙江省浙东标准海塘工程总体项目建议书"，2000年浙江省优秀工程咨询成果一等奖；
- "浙江省千里标准海塘建设技术综合研究与应用"，2001年浙江省科技进步奖一等奖；
- "杭州湾交通通道预可行性研究（河势分析、潮流、泥沙和波浪计算分析报告）"，2001年浙江省优秀工程咨询成果一等奖；
- "浙江沿海（宁海）电厂海域条件分析及水体交换、温排水数值模拟报

告"，2003年浙江省优秀工程咨询成果一等奖；

- "金塘大桥动床模型与桥墩局部冲刷研究"，2005年浙江省科技进步奖三等奖；
- "杭州市钱江四桥工程水域条件分析及模型试验"，2006年浙江省水利科技创新奖；
- "宁波—上海、南京进口原油管道工程杭州湾输油管道铺设可行性水文河床专题研究"，2008年浙江省科技进步奖三等奖；
- "舟山与大陆联网大跨越线路工程塔基水文系列专题"，2009年浙江省优秀工程咨询成果三等奖；
- "钱塘江北岸海塘应对超标准风暴潮研究"，2010年水利部大禹水利科学技术奖二等奖；
- "浙江沿海超强台风风暴潮研究与应用"，2013年浙江省科技进步奖三等奖。

2001年浙江省人民政府鉴于本人在浙江省千里海塘建设中显著成绩，给予记三等功奖励。2008年浙江省人民政府授予"浙江省农业科技成果转化推广奖"。

工程咨询与科学研究

主持或参与河口海岸工程咨询项目70余项，其中国家重点工程咨询项目10余项，研究所涉工程包括滨海电厂、桥梁、围填海和码头航道等，据不完全统计，服务对象投资总额超1 000亿元，发表论文60余篇，参与编制省部级规范两部。主要咨询工作有以下4个方面。

- 浙江省沿海高潮位、海浪、风暴潮流的研究。

主持集成创新了风场、天文潮、风暴潮、台风浪、海堤稳定的综合模型体系，揭示了超强台风登陆时浙江沿海所面临的风暴潮位和波浪的极端状况以及两者的过程，提出钱塘江北岸海塘保持稳定所对应的台风登陆特征，并建立这种特征与重现期的关系。应用该模型研究了影响杭州湾的可能最大热带气旋引起的基准洪水位，为核电厂工程提供设计水文参数，同时应用于钱塘江河口风暴高潮位的预报。

- 浙江沿海海塘的防浪特性研究。

主持开展浙江沿海海塘的防浪特性研究，分析了浙东海塘越浪水量与内坡保护之间的关系，以及钱塘江海塘各级越浪水量与海塘稳定性间的关系，同时提出建在软土地基上的海塘可以采用控制允许最大越浪量确定海塘高程的具体方法，有效地解决了按以往方法确定的海塘塘顶过高与深厚软土地基不相适应的困难，把垂直防浪转化为水平防浪，这一方法已在浙江省海塘加固工程和围涂工程中得到广泛的应用，获得了较好的社会效益和经济效益。这一方法也被中华人民共和国水利行业标准《滩涂治理工程技术规范》（SL389-2008）所采用。

- 开展海湾和狭道的水动力学研究。

全面系统地分析了象山港的水动力特征、水体交换的特点、海床自然状态下的冲淤变化及其与水动力之间的联系，以及水动力条件与温水运动的关系，探讨了典型港湾海床演变的基本规律。采用多种手段有机结合的综合研究方法，首次对金塘水域水流、泥沙与海床演变进行了系统的分析研究。为国家重大项目宁海电厂和舟山大陆连岛工程中金塘大桥工程建设提供设计参数和环境影响评价的依据。

- 开展温州沿海高强度围涂对海洋动力及冲淤环境的研究，揭示了温州宽阔潮滩对潮波的调制作用和潮滩的再生能力。

作者系博士，教授级高级工程师，享受国务院政府特殊津贴。现任浙江省水利河口研究院河口海岸研究院常务副院长、浙江省河口海岸重点实验室副主任。2013年入选水利部5151人才工程部级人选。发表论文60余篇，获省部科技进步奖5项，省优秀工程咨询成果奖5项。

(7) 感恩与感悟

杨清书
（中山大学海洋工程与技术学院，广州）

杨清书，教授，中山大学

1996年秋，拜师于沈师门下，有幸成沈师之博士生弟子，俯仰之间，已20余载！时，初到沪，人地生，与家人联系诸多不便，沈师则在师之外兼为联络员，对学生关爱有加，常怀吾师之关爱，常悟吾师之学术，常念吾师之传道。

吾师潜心河口研究与教育50载，感其躬身河口研究，喜其硕果累累，欣其育人济济，且年弥高而学弥劭，在长江河口最大浑浊带、河口物质能量及盐水入侵等诸多河口重要前沿研究方面，创意斐然！居河口研究之泰斗，处人才培养之名师，学术研究持身以正，人才培养躬耕不辍，铸学问与教育之典范。吾师之教诲常守于心：学贵于知要，知贵于穷理。吾师之学术风范，非吾辈所能仰止！

寥寥数语，发乎于心，吾爱吾师！

杨清书（后排右3）论文答辩后合影

作者系博士，教授，博士生导师。现任中山大学海洋工程和技术学院副院长、河口海岸研究所所长、河口水利技术国家地方联合工程实验室副主任、国家重点开发计划专项"珠江河口与河网演变机制及治理研究"首席科学家。发表论文20余篇，出版专著1部。

（8）海洋沉积动力学学习研究之回顾与思考
——献给沈焕庭教授"潜心河口研究50载"学术研讨会

吴加学

（中山大学近岸海洋科学与技术研究中心，广州）

值此沈焕庭教授"潜心河口研究50载"学术研讨会之际，尝试回顾学生在海洋沉积动力学（Marine Sediment Dynamics）方面的学习情况、研究进展以及点滴思考，还请沈先生及各位同行指点。饮水思源，感念师恩，祝沈焕庭教授和师母凌老师健康长寿！

吴加学，教授，中山大学

1）学习与研究回顾

我将从研究生学习、同济大学工作以及中山大学工作3个阶段分别阐述本人在海洋沉积动力学的学习与研究进展，3个阶段似乎体现了从被动学习到主动探寻、从模仿跟踪到独辟蹊径的科研理想。

研究生阶段

现在回想起20年前的研究生经历，除了求学的艰辛外，内心仍充满着无限的温馨和感激。我是幸运的，人生能碰见两位良师，开启了我从事科学研究的大门。

a. 硕士研究生阶段（1991—1994年）

在中山大学河口海岸研究所攻读硕士学习期间，系统地学习了河口动力学、流体力学、海岸沉积学、海岸动力地貌学等河口海岸骨干课程，同时积极参与河口所各位老师的项目，尤其是在野外观测与实习方面进行了较系统的训练，受益终生。硕士论文是在吴超羽教授指导下完成的，同时得到中山大学地质系王建华教授、化工学院几位老师等的大力帮助，研究内容是黄茅海河口湾底沙输移趋势与悬沙絮团结构分析等。在吴超羽教授严格指导下，初步掌握了如何开展科研工作，培养并激发了从事科学研究的兴趣。吴老师是刚中有柔，记得论文工作接近尾声，身体突然出现病变入院治疗，吴老师亲自到医院看望问候，显示出慈爱的一面，很温馨！

b. 博士研究生阶段（1997—2000年）

在华东师范大学河口海岸研究所攻读博士学位期间，有幸受惠于老一辈学者创立的基业和学术传统，在为他们取得的业绩深受鼓舞的同时，也增强了对河口学研究的热情和责任。沈焕庭教授是我的指导教师，令人难忘的是，3年学习期间沈先生和师母凌老师在生活方面给予我许多暖心的关怀。记得无偿献血后，师母亲自做乌鸡汤并送到我的宿舍，代表沈先生叮嘱我一定要保重身体，让我这位远离家人的游子真切地体会到父母般的关切！

左起：前排吴加学、沈焕庭、吴华林；后排刘新成、郭沛涌、傅瑞标、黄清辉（1997年）

在科学研究方面，沈老师非常关注学科国际前沿和热点问题，并身体力行地在多学科交叉方面开展探索，所以我的博士论文选题围绕当时国际热点问题"物质通量"进行，博士论文题目为"河口泥沙通量研究"，博士论文于2003年被评为上海市优秀学位论文。攻读博士期间和随后的两年，连续发表了2篇国际期刊论文（Wu et al，1999，2001）和多篇国内学报期刊论文（吴加学等，1999，2000，2001，2002），其中发表在《海洋学报》的期刊论文（吴加学等，2002）分别于2006年被评为当年《海洋学报》优秀论文（全年仅两篇），于2009年被收录进中国海洋学会恢复成立30年来百篇中文精品论文集《中国海洋学会学术期刊优秀论文精品集》（1979—2009）（中国海洋学会，2009）。国际期刊论文（Wu et al，2001，Water Resources Research）受到两个评委的好评，评委Aaron Packman认为"该文有趣地使用模糊聚类方法解决河口泥沙分类问题。该方法是有效的，因为它使用更客观的模式解决河口泥沙输移问题，在中国河口的应用也是很好的。我鼓励作者进一步努力完善该文，因为它可能成为一篇真正的优秀文献"。评委Andrea Marion 认为"该文非常好，它引入模糊聚类方法对悬移质细颗粒泥沙进行分类，在河口的应用也是有趣的"。

博士论文主要研究结果如下。

发展了一种理论演绎更加严密、物理概念更加明确的模糊聚类方法，并成功地应用于河口悬沙和底沙的分类与分级（Wu et al, 2001, WRR）。在河口泥沙通量估算中，由于不同粒径的泥沙具有不同的特性和输移行为，如何客观地确定具有不同沉积动力意义的泥沙类型，而不是简单地采用中值粒径或各粒级分组粒径，来估算河口泥沙组分通量，成为泥沙通量估算和组分模式建立的关键问题。为此，在模糊迭代自动聚类方法基础上，发展了一种理论演绎更加严密、物理概念更加明确的模糊聚类方法，并将其应用于河口悬沙和底沙的分类和分级，然后根据Wentworth分类标准和泥沙输移的动力沉积环境对分类结果进行判别，客观地确定了具有实际物理意义的不同类型。研究发现长江河口南港洪季悬沙在大、小潮时间序列上均可分为粒径特征不同的两类，粗、细颗粒分界的临界粒径是河口细颗粒黏性泥沙的限制粒径。

建立了新的潮汐河口断面悬沙通量组分模式，并应用于长江河口南港断面悬沙通量估算和输移机制分析（吴加学等，2002，海洋学报）。采用引入统计误差最小的等面积单元网格和模糊聚类客观确定的泥沙组分浓度，建立新的潮汐河口断面悬沙通量组分模式，应用于长江河口南港断面悬移质泥沙组分通量估算及输移机制分析。研究发现长江河口南港洪季泥沙余通量主要是大潮落潮流输移产生的，小潮泥沙通量相对较小，大潮期既是南港洪季泥沙输移通量高强度时期，也是泥沙排泄的主要时期。悬移质泥沙余通量的主要输移机制是拉格朗日输移和潮泵效应。虽然泥沙剪切扩散并不产生余通量，但它会对泥沙输移过程产生影响，仍会产生瞬时通量，剪切扩散之间的相互作用能产生上溯的余通量。平均通量包括剪切扩散产生的瞬时通量，而余通量中剪切扩散的贡献为零，因此传统的用瞬时通量的时间平均量来替代余通量的做法是不可行的，这两者在通量产生的机制上是有区别的。

将水下地形作为流场和泥沙输移的控制因子引入"粒径趋势"概念，粒径趋势可作为河口底沙的净输移路径、"源"、"汇"的定量判别依据（Wu et al, 1999, ECSS；吴加学等，1999，泥沙研究）。由于天然河口推移质采样和测量困难，推移质输沙率估算的准确度和精度并不高，误差可能大于±100%。在推移质泥沙输移研究中，建立与泥沙输移过程有关的统计模型，通过输移中的泥沙粒径统计特征值的空间分布特征来判断底沙输移路径，已成为底沙输移研究中一条成功的"反"问题方法，如Gao-Collins模型和McLaren模型。然而在实际应用中，尤其在有多种泥沙来源和复杂地形的河口中，现有模式确定粒径趋势存在很大的随意性，甚至与泥沙输移的路径大相径庭，这是因为这些模型仅考虑了影响泥沙输移的泥沙粒径要素。

事实上，影响泥沙输移的因素除了泥沙本身的特征外，水下动力地貌也是一个重要的因素，故将水下地形作为流场和泥沙输移的控制因子引入"粒径趋势"概念，提出在应用McLaren模型计算粒径趋势时必须按动力地貌单元选点采样，选点采样必须考虑河口区的泥沙输移扩散特性（如往复性和旋转性），选点采样和计算结果的分析应考虑泥沙近底边界层和活动层的影响。经过这样处理后在珠江黄茅海河口湾底沙输移研究中发现计算的粒径趋势与水动力结构具有良好的一致性，因此粒径趋势可作为河口底沙净输移路径和方向、"源"、"汇"等的定量判别依据。

同济大学工作阶段（2000—2009年）

在同济大学海洋与地球科学学院马在田教授、中科院水声所东海站张叔英教授的联合指导下，本人在同济大学开展了两年的博士后研究工作（2000—2002），随后留校继续开展河口沉积动力过程与声学泥沙标定与反演探索（2002—2009）。马在田院士是一位极其慈祥可爱的老人，对我的研究工作和家庭生活也是尽力关怀，我将永远怀念这位逝去的长者。张叔英教授是在一次极其偶然的情况下成为我的合作导师，是他提供了宝贵的机会让我首次走出国门与悉尼大学Ian S F Jones教授开展国际合作研究。另外，当时的海洋与地球科学学院院长周祖翼教授以及汪品先院士等在研究工作上也给予了难得的支持和帮助。在同济的9年工作期间，有幸接触到声学泥沙问题，认识到声学在海洋沉积动力学研究中的应用前景，开展了单频声学泥沙浓度标定与反演的研究。代表性成果简述如下。

发现河口超临界羽状流存在水力内跃过程，从理论上系统地探讨了其在河口发生的条件、能量转换及其对河口入海泥沙扩散的影响，揭示了水力内跃是河口入海泥沙分层扩散的机制，超临界羽状流挟带泥沙入海扩散满足指数衰减规律（Wu et al，2006，JGR）。这些发现对于深入理解河流羽状流动力结构，河口入海泥沙扩散的过程与机制，以及泥质沉积空间分布规律等具有重要意义。进一步，水力内跃过程会提高河口湍流混合，形成悬沙锋面，诱发河口内波的形成与传播等新问题的研究，将丰富河口水动力与泥沙输移过程的研究内容，有可能将以前孤立研究的河口现象或结构联系在一起。这篇水力内跃的论文是本人从跟踪模仿向独辟蹊径的转折点，新颖有趣现象的发现、简洁清晰的物理机制分析、明确的科学问题等成为随后开展研究的标杆，如底边界层螺旋流的发现（Wu et al，2011，JPO）、河口最大浑浊带的坍塌机制（Wu et al，2012，MG）以及河口入海泥沙沿岸长距离搬运"泥沙通道"的发现（Wu et al，2015，GSL-SP）。

长江河口北槽抛泥悬沙浓度时空分布结构声学探测研究（吴加学等，2002，2003；Wu et al，2006，ECSS）：现有泥沙特征测量技术包括：瓶装采样、泵吸、聚光束反射、激光衍射、光学后散射、光学透射、光谱反射、声学方法、核物理方法等，其中声学测量技术的研制和应用将成为泥沙输移观测中一个大有发展前途的方向。应用声学多普勒流速剖面仪（ADP）和声学悬浮泥沙观测系统（ASSM）在长江河口北槽枯季进行不同潮型定点和走航式，包括自然状态和人工抛泥条件下的现场观测，获取长江河口北槽抛泥声学悬沙浓度时空分布结构，探讨了抛泥扩散结构与演变。Wu等（2006，ECSS）基于高频声波背向散射原理，研究了河口悬浮泥沙浓度高分辨率标定过程，并在现场观测试验中探讨了高浓度悬沙浓度分布结构、泥沙扩散模式及其扩散范围的控制机制。该成果对于河口底部高浓度悬浮体动力学研究提供了新的尝试。

建立了河口底沙迁移趋势的微地貌学方法（Wu et al，2009，Geomorph），为河口底沙迁移趋势分析提供了动力地貌学方法。"泥沙趋势分析"方法广泛应用于海岸底沙迁移路径的判定，但成功与不成功的例子均有报道。由于泥沙趋势分析方法仅考虑了输运中的泥沙"粒径"这个单一要素，在有多种泥沙来源和复杂地形的河口海岸区域，泥沙趋势分析方法的应用存在很大的不确定性。事实上，影响河口底沙迁移的因素除了泥沙本身的性质外，海底地形也是一个重要的控制因素。本文依据底沙搬运机制，引入河流微地貌走向符合"相对最大总输沙率"的规则，建立了河口底沙迁移趋势的微地貌学方法，并成功应用于长江河口底沙迁移路径的判定。微地貌学方法是针对"泥沙趋势分析"方法而提出来的一套底沙搬运机制的动力学方法，为河口海岸底沙迁移趋势的确定提供了另一条简单可行的途径。本文采用的研究方法被认为成功地研究了水下微地貌迁移，该方法也成功地应用在火星表面地貌与风场的分析（Sefton-Nash et al，2014）。

现代长江河口沙坝类型与自相似空间分布格局（吴加学博士后报告《河口水动力、泥沙输移和动力地貌过程探索》，2002年6月，同济大学）：河口沙坝是不同尺度的河口地貌体系中独立的地貌单元，河口沙坝对河口水动力过程，泥沙输移过程，河型发育与稳定性，甚至整个河口三角洲的形成发育具有重要的影响。作为河口沉积体系的骨架，河口沙坝的形成代表着河口体系发育的不同阶段，现代长江河口沙坝自崇明期到九段沙期形成了自相似的三元结构，即沙岛－联岛沙嘴－江心沙坝。涨、落潮流路分异是自相似河口沙坝形成的主要水动力机制，悬移质与推移质泥沙输移综合形成河口沙坝，横向梯度流是拦门沙浅滩串沟发育的主要水动力过程，浅滩发育主要是悬移质输移形成的。

中山大学工作阶段（2009 年至今）

自2009年调入中山大学工作以来，在科技部"全球变化"专题项目、国家自然科学基金项目等连续资助下，先后开展了潮汐底边界层流非相似结构与泥沙输移过程研究（Liu et al，2009，ECSS；Wu et al，2011，JPO；Liu et al，2014，IJSR；

Liu and Wu，2014，COE）、河流羽状流水力内跃与入海泥沙分层扩散机制（Wu et al，2006，JGR；Ren and Wu，2014，CSR）、河口最大浑浊带形成新机制及其工程应用（Wu et al，2012，MG；Liu et al，2011，ECSS）、河口侧向环流与泥沙输移（杨名名等，2015；Zhang and Wu，2015，in rev.）、海–气过程与海洋锋面消失机制（Qiu et al，2014，JGR）、河口三角洲沉积地层与沉积动力机制（Zhai et al，2015，in prep.）以及河口泥沙重力流、沿岸等深流及陆架大尺度泥质沉积带形成机制（Wu et al，2015，GSL-SP），代表性成果简述如下。

系统地分析了河口潮汐底边界层湍流发育的空间差异性，揭示恒定应力假设、湍流各向同性假设和Kolmogorov–5/3律具有等价性（Liu et al，2009，ECSS）。该认识对于深入开展底边界层流非相似结构与泥沙输移过程研究奠定了扎实的基础，如潮汐底边界层螺旋流结构的发现（Wu et al，2011，JPO）就是这个工作的延续。

发现了潮汐底边界层螺旋流结构（Wu et al，2011，JPO），促进了河口非恒定流泥沙输移过程的认识。高分辨率的观测试验发现了潮汐底边界层螺旋流，螺旋流仅发生在憩流附近的加速/减速落潮期，其他潮相并没有发现。进一步理论分析表明螺旋流是局部加速度与底摩擦力之间的动量平衡形成的，螺旋流结构分别由侧向振荡边界层流和纵向（主流向）"扩散"边界层流组成，螺旋流作用下底切应力随时间呈指数衰减或增长，这对于理解弱底切应力状态下悬浮泥沙高浓度事件提供了直接证据，拓展了河口非恒定流泥沙输移过程的认识。同时螺旋流的加速效应控制泥沙悬浮的机理改变了单纯底切应力控制泥沙悬浮的经典认识，促进了非恒定流作用下泥沙输移过程的研究。该成果受到评委的高度评价，认为"这是一篇有创新性的、内容充实的论文，是一项有价值的工作（JAS-184 Wu JPO-4565）"。

发现河口最大浑浊带形成的分层流新机制，阐明浑浊带发育机制多样性（Wu et al，2012，Mar Geol），该文被推荐为"行星与地球科学–海洋地质"当季的25篇热点论文之一，同时于2014年10月在海峡两岸第四届"山海论坛"被评为"最佳合作论文"。河口最大浑浊带是河口发育的一个普遍现象，自20世纪30年代以来关于河口最大浑浊带的动力结构、发育演变及形成机制等问题一直是河口动力学家探讨的热点问题，前人已经提出了包括河口余环流、潮流不对称、潮泵效应、密度层化抑制、泥沙再悬浮、黏性泥沙絮凝等不同的机制。现场观测与数值模拟发现在不同河口或同一河口的不同季节表现出不同的动力机制，如何认识河口最大浑浊带形成机制的多样性成为河口最大浑浊带深入研究的关键问题。本文基于河口分层流与黏性泥沙相互作用的规律，分别从密度层化、非恒定流以及黏性泥沙絮凝–反絮凝3个方面探讨河口最大浑浊带形成机制的多样性。在长江河口洪、枯季观测与分析发现，洪季最大浑浊带表现为近底层高浓度的泥沙流，而枯季为整个水层低浓度的泥沙云团。超密度的底层流是由絮凝沉降形成的，低密度的泥沙云团主要是由泥沙再悬浮过程控制。最大浑浊带泥沙捕聚主要发生在落潮转流时刻，这时底切应力较小但平均流加速度最大，提出潮汐底边界层螺旋流（Wu et al，2011，JPO）是泥沙捕聚的动力机制。河口最大浑浊带形成机制多样性问题的探讨，关系到河口治理方案与措施的实际效果。目前长江河口深水航道的导堤–丁坝与疏浚综合治理方案主要是基于恒定、均匀流以及泥沙再悬浮的动力机制，本文研究发现，河口是非恒定流与分层流，而不仅仅是恒定流与均匀流作用控制河口泥沙输移。三期工程完工后河口最大浑浊带并没有预期的那样被外推到口门以外，航道泥沙回淤量仍然很大，大大增加了工程的维护成本。

长江入海泥沙捕聚与逃逸过程及长距离搬运机制（Wu et al，2015，GSL-SP）：长江入海泥沙沿等深线搬运，在东海内陆架形成平行岸线的大尺度泥质沉积带，然而长距离泥沙扩散的沉积动力机制并不清楚。为了探讨大尺度泥质沉积带形成机制，我们于2013年洪季洪水期在长江河口及其邻近陆架海域开展了系统观测，分别探讨了：①陆架环流及其与长江河口相互作用；②中、小尺度沉积动力过程，包括底边界层流、层化与混合、上升流及锋面等对泥沙扩散的影响；③洪水期河口三角洲泥沙重力流；④内陆架平行岸线的泥沙等深流。洪水期现场观测发现，近底层高浓度泥沙悬浮体是河口最大浑浊带泥沙捕聚形成的，并可能在水下三角洲前缘形成潮流支撑的泥沙重力流。与近底层泥沙扩散比较，长江口外的沿岸流不可能是泥带形成的控制因素，后者仍被海洋沉积学家广泛采用。东海内陆架多点同步定点观测发现，泥质沉积带底边界层泥沙浓度变化不受潮汐影响，这样基于简单的质量连续原理，理论上可证明近底平行岸线的泥沙通量是恒定不变的，因此东海内陆架形成了一个平行岸线泥沙通量恒定的"泥沙通道（Sediment Channel）"，其中内陆架斜坡发育的上升流提供的浮力通量维持泥沙悬浮的湍流能量。东海内陆架平行岸线的"泥沙通道"的发现对于理解河流入海泥沙的长距离搬运与大尺度泥质沉积带的形成机制具有重要价值。该文得到伦敦地质学会特辑（River–Dominated Shelf Sediments of East Asian Seas）通讯编辑Peter Clift教授的好评，认为是"一篇相当好的论文"。

2）学习与研究思考

自20世纪90年代以来，我系统学习了河口海岸学、流体力学、物理海洋学、泥沙运动力学等基础课程，更主要的是在工作中不断学习海洋湍流、海洋声学、层序地层学等相关知识。海洋沉积动力学涉及从泥沙或沉积物颗粒运动到沉积体系形成，是一个跨越多个时空尺度的非常复杂的问题，因此需要不断地从相关的学科中吸收营养，深化和丰富海洋沉积动力学的核心基础内容。

近20余年以来，本人开展的基础研究大致可以归纳为以下几个方面：①河口悬沙通量估算、底沙迁移路径判定、声学泥沙浓度反演等具体技术方法问题的研究；②河流羽状流水力内跃、底边界层螺旋流等沉积动力过程的发现；③河口与陆架底边界层流与泥沙输移过程、密度层化与湍流混合、声学黏性泥沙属性反演等小尺度微结构过程的系统研究；④陆架泥质沉积动力过程与河流入海泥沙长距离搬运机制；⑤河口三角洲沉积地层与沉积动力机制。这个较漫长的过程经历了从定量描述到物理机制探索，从宏观大尺度结构到微观小尺度过程的转变，这种转变促进了本人对河口与海洋水动力及沉积动力过程的认识，在具体问题的原创性和研究深度上有所突破。海洋小尺度水动力与沉积过程研究、年代地层精细结构与完整性描述，以及从泥沙颗粒运动到层序地层形成跨尺度复杂性等将成为进一步攻关的关键科学问题。

河口与海洋小尺度微结构研究正在成为国际同行关注的热点问题，然而这一领域在我国起步较晚，严重制约了我国近岸物理海洋学与沉积动力学等学科的发展，形成了一个亟待突破的"瓶颈"。悬浮泥沙运动的核心基础问题是湍流尺度的泥沙输移过程，这需要在泥沙扩散理论上进行再探索，也需要在时空高分辨率泥沙探测技术上进行革新。为了进一步凝练发展方向、突显研究特色，今后将重点在以下3个方面围绕"河口与海洋小尺度动力与沉积过程"研究方向开展持续深入的基础研究：①海洋底边界层流与泥沙输移；②海洋湍流微结构与泥沙扩散；③海洋泥沙声学与湍流尺度泥沙输移。

历史事实表明，近代沉积学的发展都是与沉积动力学的进展密不可分（何起祥，2010）。无论是根据沉积物的成因标志（沉积物粒度、沉积构造与地层）定量地重建沉积环境的动力作用，还是从泥沙输移过程到层序地层形成，沉积过程与产物之间都不是简单的函数关系，复杂性和颗粒流等新兴学科的引入有可能提供解决这些问题的新途径。现代沉积体系发育的沉积动力机制的研究仍然是海洋沉积地球科学中的一个具有挑战性的课题。控制沉积体系发育的因素包括不同尺度的作用或过程，对于沉积体系所在的受水盆地而言，外在或边界条件包括海平面变化/构造运动、古地貌、物源变化。受水盆地内部的沉积动力过程包括沉积物的对流-扩散过程、泥沙重力流搬运以及堆积过程。层序地层框架对于理解陆架沉积的不同发育阶段和沉积旋回这样的大尺度结构是成功的，但对于真实地描述沉积体系在受水盆地内的时空分布规律是不足的。必须将"海洋沉积动力过程-地层发育-沉积体系形成"三者有机结合，揭示沉积体系形成发育的动力机制，为进一步描述沉积间断或地层发育的完整性、重建古环境信息等提供更加准确的依据。为建立层序地层与沉积动力过程之间的内在联系，揭示沉积体系发育的跨尺度特征与基本规律，需在以下3个方面进行突破：①年代地层精细结构与完整性描述；②泥沙与沉积物时空高分辨率声探测技术；③从沉积动力过程到层序地层形成的跨尺度数值模拟。

3）结语

近5年来我们在"河口海岸小尺度动力与沉积过程"研究方向有计划地开展了系统的研究工作，初步形成了具有一定特色的河口海岸研究团队。在物理海洋学和海洋地质学顶级刊物发表了系列研究成果，受到评委的好评，成为热点论文，入选中国海洋学会成立30年百篇精品论文、入选海峡两岸"2014山海论坛"首届"最佳合作论文奖"。与国际著名海洋地质学家Jan Harff教授（2013年中国国际科技合作奖获得者）于2013年5月在广州联合主办了学术会议"International Workshop on Evolution and Dynamics of the Pearl River Mouth System（PRMS），South China Sea"，来自国内外60余名学者参与了交流，优秀成果已由Jan Harff教授和本人联合推荐在"伦敦地质学会特辑"发表。2015年1月在广州主办了"Small–Scale Processes and Particle Transport in the Pearl Estuary and Adjoining Shelf Waters"国际学术研讨会，邀请英国班戈大学海洋学院Tom Rippeth教授作特邀报告，推动了我们团队在海洋小尺度动力过程方面的国际合作。

20余年的学习与工作，不知不觉人到中年，现在深深体会到一点，科研没有"捷径"，直面挑战和难题，找到自己的研究方向，脚踏实地开展系统深入的探索，犹如逆水行舟，但终究能体会到一览众山小的境界，这也许就是科研带来的幸福和趣味。同时，我也深刻地感受到这个经历是一个磨炼毅力和挑战勇气的过程，长久的压抑仿佛永远都不会消失，只有对科研的执著和热情，激励我永不放弃最初的志向和期待。记得我的导师吴超羽教授曾经说过，我们不能从这个世界带走任何东西，但我们也许可以留下一点有价值的东西，这可能就是人生的意义。科学的发展是无数科学家前赴后继、代代相传的伟大事业。在我国河口学近半个世纪的发展过程中，沈焕庭教授是我们的领路人，作者以崇敬的心情献上此文，聊表钦仰之情。

作者系博士，教授，博士生导师。现任中山大学近岸海洋科学与技术研究中心主任，为广东省高等学校"千百十工程"第六批培养对象。发表论文40余篇，入选2014年Marine Goology热点论文，中国海洋学会成立30年百篇中文精品论文、上海市优秀博士论文。获海峡两岸2014"山海论坛"首届"最佳合作论文奖"。

(9) 河口海岸科研生涯引路人

戚定满

（上海河口海岸科学研究中心，上海）

戚定满，研究员，
上海河口海岸科学研究中心

我于1999年4月毕业于上海交通大学，获得流体力学博士学位，同年6月进入华东师范大学河口海岸学国家重点实验室从事博士后研究工作，沈焕庭老师为我的合作导师。2001年6月，博士后出站到上海河口海岸科学研究中心工作。2年时间虽然不长，但这段科研经历彻底改变了我的人生轨迹。从本科到博士我都是学力学的，博士论文主题还是关于空泡声学特性的研究，对河口海岸学科完全外行，连潮汐、盐度等基本概念都不清楚，是沈焕庭教授把我领进了河口海岸科研大门，并鼓励我出站选择从事河口海岸方面的研究工作。回忆这些年的科研经历，沈焕庭教授对我的悉心指导和他孜孜不倦的研究精神一直在引导我前行。

博士后进站的照顾有加。1999年我刚从上海交通大学博士毕业，自己选择继续攻读博士后。当时国家规定在本校攻读并获博士学位的申请人不得进入授予其博士学位的同一个一级学科流动站从事博士后研究工作。大多数博士选择换一所学校但不换专业，继续从事同一专业方向的研究工作。我是当时少数几个既换学校又换专业的学生之一。当时总觉得自己研究的方向空泡声学特性研究离社会生产实践太远，搞出来的研究成果除发表论文外看不到实际的应用，需要换一个与社会经济活动结合比较紧密的方向开展博士后研究。当时一位交大教授给我推荐了沈焕庭教授。我记得第一次与沈焕庭教授见面，他的满头银发就给我留下了深刻印象。我害怕他嫌我的专业与河口海岸相差太远不要我，特意在见面之前买了几本河口海岸方面的书籍，了解一些基本的常识来掩盖自己这方面的不足。但令我意外的是，他一见面就关心我博士论文方面的情况，了解我转专业方向的动机。考虑到我虽然是河口海岸学科的外行，但力学基础比较扎实，就毫不犹豫答应了我的要求，并且要我放下思想包袱。在后续的工作和生活中，沈教授对我照顾有加，还主动联系师兄朱建荣教授指导我开展河口海岸数值模拟方面的研究工作，使我顺利地度过专业跨度最大的一个阶段。

博士后在站的授道解惑。由于我的知识背景离河口海岸相差太远，沈老师经常给我开小灶，要求我弄懂他选定的每一篇文章，尤其要把里面的专有名词如潮汐、潮流、盐水楔等物理含义弄清楚。遇到问题时，他总是非常耐心地讲解，教我如何从大局来把握长江口的水流特性。他总是热心回答我的每一个问题。由于自己刚换专业，申请上海博士后基金没有成功，但沈老师安慰我说不要紧，鼓励我坚持下去，相信我能取得成功。在博士后期间令我印象最深刻的是沈焕庭老师学识非常广博，对河口海岸涉及的各种知识都很了解。他一直重视学科的交叉，率先倡导和践行物理、化学、生物过程研究相结合，在他门下有学生态的、环境的、化学的、物理的、数学的、传统自然地理的、地质的、海洋的，每一个学生在沈老师指导下都能找到适合自己的研究方向。沈老师对发展河口学有独到的见解，能把不同学科的知识融合在一起研究理论问题和解决实际问题。他一直强调，只有将不同学科融合在一起，才能深化对河口的认识。这种观点一直指导我后续工作的开展，也经常提醒自己遇到问题要从多个角度进行考虑，避免出现认识偏差给国家项目决策带来不必要的损失。

博士后出站的继续指导。我博士后出站面临3个选择：一个选择是返回上海交通大学继续从事博士期间开展的流体力学研究工作；第二个选择是出国到新加坡国立大学从事与自己博士专业相关的另一个博士后研究；第三个选择是到上海河口海岸科学研究中心做河口海岸方面的研究。通过这两年的博士后研究工作，自己对河口海岸地区的研究兴趣越来越大，考虑到与长江口相邻的上海作为国家经济发展大都市在河口海岸地区还有许多研究工作需要开展，同时河口海岸方面的研究工作能迅速对社会经济发展起到推动作用。沈老师也鼓励我继续从事河口海岸方面的研究，非常爽快地答应在工作期间无论遇到什么问题都可以继续指导。有几次工作遇到问题向沈老师请教，他都帮我详细分析其中的原因，提出他自己的见解，有时怕我不清楚，特意叫我到学校帮我分析其中的原因。他的研究资料和成果对我们完全不保留，申请课题还带上我们，帮我们在河口海岸领域建立影响。沈老师经常自掏腰包组织弟子聚会，关心每一个学生的进步。退休前他科研任务重，连续承担"七五"、"八五"、"九五"、"十五"攻关和国家自然科学重大、重点基金等十多项重大项目研究，退休后又出版两本论著，还在酝酿再撰写几本专著。他已在国内外合作发表论文220余篇，获国家和省部级科技进步奖16项，绝对是一个高产的研究学者。这种孜孜不倦的精神值得我学一辈子。

在沈老师八十岁生日到来之际，请接受我的感激与祝福，祝沈焕庭老师福如东海长流水，寿比南山不老松。

作者系博士、研究员，享受国务院政府特殊津贴。现任上海河口海岸科学研究中心副主任。被评为2008—2009年度交通青年科技英才、2009年度上海领军人才。

（10）跟随沈先生探索未知的河口世界

吴华林

（上海河口海岸科学研究中心，上海）

吴华林，研究员
上海河口海岸科学研究中心

时与年逝，岁随月飞，敬爱的沈焕庭教授八十华诞悄然而至。先生是我在华东师范大学攻读博士学位期间的导师，是带我走入河口科研世界的人，是我平生最敬重的人之一，我诚挚地祝福他生日快乐，身体健康！

1）师生结缘

我能拜读在沈先生门下，多少有点命中注定的缘分。我大学和硕士研究生均是在武汉水利电力大学（目前已整合为新武汉大学）学习水利治河专业，硕士研究生毕业前曾谋求进一步深造获得博士学位的机会，由于一直以来学业还不错，当时的研究生导师段文忠先生和张小峰先生极力为我联系推荐。除了在本校继续攻读以外，当时有两个不错的选择：一个是去清华大学水利工程系，继续从事河流动力学研究，除了考一门外语外其他科目均可免试；另一个去处就是华东师范大学河口海岸国家重点实验室，可以全部科目免试，要从河流工程转入到河口海岸研究领域，当时学校为我预定的导师就是沈焕庭教授。然而，由于种种原因，也许是缘分未到，我没有直接走任何一条继续攻读博士学位的道路，而是走上社会，参加工作了。工作几年后，又想起攻博的理想，通过李九发教授和沈先生联系后，他给予我热情的鼓励，我匆忙复习后一考就上了，最终投到沈先生门下，这也许就是缘分使然。

2）师恩浩荡

1998年辞别家人和同事，怀着对未来忐忑不安的心情前往华东师范大学河口海岸研究所报到，由于在大学和硕士阶段，学的主要是河流动力学和河流工程，对于河口海岸动力，如潮汐、潮流、波浪等，我基本没有概念，而且也面临从水利学科转入地学、从工科跨入理科的挑战，能否学好，能否学有所成、学有所获和学有所用，内心是有所担忧、有所挣扎的。第一次见面，沈先生一眼就看出了我的心思，导师慈祥的笑容一下子就将我心中的顾虑驱散得无影无踪。他鼓励我说："不要担心，你有力学和工程的基础，结合河口所地学的优势，将河流力学与河口动力地貌学相结合，我相信你一定会取得很好的成果。"正是在他的鼓励下，我充满信心沿着这条学术之路一直走到今天。

博士阶段重点任务是完成博士论文，我的博士论文主要依托沈先生牵头承担的国家自然科学基金重点项目"长江河口通量研究"（项目批准号49736220）开展。以往国内外的有关文献，都将河流进入河口区的物质通量视作入海物质通量，它忽略了河口的"过滤器效应"。实际上河流输入河口区的物质在河流与海洋等多种因子的作用下发生了一系列的量变和质变，这些变化直接影响河流的入海物质通量。因此，不能将河流入河口区的物质通量与入海的物质通量等同起来。本项目把河流入河口区通量和入海的通量两个不同的概念严格区分开来，既研究了长江进入河口区的水、沙和碳等生源要素通量的变化规律，又探讨了这些物质进入河口区后在河海多种因素相互作用下发生的变化，最后构建了泥沙和营养盐的收支平衡模式，得出了包括入海断面在内的若干典型断面不同时间尺度的通量，这是具有开创性的，在河口学中开辟了一个新的研究领域。其中，关于长江口泥沙通量的研究内容是我博士论文的核心，沈先生在论文架构、思路、方法、成果等方面给予了大量的指导，投入大量科研经费开展了全面的现场观测，而且，为推动研究工作深入开展，他还在百忙之中亲自陪我到武汉拜访长江水利委员会洪庆余老总，交流研究成果，收集相关资料。有了这些基础，在他的悉心指导下，我的博士论文进展相当顺利，按期通过答辩。

沈先生经常教育我们搞科研要专心致志，他以一生的经历和追求给我们做了良好的示范。他从20世纪60年代起专心于河口学研究，以长江河口为主要研究基地，不断追踪学科发展前沿，重视学科交叉和理论联系实际，连续承担"七五"、"八五"、"九五"、"十五"攻关和国家自然科学基金重大、重点等10多项项目研究，对河口的动力、地貌和沉积动力、盐水入侵和冲淡水扩展、最大浑浊带、物质通量和陆海相互作用等河口学中的重要问题进行了一系列开拓性基础研究和应用研究。

他十分重视学科交叉，他一直探索以河口学为平台，发展河口物理、化学、生物和地貌、地质过程研究相结合的河口学科体系。在他倡导学科交叉的过程中，我们学生也是受益者。我记得，在他招来的学生中，既有原来学物理的、地理的、地质的，也有学化学的、生物的、生态的，大家在一起交流讨论，从不同学科角度聚焦河口问题，相互启发，很有收获，受益终生。来自不同专业的同门毕业后仍然经常联系，有的成为科研合作伙伴，共同进步，共同成长。

3）师德永存

日子如白驹过隙，读书的时光总是过得很快，3年的时光很快就过去了，3年间，我非常感谢沈先生给我提供的学习机会，感谢他给我的指导和辅导。更加重要的是在做人做事方面沈先生给予我们潜移默化的影响。

首先是做人要诚实，善良，懂得感恩。他时常教导我们知识改变命运，但是知识更要用到有用的地方，要有价值，人要学会感恩于亲人、家庭、朋友及我们生活的社会，这样我们的个人价值才能放大，有更好的体现。沈先生非常看重家庭的价值，他认为家庭是社会最稳定的单元，要做一个有责任心、对家庭有担当的人。沈先生对自己要求很高，却对别人做的一点点好事都铭记在心，这是他对世界感恩最好的写照。

其次是要热爱自己的事业，追求完美，正是基于这种态度，他每天的工作都很忙碌，他总是希望自己的研究有更多的创新点和附加值。

再就是勤奋，"业精于勤荒于嬉，行成于思毁于随"，先生是一个勤奋的人，每天早上都是他第一个到实验室，周末我们去实验室的时候经常见到他，恨不能有更多的时间用在科研上。

2004年春节和沈老师及师母共进晚餐

师大博士毕业后，我有幸进入交通水运行业继续开展长江口的研究，得益于在沈先生指导下获得的厚实的长江口研究基础，我带领上海河口海岸科学研究中心团队，围绕长江口深水航道治理工程、南京以下深水航道工程、长江口越江桥隧工程和长江口水土资源开发开展了大量的研究工作，解决了长江口深水航道建设和减淤、沪崇越江工程、青草沙水库、长江口江滩圈围、长江黄金水道建设等诸多重大工程论证、设计、施工中的大量关键技术难题，获得省部级以上科技进步奖14项，工程咨询奖4项。今后，我只有更加努力，克服各种困难，深植长江口，坚持河口学理论与工程应用相结合，根据国民经济建设需要，做好长江口航道等水土资源开发和保护，才能不辜负沈先生的培养和期望。

工作以后沈先生仍然对我非常关心，每次见面均要嘘寒问暖，他近几年居住在国外期间，也时常打电话到家里，关心我的工作和学习情况，使我非常感动。他是以心为上、以诚为本的真正大家，值此沈先生八十华诞之际，为表达我对老师教书育人和为人师表的深深敬意，特送恩师16字：

以道为尊，

以德治学，

以儒育人，

以澹养性。

左起：吴华林、沈焕庭、傅瑞标、刘新成（1998年）

作者系博士、研究员、国家注册咨询工程师（投资）。现任上海河口海岸科学研究中心副主任（主持工作）和总工程师、交通运输部河口海岸交通行业重点实验室主任。发表论文70余篇，出版专著两部，获省部级以上科技进步奖14项、工程咨询成果奖4项，专利5项。2009年评为上海市领军人才，2010年获上海市"五一"劳动奖章，入选新世纪百千万人才工程国家级人选，享受国务院政府特殊津贴。

（11）学习沈老师情系河口孜孜以求的学术情怀

刘新成

（上海市水利工程设计研究院，上海）

刘新成，教授级高工，
上海市水利工程设计研究院

一转眼沈老师迎来了八十华诞，不禁想来离开老师的课堂毕业离校已有十六载了，但在沈老师身边学习、科研、野外观测的生活仍如昨日，历历在目。

进入河口海岸科学领域跟随沈老师学习是一个偶然，也是一种缘分。我1996年本科毕业于苏州城建环保学院环境工程专业，本来报考华东师范大学环境科学系研究生，但环科系报考的人太多，资源与环境学院的老师问我是否愿意去河口海岸国家重点实验室的沈所长那里攻读一个新的环境领域，并且告诉我这个国家重点实验室科研实力非常强，有一支"一天王，四金刚，八大才子"的精英队伍，这位沈所长即是四金刚之一。那时的我对国家重点实验室在国家科研体系里的地位还没什么概念，但对具有"金刚"之称的大教授还是心神往之，特别是怀着忐忑的心情去接受沈老师的面试后，沈老师的儒雅学者风范给我留下了深刻印象，他告诉我，他这些年一直在推动多学科交叉以促进河口学的发展，对环境科学背景的学生也是欢迎的。就这样，我有幸成为德高望重的沈教授的弟子，进入了河口海岸学领域并完成了硕博连读，于2001年研究生毕业获理学博士学位。毕业后进入上海市水利工程设计研究院工作，一直从事长江口水土资源开发、长江口综合整治、城市防汛减灾等领域的科研和设计工作。

今日在上海水务行业利用所学为水利发展事业做点有益的工作，应主要还是在沈老师门下学习打下的基础，想来主要集中在如下几点。

一是在沈老师门下进行了科研素养和专业知识的基本训练。就本人的学习成长经历来看，本科阶段的学习还主要是各类基础知识的学习，虽然在大学四年级开始选题、实验、做毕业论文，但对某一具体问题进行科研工作的技术路径并不熟悉。进入沈老师门下后，沈老师要求像我这样的新生要进入河口海岸研究领域，首先要学好该领域的基础知识，重要方法之一是学会阅读文献，阅读文献既是对前人知识的传承，也是对学科新动态的了解和把握。我至今还记得，华东师范大学河口海岸研究所30多年长江口主要研究成果汇编——《长江河口动力过程和地貌演变》，是当时沈老师推荐我阅读的第一本关于长江口的入门书籍，此书从河口发育、河口水文、河口泥沙运动、河口沉积、河口河槽演变、河口治理六部分，全面系统地阐述和总结了长江河口的动力过程与地貌演变，对后期学习长江口治理和开发很有帮助。沈老师还介绍了一些英文期刊，那时查阅外文期刊很不方便，更难觅像今天如此方便和丰富的电子版资料和文献，沈老师特地提醒我在资源与环境学院地理系的资料室有一些影印版外文资料可参考借阅。就是在沈老师的一步步指导下，我逐渐翻开了河口海岸学的一页页篇章。也正是在这样的指引下，河口海岸动力学、地貌学、沉积动力学、河口生态学等专业知识得以不断积累，学科动态得以跟踪。多参加野外现场考察和测验工作是沈老师经常交待的另外一个进行科研工作的不二法门。至今仍记得沈老师作为项目负责人的国家自然科学基金重点项目"长江河口物质通量"获批后，他亲自组织我们和项目合作单位国家海洋局第二海洋研究所的老师们，在长江口多个控制断面进行洪枯季水文泥沙和生源要素的观测，特别是一些生化样品须及时预处理，还在崇明岛和长兴岛租用民房作临时实验室的场景。随着学习的深入，后来逐渐了解到不光是我们河口所，华师大地理学口众多知名的老教授们，多少年来一直都保持着这种重视野外现场考察的科研作风，代代相传。如今我从事上海水利工程设计和研究的主要区域仍然是长江口和杭州湾，每每和同事们去南汇或横沙等促淤圈围造地的工地或青草沙水库等水源地，不禁就会想起在学校和沈老师及师兄弟等从事野外现场观测的诸多时光。

二是学习沈老师知难而进、攻坚克难的勇气。仍然记得在面试和后来的学习过程中，都曾向沈老师表达过由于专业背景的差异是否会影响长远发展的担忧。每当此时，沈老师一方面以他的亲身经历给我以鼓励，另一方面又以学科发展的大背景给予解读。他常说起1960年为响应国家"向海洋进军"的号召，学校为了设置海洋水文气象专业，特派他们到当时的山东海洋学院进修物理海洋学和海洋气象学，要求通过1～2年时间进修后即为高年级学生授课。这对当时的他们也是一个很大的考验，但是他说同行的几位老师都是知难而进，硬是将这些专业课攻下来，这也为他们后来转入河口海岸研究室工作创造了良好条件，为步入河口海岸研究领域打下了坚实基础。年轻的时候就应该培养一种知难而进、攻坚克难的勇气。沈老师是这么说的，也是这么做的。在我读书的20世纪90年代后期的那段时间内，也正是沈老师在河口研究中倡导和践行物理、化学、生物过程研究相结合，实测资料分析与数学模型相结合，大力推进学科融合交叉发展的阶段。从他当年招收不同学科的研究生队伍来看即可窥见一斑。一时间沈老师的门下学地理的、物理海洋的、数学的、河流动力学的、环境的、化学的、生物的、地理信息系统的等等不同专业的师兄弟姊妹都有，在沈老师的指导下都能找到合适的研究领域和发展方向，我想这也是沈老师高屋建瓴站在河口学科发展的高度，知难而进力拓学科发展和人才培养的担当吧。

三是学习沈老师情系河口、孜孜以求的学术情怀。作为我国河口学科知名的开拓者之一，沈老师在河口学研究领域不断拓展的各个阶段都取得了丰厚的学术成果，已在国内外合作发表论文220余篇，合作出版论著9部。沈老师不仅在学界，而且在工程业界都享有很高的学术威望，他早期对长江口盐水入侵规律的研究成果和后来对长江口水源地的布局构想，在长江口第一座避咸蓄淡水库宝钢水库以及本世纪青草沙水库等水源地的建设中都得到了广泛的应用。就本人而言，从本世纪初参加南汇嘴控制工程及没冒沙水源地前期研究，到后续参加没冒沙水库和青草沙水库的比选论证，再到后来参加青草沙水库立项和设计等多个阶段的工作，都会找来沈老师关于长江口盐水入侵的相关论文和著作作为工程设计的重要参考。难能可贵的是沈老师在退休后，仍然笔耕不辍，还有《长江河口陆海相互作用界面》、《长江河口水沙输运》和《上海长江口水源地环境分析与战略选择》3部学术专著出版，可谓是老骥伏枥、志在千里。更为重要的是，他退休后"最有兴趣和时间花费最多的是运用多年人生历练与岁月厚积的智慧，总结河口研究成果和思考河口学科的发展，对探索河口的奥秘仍有无穷的兴趣"，实乃一位老科学家情系河口、孜孜以求的学术情怀的真实写照，应是我们弟子一生学习的楷模。

如今，虽然身在社会这个大舞台上经历着人生的各种历练，但内心总也忘不了在学校和沈老师身边读书求学的美好时光。正如一位学者所说："无论如何，人生有一段时间，用来接受严格的学术训练，用来做相对高层次的思想追求，是值得的，也是幸运的。有一段相对纯粹的生活是快乐的。"

饮水思源，师恩不忘，谨以此文表达对恩师八十华诞的祝福。

作者系博士、教授级高级工程师。现任上海市水利工程设计研究院有限公司副总经理、副总工程师。获上海市科技进步一等奖1项，大禹水利科学技术进步一等奖1项，全国优秀水利水电工程设计金质奖1项、铜质奖两项，上海市优秀工程设计一等奖3项、二等和三等奖4项。发表论文20余篇。

（12）岁月流逝冲淡不了的师生情谊

郭沛涌

（华侨大学环境科学与工程系，厦门）

时光荏苒，岁月如歌，转眼我已离开丽娃河畔10余年了。这十余年自己在生活的浪潮中起起伏伏，身不由己，从青年步入中年，两鬓染霜，负重而行，偶尔歇息，蓦然回首，总感到丽娃河畔的生活既遥远又清晰。那是自己青春年华最绚丽的3年，是自己收获知识开阔眼界的3年，是收获爱情、友情的3年，是从盲目走向成熟的3年。这3年自己对待事业的态度、为人处世的原则及从教理想都无不受到导师沈焕庭教授的潜移默化的影响。

郭沛涌，教授，华侨大学

我是1999年9月考入华东师范大学河口海岸学国家重点实验室，报考的是生态学专业，因故转到沈老师名下。因是自然地理专业，自己一度有些茫然，这么大的专业跨度，怎么应对？但不久自己释然了，很快得知沈老师是河口学的带头人，具有很高的学术造诣和严谨的学风，并一直致力于河口海岸的物理、化学、生物的综合研究，自己在此完全有用武之地，并可以与其他学科交融，取得突破。自此，自己在沈老师门下安心学业，与同门师兄弟共同探讨，开阔了视野，增长了见识。

在3年学业期间，沈老师对学术的执著、严谨给我留下了深刻印象。每天，沈老师都会准时出现在办公室，处理事务，答疑解惑。为了更好地查找资料，沈老师允许大家自由进入他的办公室，查看书架上的资料。在申报课题时，沈老师会很晚才走，在导师带动下，我们学会了敬业与刻苦，大家都自觉钻研业务，形成了良好的学习氛围。沈老师并不特意拘束大家的学习地点，只要自己自觉努力出成果。因实验室电脑有限，我个人比较喜欢独处，相当长时间在宿舍学习、看文献、写论文。沈老师并没有要求我必须到实验室，这让我能有充分的时间思考、写作，现在想来，沈老师课题组相对宽松、自由的学习氛围，大家自觉、自律的风气让自己受

益匪浅。直到现在，自己也是采用这样的模式来带自己的学生。

作为河口学的权威学者，沈老师付出了巨大心血。他倡导的河口学物理、化学、生物的综合研究，为推动河口学的发展指明了方向。正是在这一思路下，沈老师门下聚集了来自物理、化学、生物各个学科的学生，从不同角度对河口的关键过程进行研究。我本人的学科背景是生态学，毕业论文撰写过程中需大量的资料，沈老师特意联系国家海洋局东海分局的合作者，得到了宝贵的资料，顺利完成了数据分析，撰写了较好的论文发表。沈老师的学科交叉与综合研究的思路让本人其后的学术道路中受益无穷，迄今仍是自己学术遵循的原则。

沈老师不仅在事业上树立了标杆，在生活中也是对学生多有关照。每回到沈老师家，师母也会嘘寒问暖，令人感动。尽管自己毕业几年，但每次拜访沈老师，都感到格外亲切。尽管师兄弟天各一方，但逢年过节都会电话问候沈老师。记得一次自己还未来得及打，沈老师却已打来电话，着实让自己惊喜和自责。沈老师就是这样平易近人，让大家在点滴中体会到温暖。

岁月的流逝冲淡不了师生情谊，反而越发深沉。自己从华东师大毕业后的学术道路有导师的深刻烙印，自己在带学生时无形受到导师的巨大影响。我非常留恋在华东师大的3年博士生活，珍惜在沈老师身边学习的经历。这将成为毕生的财富，伴随我走过冬夏。衷心祝愿沈老师健康长寿！

作者系博士、教授。现任华侨大学环境与资源技术研究所所长，华侨大学化工学院环境科学与工程系主任。长期从事水、湿地污染防治及环境生态学的教学与科研工作，在国内外发表论文50余篇，SCI、EI收录16篇。

（13）贺导师沈焕庭教授八十华诞

王永红

（中国海洋大学海洋地球科学学院，青岛）

八十阳春岂等闲，

几多辛苦化甘甜。

如今身健寿南山，

自信人生二百年。

时间飞逝，距离我们在华东师范大学河口海岸大楼沈老师身边学习的岁月，已经转瞬过去10多年。这10多年的时间里，河口海岸大楼愈变愈美丽，与沈老师之间的学术思想和生活的交流，非但没有随着时间流逝，反而沉淀得愈发深厚。

2000年开始在沈老师身边学习。当时沈老师主持的国家自然科学基金的重点项目"长江河口物质通量"刚准备结题，记得我还去虹桥机场接来了国家自然科学基金委的相关负责人参加结题

王永红，教授，中国海洋大学

答辩会。会上沈老师的回答非常精彩，最后评审专家一致通过，评审结果为A（优秀）。我后来还写了一篇关于项目成果和结题会议的报道，编辑给起了一个狠抓眼球的题目，发表在华东师范大学的校报上。

我的博士论文是结合沈老师获批的另一个国家自然科学基金项目"长江河口涨潮槽形成的机理与演化过程的定量研究"进行的，这个选题是建立在沈老师多年参加长江河口研究和治理的经验之上。科研为生产服务，是沈老师一贯坚持的原则，他所选择研究的主要问题都是工程建设中急需解决的问题。如何适应上海港发展，河口航道和港口的建设就非常重要。而在航道和港口选址中需要明白河槽的演变规律。分布在崇明岛和长兴岛的港口建在涨潮槽旁，因此这个选题具有理

论和实践意义。

那一年安排了夏季的大、小潮河口水文观测和样品的采集。这是我第一次在河口用租用的渔船出海，条件相当艰苦，所幸当时天气好，没有晕船。样品采集后就是处理和试验，沈老师建议进行多个沉积参数的测定，一则可以为研究提供多个指标，二则可以给我以更多的训练。果然所获得的多个沉积参数在进行沉积环境比较时收到了非常好的效果，而且大量的实验训练让我在多年以后从事河口、海岸到陆架区的研究工作中受益匪浅。

除了试验，进行河槽的地貌变化研究也是项目的重要部分。对典型涨潮槽新桥水道百年来的地貌演化研究，促使我后来对整个长江河口地貌演化进行研究。通过近165年（1864—2006年）的长江河口地貌变化研究发现，长江河口在此期间经历了侵蚀和淤积的交替变化，总体来说河口河槽的体积变化不大。但河槽地貌在1960年左右有较大的变化，这是由于在节点徐六泾附近进行围垦导致纳潮量变化，从而引起了河槽的响应变化。除人类活动外，潮汐、径流量和输沙量变化以及科氏力都是影响河口河槽变化的重要因素。165年间河槽小于5的宽深比值从2%增加到30%，海岸线也从较为弯曲变得顺直并和外海来的潮波传播方向一致，说明长江河口逐渐演化发育，并在这段时间达到动态平衡状态。长江带来的大量泥沙被输出河口口门外，产生沿岸输运并进入到陆架沉积，长江源的物质对于陆架沉积有着重要的物源贡献。

近几年我的研究工作延伸到黄河河口。对于黄河河口治理的原则问题，沈老师认为黄河尾闾摆动是黄河水沙输运和河口地貌相互适应的结果，治理时要顺应这个规律，而不能强制固定，尾闾每过若干年需要进行人工改道，以适应自然规律和工程的双重需要。这些原则让我认识到工程治理中科学规律发现的重要。

王永红博士答辩后合影
从左至右为刘高峰、李佳、王永红、沈焕庭、谢小平、蔡中祥和胡刚（2003年4月）

博士学习期间，沈老师对学生非常宽松，但是对自己却非常严格。晚上我们回宿舍的时候，总能看见沈老师办公室的灯还亮着。而早上不到8点他又来到办公室。同学们说，沈老师是我们当中最用功的人，我们需要好好向他学习。这种言传身教所带来的潜移默化的影响，深长而悠远。

博士阶段学习是在密集的实验数据分析中度过。有一年上海特别热，室内气温快要到40℃。那时河口海岸大楼的大多数办公室和自习室都没有装空调。当我大汗淋漓地去沈老师办公室谈事情时，他说他那里有个小电扇，拿去也许可以凉快凉快，正是那个风扇，陪伴我度过了上海难忘的酷热。我们也有轻松的时刻，就是每逢过节，沈老师常请我们去吃饭。大部分的菜我都忘了，印象最深刻的是老鸭煲。每次在家里炖鸡的时候就想起那个浓浓的汤味，现在想来这代表着那时的回忆，一种抹不去的上海味道。

我准备去美国访问研究时给沈老师发了邮件，告诉他我在美国的电话号码。有一天接到电话，正是沈老师打来的，当时他也在美国。我们聊起在美国的生活和工作，谈到在国内外进行科研工作以及生活的利弊，都认为国内外的科研环境尽管有许多不同，但不容否认的是，国内的科研环境正充满了生机，也充满了机会。当时我很想到长岛去看沈老师，但是由于种种原因没有成行。

再次接到沈老师从美国打来的电话，我已经回国，沈老师身在美国仍然笔耕不辍，在撰写那本现在已经出版的论著《长江河口水沙输运》。看到老师这样勤勤恳恳，锲而不舍，还有前瞻远见，我们岂能松懈怠慢？

沈老师从事研究的这些年里，在校内先后担任河口研究室主任，河口海岸研究所副所长、所长，资源与环境学院学术委员会主任，河口海岸学国家重点实验室学术委员会副主任，校"九五"、"十五"、"211工程"自然地理学与地理信息系统学科建设学术带头人和法人代表等职，并且培养了来自多个专业的硕士生、博士生和博士后共30余名，出版了多本高水平的专著，从早忙到晚。如今沈老师已经80岁了，仍然一如既往地用毕生积累的河口学知识撰写专著，为发展我国的河口学继续作贡献。

2015年恰逢沈老师八十华诞，回顾沈老师的研究历程、科学贡献以及对学生的指导工作，我们可以更好地从中汲取他积淀的精神与精髓，激励我们在今后的道路上攀登、奋斗。

作者系博士、教授、博士生导师。现任中国海洋大学海洋与地球科学学院院长助理。出版著作和教材各1部，发表论文近60篇。获2013年度教育部高等学校科学研究优秀成果奖二等奖、2014年校优秀教师、2015年度校本科教学成果奖二等奖。

（14）贺沈焕庭教授八十大寿

谢小平

（曲阜师范大学地理与旅游学院，日照）

沈家自有擎天男，

焕沙水绘宏图卷。

庭前累绶先锋印，

教书育人启俊贤。

授业解惑树栋梁，

八旬培得百花妍。

十万桃李遍寰宇，

大师德馨高风范。

寿齐东岳海无疆，

贺颂恩师永安康。

谢小平，教授
曲阜师范大学

作者系博士、教授。现任曲阜师范大学地理与旅游学院副院长。发表论文60余篇，出版专著3部。曾任第八届国际侏罗纪大会组委会委员并任会间遂宁考察领队，2017年被四川省遂宁市政府聘为地质遗迹保护暨世界地质公园申报创建工作顾问。

（15）河口环境科学：我的梦想，从这里起步！

黄清辉

（同济大学环境科学与工程学院，上海）

黄清辉，副教授，同济大学

记得1998年秋天，那时我在华东师范大学化学系学习，正值本科毕业论文选题之际，刚获得免试推荐至河口海岸学国家重点实验室攻读研究生的资格，华棣副主任便向我推荐了恩师沈焕庭教授，因为沈老师很早就十分重视河口的化学过程研究。第一次走进沈老师的办公室，映入眼帘的是一位满头银发的学者，戴着老花眼镜，十分专注地在堆满资料的书桌上用格子纸写着稿件。我很好奇论文手稿上贴着一些手绘的数据图，沈老师便将长江河口相关研究向我娓娓道来。虽然声音有些沙哑，但是谈吐很有内涵，俨然一派学者风范却不失平易近人，给我留下了深刻的第一印象。我毫不犹豫地选择沈老师作为我的指导老师。

沈老师治学严谨，令人叹服。我本科毕业论文是关于长江口重金属方面的研究，在文字表达、排版和图形制作上都下了很多功夫，也经过反复修改，自己很满意这份文稿。我满怀信心地拿给沈老师审阅，几天后发现沈老师在每页都批满了红笔线、圈和文字，当时就把我给震撼了。沈老师精心施教、严谨治学，一直是我在同济大学从教生涯中的标杆。

沈老师高瞻远瞩，重视学科交叉。沈老师等合著的《长江河口动力过程和地貌演变》一书是引领我认识河口过程的明灯。河口过程的复杂性呼唤多学科的交叉来拓宽研究视野，沈老师很早就意识到这一点，在重视河口动力、地貌研究相结合的基础上，特别注重物理、化学与生物过程研究相结合，并充分地体现在他所主持的科研项目以及研究生培养工作之中。我非常庆幸自己能够在这样的契机下拜入沈老师门下，从此开始了我的河口科学之梦。

进入沈老师的研究团队后，经历了人生中的很多个第一次：第一次随茅志昌老师到长江口观测与采样，第一次随朱建荣老师赴东海观测与采样，第一次出差首都北京，第一次接触Windows系统的电脑，第一次接触互联网络；还有，第一次吃大闸蟹，竟然是沈老师手把手地教会的。感触至深的是，写研究论文《长江河口溶解态重金属的分布和行为》之时，第一次试图综合考虑水动力、泥沙输移和化学过程等因素进行探讨，对于刚从微观的化学世界进入宏观的地理领域的我来说，很有挑战性。幸运的是，沈老师指引着我找到了方向。

沈老师放眼世界，聚焦研究热点。印象最深的是，沈老师每次出差去美国，总是打印一大批的文献资料带回来，其中很多是与全球海洋通量联合研究（JGOFS）和海岸带陆海相互作用计划（LOICZ）相关的河口生物地球化学过程及物质通量的文献。尽管很多是文摘信息，有时为了找到一篇论文全文，需要找遍学校图书馆、河口所阅览室、化学系阅览室、环科系阅览室和地理系阅览室，甚至上海图书馆，但对于我来说，如获珍宝。因为那时候，通过互联网检索文献费用极为昂贵，我们大部分的文献信息都是靠翻阅一本本期刊和文摘杂志而获得的。正是因为沈老师能聚焦研究热点，使我们也能参与到JGOFS和LOICZ的前沿研究工作中去。在长江口营养盐收支模式的建立过程中，还先后得到了美国夏威夷大学Stephen V Smith教授、康乃尔大学Dennis Swaney博士、沈老师的至交好友——台湾中山大学刘祖乾教授及其同事洪佳章教授的热心帮助。

沈老师鼓励我瞄准河口化学的国际前沿。我阅读了大量的文献，并逐渐地注意到，世界上很多河口海岸水域都出现了环境污染问题，甚至引发有害藻类水华、腹足类海洋动物性畸变等负面的生态效应。当时这些问题虽已超出了我国传统的河口海岸科学研究范畴，但我深深地感到河口海岸科学家必须与环境科学家、海洋生态学家加强合作去搞清楚上述环境污染和生态效应问题。我特别关心河口海岸环境的有机锡污染问题，也得到了河口海岸学国家重点实验室成玉老师以及台湾大学洪楚璋教授的鼓励，由此写了一篇综述《GC-MS法在测定河口海岸环境样品中有机锡化合物的应用》，但当时还没有条件开展相关的研究工作。直到15年后，我指导研究生完成了其硕士学位论文《河口海岸环境和生物样品中有机锡分析方法的建立及其应用》，此时我意识到自己在环境科学方面存在很大的知识空缺，由此产生了到我国环境科学研究水平高的机构继续深造的想法。当时沈老师也非常支持，并资助我赴北京参加由中国科学院生态环境研究中心主办的"环境热点问题与污染削减新技术国际大会"（2001年），并做口头报告，在那里我认识了大会主席王子健研究员，后来成为我在博士阶段的导师。硕士毕业后，我离开了华东师范大学，到中国科学院继续我的学业，但我的河口环境科学之梦想没有就此终止，我与沈老师之间始终保持着密切的联系。沈老师倡导的宏观与微观相结合等研究方法，依然指导着我研究长江中下游湖泊富营养化等科学问题，成就我的博士学位论文。

2005年毕业后回到了上海，来到同济大学环境科学与工程学院从事科研与教学工作，参与筹建长江水环境教育部重点实验室，继续我的河口环境科学之梦。在同济大学我开设的第一门本科生课程就是"海岸河口生态环境导论"，内容涉及河口的类型、动力、沉积、地貌、生物地球化学、环境污染和生态风险及其管理，至今已有10个年头。另外，我获得的国家自然科学青年基金项目和面上基金项目"河口边滩咸水湖溶解有机质的行为和效应"、"富营养化驱动下河流羽状流区溶解有机质的行为和效应"也都与河口环境化学有关。近年来我参与了长江口的自主调查和联合调查航次，也多次参与国家自然科学基金委员会东海（含长江口）海洋科学综合考察共享航次，重点关注河口环境化学和生物地球化学过程。如今，新兴污染问题已成为河口海岸环境科学研究的热点话题，我也对北极和南极的冰川融水影响下的海湾系统（孔斯峡湾、长城湾和阿德利湾等）开始了探索之旅，从河口生物地球化学研究拓展到极地海岸环境新兴污染物的辨识与风险研究。

是沈老师将我从化学领域带入了河口学领域，并推到了全球河口海岸环境热点问题的研究战线上，让我找到了感兴趣的、值得做的事情。我要对沈老师真诚地说声：谢谢！衷心祝您福如东海，寿比长江！

作者系博士、副教授。现任同济大学长江水环境教育部重点实验室副主任。以第一或通讯作者发表论文30多篇。获国家海洋局创新成果奖、高等教育上海市级教学成果奖，获同济大学"优秀青年教师"、中国第31次南极科学考察队"优秀队员"荣誉称号，入选同济大学青年英才计划。

（16）我的河口学之缘

刘高峰
（上海河口海岸科学研究中心，上海）

刘高峰，研究员
上海河口海岸科学研究中心

15年前我有幸到沈先生门下学习，在先生指导下我开始接触、了解和学习河口学方面的知识，此期间是我专业方向发生较大变化的时期。

1996年至2000年的大学期间，我在武汉水利电力大学学习港口海岸及治河工程专业，主要是学习河流动力学、河道演变学和河道治理等专业知识，为此后的学习打下了比较坚实的专业基础。2000年秋，我来到华东师范大学河口海岸学国家重点实验室读研究生，在沈先生的指导下，开始学习河口学知识。河口学对于以前从来没有接触过潮汐、潮流等方面知识的我来说是全新的知识领域。此后，我就爱上了河口学，并与之结下了不解之缘。

自从踏入河口学这个领域，我主要开展了以下几个方面的研究工作。

1）对长江口涨潮槽进行了量化研究。研究了长江口涨、落潮槽的潮流特征、悬沙输移特征和冲淤演变规律。研究中提出了包含流速和悬沙特征的河槽类型判别系数 λ，其包含了水流和输沙特性的6个特征指标，如果 λ>1为涨潮槽，λ<1为落潮槽。这些研究是河口学中关于涨潮槽的研究的一个开端，为进一步深入研究涨潮槽打下了基础。

2）发展了波流共同作用下的三维泥沙数值模型。采用TVD格式来计算泥沙沉降过程，从而更加准确地刻画了泥沙的沉降过程，并考虑了盐度和含沙量对絮凝沉降速度的影响，构造了便于计算使用的絮凝沉降公式，考虑了波浪对紊动的作用和对底部切应力的作用影响，采用建立并验证的泥沙模型系统研究了长江口泥沙输移机制。

3）研究了长江口拦门沙区域的环流结构，并指出航道附近出现的富集效应是长江口深水航道回淤强度大、回淤分布集中的原因。通过观测发现长江口深水航道中部上下游近底层余流出现相反方向并且W3节点附近出现了一个富集区域，即在W3节点附近的4个站点的近底层泥沙余通量产生了一个富聚环流。近底悬沙通量的富集区域的出现说明了泥沙不能立即直接输移到海域。

4）围绕关系国计民生的长江口重大工程开展了一系列的工程关键技术问题研究。针对长江口深水航道治理工程、深水航道向上延伸工程、上海市长江口水资源开发、上海市滩涂围垦造地工程和北支咸潮控制等重大工程开展了一系列研究工作，解决了工程设计和施工中许多关键的技术问题，为这些重大工程的决策和建设提供了科学依据。

在沈先生门下的求学生涯虽然早已经结束，其间充满了艰辛和欢乐，将那段时日点缀得光彩而让我至今难忘，回想起一路走过的既艰辛又快乐的历程，丽娃河旁几载的成长和进步，都是离不开沈先生的培养和关爱。沈先生在我几年的学习和科研过程中给予了精心指导和和全力帮助！先生严谨的治学态度，深邃的学术思想，谦虚谨慎的朴实作风永远是我学习的楷模；先生的品质给我的熏陶将是我一生宝贵的财富。先生始终保持着活跃的学术思维，孜孜不倦的学术追求，理论联系实际的学术研究，默默奉献地教书育人，在科、教、研等多方面作出了突出贡献，为我国经济社会发展作出了重大贡献，并为中国河口学的发展作出了杰出贡献。先生是吾辈学习的楷模，是我努力做好工作的精神动力！

"一日为师，终身为父！"谨此向恩师八十大寿致以最衷心的祝贺！

左起：谢小平、刘高峰、沈焕庭、胡刚（2000年）

作者系博士、上海河口海岸科学研究中心研究员。主持和参与完成了30多项科研课题，发表论文20余篇，其中SCI检索论文5篇，获省部级科技进步一等奖1项，二等奖1项，三等奖4项。

（17）河口学研究的开拓者和领路人

胡　刚

（中国地质调查局青岛海洋地质研究所，青岛）

胡刚，副研究员
青岛海洋地质研究所

2002年夏天的一个决定至少现在看来是我目前为止最正确的选择，那年大学毕业的我本可以进入山东省实验中学当一名地理老师，但我最终选择了继续读书，进入了河口海岸学国家重点实验室。当然最有幸的是拜在沈焕庭教授门下，能亲身感受河口学研究大师的风采。

在沈老师门下的3年，不论从生活，还是从科学研究的方方面面，沈老师都对我照顾有加，3年的研究生生涯，逐渐使我从一个懵懂的大学毕业生，成长为一个可以触及科学殿堂门槛的研究人员。当我面对科学研究有些彷徨时，是导师在鼓励我，"攻坚莫畏难，只怕肯登攀"；当我在走向科学殿堂的过程中步履蹒跚时，是导师在指点我，"问渠哪得清如许，为有源头活水来"；当我在实际工作中遇到困难时，是导师在引导我，"壁立千仞无欲则刚，海纳百川有容乃大"。我的导师，学识渊博，对专业孜孜以求，精益求精，堪称河口学研究的大师。即使从科研一线退下来，仍百忙之余读书不辍，不断探求，著书立作。如果问我从先生那里学会了什么？一就是老实做人，身正为范，良好的个人品德是一切工作的前提；二是怎样做好学问，学高为师，我从导师那里领略了真正的学术精神。沈老师高尚的人格品质、严谨的治学态度和坚韧的探索精神将使我终生受益。

沈老师潜心河口研究已50余载，其高深的学术成就令学生等难望项背，其超前的学术思想，堪称河口学界的大师。10余年来，对沈老师的学术成就和学术精神也只能是略知一二，难领其精髓所在。

1）潜心河口研究50年，成果卓著

从20世纪60年代开始，沈老师就和老一辈河口海岸工作者乘坐小舢板开始了

艰苦而又具有重要意义的河口学研究。50多年来，沈老师对河口学研究，尤其是长江河口，可谓了如指掌，其学术成果不仅对上海地方经济发展提供了有力的科学依据，也为河口学基础理论研究起到了开拓和推动作用。《长江河口最大浑浊带》、《长江河口物质通量》、《长江河口盐水入侵》、《长江河口陆海相互作用界面》、《长江河口水沙输运》等系列专著，是他对河口研究的系统总结和理论创新，沈老师在我国河口学界，可谓大海航行中的灯塔，指引着后人河口研究的方向。

2）学科交叉，培育河口学新的增长点

河口学本身是一个交叉学科，如果一门心思一条路走下去，往往进入研究的死胡同和瓶颈，怎样培育和发现学科发展的新增长点，学科交叉就成为一件有力的武器。沈老师一直倡导学科交叉，将不同学科的知识拿来为我所用，推动河口学的发展。沈老师的学生，来自不同学科不同专业，有来自物理专业的，有来自化学专业的，有来自生物专业的，也有来自地理信息系统专业的……沈老师总能敏锐地觉察到这些学科可与河口学交叉融合，指导学生走出一条自己的路。

3）科学研究团队的领导者

现代科学研究不是个人英雄主义的时代，沈老师一直推崇团队合作，不同学科背景的人、不同资历的人，总能在沈老师团队中获得合适的位置，并发挥自己的优势。沈老师是团队的领导者，科学研究战略的规划者，也是亲力亲为的实施者。沈老师队伍中不仅有知名的专家教授，也有进入学术生长期的博士后，还有朝气蓬勃的硕士生和博士生队伍，团队成员各司其职，共同协作，推动了我国河口学研究的前进。

4）老骥伏枥，志在千里

沈老师已从科研一线退休多年，且已是儿孙满堂，应是安享晚年的时光。但沈老师退休以来，不管是在美

左起：蔡中祥、沈焕庭、胡刚（2002年）

国还是在上海，都一直耕耘不辍，不仅一直关心和爱护着我等后辈的学术成长，而且仍然钟情着自己的河口学研究，对自己的学术成果和学术思想，进一步进行系统总结和发展，马上还有论著出版，我等翘首以待。沈老师虽已80高龄，但仍可谓老骥伏枥，志在千里，其开拓的精神和矍铄的精力令学生汗颜。沈老师的退而不休，也激励着我等晚辈不敢停下脚步，一直鞭策我等晚辈前进。

虽然离开师大已经10年，但沈老师的处世哲学和治学精神一直铭记在心，不敢忘却。我也由一个初出茅庐的硕士研究生，渐渐成长为一名科研工作者。10年里，虽然主要研究区域不在河口地区，也渐渐转为时间尺度更长的历史过程研究，逐渐将自己的研究兴趣放在了河口及陆架浅海地区泥质沉积的演化过程和环境响应方面，但所有的研究工作都没有离开河口学研究这个"源—汇"转换的关键地带，对河口过程的理解也将继续对我从事的科学研究起到重要的作用。几年来，我已先后获得国家自然科学青年基金及3项省部级重点实验室基金的资助，并承担和参与了中国地质调查局的多项地质调查项目，成为青岛海洋地质研究所一名优秀的青年科技骨干。而所有成绩的取得和个人的成长都离不开沈老师这位科研路上的先行者和领路人。

岁月如梭，光阴似箭，虽投身沈老师门下时间较晚，但从结识沈老师10余年来，沈老师对我人生的影响尤为重要，我要对沈老师说声感谢：感谢沈老师在我3年硕士生活中给予各方面的支持和帮助，使我渐渐地对科学研究产生越来越多的兴趣，能够慢慢触及到科研殿堂的门槛；感谢沈老师在我硕士毕业就业中的巨大作用，2005年来到青岛海洋地质研究所面试，当时的所长看到我和沈老师合作发表的文章，问我是不是沈先生的弟子，在得到肯定答复之后，他认为强将手下无弱兵，再加之面试过程也比较满意，由此我得以顺利进入青岛海洋地质研究所，从这足以看出沈老师的学术地位和威望；感谢沈老师在我工作的10年间给予的关心，工作之后沈老师时常电话催促我的工作，让我找准定位，结合单位实际情况确定科研方向。饮水思源，我将在以后的科研工作中谨记老师的教诲，老实做人，踏实做事，在自己的科研领域做出一点成绩。沈老师已届耄耋之年，在庆祝沈老师八十寿辰之时，我携夫人孙慧和小女胡晨熙衷心地祝愿沈老师与师母健康长寿、万事如意、阖家欢乐！

作者系博士，青岛海洋地质研究所副研究员。获发明专利1项，实用新型专利3项，软件著作权3项，国土资源部科技进步二等奖2次、中国地质调查局成果奖二等奖3次、青岛市科技进步二等奖1次。近5年发表论文近10篇。

（18）水善下成海，山不争极天

王康墡

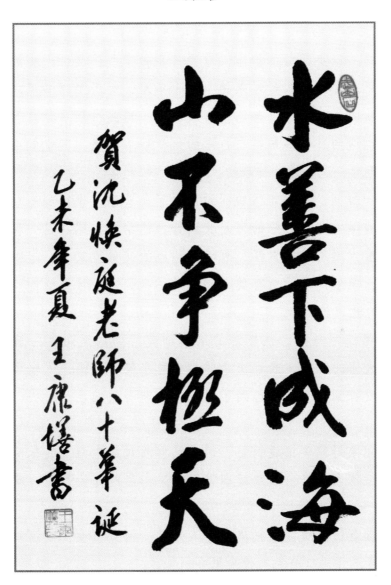

作者系研究员，曾任国家海洋局第二海洋研究所所长。

后 语

　　人老了喜欢回味，思绪常奔驰在历史的时空隧道。人生是一步一步走过来的，每步都留下脚印，看看每步做了些什么，人生的道路是怎样的一条路，又是怎么走过来的。数十年来，经历了很多风风雨雨，做过自己喜欢的事，也做过自己不喜欢的事，遇到过很多给自己鼓励和帮助的人，也遇到过一些妒嫉与打压的人。静下心来，回忆其中的甜酸苦辣，回味无穷，这也是一种享受。

　　弹指一挥间，几十年飞驰而过，做了一些事，也得到一些荣誉，这是与大家的帮助密不可分的，是共同努力的结晶。感恩是一种责任，也是一种力量，感恩激发责任。衷心感谢我的父母、家人、老师、同仁、亲朋好友、学生，以及所有关心和帮助过我的人，特别感谢党、国家、人民对我的教育与培养。

　　人生像江河一样，从发源的涓涓细流，到汹涌澎湃，最后汇入海洋，当到大海的时候，表现出来的是一种平静与辽阔，人老了应走向平和。我还没有到大海，却已到了河口，奔波与烦恼已是过去，要提前走向平和。

　　夕阳无限好，莫怕近黄昏。过自己喜欢过的生活，有乐有为，善待自己，善待他人，将余热继续奉献于振兴中华的伟大事业，奉献于吾土吾民。

　　冀望拙著的出版能激励更多的人来关心河口事业，使河口学得到更迅速的发展，让河口给人类带来更多福祉。

　　人生是写不完的。书中不当之处，再次恳请诸位不吝赐教。

沈焕庭

2017年金秋于苏州河畔清水湾花园